ワインバーグ
場の量子論

5巻 超対称性：構成と超対称標準模型

S. Weinberg 著

青山秀明
有末宏明 共訳
杉山勝之

物理学叢書
87

吉岡書店

The Quantum Theory of Fields

Volume III
Modern Applications
Steven Weinberg
University of Texas at Austin

© Steven Weinberg 2000
Japanese translation right arranged
with Cambridge University Press, Cambridge
through Tuttle-Mori Agency, Inc., Tokyo

目 次

アステリスク (*) を付けた節はこの本の議論の本筋からは多少外れているので, 最初読むときには飛ばしてもよい.

III 巻の序文	**xvii**
記法	**xxiii**
24 歴史的導入	**1**
24.1 型破りな対称性と禁止定理	1
24.2 超対称性の誕生	5
補遺 A: 非相対論的クォーク模型の $SU(6)$ 対称性	10
補遺 B: コールマン・マンデューラ定理	17
問題	29
参考文献	30
25 超対称代数	**33**
25.1 次数付きリー代数と次数付きパラメータ	33
25.2 超対称代数	39
25.3 超対称性生成子の空間反転性	54
25.4 質量ゼロ粒子の超対称多重項	58
25.5 質量を持つ粒子の超対称多重項	66

    問題 ・・・・・・・・・・・・・・・・・・・・・・・・・・ 73
    参考文献 ・・・・・・・・・・・・・・・・・・・・・・・・ 74

26 超対称場の理論　　75
  26.1 場の超対称多重項の直接的な構成 ・・・・・・・ 76
  26.2 一般的な超場 ・・・・・・・・・・・・・・・・・・ 81
  26.3 カイラル線形超場 ・・・・・・・・・・・・・・・・ 92
  26.4 カイラル超場のくりこみ可能な理論 ・・・・・・・ 102
  26.5 樹木近似での自発的超対称性の破れ ・・・・・・・ 112
  26.6 超空間積分, 場の方程式, カレント超場 ・・・・・・・ 115
  26.7 超カレント ・・・・・・・・・・・・・・・・・・・・ 121
  26.8 一般のケーラー・ポテンシャル* ・・・・・・・・・ 138
  補遺：マヨラナ・スピノル ・・・・・・・・・・・・・・ 144
  問題 ・・・・・・・・・・・・・・・・・・・・・・・・・・ 149
  参考文献 ・・・・・・・・・・・・・・・・・・・・・・・・ 150

27 超対称ゲージ理論　　153
  27.1 カイラル超場のゲージ不変な作用 ・・・・・・・・ 153
  27.2 可換ゲージ超場のゲージ不変な作用 ・・・・・・・ 166
  27.3 一般的なゲージ超場のゲージ不変作用 ・・・・・・ 172
  27.4 カイラル超場を含むくりこみ可能なゲージ理論 ・・・・ 179
  27.5 樹木近似での超対称性の破れ(再) ・・・・・・・・ 194
  27.6 摂動論での非くりこみ定理 ・・・・・・・・・・・ 200
  27.7 超対称性の軟らかい破れ* ・・・・・・・・・・・・ 209
  27.8 別の方法: ゲージ不変な超対称性変換* ・・・・・・ 213
  27.9 拡張超対称ゲージ理論* ・・・・・・・・・・・・・ 216
  問題 ・・・・・・・・・・・・・・・・・・・・・・・・・・ 236
  参考文献 ・・・・・・・・・・・・・・・・・・・・・・・・ 237

28 標準模型の超対称性版　　　　　　　　　　　243
- 28.1 超場, アノマリー, 保存則・・・・・・・・・・　244
- 28.2 超対称性と強・電弱の統一　・・・・・・・・・　255
- 28.3 超対称性はどこで破れるか?・・・・・・・・・　261
- 28.4 最小超対称標準模型　・・・・・・・・・・・・　270
- 28.5 バリオン数とレプトン数がゼロのセクター　・・・・・　283
- 28.6 ゲージを媒介とする超対称性の破れ　・・・・・　298
- 28.7 バリオン数とレプトン数の非保存　・・・・・・　318
- 問題　・・・・・・・・・・・・・・・・・・・・・　326
- 参考文献　・・・・・・・・・・・・・・・・・・・　327

訳者あとがき　　　　　　　　　　　　　　　　339

索引　　　　　　　　　　　　　　　　　　　　341
- 人名　・・・・・・・・・・・・・・・・・・・・・　341
- 日本語事項　・・・・・・・・・・・・・・・・・・　346
- 英語事項　・・・・・・・・・・・・・・・・・・・　350

1巻 粒子と量子場

1 歴史的導入　　1
1.1 相対論的波動力学 3
1.2 場の量子論の誕生 20
1.3 無限大の問題 42

2 相対論的量子力学　　69
2.1 量子力学 69
2.2 対称性 71
2.3 量子論的ローレンツ変換 78
2.4 ポアンカレ代数 82
2.5 1粒子状態 88
2.6 空間反転と時間反転 104
2.7 射影表現* 114
補遺 A: 対称性の表現に関する定理 125
補遺 B: 群の演算子とホモトピー類 132
補遺 C: 反転と縮退した多重項 138

3 散乱理論　　149
3.1 「In」状態と「Out」状態 150
3.2 S 行列 157
3.3 S 行列の対称性 161
3.4 反応率と断面積 186
3.5 摂動論 195
3.6 ユニタリー性の意味 202
3.7 部分波展開* 208

3.8 共鳴状態*..218

4 クラスター分解原理　　　　　　　　　　　　　　　　**233**
　4.1 ボソンとフェルミオン..................................234
　4.2 生成・消滅演算子....................................238
　4.3 クラスター分解と連結振幅............................244
　4.4 相互作用の構造.....................................251

5 量子場と反粒子　　　　　　　　　　　　　　　　　　**261**
　5.1 自由場...261
　5.2 因果律を満たすスカラー場...........................274
　5.3 因果律を満たすベクトル場...........................282
　5.4 ディラック形式......................................291
　5.5 因果律を満たすディラック場.........................299
　5.6 斉次ローレンツ群の一般的な既約表現*...............312
　5.7 一般の因果律を満たす場*...........................317
　5.8 CPT 定理..333
　5.9 質量ゼロ粒子の場..................................335

6 ファインマン則　　　　　　　　　　　　　　　　　　　**353**
　6.1 ファインマン則の導出................................354
　6.2 プロパゲーターの計算...............................372
　6.3 運動量空間でのファインマン則......................380
　6.4 質量殻外のファインマン・ダイアグラム................387

2巻 量子場の理論形式

7 正準形式　　1
7.1 正準変数 2
7.2 ラグランジアン形式 10
7.3 大域的対称性 20
7.4 ローレンツ不変性 29
7.5 相互作用表示への移行: 例 35
7.6 拘束条件とディラック括弧 45
7.7 場の再定義と余剰結合* 52
補遺: 正準交換子から求めたディラック括弧 54

8 量子電磁理論　　63
8.1 ゲージ不変性 64
8.2 拘束条件とゲージ条件 69
8.3 クーロン・ゲージでの量子化 73
8.4 相互作用表示での電磁理論 78
8.5 光子のプロパゲーター 82
8.6 スピノル電磁理論のファインマン則 84
8.7 コンプトン散乱 93
8.8 一般化: p 形式ゲージ場* 102
補遺: トレース 106

9 経路積分法　　113
9.1 一般的な経路積分形式 115
9.2 S 行列へ 124
9.3 経路積分のラグランジアン形式 130

9.4 ファインマン則の経路積分による導出 137
9.5 フェルミオンの経路積分 142
9.6 量子電磁理論の経路積分形式 161
9.7 種々の統計性* 166
補遺：多重ガウス積分 170

10 非摂動論的方法 177
10.1 対称性 178
10.2 極の理論 182
10.3 場と質量のくりこみ 192
10.4 くりこまれた電荷とワード恒等式 200
10.5 ゲージ不変性 207
10.6 電磁形状因子と磁気モーメント 212
10.7 チェレン・レーマン表現* 226
10.8 分散関係* 226

11 量子電磁理論の1ループ輻射補正 239
11.1 相殺項 240
11.2 真空偏極 241
11.3 異常磁気モーメントと荷電半径 255
11.4 電子の自己エネルギー 266
補遺：種々の積分 271

12 くりこみの一般論 275
12.1 発散の次数 276
12.2 発散の相殺 283
12.3 くりこみは必要か？ 298
12.4 浮動する切断定数* 309

12.5 偶発的対称性*..315

13 赤外効果   323
13.1 軟光子を含む振幅..324
13.2 仮想軟光子..330
13.3 実軟光子と発散の相殺..336
13.4 一般の赤外発散..341
13.5 軟光子の散乱*..347
13.6 外場近似*..351

14 外場による束縛状態   363
14.1 ディラック方程式..364
14.2 外場のもとでの輻射補正..375
14.3 軽い原子でのラム・シフト..382

---

3 巻 非可換ゲージ理論

---

15 非可換ゲージ理論   1
15.1 ゲージ不変性..3
15.2 ゲージ理論のラグランジアンと単純リー群..9
15.3 場の方程式と保存則..16
15.4 量子化..19
15.5 ド・ウィット・ファデーフ・ポポフ法..25
15.6 ゴースト..33
15.7 BRST 対称性..37
15.8 BRST 対称性の一般化*..49
15.9 バタリン・ビルコビスキー形式*..56

補遺 A: リー代数に関する 1 定理 67
補遺 B: カルタン・カタログ 72

16 外場の方法　　　　　　　　　　　　　　　　　　　　　85
16.1 量子的有効作用 86
16.2 有効ポテンシャルの計算 92
16.3 エネルギー解釈 97
16.4 有効作用の対称性 101

17 ゲージ理論のくりこみ　　　　　　　　　　　　　　　　　107
17.1 ジン・ジュスタン方程式 107
17.2 くりこみ: 直接的解析 110
17.3 くりこみ: 一般のゲージ理論* 122
17.4 背景場ゲージ 128
17.5 背景場ゲージでの 1 ループ計算 135

18 くりこみ群の方法　　　　　　　　　　　　　　　　　　　151
18.1 大きな対数はどこから来るか？ 153
18.2 変化するスケール 161
18.3 各種の漸近的振舞い 175
18.4 複数の結合定数と質量の影響 188
18.5 臨界現象* 195
18.6 最小引算 200
18.7 量子色力学 204
18.8 改善された摂動論 211

19 大域的対称性の自発的破れ　　　　　　　　　　　　　　　219
19.1 縮退した真空 220

19.2 ゴールドストン・ボゾン 224
19.3 自発的に破れた近似的対称性 238
19.4 ゴールドストン・ボゾンとしてのパイ中間子 244
19.5 有効場の理論：パイ中間子と核子 258
19.6 有効場の理論：一般の破れた対称性 284
19.7 有効場の理論：$SU(3) \times SU(3)$ 303
19.8 有効場理論のアノマリー項* 314
19.9 破れていない対称性 320
19.10 $U(1)$ 問題 327

4 巻 場の量子論の現代的諸相

20 演算子積展開　　　　　　　　　　　　　　　　　　1
20.1 展開：記述と導出 2
20.2 運動量の流れ* 6
20.3 係数関数のくりこみ群方程式 15
20.4 係数関数の対称性 18
20.5 スペクトル関数の和則 20
20.6 深非弾性散乱 28
20.7 リノーマロン* 43
補遺：運動量の流れの一般的な場合 49

21 ゲージ対称性の自発的破れ　　　　　　　　　　　　59
21.1 ユニタリー・ゲージ 60
21.2 くりこみ可能な ξ ゲージ 67
21.3 電弱理論 72
21.4 動的に破れた局所対称性* 91

- 21.5 電弱相互作用と強い相互作用の統一 104
- 21.6 超伝導* 110
- 補遺：一般のユニタリー・ゲージ 137

22 アノマリー　　　　　　　　　　　　　　　　　147

- 22.1 π^0 崩壊の問題 148
- 22.2 測度の変換：可換アノマリー 151
- 22.3 一般的な場合のアノマリーの直接計算 163
- 22.4 アノマリーを持たないゲージ理論 181
- 22.5 質量ゼロの束縛状態* 188
- 22.6 無矛盾条件 197
- 22.7 アノマリーとゴールドストン・ボソン 213

23 拡がりのある場の配位　　　　　　　　　　　　231

- 23.1 トポロジーの有用性 232
- 23.2 ホモトピー群 244
- 23.3 磁気単極子 251
- 23.4 カルタン・マウレルの積分不変量 264
- 23.5 インスタントン 270
- 23.6 θ 角 278
- 23.7 拡がった場の配位のまわりの量子揺らぎ 286
- 23.8 真空崩壊 290
- 補遺 A: ユークリッド経路積分 295
- 補遺 B: ホモトピー群の一覧 300

6巻 超対称性：非摂動論的効果と拡張

29 摂動論を越えて   1
29.1 超対称性の破れの一般的側面 1
29.2 超対称性カレント和則 13
29.3 超ポテンシャルへの非摂動論的補正 26
29.4 ゲージ理論における超対称性の破れ 41
29.5 サイバーグ・ウィッテン解* 56

30 超ダイアグラム   85
30.1 ポテンシャル超場 86
30.2 超プロパゲーター 89
30.3 超ダイアグラムを用いた計算 94

31 超重力   99
31.1 計量超場 100
31.2 重力の作用 110
31.3 グラヴィティーノ 119
31.4 アノマリーを媒介とする超対称性の破れ 125
31.5 局所超対称性変換 130
31.6 全ての次数での超重力 134
31.7 重力を媒介とする超対称性の破れ 149
補遺：4脚場形式 178

32 高次元での超対称性代数   189
32.1 超対称性代数の一般論 189
32.2 質量ゼロの多重項 204

32.3 p ブレーン 210
補遺：高次元スピノル 215

III 巻の序文

この巻では超対称性を持つ場の量子論を扱う．この超対称性は通常の対称性多重項に属する整数スピンの粒子と，同様な半整数スピンの粒子を統合する．これらの理論では「階層性問題」，つまり電弱対称性が破れるエネルギーの大きさ 300 GeV とプランク質量の莫大な比率のミステリー，を解決する可能性がある．また，超対称性は基本的物理理論に求められる唯一性につながる．同じスピンの粒子を通常の対称性の多重項に組むリー群は無限個あるが，4 次元時空では超対称性は 8 種類しかなく，しかもその内ただ一つ，もっとも単純なものだけが観測される粒子に直接に関わっている．

これらの理由により，この**「場の量子論」**の第 3 番目の巻を超対称性に当てる．さらには，超対称性に基づく場の量子論は，他の場の理論に見られない顕著な性質がある．ある超対称性理論では結合定数が摂動論のどんな次数でもくりこみを受けない．また，ある理論は有限であり，さらに，そのうちのいくつかは完全に解けさえする．実際，過去 10 年間になされた場の量子論における意義ある仕事の多くは超対称性に基づくものであった．

不幸なことに，四半世紀経っても超対称性で関係する粒子の対は見つかっておらず，超対称性には直接の証拠があるとは言えない．ただ，間接的証拠としては一つだけ重要なものがある．つまり，$SU(3)$, $SU(2)$, $U(1)$ のゲージ群の結合定数の高エネルギーでの統合は，超対称性か

ら要請される新しい粒子のおかげで, それが無いときに比べてうまくいくということだ.

しかしながら, 超対称性がそれ自身魅力的なものであるということと, 超対称性が階層性問題を解決する可能性を持っていることから, 私と, 他の多くの物理学者は超対称性は現実の世界で発見されると確信している. それも近い将来のことだろう. 超対称性は現存する加速器や, 現在 CERN で建設中の大ハドロン衝突器 (Large Hadron Collider) で計画されている高エネルギー実験の主な目的である.

24 章で歴史的な話をしたのち, 25–27 節で超対称性を持つ場の理論の中心的な機構, つまり超対称性代数と超対称性多重項の構造, 一般的な超対称ラグランジアンの構成, 特にカイラルおよびゲージ超場の理論での構成について説明する. 28 章ではこれらの機構を使って, 電弱相互作用と強い相互作用の標準理論に超対称性をもりこむ. また, 実験的な困難と展望についても述べる. 29 章から 32 章では数学的により進んだトピックを扱う. それらは, 非摂動論的な結果, 超ダイアグラム, 超重力, 高次元時空での超対称性などだ.

ここでの超対称性の扱いについては, 最大限, 明確で完備したものとなるように努めた. 計算については, 文献にある結果を引用するよりも可能な限り読者にその過程を示すようにした. 特に 28 章などで, この種の本に含むことができないほど計算が長く複雑すぎる場合には, その簡易版を与えて, どのような物理的問題が関係しているのかが読者に分かるようにしたつもりだ.

この本では新しすぎるために他の既刊の本には一般的に含まれていないトピックも含むように努めた. それらは, 摂動論的および非摂動論的な輻射補正を正則性を使って調べること, 中心荷電の計算, 超対称性のゲージによる破れと量子アノマリーによる破れ, ウィッテン指標, 双対性, $N=2$ 超対称ゲージ理論の有効ラグランジアンのサイバーグ・ウィッテンによる計算, モジュラー場による超対称性の破れな

序文　　xix

どがある．また，高次元時空における超対称性について，とくに p ブレーンの理論などの最近の急速な発展についても簡単に見ておく．

　一方で，既刊の本によく説明されている2つのトピックについては通常の扱いを簡素化した．それらの一つは超ダイアグラムの使用だ．輻射補正の一般的構造を調べるには従来超ダイアグラムが用いられてきたが，その多くは現在では27.6節と29.3節で述べるように正則性を使ってより簡単にできる．もう一つは超重力だ．31.1節から31.5節にかけて，超重力についてその場が弱い極限での詳細で完備した扱いを与える．これにより，超重力理論がなぜグラビトン(重力子)，グラビティーノ，そして補助場などを含んでいるのか，そして，量子アノマリーによる超対称性の破れにより生成されるグラビティーノの質量とゲージーノの質量の表式を含む超重力理論におけるもっとも重要な結果を導く．31.6節では超重力理論を任意の強さの重力場へと一般化する計算の概略を述べる．しかし，これらの計算は非常に長く，美しくもないので結果は他の文献のものを引用することにした．しかし，31.7節では重力による超対称性の破れについて通常よりも充実した扱いをした．弦理論に関係した超対称性について，過去10年間の素晴らしい研究成果を含めることができなかったのは残念だ．しかし，弦理論はこの本で扱う範囲を越えていて，私は説明の基礎になる事柄を与えずに結果を述べることはしたくなかった．

　引用については超対称性について古典的な論文と，この本で述べはしたが詳細に説明できなかったトピックについての有用な参考文献を与えた．ここで述べた事柄で誰に帰依するものかが必ずしも分からない場合もあり，引用が欠けているからといって，必ずしもここに述べた事柄がオリジナルなものだと言うわけではない．しかし，オリジナルな事柄もある．いくつかの個所では原論文や標準的な教科書での扱いを改善したものになっていると信じている．たとえば，コールマン・マンデューラ定理の証明，拡張された超対称理論のパリティ行列の扱

い, 最小超対称標準模型での超対称性をソフトに破る新しい項の導入, 超カレントの和則の導出, サイバーグ・ウィッテン解の唯一性の証明などがそうだ.

　各章には問題をつけた. これらの問題の幾つかはその章で述べたテクニックを使うことを目的とし, また他はその章の結果をより広い範囲の理論に適用することを示唆するよう企てた.

　超対称性のコースを教える際に, 私の経験ではこの本は大学院の一年間のコースに相応しい材料を提供する. この本は, このシリーズの前の2巻* に述べられているレベルの場の量子論になじんでいる学生に適切なものとなるように作られている. 読者が第I巻と第II巻を読んでいるとは仮定しないが, 幸いにもそれらを読んだ読者には便利なように, 同じ記法をこの本でも使い, 適切なところでは第I巻と第II巻の内容への注釈をつけた.

* * *

　この本を作る際にはテキサス大学の同僚達に世話になった. ここに感謝をしておきたい. なかでも, Luis Boya, Phil Candelas, Bryce と Cecile De Witt, Willy Fischler, Daniel Freed, Joaquim Gomis, Vadim Kaplunovsky, また特に Jacques Distler に感謝する. また, Sally Dawson, Michael Dine, Michael Duff, Lawrence Hall, 村山斉, Joe Polchinski, Edward Witten, Bruno Zumino の各氏には各種のトピックについて貴重な助言をいただいた. Jonathan Evans はこの巻の原稿を通読し多くの貴重な示唆をしてくれた. また, 図を作成した Alyce Wilson, 無数の本や文献を見つけた Terry Riley, 多くの補助をした Jan Duffy の各氏に感謝する. ケンブリッジ大学出版会の Maureen Storey 氏に

---

*訳者注: 原書第I巻は日本語訳1,2巻に分冊され、原書第II巻は日本語訳3,4巻に分冊されて発行されている.

はこの本の出版に際して世話になった．また，編集者 Rufus Neal 氏にはずっと暖かいアドバイスをいただいた．

スティーブン ワインバーグ

テキサス州オースティン市
1999年5月

記法

 超対称性の本を書くにあたって大きな問題となるのはスピノルに2成分表示を用いるか, 4成分表示を用いるかということだ. 超対称性についての標準的な教科書は2成分ワイル表示をとることが多い. ここではその代りに, 超対称性代数と多重項を構成する最初の段階を除いて4成分ディラック表示を採ることにした. これは, こうすることにより, この本が素粒子の現象論や模型の構成の研究をする物理学者に, より取りつき易くなると思われるからだ. 実際, 超対称性の専門家たちが, 彼らの記法の特殊性のために, お互い同士の意思疎通は良くなるかもしれないが, 素粒子理論家の大半から別の領土を作ってしまうとしたら, それは残念なことだ.

 4成分から2成分の形式に表式を書き換えるのはそれほど難しいことでもない. この本で一貫して使うディラック行列表示は, γ_5 が対角行列で, その主対角成分が $+1, +1, -1, -1$ となるものだ. この表示では, 任意の (たとえば超対称性生成子 Q_α, 超空間座標 θ_α, 超微分 $\mathcal{D}_\alpha$ などの) 4成分マヨラナ・スピノル ψ_α は2成分スピノル χ_a を使って,

$$\psi = \begin{pmatrix} e\chi^* \\ \chi \end{pmatrix},$$

と書くことができる. ここで e は 2×2 反対称行列で $e_{12} = +1$ となる. 2成分スピノル χ_a は他の本でしばしば $\psi_a^* = \bar{\psi}_{\dot{a}}$ と書かれ, $(e\chi^*)_a$

は ψ^a となる. 4成分マヨラナ・スピノルについての有用な性質は26章の補遺にまとめておく.

この本で使われる記法の他の性質を挙げておく.

i, j, k などのラテン文字の添字は, 通常三つの空間座標に相当する $1, 2, 3$ の値をとる. 特に記したところでは, $x_4 = it$ として, それらは $1, 2, 3, 4$ の値をとる.

μ, ν などのギリシャ文字のアルファベットの中間部にあるものを使った添字は, x^0 を時間座標として, 通常四つの時空座標に相当する $1, 2, 3, 0$ の値をとる. 一般座標系の時空座標と局所慣性系の時空座標を区別する必要があるところでは, μ, ν 等を前者, a, b 等を後者に使う.

α, β などのギリシャ文字のアルファベットの最初の方を使った添字は, 通常 (2 4 章を除いて), 4成分スピノルの4つの成分に使う. 混乱を避けるために述べておくと, これはII巻[†]の記法と異なる. この本では対称性代数の生成子の添字には A, B 等を使い, 2成分スピノルの成分には a, b などの添字を使う. 特に, 4成分超対称性生成子は Q_α と記し, 2成分生成子 (Q_α の下の2成分) は Q_a と書く.

繰り返されている添字については, 特に断らない限り, 和を取る.

時空の計量 $\eta_{\mu\nu}$ は対角であり, $\eta_{11} = \eta_{22} = \eta_{33} = 1, \eta_{00} = -1$ ととる.

ダランベルシャンは $\Box \equiv \eta^{\mu\nu} \partial^2 / \partial x^\mu \partial x^\nu = \nabla^2 - \partial^2 / \partial t^2$ と定義する. ここで ∇^2 はラプラシアン $\partial^2 / \partial x^i \partial x^i$.

「レビ・チビタ・テンソル」$\epsilon^{\mu\nu\rho\sigma}$ は $\epsilon^{0123} = +1$ を満たす完全反対称テンソル.

[†]日本語訳では3巻, 4巻.

ディラック行列 γ_μ は, $\gamma_\mu\gamma_\nu + \gamma_\nu\gamma_\mu = 2\eta_{\mu\nu}$ を満たすように定義されている. また, $\gamma_5 = i\gamma_0\gamma_1\gamma_2\gamma_3$, および $\beta = i\gamma^0$ としている. 行列を明らかに書く必要があるときにはブロック行列を使って表す.

$$\gamma^0 = -i\begin{bmatrix} 0 & 1 \\ 1 & 0 \end{bmatrix}, \qquad \boldsymbol{\gamma} = -i\begin{bmatrix} 0 & \boldsymbol{\sigma} \\ -\boldsymbol{\sigma} & 0 \end{bmatrix},$$

ここで **1** は単位 2×2 行列, **0** は全ての要素がゼロの 2×2 行列, また, $\boldsymbol{\sigma}$ は通常のパウリ行列,

$$\sigma_1 = \begin{pmatrix} 0 & 1 \\ 1 & 0 \end{pmatrix}, \ \sigma_2 = \begin{pmatrix} 0 & -i \\ i & 0 \end{pmatrix}, \ \sigma_3 = \begin{pmatrix} 1 & 0 \\ 0 & -1 \end{pmatrix}$$

だ. また, しばしば 4×4 のブロック行列,

$$\gamma_5 = \begin{bmatrix} 1 & 0 \\ 0 & -1 \end{bmatrix}, \qquad \epsilon = \begin{bmatrix} e & 0 \\ 0 & e \end{bmatrix},$$

を使う. ここで, e は反対称 2×2 行列 $i\sigma_2$ だ. たとえば, この本での 4成分マヨラナ・スピノル s の位相の定義は $s^* = -\beta\gamma_5\epsilon s$ と表すことができる.

階段関数 $\theta(s)$ は, $s>0$ で $+1$, $s<0$ で 0 となる関数.

行列またはベクトル A の複素共役, 転置, エルミート共役はそれぞれ, A^*, A^T, $A^\dagger = A^{*\mathrm{T}}$ と記す. 演算子 O のエルミート共役は $O^\dagger$ と記す. ただし, 演算子のベクトルや行列が転置されないことを強調するところではアステリスク (*) を使う. 式の終りの +H.c. または +c.c. は, それぞれ前の項のエルミート共役か複素共役の項を加えることを意味する. 4成分スピノル u の上の棒線は, $\bar{u} = u^\dagger\beta$ を意味する.

$\hbar$ と光速を 1 にとる単位系を用いる. この本を通して, $-e$ は有理系での電子の電荷であり, 微細構造定数は $\alpha = e^2/4\pi \simeq 1/137$ となっている. 温度はボルツマン定数を1とするエネルギー単位で表す.

引用した数値データの終りの括弧内の数字は，そのデータの末尾の数字の不確定性を意味する．特に述べない限り，実験データは 'Review of Particle Properties,' The Particle Data Group, *European Physics Journal C* **3**, 1 (1998) より引用している．

第24章

歴史的導入

超対称性の歴史は科学の歴史の中のどれにも劣らず奇妙なものだ。超対称性は1970年代初頭に示唆されて以来，スピンの異なる粒子を統合し，基礎物理にとって深遠な意味を持つ美しい数学的理論へと発展した．しかし，今までのところ直接の実験的証拠は全く存在せず，超対称性が現実の自然界と何らかの係わり合いがあるという間接的な証拠がわずかにあるだけだ．もし(私が思うように)超対称性が自然界に相応しいものだと分かったならば，それは純粋に理論的な洞察が驚異的な成功をとげた例となる．

25章では超対称性理論を第一原理から導くことから始めるが，この章では超対称性を論理的な順序よりは時間的な順序にしたがって導入する．

24.1 型破りな対称性と禁止定理

1960年代初期に，ゲルマン・ネーマンの (19.7節で述べた) $SU(3)$ 対称性は，強い相互作用をする種々の粒子のうちスピンが同じだが電荷とストレンジネスが異なる粒子の間の関係をうまく説明した．これ

より, 多分 $SU(3)$ はより大きな対称性の一部であり, スピンの異なる $SU(3)$ の多重項はその大きな対称性で統合されるというそれまでに経験した事のないことがおきるだろうと考えられるようになった.[1] 非相対論的クォーク模型にはそのような近似的な対称性が存在する. それは, 1937年にウィグナーによって導入された原子核物理の $SU(4)$ 対称性に似た $SU(6)$ 対称性であり, この対称性はクォークのスピンとフレーバーに作用する.[2] この章の補遺Aで詳細に述べるが, この $SU(6)$ 対称性は $\pi, K, \bar{K}, \eta$ の擬スカラー中間子8重項, $\rho, K^*, \bar{K}^*, \omega$ のベクトル中間子8重項, それと ϕ のベクトル中間子1重項を一つの **35** 多重項にまとめる. また, それは, N, Σ, Λ, Ξ のスピン1/2のバリオン8重項と, $\Delta, \Sigma(1385), \Xi(1530), \Omega$ のスピン3/2のバリオン10重項を一つの **56** 多重項にまとめる. この $SU(6)$ 対称性はいくつかの点において成功をおさめたが, これらはクォーク模型の相互作用が近似的にスピンとフレーバーに依存しないということから説明できる. このスピンとフレーバーからの独立性の仮定より $SU(6)$ 対称性は多少弱い. しかし, 補遺Aで示すように $SU(6)$ 対称性の予言がスピンとフレーバーからの完全な独立性の予言より正確だという証拠は何も無い.

それにもかかわらず, 非相対論的クォーク模型の $SU(6)$ 対称性を完全に相対論的な量子論へと一般化する試みは数々あった.[3] しかしながら, これらの試みはすべて失敗に終わり, 何人かの研究者は様々な限定条件のもとでこれが実際に不可能であることを示した.[4] この種の定理でもっとも強力なものはコールマンとマンデューラによって1967年に証明されたものだ.[5] 彼らは, 与えられた任意の質量より軽い粒子の種類の有限性, ほぼ全てのエネルギーでの散乱の存在, S 行列の解析性の3点について妥当な仮定を置いた. そして, それらを使って, 1粒子状態を1粒子状態に変換し, 多粒子状態にはその各粒子への作用の直和として働く S 行列と可換な対称性演算子のなすもっとも一般的なリー代数は, ポアンカレ群の生成子 P_μ と $J_{\mu\nu}$ に加えて通常の内

24.1 型破りな対称性と禁止定理

部対称性の生成子からなることを示した.この通常の内部対称性の生成子とは,それが1粒子状態に働くとき,その表現行列が運動量とスピンに共に依らず,運動量とスピンについて対角形になっているようなものを意味する.25章ではこの定理を主に使って,4次元時空で可能な全ての超対称性代数を解析する.また,32章ではより高次元の時空で同様な解析を行う.32.3節では拡がった対象物を含む理論の超対称性代数を扱うが,それにはコールマン・マンデューラの定理は該当しない.

コールマン・マンデューラの証明は巧妙で複雑だ.この章の補遺Bではその一つのやり方を説明するが,この節ではこの定理の一部分について非常に単純で純粋に運動学的な証明をする.この部分だけでも$SU(6)$のような型破りな対称性がなぜ非相対論で可能であり,相対論で不可能かは十分はっきりとする.ここでは,もし運動量生成子P_μと可換な対称性演算子B_α全てが作るリー代数が,P_μ自身と,パラメータを有限個持つある半単純コンパクト・リー部分代数* $\mathcal{A}$のエルミート生成子B_Aとからなるなら,B_Aは通常の内部対称性の生成子でなければならないことをローレンツ不変性を使って証明する.ここで,通常の内部対称性とは,1粒子状態に作用したとき,運動量とスピンに依らず,そしてそれらについて対角形の行列として振舞うものを意味する.この定理ではS行列の性質,粒子のスペクトルの有限性や対称性の演算子が物理的状態にどのように働くかなどの仮定は一切使わない.$SU(6)$のリー代数は当然,半単純でコンパクトだから,この定理によれば,相対論的理論でそのような対称性を使ってスピンの異なる粒子の間の関係を導くことができないことになる.

証明はこうだ.4次元運動量P_μと可換な全ての対称性生成子をB_αと書き,それらがリー代数を張るとする.これらの生成子に固有ローレンツ変換$x^\mu \to \Lambda^\mu{}_\nu x^\nu$がどのように働くかを考える.このローレン

---

*半単純コンパクト・リー代数の定義は15.2節の脚注を見よ.

ツ変換はヒルベルト空間上でユニタリー演算子 $U(\Lambda)$ で表されるとする. 演算子 $U(\Lambda)B_\alpha U^{-1}(\Lambda)$ は $\Lambda_\mu{}^\nu P_\nu$ と可換なエルミート対称性生成子であることは簡単にわかるから, $\Lambda_\mu{}^\nu$ が正則なことにより, この演算子は P_μ と可換でなければならず, したがって, B_α の1次結合でなければならない.

$$U(\Lambda) B_\alpha U^{-1}(\Lambda) = \sum_\beta D^\beta{}_\alpha(\Lambda)\, B_\beta \,. \tag{24.1.1}$$

ただし, ここで $D^\beta{}_\alpha(\Lambda)$ は斉次ローレンツ群の表現をなす実係数の集合であり, 以下を満たす.

$$D(\Lambda_1)\, D(\Lambda_2) = D(\Lambda_1\, \Lambda_2) \,. \tag{24.1.2}$$

$U(\Lambda)B_\alpha U^{-1}(\Lambda)$ は B_α と同じ交換関係を満たさなければならないから, このリー代数の構造定数 $C^\gamma_{\alpha\beta}$ は,

$$C^\gamma_{\alpha\beta} = \sum_{\alpha'\beta'\gamma'} D^{\alpha'}{}_\alpha(\Lambda)\, D^{\beta'}{}_\beta(\Lambda)\, D^\gamma{}_{\gamma'}(\Lambda^{-1})\, C^{\gamma'}_{\alpha'\beta'} \tag{24.1.3}$$

という意味で不変テンソルだ. これを $C^\alpha_{\gamma\delta}$ の対応する式と縮約すると以下を得る.

$$g_{\beta\delta} = \sum_{\beta'\delta'} D^{\beta'}{}_\beta(\Lambda)\, D^{\delta'}{}_\delta(\Lambda)\, g_{\beta'\delta'} \,. \tag{24.1.4}$$

ここで $g_{\beta\delta}$ は以下で表されるリー代数の計量だ.

$$g_{\beta\delta} \equiv \sum_{\alpha\gamma} C^\gamma_{\alpha\beta}\, C^\alpha_{\gamma\delta} \,. \tag{24.1.5}$$

これらの生成子は全て P_μ と可換だから, $C^\alpha_{\mu\beta} = -C^\alpha_{\beta\mu} = 0$ であり, $g_{\mu\alpha} = g_{\alpha\mu} = 0$ となる.

P_μ 以外の対称性生成子の添字には α, β などの代りに A, B 等を使って区別することにする. $C^A_{\mu B} = -C^A_{B\mu}$ がゼロであることを

(24.1.5)に使うと, $g_{AB} = \sum_{CD} C_{AC}^D C_{BD}^C$ を得る. ここで生成子 B_A がコンパクト半単純リー代数を張ることを仮定したから, 行列 g_{AB} は正定値だ. (24.1.4) と (24.1.2) から, 行列 $g^{1/2} D(\Lambda) g^{-1/2}$ が斉次ローレンツ群の実直交, したがってユニタリーな有限次元表現を与えることがわかる. しかし, ローレンツ群はコンパクトではないから, そのような表現は自明なものしか存在しない. したがって $D(\Lambda) = 1$ となる. (ここで相対論が効いている. ガリレイ群の半単純部分はコンパクト群 $SU(2)$ であり, これはもちろん無限個のユニタリーな有限次元表現を持つからだ.) $D(\Lambda) = 1$ により, 生成子 B_A は全てのローレンツ変換 $\Lambda^\mu{}_\nu$ について $U(\Lambda)$ と可換となる.

運動量が p^μ でスピンと種類が離散的な添字 n で表される安定な1粒子状態 $|p, n\rangle$ に作用するとき, P_μ と可換な B_A のような演算子はそのような状態の線形結合しか作らない.

$$B_A |p, n\rangle = \sum_m \left(b_A(p) \right)_{mn} |p, m\rangle. \qquad (24.1.6)$$

B_A が2.5節で「ブースト」と呼んだものと可換だという事実から, $b_A(p)$ は運動量に依らないことが言え, B_A が回転と可換だということから $b_A(p)$ がスピンには単位行列として作用することがわかるので, B_A は通常の内部対称性の生成子であることがわかる. これが証明したいことであった.

24.2 超対称性の誕生

もし理論物理学が論理的に発展していたならば, コールマン・マンデューラ定理が証明された後に, 誰かがこの定理の適用外を探していて, この定理のある点に気づいただろう. それは, この定理は, ボソンをボソンに変換し, フェルミオンをフェルミオンに変換するために反交換関係ではなく交換関係を満たす演算子によって生成される変換の

みを扱うということだ. そうしたら, スピンに非自明な作用をしてボソンとフェルミオンを互いに変換して, 交換関係ではなく反交換関係を満たすような対称性が相対論的理論で許されるかどうかが問題になったはずだ. そのような超対称代数がどのような構造を持ちうるかを以下の章で述べるように調べていったとしたら, 超対称性は唯一の可能性として発見されたはずだ.

しかし, そのようにはならなかった. その代りに, 弦理論の一連の論文と, それとは独立にほとんど注意が払われなかった一対の論文で超対称性が見出された. これらの論文のどれにも, 著者らがコールマン・マンデューラ定理を気に留めている様子は無い.

1960年代の終わりになると, 各種の理論的要件を満たすように強い相互作用をする過程の S 行列要素を構成しようとする努力が実を結び, 各種のハドロンを弦の異なった振動モードと解釈する描像が登場した.[6] パラメータ σ で表される弦の上の1点はある固定された時計の時刻 τ において, $X^\mu(\sigma, \tau)$ という時空の座標を持つ. したがって, d 次元時空での弦の運動は d 個のボソン場を持つ2次元の場の理論で記述される. その作用は以下で与えられる.

$$I[X] = \frac{T}{2} \int d\sigma \int d\tau \, \eta_{\mu\nu} \left[\frac{\partial X^\mu}{\partial \tau} \frac{\partial X^\nu}{\partial \tau} - \frac{\partial X^\mu}{\partial \sigma} \frac{\partial X^\nu}{\partial \sigma} \right]$$
$$= T \int d\sigma^+ \int d\sigma^- \, \eta_{\mu\nu} \frac{\partial X^\mu}{\partial \sigma^+} \frac{\partial X^\nu}{\partial \sigma^-} . \qquad (24.2.1)$$

ここで, T は弦の張力として知られる定数で $\mu = 0, 1, \ldots, d-1$ であり, $\sigma^\pm$ は2次元の「光円錐」座標, $\sigma^\pm \equiv \tau \pm \sigma$ だ. この作用は, 一対の**世界面座標**σ_k の変換のもとでの完全な不変性*を持つ, より一般的な作用,

$$I[X] = -\frac{T}{2} \int d^2\sigma \, \eta_{\mu\nu} \sqrt{\text{Det}\, g} \, g^{kl} \frac{\partial X^\mu}{\partial \sigma^k} \frac{\partial X^\nu}{\partial \sigma^l} \qquad (24.2.2)$$

---

*この対称性は22章で論じたような量子アノマリーによって破られる. ただし, 純粋にボソンだけの理論では $d = 26$ 次元時空, またフェルミオンを入れると $d = 10$ 次元時空ではこの量子アノマリーは現れない.

24.2 超対称性の誕生

から導くことができる. これを示すには, 世界面の計量 g_{kl} が以下の条件を満たす特別な座標系に移ればよい.

$$\sqrt{\text{Det}\, g}\, g^{kl} = \begin{pmatrix} 1 & 0 \\ 0 & -1 \end{pmatrix}. \tag{24.2.3}$$

電磁理論では時間的な光子が作用のなかで負の符号を持つという問題があるが, これは理論のゲージ不変性によって回避される. これと同様に, (24.2.1) と (24.2.2) で $\mu = \nu = 0$ のときの $\eta_{\mu\nu}$ の負符号の問題は, 作用 (24.2.2) の (境界条件を適切にとったときの) 世界面の一般座標変換に対する不変性によって回避される. 作用が (24.2.1) の形になる特別な座標系では, 世界面の一般座標変換のもとでの不変性のなごりがあることが重要だ. それは大域的**共形変換**,

$$\sigma^\pm \to f^\pm(\sigma^\pm) \tag{24.2.4}$$

のもとでの不変性だ. ここで, $f^\pm$ は一対の独立な任意関数だ.

この弦理論で記述される粒子は現実の自然界で見られるものと一致しない. ラモン (Ramond)[7], それとヌヴォー (Neveu)・シュワルツ (Schwarz)[8] は1971年に, それぞれ半整数のスピンの粒子とパイ中間子の量子数を持つ粒子を導入しようとして, d 個のフェルミオン場2重項 $\psi_1^\mu(\sigma,\tau)$ と $\psi_2^\mu(\sigma,\tau)$ を加えることを提案した. そのすぐ後にジェルベ (Gervais)・崎田[9] はこの理論の作用として以下のものを提唱した.

$$I[X,\psi] = \int d\sigma^+ \int d\sigma^- \left[T \frac{\partial X^\mu}{\partial \sigma^+} \frac{\partial X_\mu}{\partial \sigma^-} + i\psi_2^\mu \frac{\partial}{\partial \sigma^+} \psi_{2\mu} + i\psi_1^\mu \frac{\partial}{\partial \sigma^-} \psi_{1\mu} \right]. \tag{24.2.5}$$

さらに, 共形変換を一般化して (24.2.4) と同時にフェルミオン場を以下のように変換すると, 共形不変性が保たれることを示した.

$$\psi_1^\mu \to \left(\frac{df^+}{d\sigma^+}\right)^{-1/2} \psi_1^\mu, \qquad \psi_2^\mu \to \left(\frac{df^-}{d\sigma^-}\right)^{-1/2} \psi_2^\mu. \tag{24.2.6}$$

ジェルベ・崎田は, 2次元共形不変性と d 次元ローレンツ不変性に加えて, 適切な境界条件をとると, この理論はボソン場 X^μ とフェルミオン場 ψ_r^μ を交換する以下の微小変換のもとでの対称性を持つことに気づいた.

$$\delta\psi_2^\mu(\sigma^+,\sigma^-) = iT\,\alpha_2(\sigma^-)\frac{\partial}{\partial\sigma^-}X^\mu(\sigma^+,\sigma^-)\,,$$
$$\delta\psi_1^\mu(\sigma^+,\sigma^-) = iT\,\alpha_1(\sigma^+)\frac{\partial}{\partial\sigma^+}X^\mu(\sigma^+,\sigma^-)\,, \quad (24.2.7)$$
$$\delta X^\mu(\sigma^+,\sigma^-) = \alpha_2(\sigma^-)\,\psi_2^\mu(\sigma^+,\sigma^-) + \alpha_1(\sigma^+)\,\psi_1^\mu(\sigma^+,\sigma^-)\,.$$

ここで, α_1 と α_2 はそれぞれ σ^+ と σ^- のフェルミオン的な微小関数であり, これらは9.5節で導入したグラスマン数のようなものだ. これはやがて超対称性と呼ばれるようになったボソンとフェルミオンをつなぐ対称性の例となっている. しかし, ここまででは, これは2次元場の理論の対称性にすぎず, 4次元時空での物理的理論の対称性ではない.

数年後, ヴェス (Wess) とズミノ (Zumino)[10] は参考文献7-9で与えられた超対称性の例に言及し, 超対称性の着想を4次元時空へと拡張するよう試みるのが自然だと説き, 幾つかの超対称性模型を構成した. 一番単純なものは, マヨラナ場 (自己荷電共役なディラック場) ψ を一つ, 実スカラーと実擬スカラーのボソン場 A と B の組, それと実スカラーと実擬スカラーのボソン補助場 F と G の組を含み, 以下の微小変換のもとで不変だ.**

$$\delta A = \left(\bar{\alpha}\,\psi\right), \qquad \delta B = -i\left(\bar{\alpha}\,\gamma_5\,\psi\right),$$
$$\delta\psi = \partial_\mu(A + i\gamma_5 B)\gamma^\mu\alpha + (F - i\gamma_5 G)\alpha\,, \quad (24.2.8)$$

**ここでのディラック行列の記法は序文と5.4節で説明した通りだ. ここで使う γ_5 (これは $\gamma_5^2 = 1$ を満たす) は, ヴェス・ズミノによって使われたものに i の因子をかけたものであり, 任意のスピノル ψ の共変な共役 $\bar{\psi}$ は, ここではヴェス・ズミノのものに i をかけたものだ. この理由により, 表式(24.2.8)–(24.2.10)の幾つかの位相は参考文献10のものと異なっている.

24.2 超対称性の誕生

$$\delta F = \left(\bar{\alpha}\gamma^\mu \partial_\mu \psi\right), \qquad \delta G = -i\left(\bar{\alpha}\gamma_5\gamma^\mu \partial_\mu \psi\right).$$

ここで,α は任意の微小なマヨラナ・フェルミオンのc数の定数パラメータだ.もしこれらの変換のもとでの不変性を作用に要求すると,これらの場から作られるもっとも一般的な実,ローレンツ不変,パリティ保存,くりこみ可能なラグランジアン密度は,

$$\begin{aligned}\mathcal{L} =\ & -\tfrac{1}{2}\,\partial_\mu A\,\partial^\mu A - \tfrac{1}{2}\,\partial_\mu B\,\partial^\mu B - \tfrac{1}{2}\,\bar{\psi}\gamma^\mu \partial_\mu \psi \\ & + \tfrac{1}{2}\left(F^2+G^2\right) + m\left[FA+GB-\tfrac{1}{2}\bar{\psi}\psi\right] \\ & + g\Big[F(A^2+B^2)+2GAB-\bar{\psi}(A+i\gamma_5 B)\psi\Big]\end{aligned} \qquad (24.2.9)$$

となる.補助場 F と G は2次で入っているから,それらを場の方程式,

$$F = -mA - g(A^2+B^2), \quad G = -mB - 2gAB \qquad (24.2.10)$$

で与えられる値に置きかえても,同等のラグランジアンを得る.そのラグランジアン密度は以下となる.

$$\begin{aligned}\mathcal{L} =\ & -\tfrac{1}{2}\,\partial_\mu A\,\partial^\mu A - \tfrac{1}{2}\,\partial_\mu B\,\partial^\mu B - \tfrac{1}{2}\,\bar{\psi}\gamma^\mu \partial_\mu \psi \\ & -\tfrac{1}{2}m^2[A^2+B^2] - \tfrac{1}{2}m\bar{\psi}\psi \\ & -gmA(A^2+B^2) - \tfrac{1}{2}g^2(A^2+B^2)^2 - g\bar{\psi}(A+i\gamma_5 B)\psi.\end{aligned}$$

$$(24.2.11)$$

このラグランジアン密度ではスカラーとフェルミオンの質量が等しくなるばかりか,湯川相互作用とスカラーの自己相互作用の関係も付く.これは超対称性理論に特徴的なことだ.ヴェス・ズミノはまた,ベクトル場を含む超対称多重項についても超対称性変換とラグランジアンを与えた.(これらについては,26章で詳しく調べる.)最後に,ヴェス・ズミノは第2の論文[11]でコールマン・マンデューラ定理を思い起こし,この定理が破られているのは,対称性生成子が交換関係ではな

く，反交換関係を満たすことによることを明らかにした．それから数年してはじめて，グリオッツィ(Gliozzi)・シャーク (Scherk)・オリーブ(Olive)[11a] が弦理論において，ラモン・ヌヴォー・シュワルツ模型の場に適切な周期境界条件を課すことにより，世界面と時空の両方で超対称性を持つ超弦理論を構成することが可能であることを示した．

ヴェス・ズミノは知らなかったが，4次元時空での超対称性についての彼らの最初の論文が出る以前に，ソビエト連邦ではこの対称性についての一対の論文がすでに出ていた．1971年にゴルファンド(Gol'fand)とリクトマン(Likhtman)[12] が2.4節で論じたポアンカレ群の代数を超対称性代数に拡張し，この超対称性代数のもとでの不変性から4次元時空での超対称性を持つ場の理論を構成していたのだ．彼らの論文は予言的であるものの，詳細はほとんど与えられておらず，ずっと後になるまで一般には無視されていた．それとは独立にボルコフ(Volkov)とアクロフ(Akulov)[13] は1973年に今日，自発的に破れた超対称性と呼ばれるものを発見した．しかし，この理論を利用して超対称性の破れに伴うゴールドストーン・フェルミオンをニュートリノと同一視していて，これは成功しなかった．ほとんどの理論家は，特にソビエト連邦の外では，1974年のヴェス・ズミノの論文から超対称性を4次元時空での自然界の対称性として考えるようになったと言える．

補遺 A: 非相対論的クォーク模型の $SU(6)$ 対称性

この補遺では非相対論的クォーク模型においてどのように $SU(6)$ 対称性がスピンの異なる粒子を関係付けるかを述べる．これはなんら直接に超対称性とは関係無いが，25.1節と31.1節で一般の超対称性代数を構成する上で本質的な役割をするコールマン・マンデューラ定理の歴史的な背景を理解するのに役立つ．

一般に，非相対論的クォーク模型のハミルトニアンは位置と運動量

のみならず，スピン演算子 $\sigma_i^{(n)}$ とフレーバー演算子 $\lambda_A^{(n)}$ とに依存できる．ここで，$\sigma_i^{(n)}$ ($i = 1, 2, 3$) は n 番目のクォークのスピン添字に対して (5.4.18) で定義されるパウリ行列 σ_i として作用し，$\lambda_A^{(n)}$ ($A = 1, 2, \ldots, 8$) は n 番目のクォークのフレーバーの添字に対して (19.7.2) で定義される $SU(3)$ のゲルマン行列 λ_A として作用する．(n が反クォークに相当するとき，$\sigma_i^{(n)}$ と $\lambda_A^{(n)}$ は反傾表現の行列 $-\sigma_i^T$ と $-\lambda_A^T$ として作用する．) もしスピン・軌道結合が無く，全軌道角運動量 L_i が独立に保存するとだけ仮定すると，ハミルトニアンは全スピンとユニタリー・スピン，

$$S_i \equiv \tfrac{1}{2} \sum_n \sigma_i^{(n)}, \qquad T_A \equiv \tfrac{1}{2} \sum_n \lambda_A^{(n)}, \qquad (24.\text{A}.1)$$

さらに L_i と可換だとしか結論できない．一方，もしハミルトニアンがクォークの位置と運動量のみに依存するがスピンとクォークのフレーバーには全く依存しないとすると，そのようなハミルトニアンは全軌道角運動量 **L** と可換なばかりか演算子 $\sigma_i^{(n)}$ と $\lambda_A^{(n)}$ のそれぞれと可換となる．これらの極端な場合の中間的な場合が L_i, S_i, T_A と可換であることに加えて，ハミルトニアンが演算子，

$$R_{iA} \equiv \tfrac{1}{2} \sum_n \pm \sigma_i^{(n)} \lambda_A^{(n)} \qquad (24.\text{A}.2)$$

とも可換という場合であり，これは興味深い．ここで符号はクォークでは $+$，反クォークでは $-$ だ．* S_i, T_A, R_{iA} は，群 $SU(6)$ のリー代数を構成して，交換関係は，

$$[S_i, S_j] = i \sum_k \epsilon_{ijk} S_k, \qquad [T_A, T_B] = i \sum_C f_{ABC} T_C,$$
$$[S_i, T_A] = 0, \qquad [S_i, R_{jA}] = i \sum_k \epsilon_{ijk} R_{kA},$$

---

*反クォークの負符号は R_{iA} における反クォークの項がスピンとフレーバーに対して行列 $-(\sigma_i \lambda_A)^T = -(-\sigma_i^T)(-\lambda_A^T)$ として作用することによる．

$$[T_A , R_{iB}] = i\sum_C f_{ABC} R_{iC} , \tag{24.A.3}$$
$$[R_{Ai} , R_{Bj}] = i\delta_{ij}\sum_C f_{ABC} T_C + \tfrac{2}{3}i\delta_{AB}\sum_k \epsilon_{ijk} S_k$$
$$+ i\sum_{kC} \epsilon_{ijk} d_{ABC} R_{kC}$$

となる. ここで, f_{ABC} と d_{ABC} はそれぞれ完全反対称と完全対称な数値係数[14]であり, 独立なゼロとならない値は,

$$f_{123} = 1 , \qquad f_{458} = f_{678} = \sqrt{3}/2 ,$$
$$f_{147} = f_{165} = f_{246} = f_{257} = f_{345} = f_{376} = 1/2 \tag{24.A.4}$$

と,

$$d_{146} = d_{157} = -d_{247} = d_{256} = d_{344} = d_{355} = -d_{366} = -d_{377} = 1/2 ,$$
$$d_{118} = d_{228} = d_{338} = -d_{888} = 1/\sqrt{3} , \tag{24.A.5}$$
$$d_{448} = d_{558} = d_{668} = d_{778} = -1/(2\sqrt{3})$$

で与えられる. これはハミルトニアンに, スピンとフレーバーに依存し S_i と T_A のみならず R_{iA} とも可換な二体相互作用を含めても残る対称性だ. そのような相互作用は以下の形の二体演算子の線形結合として与えられる.

$$H^{(nm)} \propto \left[1 \pm \sum_i \sigma_i^{(n)}\sigma_i^{(m)}\right]\left[\frac{2}{3} \pm \sum_A \lambda_A^{(n)}\lambda_A^{(m)}\right] . \tag{24.A.6}$$

ここで, 符号 ± は, もし粒子 n と m のうち一つがクォークで他が反クォークなら負であり, 両方ともクォークか両方とも反クォークなら正となる.

もちろん, 非相対論的クォーク模型でさえも $SU(6)$ 対称性はせいぜい近似的なものだ. それはスピン・軌道相互作用, およびスピン・

補遺 A: 非相対論的クォーク模型の $SU(6)$ 対称性

スピン相互作用で破られていて,また s クォークの質量によってもフレーバーの $SU(3)$ 対称性はアイソスピンの $SU(2)$ 対称性とハイパー・チャージの $U(1)$ 対称性に落ちている. もし軽い u クォークと d クォーク,さらにそれらの反クォークからなるハドロンのみを考えることにして,クォークの質量差の問題を避けることにすると,ゼロとならない λ_A 行列は,$a = 1, 2, 3$ の λ_a (これらは u クォークと d クォークに対しては (5.4.18) のパウリ行列となる. それらをここでは便宜的に τ_a と呼ぶ) と λ_8 (これは u クォークと d クォークに対しては単に数値 $1/\sqrt{3}$ であり,$\bar{u}$ 反クォークと $\bar{d}$ 反クォークに対しては数値 $-1/\sqrt{3}$ となる) だ. (24.A.6) の相互作用はしたがって,

$$H^{(nm)} \propto \left[1 \pm \sum_i \sigma_i^{(n)} \sigma_i^{(m)} \right] \left[1 \pm \sum_A \tau_A^{(n)} \tau_A^{(m)} \right] \qquad (24.A.7)$$

となる. クォーク数保存以外には,残った対称性は $SU(4)$ であり,その生成子 S_i, T_a, R_{ia} は (24.A.7) と可換だ. これは 1937 年にウィグナー[2] によって核力の対称性として提案された. ただし,当然のことながら,この対称性は,u クォークと d クォークではなく,陽子と中性子に対するものであった. (24.A.7) の相互作用は核理論ではスピンとアイソスピンに依存しない**ウィグナー・ポテンシャル**と区別して**マヨラナ・ポテンシャル**として知られている. また,(24.A.7) のスピンにのみ依存する因子に比例する相互作用は**バートレット・ポテンシャル** (Bartlett potential) と呼ばれ,アイソスピンの因子に比例する相互作用は**ハイゼンベルグ・ポテンシャル** (Heisenberg potential) と呼ばれる.

興味深いことに,非相対論的理論では粒子の種類のみならずスピンにも作用する $SU(6)$ のような対称性になんら理論的な障害が無いにもかかわらず,非相対論的クォーク模型のこの $SU(6)$ のような対称性が,スピンとフレーバーに全く依存しないという仮定よりもよく満たされているという実験的証拠は今までに全く無い. これらの仮定は同じではない. もし N 個の非相対論的クォークか反クォークの系のハ

ミルトニアンがスピンとフレーバーに全く依存しないならば, 対称性は $SU(6)$ ではなく $SU(6)^N$ となる. たとえば, (24.A.6) のような二体相互作用と他の様々な多粒子相互作用は $SU(6)^N$ を $SU(6)$ に破る. もちろん, 所詮これらの対称性は全て近似的なものだ. 問題は $SU(6)$ の破れが $SU(6)^N$ よりは少ないかどうかだ.

Λ, Σ, Ξ 等の核子とハイペロンを含むバリオン8重項を調べることで解答を出すことはできない. 非相対論的クォーク模型ではこれらの粒子は3つのクォークの軌道角運動量ゼロの束縛状態と解釈される. これらの状態はカラーが中性だから, 波動関数はここでは省略しているカラーの添字について完全反対称であり, したがって, スピンとフレーバーの同時交換について完全に対称だ. これにより, バリオン8重項は $SU(6)$ の3階の対称テンソル表現 **56** に含まれる. この表現はバリオン8重項以外にスピン 3/2 の10重項を含む. このバリオン10重項は, 有名な「3–3」共鳴 Δ と $\Sigma(1385), \Xi(1530), \Omega$ からなる. (括弧の中の数字はMeVを単位とした質量を表す. これは同じアイソスピンとストレンジネスを持つより軽い粒子と区別するために記載している.) $SU(6)$ 対称性はバリオンの磁気モーメントをよく予言する. クォークの電荷演算子は $q = e(\lambda_3/2 + \lambda_8/2\sqrt{3})$ だから, この電荷で質量が $m_N/3$ のディラック粒子と同じ磁気モーメント $3q/2m_N$ をクォークが持てば, 磁気モーメント演算子は,

$$\mu_i = 3\mu_N \left[\frac{1}{2}R_{i3} + \frac{1}{2\sqrt{3}}R_{i8}\right]$$

となる. ここで $\mu_N \equiv e/2m_N$ は核子の磁気能率 (magneton) であり, R_{iA} は (24.A.2) で定義されている. この対称性演算子の **56** 重項に属する粒子間の行列要素を計算するのは簡単だ. その結果は, $p, n, \Lambda, \Sigma^+, \Sigma^-, \Xi^-, \Xi^0$, について, それぞれ, μ_N を単位として, $+3, -2, -1, +3, -1, -1, -2$ となる. これらを対応する実験値, $+2.79, -1.91, -0.61, +2.46, -1.16, -0.65, -1.25$ と比較すると一致は結構よく, (Σ^- 以外

補遺 A: 非相対論的クォーク模型の $SU(6)$ 対称性

は)クォークの磁気モーメントを $3\mu_N$ より少し下げるとさらによくなる. 3クォークの波動関数の対称性のために, ハミルトニアンが完全にスピンとフレーバーに独立だと仮定しても新たな結果は得られない. 角運動量がゼロの状態は依然として $6 \times 7 \times 8/3! = 56$ 多重項に入るからだ. 特に, (24.A.6) の演算子はスピンとフレーバーを同時に交換しても対称な任意の2クォーク状態で同じ値4をとる. これはその状態がスピンの交換とフレーバーの交換のそれぞれについて対称であっても, それらのもとで反対称であっても成立する.

$SU(6)$ が $SU(6)^N$ よりよい対称性かどうかを決めるには, 非相対論的クォーク模型でクォークと反クォークの束縛状態と解釈される中間子を調べるほうがよい. これらの状態のハミルトニアンがスピンとフレーバーに全く依らないその対称性は $SU(6)^2$ となり, 中間子状態はその $(6, \bar{6})$ の36次元表現に入る. 一方, $SU(6)$ 対称性については中間子は $SU(6)$ の $\mathbf{6} \times \bar{\mathbf{6}}$ の随伴表現 $\mathbf{35}$ か1重項表現の二つのどちらかに属するとしか言えない. 特に, $\mathbf{35}$ 表現は, $SU(6)$ の生成子 S_i, T_A, R_{iA} に対応して, スピン $S = 1$ の $SU(3)$ の1重項, $S = 0$ の $SU(3)$ の8重項, $S = 1$ の $SU(3)$ 8重項からなる. これらは $S = 0$ の $SU(3)$ 1重項状態から相互作用 (24.A.6) によって分かれた. これらの仮定は所詮近似的なものだから, スピンとフレーバーに全く依存しないという仮定より $SU(6)$ が正確かという問題は, 同じ軌道角運動量を持つ他の35個の状態からの $S = 0$ の $SU(3)$ 1重項の分離が $\mathbf{35}$ 多重項の中の分離より大きいかどうかということになる.

$L = 0$ の軌道角運動量では, クォーク・反クォーク状態は負のパリティ P を持ち, (自己荷電共役状態については) 荷電共役量子数 C はスピン S がゼロか1かに応じて正か負となる. (その説明は5.5節を見よ.) したがって, $\mathbf{35}$ 状態は, 一つの $J^{PC} = 1^{--}$ 1重項, 一つの 0^{-+} 8重項, 一つの 1^{--} 8重項からなり, それぞれ, $\phi(1020)$ と, $\pi, \eta, K, \bar{K}$ の擬スカラー8重項と, $\rho, \omega, K^*, \bar{K}^*$ のベクトル8重項とに対応する. ま

た 0^{-+} の $SU(3)$ 1重項である 958 MeV の η' もあるが, これは $SU(6)$ の1重項と見なされる. この1重項の**35**重項からの分離は, **35**重項内の分離と比べて際立って大きいということはない.

$L=0$ 中間子は非相対論的クォーク模型の対称性の良いテストにはならないとも論じることができる. それは, これらがゴールドストーン・ボソンである $\pi, \eta, K, \bar{K}$ を含んでおり, u クォークと d クォークの質量がゼロならば, それらは質量ゼロとなるから, このモデルでよく記述されないことによる. したがって, $L=1$ のクォーク・反クォーク状態を考えよう. これらの状態は, P が正であり, C は, $S=1$ か $S=0$ かによってそれぞれ正か負になる. したがって, p波の **35** は以下のもので構成される. まず, $S=1$ で $J^{\mathsf{PC}}=0^{++}$, 1^{++}, 2^{++} の $SU(3)$ 1重項で, それらは $f_0(1370)$, $f_1(1285)$, $f_2(1270)$ と考えられる. それと, $h_1(1170)$, $b_1(1235)$, $K_1(1400)$, $\bar{K}_1(1400)$ からなる $S=0$ で 1^{+-} の8重項, また, $S=1$ の8重項は, $f_0(980)$, $a_0(980)$, $K_0^+(1950)$, $\bar{K}_0^+(1950)$ からなる 0^{++} の8重項, $f_1(1420)$, $a_1(1260)$, $K_1^+(1650)$, $\bar{K}_1^+(1650)$ からなる 1^{++} の8重項, $f_2(1430)$, $a_2(1320)$, $K_2^+(1980)$, $\bar{K}_2^+(1980)$ からなる 2^{++} の8重項, となっている. これらの 35×3 状態に加えて, p波の $SU(6)$ 1重項になり得るにふさわしい量子数を持っている粒子が一つある. それは 1^{+-} のアイソスカラー $h_1(1380)$ だ. もちろん, $h_1(1170)$ と $h_1(1380)$ を逆に同定したり, $SU(3)$ の1重項とアイソスカラー 1^{+-} 8重項を $h_1(1170)$ と $h_1(1380)$ の直交線形結合と見なすこともできる. 重要なことは, このように 1^{+-} が二つあり, それらの一つが $SU(6)$ の1重項であり, **35** の内部での分離以上に **35** の粒子群から分離しているとは全く言えないということだ. したがって, ここでも $SU(6)$ 対称性が, スピンとフレーバーに全く依らないという, より強い仮定より正確だという証拠は存在しない.

補遺 B: コールマン・マンデューラ定理

　この補遺では著名なコールマン・マンデューラの定理[5]の証明をする.この定理によれば,唯一の可能なリー代数 (超対称代数ではない) は,並進の生成子 P_μ と斉次ローレンツ変換の生成子 $J_{\mu\nu}$,それと内部対称性の生成子からなる.内部対称性の生成子は,P_μ とも $J_{\mu\nu}$ とも可換であり,物理的状態に作用したとき,スピンと運動量に依存しないエルミート行列として働くものを言う.* ここで「対称性の生成子」とは,S 行列と可換であり,その交換子もまた対称性の生成子となり,1粒子状態を1粒子状態に変換し,多粒子状態には ((24.B.1) のように) 1粒子状態への作用の直和として作用する任意のエルミート演算子を意味する.他の技術的要件は必要になってから加える.2章と3章で述べた相対論的量子力学の一般原理以外には,この証明に必要な仮定は以下のものだけだ.

仮定 1 任意の M について M より軽い質量の粒子の種類は有限だ.

仮定 2 任意の2粒子状態はほぼ全てのエネルギー (つまり,たとえば孤立集合以外の全てのエネルギー) において何らかの反応をする.

仮定 3 弾性2体散乱の散乱振幅はほぼ全てのエネルギーと角度で散乱角の解析関数になっている.**

---

　*後でわかるように,質量ゼロの粒子しか含まない理論では P_μ と $J_{\mu\nu}$ の生成子に D と K_μ を加えると,共形群のリー代数が形成される.[15]

　**厳密に言えば,この仮定は量子電磁理論のような赤外発散を持つ理論では満たされていない.13.3節で示したように,そのような理論では荷電粒子を含む任意の1散乱過程の S 行列要素は,弾性前方散乱を除いてゼロとなる.電磁理論のような可換ゲージ理論では,ゲージ・ボソンに仮想的に質量を与えた理論にコールマン・マンデューラ定理を適用して,ゲージ・ボソンの質量がゼロになっても有限になる質量やうまく積分した断面積のような「赤外安全」な量のみを扱うことで,この問題を避けることができる.量子色力学のような非可換ゲージ理論では,全ての質量ゼロの粒子は閉じ込められていて,もし対称性が破れなければ,その対称性は中間子やバリオンなどのゲージ中性な束縛状態の S 行列要素のみに働く.私が知る限り,コールマン・マンデュー

ここで, S 行列が局所的量子場の理論から導かれることは必要無い. ここで述べる証明は, 幾分か順序を変えて流れをよくしてあり, コールマン・マンデューラが読者に残した幾つかの証明段階も説明する.

4元運動量演算子 P_μ と可換な対称性生成子 B_α のみからなる部分代数についてこの定理を証明するのがわかりやすいだろう. (定理のこの部分はそれ自体, 幾分面白い. これによって非相対論的クォーク模型の $SU(6)$ 対称性のように働く対称性が相対論的理論では否定されるからだ.) そのような対称性生成子は多粒子状態に以下のように作用する.

$$B_\alpha |pm, qn, \ldots\rangle = \sum_{m'} \left(b_\alpha(p)\right)_{m'm} |pm', qn, \ldots\rangle$$
$$+ \sum_{n'} \left(b_\alpha(q)\right)_{n'n} |pm, qn', \ldots\rangle + \cdots. \qquad (24.\text{B}.1)$$

ここで, m, n, 等は質量が $\sqrt{-p_\mu p^\mu}$ となっている粒子のスピンの z 成分と種類を表す離散的な添字であり, $b_\alpha(p)$ は有限のエルミート行列で B_α の1粒子状態への作用を定義する.

さて, (24.B.1) からわかるように, ある固定された p で B_α を $b_\alpha(p)$ へと変換する写像は, 交換関係,

$$[B_\alpha, B_\beta] = i \sum_\gamma C^\gamma_{\alpha\beta} B_\gamma \qquad (24.\text{B}.2)$$

が, エルミート行列 $b_\alpha(p)$ によっても,

$$[b_\alpha(p), b_\beta(p)] = i \sum_\gamma C^\gamma_{\alpha\beta} b_\gamma(p) \qquad (24.\text{B}.3)$$

と満たされているという意味で準同型写像だ. 15.2節で証明したよく知られた定理によれば, $b_\alpha(p)$ のような有限エルミート行列の任意の

ラ定理は, クォークのフレーバーを多く持つ量子色力学のような質量がゼロの粒子が閉じ込められていない非可換ゲージ理論については証明されていない.

リー代数は，コンパクト半単純リー代数と $U(1)$ 代数の直和でなければならない．しかし，この結果を B_α の演算子代数にすぐに適用できるわけではない．なぜなら，演算子 B_α と行列 $b_\alpha(p)$ の間の準同型写像は必ずしも同型関係ではないからだ．それが同型であるためには，ある係数 c^α と運動量 p について $\sum_\alpha c^\alpha b_\alpha(p) = 0$ が成立しているときには，いつでも全ての運動量 k について $\sum_\alpha c^\alpha b_\alpha(k) = 0$ でなければならない．これは $\sum_\alpha c^\alpha B_\alpha = 0$ という条件と同値だ．

B_α を1粒子状態 $b_\alpha(p)$ に写像する準同型写像を考える代りに，コールマン・マンデューラは B_α から固定された運動量 p と q を持つ2粒子状態への B_α の作用を表す行列，

$$\left(b_\alpha(p,q)\right)_{m'n',mn} = \left(b_\alpha(p)\right)_{m'm}\delta_{n'n} + \left(b_\alpha(q)\right)_{n'n}\delta_{m'm} \quad (24.\text{B}.4)$$

へ写像する準同型写像を考えた．4元運動量 p と q の2粒子状態から運動量 p' と q' で質量 $\sqrt{-p'_\mu p'^\mu} = \sqrt{-p_\mu p^\mu}$ と $\sqrt{-q'_\mu q'^\mu} = \sqrt{-q_\mu q^\mu}$ の2粒子状態への弾性散乱か準弾性散乱の S 行列の不変性から，以下の条件が得られる．

$$b_\alpha(p',q')\,S(p',q';p,q) = S(p',q';p,q)\,b_\alpha(p,q)\,. \quad (24.\text{B}.5)$$

ここで，$S(p',q';p,q)$ は $b(p,q)$ および $b(p',q')$ と同じ次元を持つ行列であり，連結 S 行列要素 $S(pm,qn \to p'm',q'n')$ を使って以下で定義される．

$$\begin{aligned}S(pm,qn &\to p'm',q'n')\\ &\equiv \delta^4(p'+q'-p-q)\left(S(p',q';p,q)\right)_{m'n',mn}.\end{aligned} \quad (24.\text{B}.6)$$

仮定2と光学定理 (3.6節を見よ) によれば，p と q をほぼどのように選んでも，弾性散乱振幅は前方でゼロとならない．また，仮定3によれば行列 $S(p',q';p,q)$ は同じ質量殻上で保存則 $p'+q'=p+q$ を満たす

ほぼ全ての p' と q' について正則だから,ほぼ全てのそのような4元運動量について (24.B.5) は**相似変換**だ.

これにより,もしほぼ全ての固定された4元運動量 p と q について $\sum_\alpha c^\alpha b_\alpha(p,q) = 0$ ならば,同じ質量殻上で保存則 $p'+q' = p+q$ を満たすほぼ全ての4元運動量 p' と q' について $\sum_\alpha c^\alpha b_\alpha(p',q') = 0$ となることがわかる. 残念なことに,これからは $\sum_\alpha c^\alpha b_\alpha(p')$ と $\sum_\alpha c^\alpha b_\alpha(q')$ がゼロになるとは言えず,これらの行列が単位行列に (反対符号の係数で) 比例するとしか言えない. これを改善するためには $b_\alpha(p)$ や $b_\alpha(p,q)$ ではなく,それらのトレースゼロの部分を考える必要がある.

(24.B.5) からすぐに得られる結論は,

$$\operatorname{Tr} b_\alpha(p',q') = \operatorname{Tr} b_\alpha(p,q) \tag{24.B.7}$$

ということだ. (24.B.4) も使うと,これから以下がわかる.

$$N(\sqrt{-q_\mu q^\mu})\operatorname{tr} b_\alpha(p') + N(\sqrt{-p_\mu p^\mu})\operatorname{tr} b_\alpha(q')$$
$$= N(\sqrt{-q_\mu q^\mu})\operatorname{tr} b_\alpha(p) + N(\sqrt{-p_\mu p^\mu})\operatorname{tr} b_\alpha(q) . \tag{24.B.8}$$

ここで,$N(m)$ は質量 m の粒子の種類の多重度だ.† また,「tr」の小文字の t は 2 粒子の指標ではなく 1 粒子の指標について和をとることを意味している. $p'+q' = p+q$ が成立するほぼ全ての質量殻上の4元運動量について,これが満たされるためには,関数 $\operatorname{tr} b_\alpha(p)/N(\sqrt{-p_\mu p^\mu})$ が p について線形でなければならない.††

$$\frac{\operatorname{tr} b_\alpha(p)}{N(\sqrt{-p_\mu p^\mu})} = a_\alpha^\mu p_\mu . \tag{24.B.9}$$

---

† コールマン・マンデューラはこの多重度因子を明白に示してはいない. しかし,これはコールマン・マンデューラが説明無しに進んだある段階を正当化するのに必要だ. それは,トレースがゼロの核を持つ対称性生成子 $B_\alpha^\sharp$ を定義する段階だ.

†† クラスター分解原理を満たすどんな相対論的場の量子論でも,粒子数が保存されない過程は不可避であり,そのような過程が存在するために,(24.B.9) において定数項は除外される. たとえ 2 粒子過程のみを考えてこの議論を使わなくても,(24.B.9) の定数項は物理的状態への内部対称性の作用が変わるだけとなる.

ここで, a_α^μ は p から (また表示された指標以外の全てからも) 独立だ. 運動量演算子 P_μ の1次の項を引き去って, 新しい対称性生成子を以下のように定義することができる.

$$B_\alpha^\sharp \equiv B_\alpha - a_\alpha^\mu P_\mu \,. \tag{24.B.10}$$

これは(24.B.9)によると, 1粒子状態についてトレースがゼロの行列,

$$\left(b_\alpha^\sharp(p)\right)_{n'n} = \left(b_\alpha(p)\right)_{n'n} - \frac{\operatorname{tr} b_\alpha(p)}{N(\sqrt{-p_\mu p^\mu})} \delta_{n'n} \tag{24.B.11}$$

で表現される. P_μ は B_α と可換であり, 単位行列は全てと可換だから, $B_\alpha^\sharp$ の交換子は B_α の交換子と同じで, $b_\alpha^\sharp(p)$ の交換子は $b_\alpha(p)$ の交換子と同じだ.

$$[B_\alpha^\sharp, B_\beta^\sharp] = i \sum_\gamma C_{\alpha\beta}^\gamma B_\gamma = i \sum_\gamma C_{\alpha\beta}^\gamma \left[B_\gamma^\sharp + a_\gamma^\mu P_\mu\right], \tag{24.B.12}$$

$$[b_\alpha^\sharp(p), b_\beta^\sharp(p)] = i \sum_\gamma C_{\alpha\beta}^\gamma b_\gamma(p) = i \sum_\gamma C_{\alpha\beta}^\gamma \left[b_\gamma^\sharp(p) + a_\gamma^\mu p_\mu\right]. \tag{24.B.13}$$

また, (24.B.13) と有限行列 $b_\alpha^\sharp(p)$ の交換子のトレースがゼロであることから,[‡] $\sum_\gamma C_{\alpha\beta}^\gamma a_\gamma^\mu = 0$ が導かれ, これを(24.B.12)に使うことで, $B_\alpha^\sharp$ が B_α と同じ交換関係を満たすことが示せる.

$$[B_\alpha^\sharp, B_\beta^\sharp] = i \sum_\gamma C_{\alpha\beta}^\gamma B_\gamma^\sharp \,. \tag{24.B.14}$$

$B_\alpha^\sharp$ は対称性の生成子だから, 散乱振幅は以下を満たす.

$$b_\alpha^\sharp(p', q') S(p', q'; p, q) = S(p', q'; p, q) b_\alpha^\sharp(p, q) \,. \tag{24.B.15}$$

[‡] これは仮定1を使う数少ない場所だ. この仮定無しでは, 交換子のトレースがゼロである必要は無い. また, この点において, 反交換子ではなく交換子を扱っていることは重要だ. これは単位行列は他の行列と反可換ではなく, 有限行列の反交換子のトレースは必ずしもゼロではないからだ.

ここで $b_\alpha^\sharp(p,q)$ は $B_\alpha^\sharp$ の2粒子状態への作用を表す行列だ.

$$\left(b_\alpha^\sharp(p,q)\right)_{m'n',mn} = \left(b_\alpha^\sharp(p)\right)_{m'm}\delta_{n'n} + \left(b_\alpha^\sharp(q)\right)_{n'n}\delta_{m'm}. \quad (24.\text{B}.16)$$

また, これは $B_\alpha^\sharp$ と同じ交換関係を満たす.

$$[b_\alpha^\sharp(p,q), b_\beta^\sharp(p,q)] = i\sum_\gamma C_{\alpha\beta}^\gamma b_\gamma^\sharp(p,q). \quad (24.\text{B}.17)$$

これらの2粒子行列を扱う利点は, $S(p',q';p,q)$ が正則な行列であるから, もし, ある固定された質量殻上の4元運動量 p と q について $\sum_\alpha c^\alpha b_\alpha^\sharp(p,q) = 0$ ならば, 同じ質量殻上で $p'+q' = p+q$ を満たすほぼ全ての p' と q' について $\sum_\alpha c^\alpha b_\alpha^\sharp(p',q') = 0$ が示せることだ. トレースがゼロの行列を扱っているので, 以下が成立する.

$$\sum_\alpha c^\alpha b_\alpha^\sharp(p') = \sum_\alpha c^\alpha b_\alpha^\sharp(q') = 0. \quad (24.\text{B}.18)$$

これより, 全ての質量殻上の運動量 k について $\sum_\alpha c^\alpha b_\alpha^\sharp(k) = 0$ が成立すると言いたいが, ここまでは, ほぼ全ての質量殻上の p' について $q' = p+q-p'$ も質量殻上にあるものについて $\sum_\alpha c^\alpha b_\alpha^\sharp(p') = 0$ を証明したにすぎない (q' も同様). この制限を回避するには, コールマン・マンデューラのトリックを使う. これにはもし $\sum_\alpha c^\alpha b_\alpha^\sharp(p,q) = 0$ ならば, (24.B.18) と (24.B.16) から以下が示せることを使う.

$$\sum_\alpha c^\alpha b_\alpha^\sharp(p,q') = 0.$$

これにより, (24.B.15) から,

$$\sum_\alpha c^\alpha b_\alpha^\sharp(k, p+q'-k) = 0$$

となるから, $p+q'-k$ もまた質量殻上にあるほぼ全ての4元運動量 k について,

$$\sum_\alpha c^\alpha b_\alpha^\sharp(k) = 0 \quad (24.\text{B}.19)$$

補遺 B: コールマン・マンデューラ定理

が成立する.さて,k と $p+q'-k$ が質量殻上にあることから,k には二つのパラメータが残るので,k を選ぶ自由度は十分あり,$p+q'-k$ が質量殻上にあるという条件は少なくとも運動量空間の有限の体積内で $\mathbf{k}$ を自由に選ぶだけの自由度を残す.$\mathbf{p}$ と $\mathbf{q}$ を十分に大きくとることでこの体積を好きなだけ大きくとれるので,ある固定された質量殻上の4元運動量 p と q について $\sum_\alpha c^\alpha b_\alpha^\sharp(p,q) = 0$ ならば,ほぼ全ての質量殻上の4元運動量 k について $\sum_\alpha c^\alpha b_\alpha^\sharp(k) = 0$ となる.しかし,もしある特定の質量殻上の4元運動量 k_0 について $\sum_\alpha c^\alpha b_\alpha^\sharp(k_0) \neq 0$ ならば,4元運動量 k_0 と k の粒子が4元運動量 k' と k'' に散乱する散乱過程は,$\sum_\alpha c^\alpha B_\alpha^\sharp$ によって生成される対称性により,ほぼ全ての k, k', k'' について禁止されることになり,散乱振幅の解析性についてのここでの仮定に矛盾する.したがって,ある固定された質量殻上の4元運動量 p と q について $\sum_\alpha c^\alpha b_\alpha^\sharp(p,q) = 0$ ならば,全ての k について $\sum_\alpha c^\alpha b_\alpha^\sharp(k) = 0$ となり,したがって $\sum_\alpha c^\alpha B_\alpha^\sharp = 0$ であり,B_α を $b_\alpha^\sharp(p,q)$ にうつす写像は同型だ.

これと,$b_\alpha^\sharp(p,q)$ の独立な行列の数が $N(\sqrt{-p_\mu p^\mu})N(\sqrt{-q_\mu q^\mu})$ を越えないことから,対称性の生成子 B_α の独立な数は高々有限個だということがすぐにわかる.コールマン・マンデューラによって強調されたように,この定理の証明には対称性代数は有限次元だという仮定を独立に持ちこむ必要はない.

15.2節の定理に従うと,固定された p と q についての $b_\alpha^\sharp(p,q)$ のような有限なエルミート行列のリー代数は高々,コンパクトな半単純リー代数と幾つかの $U(1)$ 代数の直和だ.このリー代数は対称性生成子 $B_\alpha^\sharp$ のリー代数と同型であることはすでに見たとおりで,$B_\alpha^\sharp$ もまた,高々,コンパクトな半単純リー代数と幾つかの $U(1)$ 代数の直和を張るだけだ.

まず最初に $U(1)$ リー代数の可能性を消そう.任意の一対の質量殻上の運動量 p と q について,p と q を不変に保つローレンツ生成子 J

が存在する. (もし p と q が光円錐上にあり平行ならば, J を $\mathbf{p}$ と $\mathbf{q}$ の共通の方向のまわりの回転にとる. もしそうでなければ, $p+q$ は時間的になっているはずであり, $\mathbf{p} = -\mathbf{q}$ となる重心系で $\mathbf{p}$ と $\mathbf{q}$ の共通の方向のまわりの回転に J をとればよい.) 2粒子状態の基底を選んで J を対角化することができるから,

$$J|pm,qn\rangle = \sigma(m,n)|pm,qn\rangle \tag{24.B.20}$$

となる. さて, P_μ は全ての $B_\alpha^\sharp$ と可換で, $[J, P_\mu]$ は P_μ の成分の線形結合だから, P_μ は全ての $[J, B_\alpha^\sharp]$ と可換で, 対称性生成子 $[J, B_\alpha^\sharp]$ は B_β の線形結合でなければならない. それは定義により, P_μ と可換な対称性生成子の完全系をなす. より詳しく述べると, 対称性生成子の交換子を表現する行列は必ずトレースがゼロなので, $[J, B_\alpha^\sharp]$ は $B_\beta^\sharp$ の線形結合でなければならない. しかし, $B_\beta^\sharp$ の代数の中の任意の $U(1)$ 生成子 $B_i^\sharp$ (これはエルミートとする) は, 全ての $B_\beta^\sharp$ と可換でなければならないから, 特に $[J, B_i^\sharp]$ と可換でなければならない.

$$[B_i^\sharp, [J, B_i^\sharp]] = 0\,.$$

J が対角的になる基底で, この2重交換子の2粒子状態での期待値をとると, 任意の m と n について以下を得る.

$$0 = \sum_{m',n'} \left(\sigma(m',n') - \sigma(m,n)\right) \left|\left(b_i^\sharp(p,q)\right)_{m'n',mn}\right|^2. \tag{24.B.21}$$

添字は有限の範囲を動くので, $\sigma(m,n) = \sigma$ を満たす m と n が存在し, かつ, $\sigma(m',n') \neq \sigma$ と $(b_i^\sharp(p,q))_{m'n',mn} \neq 0$ を満たす m' と n' が存在するような σ が一つでも存在するならば, そのような σ には<u>最小値</u>をとるものがあり, その場合はこの m と n について (24.B.21) の右辺は正定値となり, (24.B.21) に矛盾する. これより, $\sigma(m',n') \neq \sigma(m,n)$ を満たす全ての m, n, m', n' について $(b_i^\sharp(p,q))_{m'n',mn}$ はゼロでなけ

補遺 B: コールマン・マンデューラ定理   25

ればならないことが結論される. $b_i^\sharp(p,q)$ の代数は $B_i^\sharp$ の代数に同型だから, これによって $U(1)$ 生成子 $B_i^\sharp$ はどれも J と可換なことが分かる. $p+q$ は任意の時間的方向に選べるので, $U(1)$ の生成子 $B_i^\sharp$ はどれも斉次ローレンツ群の生成子 $J_{\mu\nu}$ 全てと可換でなければならない. これらが2.5節で「ブースト」と呼んだものと可換だという事実は, $(b_i^\sharp(p))_{n'n}$ が3元運動量と独立であることを意味し, これらが回転と可換であることは $(b_i^\sharp(p))_{n'n}$ がスピンには単位行列として作用することを意味する. したがって, これらの生成子は通常の内部対称性の生成子だ.

これまでの議論で残ったのは, 半単純コンパクト・リー代数 $B_\alpha^\sharp$ だ. 24.1の議論 (コールマン・マンデューラによって与えられた説明を多少明確にしたもの) によると, リー代数の半単純でコンパクトな部分の生成子はローレンツ変換と可換であり, $U(1)$ 生成子のときに示したように, これから, それらも内部対称性の生成子であることが示せる. したがって, P_μ と可換な対称性生成子 B_α は内部対称性の生成子か, P_μ 自身の線形結合であることが示せた.

次に, 運動量演算子と可換ではない対称性生成子が存在する可能性を調べなければならない. 一般の対称性生成子 A_α が4元運動量 p を持つ1粒子状態 $|p,n\rangle$ に及ぼす作用は,

$$A_\alpha |p,n\rangle = \sum_{n'} \int d^4p' \left(\mathcal{A}_\alpha(p',p)\right)_{n'n} |p',n'\rangle \qquad (24.\text{B}.22)$$

となっている. ここで, n と n' は以前と同じようにスピンの z 成分と粒子の種類を意味する. もちろん, 核 $\mathcal{A}_\alpha(p',p)$ は p と p' が共に質量核上になければゼロとなる. まず $\mathcal{A}_\alpha(p',p)$ が任意の $p' \neq p$ についてゼロとなることを示そう.

この目的のためには, もし A_α が対称性生成子ならば,

$$A_\alpha^f \equiv \int d^4x \, \exp(iP\cdot x)\, A_\alpha \, \exp(-iP\cdot x)\, f(x) \qquad (24.\text{B}.23)$$

もそうだということに注意するとよい. ここで, P_μ は4元運動量演算子で, $f(x)$ は自由に選べる関数だ. 1粒子状態に働くと, これは,

$$A_\alpha^f |p,n\rangle = \sum_{n'} \int d^4 p' \, \tilde{f}(p'-p) \left(\mathcal{A}_\alpha(p',p)\right)_{n'n} |p',n'\rangle \quad (24.\text{B}.24)$$

となる. ここで, $\tilde{f}$ はフーリエ変換,

$$\tilde{f}(k) \equiv \int d^4 x \, \exp(ix \cdot k) \, f(x) \quad (24.\text{B}.25)$$

だ. ここで, ある質量殻上にある一対の4元運動量 p と $p+\Delta$ が $\Delta \neq 0$ であり, $\mathcal{A}(p+\Delta, p) \neq 0$ であるとする. $p'+q' = p+q$ を満たす一般の質量殻上の4元運動量 q, p', q' の場合には, $q+\Delta, p'+\Delta, q'+\Delta$ のいずれかは質量殻上にない. もし $\tilde{f}(k)$ が Δ の近傍の十分に小さい領域外ではゼロとなるように選ぶと, A_α^f は4元運動量 q, p', q' の1粒子状態全てを消滅させるが, 4元運動量 p の1粒子状態は消滅させない. したがって, そのような対称性により, 運動量 p と q の任意の粒子が, 運動量 p' と q' の任意の粒子に散乱される過程が禁止される. これはほぼ全てのエネルギーと角度で何らかの散乱があるという仮定2と3に矛盾する.

この結果は, 対称性生成子 A_α が P_μ と可換でなければならないということは意味しない. これは, 核 $\mathcal{A}_\alpha(p',p)$ が $\delta^4(p'-p)$ 自身に比例する項に加えて $\delta^4(p'-p)$ の微分に比例する項も含むことがあるからだ. この可能性を取り扱うために, コールマン・マンデューラは核 $\mathcal{A}_\alpha(p',p)$ が**ディストリビューション**だという「汚い技術的仮定」をした. これは, それぞれが $\delta^4(p'-p)$ の高々有限な D_α 階微分しか含まないということだ. これを言いかえると, それぞれの対称性生成子 A_α は1粒子状態に対して微分 $\partial/\partial p_\mu$ の D_α 次の多項式として働き, その行列係数はこの段階では運動量とスピンに依存してよい. 運動量演算子と可換な対称性生成子についての前述の結果を適用するために,

補遺 B: コールマン・マンデューラ定理

コールマン・マンデューラは運動量演算子の A_α との D_α 重交換子を考えた.

$$B_\alpha^{\mu_1\cdots\mu_{D_\alpha}} \equiv [P^{\mu_1},[P^{\mu_2},\ldots[P^{\mu_{D_\alpha}},A_\alpha]]\ldots]. \tag{24.B.26}$$

$B_\alpha^{\mu_1\cdots\mu_{D_\alpha}}$ と P^μ の交換子の4元運動量 p' と p の状態間の行列要素は, 運動量微分についての D_α 次の多項式を $\delta^4(p'-p)$ に作用させたものに $p'-p$ の $D_\alpha+1$ 個の因子をかけたものに比例し, そのためにゼロとなる. 生成子 $B_\alpha^{\mu_1\cdots\mu_{D_\alpha}}$ は運動量演算子と可換だから, これまでに得られた結果によれば, これは1粒子状態には以下の形の行列として作用する.

$$b_\alpha^{\mu_1\cdots\mu_{D_\alpha}}(p) = b_\alpha^{\sharp\mu_1\cdots\mu_{D_\alpha}} + a_\alpha^{\mu\mu_1\cdots\mu_{D_\alpha}} p_\mu \mathbf{1}. \tag{24.B.27}$$

ここで $b_\alpha^{\sharp\mu_1\cdots\mu_{D_\alpha}}$ は運動量に依存しないトレースがゼロのエルミート行列で, 通常の内部対称性代数を生成し, $a_\alpha^{\mu\mu_1\cdots\mu_{D_\alpha}}$ は運動量に依存しない数定数で, $b_\alpha^{\sharp\mu_1\cdots\mu_{D_\alpha}}$ と $a_\alpha^{\mu\mu_1\cdots\mu_{D_\alpha}}$ はともに添字 $\mu_1\cdots\mu_{D_\alpha}$ について対称だ. また, A_α は必ずしも P_μ と可換ではないが, それらは1粒子状態を質量殻上から動かすことはできない. 仮定1から質量の二乗の演算子 $-P_\mu P^\mu$ が離散的な固有値しかとらないことから A_α は $-P_\mu P^\mu$ と可換でなければならない. したがって, 特に $D_\alpha \geq 1$ では,

$$0 = [P^{\mu_1}P_{\mu_1},[P^{\mu_2},\ldots[P^{\mu_{D_\alpha}},A_\alpha]]\ldots] = 2P_{\mu_1}B_\alpha^{\mu_1\cdots\mu_{D_\alpha}}$$

となり, 以下を得る.

$$0 = p_{\mu_1} b_\alpha^{\mu_1\cdots\mu_{D_\alpha}}(p). \tag{24.B.28}$$

理論が質量を持つ粒子を含む限り, これは任意の時間的 p について満たされなければならないので, $D_\alpha \geq 1$ では,

$$b_\alpha^{\sharp\mu_1\cdots\mu_{D_\alpha}} = 0 \tag{24.B.29}$$

と

$$a_\alpha^{\mu\mu_1\cdots\mu_{D_\alpha}} = -a_\alpha^{\mu_1\mu\cdots\mu_{D_\alpha}} \tag{24.B.30}$$

を得る.しかし,$D_\alpha \geq 2$ では (24.B.30) と $a_\alpha^{\mu\mu_1\cdots\mu_D}$ の添字 $\mu_1\cdots\mu_{D_\alpha}$ についての対称性から,$a_\alpha^{\mu\mu_1\cdots\mu_{D_\alpha}} = 0$ が必要となる.(なぜなら,そうすると,$a_\alpha^{\mu\mu_1\mu_2\cdots\mu_{D_\alpha}} = a_\alpha^{\mu\mu_2\mu_1\cdots\mu_{D_\alpha}} = -a_\alpha^{\mu_2\mu\mu_1\cdots\mu_{D_\alpha}} = -a_\alpha^{\mu_2\mu_1\mu\cdots\mu_{D_\alpha}} = a_\alpha^{\mu_1\mu_2\mu\cdots\mu_{D_\alpha}} = a_\alpha^{\mu_1\mu\mu_2\cdots\mu_{D_\alpha}} = -a_\alpha^{\mu_1\mu_2\mu\cdots\mu_{D_\alpha}}$ となるからだ.) ここで 2 種類のゼロとならない対称性演算子が残った.一つは,$D_\alpha = 0$ のもので,これらについては生成子 A_α は P_μ と可換であり,このために内部対称性か P_μ のある線形結合でなければならない.もう一つは $D_\alpha = 1$ のもので,この場合は,

$$[P^\nu, A_\alpha] = a_\alpha^{\mu\nu} P_\mu \tag{24.B.31}$$

となる.ここで $a_\alpha^{\mu\nu}$ は μ と ν について反対称な数定数だ.(24.B.31) から,以下が要請される.

$$A_\alpha = -\tfrac{1}{2} i\, a_\alpha^{\mu\nu} J_{\mu\nu} + B_\alpha \,. \tag{24.B.32}$$

ここで,$J_{\mu\nu}$ は固有ローレンツ変換の生成子であり,(2.4.13) によれば,$[P^\nu, J^{\rho\sigma}] = -i\eta^{\nu\rho} P^\sigma + i\eta^{\nu\sigma} P^\rho$ を満たす.また,B_α は P_μ と可換だ.A_α と $J_{\mu\nu}$ は対称性の生成子だから,B_α も対称性の生成子だ.したがって,それは内部対称性と P_μ の成分の線形結合でなければならない.これより,(24.B.32) からコールマン・マンデューラ定理の証明が完結する.

* * *

質量がゼロの粒子のみを含む理論では,(24.B.30) を (24.B.28) から導くことは必ずしもできない.なぜなら,$p_\mu p^\mu = 0$ だから,以下の場合も許されるからだ.

$$a_\alpha^{\mu\mu_1\cdots\mu_{D_\alpha}} + a_\alpha^{\mu_1\mu\cdots\mu_{D_\alpha}} \propto \eta^{\mu\mu_1} \,. \tag{24.B.33}$$

この場合には, 対称性代数は内部対称性に共形群の代数を加えたものだ. その共形群の代数は, ポアンカレ群の $J^{\mu\nu}$ と P^μ に生成子 K^μ と D を加えたものだ. それらの生成子の交換関係は以下の通りだ.

$$[P^\mu, D] = iP^\mu, \qquad [K^\mu, D] = -iK^\mu,$$
$$[P^\mu, K^\nu] = 2i\eta^{\mu\nu}D + 2iJ^{\mu\nu}, \quad [K^\mu, K^\nu] = 0, \quad (24.\text{B}.34)$$
$$[J^{\rho\sigma}, K^\mu] = i\eta^{\mu\rho}K^\sigma - i\eta^{\mu\sigma}K^\rho, \quad [J^{\rho\sigma}, D] = 0.$$

また, それに加えて, ポアンカレ代数の交換関係は (2.4.12)–(2.4.14) だ.

$$i[J^{\mu\nu}, J^{\rho\sigma}] = \eta^{\nu\rho}J^{\mu\sigma} - \eta^{\mu\rho}J^{\nu\sigma} - \eta^{\sigma\mu}J^{\rho\nu} + \eta^{\sigma\nu}J^{\rho\mu},$$
$$i[P^\mu, J^{\rho\sigma}] = \eta^{\mu\rho}P^\sigma - \eta^{\mu\sigma}P^\rho, \qquad (24.\text{B}.35)$$
$$[P^\mu, P^\rho] = 0.$$

微小な群要素,

$$U(1 + \omega, \epsilon, \lambda, \rho) = 1 + (i/2)J_{\mu\nu}\omega^{\mu\nu} + iP_\mu\epsilon^\mu + i\lambda D + iK_\mu\rho^\mu$$
$$(24.\text{B}.36)$$

は, 微小な時空の変換,

$$x^\mu \to x^\mu + \omega^{\mu\nu}x_\nu + \epsilon^\mu + \lambda x^\mu + \rho^\mu x^\nu x_\nu - 2x^\mu \rho^\nu x_\nu \quad (24.\text{B}.37)$$

を引き起こす. これらが光円錐を不変にするもっとも一般の微小な時空変換だ.

問題

1. 全ての粒子が質量ゼロの場合に, コールマン・マンデューラ定理の仮定のもとで許されるもっとも一般的な対称性代数は, 内部対称性の生成子にポアンカレ代数か共形代数 (24.B.34), (24.B.35) を加えたものとなることを示せ.

2. ジェルベ・崎田の作用 (24.2.5) が世界面の超対称性変換 (24.2.7) のもとで不変であることを示せ.

3. 時空の超対称性変換 (24.2.8) のもとでのヴェス・ズミノのラグランジアン密度 (24.2.9) の変化分を計算せよ.

参考文献

1. B. Sakita, *Phys. Rev.* **136**, B 1756 (1964); F. Gursey and L. A. Radicati, *Phys. Rev. Lett.* **13**, 173 (1964); A. Pais, *Phys. Rev. Lett.* **13**, 175 (1964); F. Gursey, A. Pais, and L. A. Radicati, *Phys. Rev. Lett.* **13**, 299 (1964). これらの文献は, *Symmetry Groups in Nuclear and Particle Physics*, F. J. Dyson 編 (W. A. Benjamin, New York, 1966) に再録されている. またここにはこの問題に関するダイソンの講義録も入っていて役に立つ.

2. E. P. Wigner, *Phys. Rev.* **51**. 106 (1937). これは, 参考文献 1 の *Symmetry Groups in Nuclear and Particle Physics* に入っている.

3. A. Salam, R. Delbourgo, and J. Strathdee, *Proc. Roy. Soc. (London)* **A 284**, 146 (1965); M. A. Beg and A. Pais, *Phys. Rev. Lett.* **14**, 267 (1965); B. Sakita and K. C. Wali, *Phys. Rev.* **139**, B 1355 (1965). これは, 参考文献 1 の *Symmetry Groups in Nuclear and Particle Physics* に入っている.

4. W. D. McGlinn, *Phys. Rev. Lett.* **12**, 467 (1964); O. W. Greenberg, *Phys. Rev.* **135**, B 1447 (1964); L. Michel, *Phys. Rev.* **137**, B 405 (1964); L. Michel and B. Sakita, *Ann. Inst. Henri-Poincaré* **2**, 167 (1965); M. A. B. Beg and A. Pais, *Phys. Rev.*

Lett. **14**, 509, 577 (1965); S. Coleman, *Phys. Rev.* **138**, B 1262 (1965); S. Weinberg, *Phys. Rev.* **139**, B 597 (1965); L. O'Raifeartaigh, *Phys. Rev.* **139**, B 1052 (1965). これは，参考文献1の *Symmetry Groups in Nuclear and Particle Physics* に入っている．

5. S. Coleman and J. Mandula, *Phys. Rev.* **159**, 1251 (1967).

6. 初等的解説と原論文のリストは，以下の文献にある．M. B. Green, J. H. Schwarz, and E. Witten, *Superstring Theory* (Cambridge University Press, Cambridge, 1987), J. Polchinski, *String Theory* (Cambridge University Press, Cambridge, 1998).

7. P. Ramond, *Phys. Rev.* **D3**, 2415 (1971). この論文は，*Superstrings — The First 15 Years of Superstring Theory*, J. H. Schwarz 編 (World Scientific, Singapore, 1985) に再録されている．

8. A. Neveu and J. H. Schwarz, *Nucl. Phys.* **B31**, 86 (1971); *Phys. Rev.* **D4**, 1109 (1971). これらの論文は，文献7の *Superstrings — The First 15 Years of Superstring Theory* に再録されている．また，Y. Aharonov, A. Casher, and L. Susskind, *Phys. Rev.* **D5**, 988 (1972) も見よ．

9. J.-L. Gervais and B. Sakita, *Nucl. Phys.* **B34**, 632 (1971). この論文は，文献7の *Superstrings — The First 15 Years of Superstring Theory* に再録されている．

10. J. Wess and B. Zumino, *Nucl. Phys.* **B70**, 39 (1974). この論文は，*Supersymmetry*, S. Ferrara 編 (North Holland/World Scientific, Amsterdam/Singapore, 1987) に再録されている．

11. J. Wess and B. Zumino, *Phys. Lett.* **49B**, 52 (1974). この論文は文献10の *Supersymmetry* に再録されている.

11a. F. Gliozzi, J. Scherk, and D. Olive, *Nucl. Phys.* **B122**, 253 (1977).

12. Yu. A. Gol'fand and E. P. Likhtman, *JETP Letters* **13**, 323 (1971). この論文は文献10の *Supersymmetry* に再録されている.

13. D. V. Volkov and V. P. Akulov, *Phys. Lett.* **46B**, 109 (1973). この論文は文献10の *Supersymmetry* に再録されている.

14. M. Gell-Mann, CalTech. Synchotron Laboratory Report CTSL-20 (1961). この論文は出版されていないが, $SU(3)$ 対称性についての他の論文とともに M. Gell-Mann and Y. Ne'eman, *The Eightfold Way* (Benjamin, New York, 1964) に再録されている.

15. R. Haag, J. T. Lopuszanski, and M. Sohnius, *Nucl. Phys.* **B88**, 257 (1975). この論文は文献10の *Supersymmetry* に再録されている.

第 25 章

超対称代数

この章では，ハーグ (Haag)・ロプザンスキー (Lopuszanski)・ゾーニウス (Sohnius)[1] の処法に従って，超対称性の形式を第 1 原理から展開する．以下で見るように，コールマン・マンデューラの定理が成り立つ条件の下では，この構造はローレンツ不変性の要求からほとんど一意的に決まる．1 粒子状態の超対称多重項の構造は超対称代数から直接導かれる．

25.1 次数付きリー代数と次数付きパラメータ

2.2 節で，任意の連続対称性変換を，交換関係 $[t_a, t_b] = i\sum_c C_{ab}^c t_c$ を満たす線形独立な対称性生成子 t_a のリー代数で表現する方法を見た．全く同様に超対称性は，

$$t_a t_b - (-1)^{\eta_a \eta_b} t_b t_a = i \sum_c C_{ab}^c t_c \tag{25.1.1}$$

の形の交換関係および反交換関係で表わされる**次数付き** (graded) リー代数[2]を構成する対称性生成子 t_a で表現される．(和をとる規則はこの節では採用しない．) ここで η_a は各々の a について +1 か 0 のどち

らかの値をとり生成子 t_a の**次数** (grading) と呼ばれている. また C_{ab}^c は構造定数の数値の組だ. $\eta_a = 1$ の生成子 t_a は**フェルミオン的**と呼ばれ, 残りの生成子は $\eta_a = 0$ で**ボゾン的**と呼ばれる. (25.1.1) はボゾン的演算子同士およびボゾン的演算子とフェルミオン的演算子の間では交換関係を与えるが, フェルミオン的演算子同士では反交換関係を与える. すぐ後に (25.1.1) の動機付けに戻るが, 今しばらくはこの構造定数についての結果を概観しよう.

(25.1.1) より構造定数は,

$$C_{ba}^c = -(-1)^{\eta_a \eta_b} C_{ab}^c \tag{25.1.2}$$

の条件を満たさなければならない. 場の演算子の汎関数として構成された任意の演算子について, 2 個のボゾン的演算子または 2 個のフェルミオン的演算子の積はボゾン的で, 1 個のボゾン的演算子と 1 個のフェルミオン的演算子の積はフェルミオン的なので,

$$\eta^c = \eta^a + \eta^b \ (\text{mod } 2) \quad \text{でなければ} \quad C_{ab}^c = 0 \tag{25.1.3}$$

が成り立つ. また, このようにして構成された任意の演算子について, ボゾン的またはフェルミオン的演算子のエルミート共役は, それぞれボゾン的またはフェルミオン的だ. t_a がエルミート演算子なら, 構造定数は実条件

$$C_{ab}^{c\,*} = -C_{ba}^c \tag{25.1.4}$$

を満たす.

構造定数はまた, 超ヤコビ恒等式

$$(-1)^{\eta_c \eta_a} [[t_a, t_b\}, t_c\} + (-1)^{\eta_a \eta_b} [[t_b, t_c\}, t_a\} + (-1)^{\eta_b \eta_c} [[t_c, t_a\}, t_b\} = 0 \tag{25.1.5}$$

から導かれる非線形条件を満たす. ここで「[...}」は (25.1.1) の左辺に現れるような交換子または反交換子を表すが, ここでは任意の次数

25.1 次数付きリー代数と次数付きパラメータ

付き演算子 O, O', 等に,

$$[O, O'\} \equiv OO' - (-1)^{\eta(O)\eta(O')}O'O = -(-1)^{\eta(O)\eta(O')}[O', O\} \quad (25.1.6)$$

と拡張されたものを意味する. ここで生成子の任意の積 $O = t_a t_b t_c \cdots$ の次数は $\eta(O) \equiv \eta_a + \eta_b + \eta_c + \cdots \pmod{2}$ で与えられると理解する. ((25.1.5) を証明するには, $t_a t_b t_c$ と $t_a t_c t_b$ の係数がゼロになることを証明すれば十分だ. なぜなら, そうすれば (25.1.5) の左辺の循環置換 $abc \to bca \to cab$ の下での対称性から生成子の他の全ての積もゼロになることが保証されるからだ. (25.1.5) の $t_a t_b t_c$ の係数は,

$$(-1)^{\eta_c \eta_a} - (-1)^{\eta_a \eta_b}(-1)^{\eta_a(\eta_b + \eta_c)} = 0$$

で, $t_a t_c t_b$ の係数は,

$$(-1)^{\eta_a \eta_b}(-1)^{\eta_b \eta_c}(-1)^{\eta_a(\eta_b + \eta_c)} - (-1)^{\eta_b \eta_c}(-1)^{\eta_c \eta_a} = 0$$

だ. 証明終.) (25.1.1) を (25.1.5) に代入して, 条件式

$$\sum_d (-1)^{\eta_c \eta_a} C_{ab}^d C_{dc}^e + \sum_d (-1)^{\eta_a \eta_b} C_{bc}^d C_{da}^e + \sum_d (-1)^{\eta_b \eta_c} C_{ca}^d C_{db}^e = 0 \quad (25.1.7)$$

を得る. もちろん, 全ての生成子がボゾン的な場合には (25.1.5) は通常のヤコビ恒等式であり, (25.1.7) は構造定数に対する通常の非線形条件 (2.2.22) だ.

(25.1.1) を我々の出発点にとることもできるが, 2.2 節で通常のリー代数を有限な連続対称性変換の必要な性質として動機付けたのと同様の動機付けをすることも可能だ. 違いは, ここでの変換が連続な**次数付き**パラメータに依存する点だ. 次数付き c 数パラメータの組は通常の数とグラスマン・パラメータ (9.5 節を見よ) とを含む「数」と考えることができる. この数は数論の結合則と分配則を満たすが, 単純な交換則のかわりに,

$$\alpha^a \beta^b = (-1)^{\eta_a \eta_b} \beta^b \alpha^a \quad (25.1.8)$$

の関係を満たす. ここで, 記号 $\alpha^a, \beta^a, \ldots$ は a 番目のパラメータの異なる値を区別するために使う. これはベクトル代数で v^a と u^a を使って, ある実ベクトルの異なる値の a 成分を表すのと同じだ. ここでも a 番目の次数付きパラメータは次数 η_a を持ち, これは α^a がフェルミオン的かボゾン的かに応じて, それぞれ +1 または 0 の値をとる. すなわち, これらのパラメータはどちらかがボゾン的なら交換し, 両方がフェルミオン的なら反交換する. 次数付きパラメータの組の積 $\alpha^a \beta^b \gamma^c \cdots$ は次数 $\eta_a + \eta_b + \eta_c + \cdots \pmod{2}$ を持つ. つまり, そのような積はフェルミオン的パラメータを奇数個含めばフェルミオン的で, それ以外はボゾン的だ. この次数を使えば, 次数付きパラメータの積がちょうど (25.1.8) のような交換則または反交換則を満たすことは容易に分かる.

次数付きパラメータ α^a の形式的な冪級数

$$T(\alpha) = 1 + \sum_a \alpha^a t_a + \sum_{ab} \alpha^a \alpha^b t_{ab} + \cdots \tag{25.1.9}$$

で与えられる連続的な変換 $T(\alpha)$ を考える. ここで t_a, t_{ab}, 等は α に依らない係数演算子の組で今のところ (25.1.1) のような代数関係は全く仮定しない. パラメータ α^a が (25.1.8) を満たすので, 係数 $t_{ab\ldots}$ は,

$$t_{ab} = (-1)^{\eta_a \eta_b} t_{ba} \tag{25.1.10}$$

のような対称または反対称条件を満たす必要がある. また, 変換 $T(\beta)$ はどの次数付きパラメータの任意の値 α^a とも交換すると仮定するのが便利だ. その場合, (25.1.9) の係数演算子は条件

$$\alpha^a t_b = (-1)^{\eta_a \eta_b} t_b \alpha^a , \tag{25.1.11}$$

$$\alpha^a t_{bc} = (-1)^{\eta_a (\eta_b + \eta_c)} t_{bc} \alpha^a \tag{25.1.12}$$

を満たす. すなわち, t_b と t_{bc} はそれ自身があたかも次数付きパラメー

25.1 次数付きリー代数と次数付きパラメータ

タであるかのように, 次数付きパラメータと次数 η_b および $\eta_b + \eta_c$ (mod 2) で交換または反交換する.

それ以外にこれらの演算子の満たすべき条件は, $T(\alpha)$ が半群を作る, すなわち, 次数付きパラメータの異なる値 α と β を持つ演算子の積はそれ自身が T 演算子だという要求だ.

$$T(\alpha)T(\beta) = T(f(\alpha,\beta)) . \qquad (25.1.13)$$

ここで $f^c(\alpha,\beta)$ はそれ自身次数付きパラメータの形式的な冪級数だ. $T(0)T(\beta) = T(\beta)$ および $T(\alpha)T(0) = T(\alpha)$ より,

$$f^c(0,\beta) = \beta^c , \qquad f^c(\alpha,0) = \alpha^c \qquad (25.1.14)$$

でなければならない. したがって, $f(\alpha,\beta)$ の冪級数展開は,

$$f^c(\alpha,\beta) = \alpha^c + \beta^c + \sum_{ab} f^c_{ab} \alpha^a \beta^b + \cdots \qquad (25.1.15)$$

の形をしている必要がある. ここで f^c_{ab} は通常の (つまりボソン的な) 定数の組で,「$\cdots$」は次数付きパラメータの 3 次以上の項を表す. $f^c(\alpha,\beta)$ が次数付きパラメータであるためには, (25.1.15) の各項は同じ次数を持つ必要があり, それは,

$$\eta^c = \eta^a + \eta^b \pmod{2} \quad \text{でなければ} \quad f^c_{ab} = 0 \qquad (25.1.16)$$

を意味する. 冪級数 (25.1.9) と (25.1.15) を積の法則 (25.1.13) に代入すると,

$$\left[1 + \sum_a \alpha^a t_a + \sum_{ab} \alpha^a \alpha^b t_{ab} + \cdots \right] \left[1 + \sum_a \beta^a t_a + \sum_{ab} \beta^a \beta^b t_{ab} + \cdots \right]$$
$$= 1 + \sum_c \left(\alpha^c + \beta^c + \sum_{ab} f^c_{ab} \alpha^a \beta^b + \cdots \right) t_c$$
$$+ \sum_{cd} \left(\alpha^c + \beta^c + \cdots \right)\left(\alpha^d + \beta^d + \cdots \right) t_{cd} + \cdots$$

が得られる. 1, α^a, β^a, $\alpha^a\alpha^b$, $\beta^a\beta^b$ の係数はこの式の両辺で等しいが, $\alpha^a\beta^b$ の係数が等しいという条件からは, 自明でない関係式

$$(-1)^{\eta_a\eta_b}t_a t_b = \sum_c f_{ab}^c t_c + t_{ab} + (-1)^{\eta_a\eta_b}t_{ba} = \sum_c f_{ab}^c t_c + 2t_{ab} \tag{25.1.17}$$

が得られる. (左辺の符号因子は t_a と β^b の入れ替えから生じる.) 同種の高次の関係式を用いると, 生成子 t_a と群合成関数 $f^a(\alpha, \beta)$ を知っていれば, これにより関数 (25.1.9) 全体を計算する事が可能となる. しかしこれが可能であるためには, t_a は以下の条件を満たさねばならない. (25.1.10) を使うと, (25.1.17) および同じ方程式で a と b を入れ替えたものの差または和からリー超対称代数 (25.1.1) が得られ, その構造定数は,

$$iC_{ab}^c = (-1)^{\eta_a\eta_b}f_{ab}^c - f_{ba}^c \tag{25.1.18}$$

で与えられる. また, (25.1.3) は (25.1.16) と (25.1.18) から直ちに得られる.

反交換する c 数 α の複素共役 α^* は, α と任意の演算子 $\mathcal{O}$ との積のエルミート共役が,

$$(\alpha\mathcal{O})^* = \mathcal{O}^*\alpha^* \tag{25.1.19}$$

となるように定義する. したがって, 複素共役のもとでの c 数の積の振舞いは, エルミート共役のもとでの演算子の振舞いと同じく,

$$(\alpha\beta)^* = \beta^*\alpha^* \tag{25.1.20}$$

となり, α^* は α と同じ次数を持つ.

物理的に重要な次数付きリー代数は時空対称性から厳しく制限される. 次にこれらの制限の考察に移ろう.

25.2　超対称代数

　S 行列と交換する対称性生成子の一般的な次数付きリー代数を考える．Q を任意のフェルミオン的な対称性の生成子とすると，$U^{-1}(\Lambda)\,Q\,U(\Lambda)$ もそうなる．ここで，$U(\Lambda)$ は任意の斉次ローレンツ変換 $\Lambda^\mu{}_\nu$ に対応する量子力学的演算子だ．したがって $U^{-1}(\Lambda)\,Q\,U(\Lambda)$ はフェルミオン的な対称性生成子の完全系の線形結合であり，よって，この生成子の完全系は斉次ローレンツ群の表現になっていなければならない．したがって個々の生成子はそれが属する斉次ローレンツ群の既約表現に従って分類できる．

　5.6 節で説明したように，任意の演算子の組が持つ斉次ローレンツ群の表現は，

$$\mathbf{A} \equiv \tfrac{1}{2}\left(\mathbf{J}+i\mathbf{K}\right), \qquad \mathbf{B} \equiv \tfrac{1}{2}\left(\mathbf{J}-i\mathbf{K}\right) \tag{25.2.1}$$

で定義される生成子 $\mathbf{A}$ および $\mathbf{B}$ との交換関係を与えることで特定できる．ここで $\mathbf{J}$ と $\mathbf{K}$ はそれぞれ回転とブーストのエルミート生成子だ．これらは交換関係

$$[A_i, A_j] = \sum_k \epsilon_{ijk} A_k, \quad [B_i, B_j] = \sum_k \epsilon_{ijk} B_k, \quad [A_i, B_j] = 0 \tag{25.2.2}$$

を満たす．ここで i,j,k は 1, 2, 3 の値をとり，ϵ_{ijk} は完全反対称で $\epsilon_{123} = +1$ だ．よって，斉次ローレンツ群の表現は，2 個の独立なスピンを持つ状態のように，2 個の整数または半整数 A と B で指定され，その表現の要素は $-A$ から $+A$ までと $-B$ から $+B$ までそれぞれ間隔 1 おきに値をとる 2 個の添字 a と b で指定される．より詳しく言えば，斉次ローレンツ群の (A,B) 表現を形成する $(2A+1)(2B+1)$ 個

の演算子 Q_{ab}^{AB} は交換関係

$$[\mathbf{A}, Q_{ab}^{AB}] = -\sum_{a'} \mathbf{J}_{aa'}^{(A)} Q_{a'b}^{AB}, \qquad [\mathbf{B}, Q_{ab}^{AB}] = -\sum_{a'} \mathbf{J}_{bb'}^{(B)} Q_{ab'}^{AB} \tag{25.2.3}$$

を満たす. ここで $\mathbf{J}^{(j)}$ は角運動量 j のスピン 3 元ベクトル行列だ.

$$\left(J_1^{(j)} \pm i J_2^{(j)}\right)_{\sigma'\sigma} = \delta_{\sigma',\sigma\pm 1}\sqrt{(j\mp\sigma)(j\pm\sigma+1)},$$
$$\left(J_3^{(j)}\right)_{\sigma'\sigma} = \delta_{\sigma'\sigma}\sigma. \tag{25.2.4}$$

(25.2.4) から,*

$$-\left(\mathbf{J}^{(j)}\right)^*_{\sigma',\sigma} = (-1)^{\sigma'-\sigma}\left(\mathbf{J}^{(j)}\right)_{-\sigma',-\sigma} \tag{25.2.5}$$

が分かる. よって Q_σ^j が回転群のスピン j 表現に従って変換する演算子なら, $(-1)^{j-\sigma}Q_{-\sigma}^{j*}$ もそうである. また, (25.2.1) より $\mathbf{A}^* = \mathbf{B}$ が分かる. (25.2.3) のエルミート共役をとると, 斉次ローレンツ群の (A,B) 表現に従って変換する演算子のエルミート共役 Q_{ab}^{AB*} は (B,A) 表現に従って変換する演算子 $\bar{Q}_{ba}^{BA}$ と相似変換によって以下の関係にあることが分かる.

$$Q_{ab}^{AB*} = (-1)^{A-a}(-1)^{B-b}\bar{Q}_{-b,-a}^{BA}. \tag{25.2.6}$$

ハーグ・ロプザンスキー・ゾーニウスの定理[1]によれば, まず, フェルミオン的な対称性の演算子は $(0,1/2)$ 表現と $(1/2,0)$ 表現のみに属することができる. 既に見たように, $(0,1/2)$ 演算子あるいは $(1/2,0)$ 演算子のエルミート共役はそれぞれ $(1/2,0)$ 演算子あるいは $(0,1/2)$ 演算子の線形結合なので, フェルミオン的な対称性演算子の完全系は $(0,1/2)$ 生成子 $\mathbf{Q}_{ar}$ (上付き添字 $0\frac{1}{2}$ は省略する) とその $(1/2,0)$ エル

---

*アスタリスクは演算子のエルミート共役または数の複素共役を表すのに使う. ダガー † は演算子のエルミート共役または数の複素共役から作られる行列の転置を表すのに使う.

25.2 超対称代数

ミート共役 Q^*_{ar} に分けることが可能だ. ここで a は値 $\pm 1/2$ をとるスピノルの添字で, r は同じローレンツ変換性を持つ異なる 2 成分生成子を区別するのに使う.** さらにこの定理によれば, フェルミオン的生成子は反交換関係

$$\{Q_{ar}, Q^*_{bs}\} = 2\delta_{rs}\, \sigma^\mu_{ab} P_\mu, \tag{25.2.7}$$

$$\{Q_{ar}, Q_{bs}\} = e_{ab} Z_{rs} \tag{25.2.8}$$

を満たすように定義できる. ここで P_μ は 4 元運動量, $Z_{rs} = -Z_{sr}$ はボゾン的な対称性生成子, σ_μ と e は以下の 2×2 行列だ (行と列は $+1/2$, $-1/2$ の添字を持つ).

$$\sigma_1 = \begin{pmatrix} 0 & 1 \\ 1 & 0 \end{pmatrix},\ \sigma_2 = \begin{pmatrix} 0 & -i \\ i & 0 \end{pmatrix},\ \sigma_3 = \begin{pmatrix} 1 & 0 \\ 0 & -1 \end{pmatrix},$$

$$\sigma_0 = \begin{pmatrix} 1 & 0 \\ 0 & 1 \end{pmatrix},\ e = \begin{pmatrix} 0 & 1 \\ -1 & 0 \end{pmatrix}. \tag{25.2.9}$$

最後に, フェルミオン的演算子はエネルギーおよび運動量と交換する.

$$[P_\mu, Q_{ar}] = [P_\mu, Q^*_{ar}] = 0 \tag{25.2.10}$$

また Z_{rs} と Z^*_{rs} は,

$$\begin{aligned}0 &= [Z_{rs}, Q_{at}] = [Z_{rs}, Q^*_{at}] = [Z_{rs}, Z_{tu}] = [Z_{rs}, Z^*_{tu}] \\ &= [Z^*_{rs}, Q_{at}] = [Z^*_{rs}, Q^*_{at}] = [Z^*_{rs}, Z^*_{tu}]\end{aligned} \tag{25.2.11}$$

の意味でこの代数の中心電荷の組だ.

**ここでは 2 成分ワイル・スピノル Q_{ar} にイタリック体ではなくローマ字体を使っている. これはこの節で後に導入する 4 成分ディラック・スピノルと区別するためだ. ファン・デル・ヴェルデンによる記法に従えば, Q のような $(0, 1/2)$ 演算子は $Q_{\dot a}$ のようにドット付き添字で書き, $(1/2, 0)$ 演算子はドット無し添字で書く. しかし, ここではこの記法を使わないで, 代わりにどちらの 2 成分スピノルが斉次ローレンツ群の $(0, 1/2)$ または $(1/2, 0)$ 表現に従って変換するかを陽に示す.

これらの結果を証明するために, 斉次ローレンツ群のある (A,B) 既約表現に属し, したがって $-A$ から $+A$ までと $-B$ から $+B$ まで間隔 1 おきに値をとる添字 a と b を使って Q_{ab}^{AB} と表されるゼロでないフェルミオン的な対称性生成子を考えることから始めよう. 既に述べたように, エルミート共役は (B,A) 表現に属する演算子と (25.2.6) で関係がついているので, これらの演算子の反交換子は,

$$\{Q_{ab}^{AB}, Q_{a'b'}^{AB*}\} = (-1)^{A-a'}(-1)^{B-b'} \sum_{C=|A-B|}^{A+B} \sum_{D=|A-B|}^{A+B} \sum_{c=-C}^{C} \sum_{d=-D}^{D}$$
$$\times C_{AB}(Cc;a,-b') C_{AB}(Dd;-a'b) X_{cd}^{CD} \quad (25.2.12)$$

の形を取らなければならない. ここで $C_{AB}(j\sigma;ab)$ はスピン A と B を結合してスピン j を作る場合の通常のクレブシュ・ゴルダン係数で, X_{cd}^{CD} は斉次ローレンツ群の (C,D) 表現に従って変換する演算子の (c,d) 成分だ. クレブシュ・ゴルダン係数のよく知られたユニタリー性を使って, 演算子 X_{cd}^{CD} をこれらの反交換子で表すことができる.

$$X_{cd}^{CD} = \sum_{a=-A}^{A} \sum_{b=-B}^{B} \sum_{a'=-A}^{A} \sum_{b'=-B}^{B} (-1)^{A-a'}(-1)^{B-b'}$$
$$\times C_{AB}(Cc;a-b') C_{AB}(Dd;-a'b) \{Q_{ab}^{AB}, Q_{a'b'}^{AB*}\}.$$
$$(25.2.13)$$

これらの演算子の全てが必ずゼロでないという必要はない. しかしクレブシュ・ゴルダン係数 $C_{AB}(j\sigma,ab)$ が $j = \sigma = A+B$ と $j = -\sigma = A+B$ の場合にゼロでないのは, それぞれ $a=A, b=B$ と $a=-A, b=-B$ のときだけで, ともに値 1 を持つので, (25.2.13) で $C=D=c=-d=A+B$ と取れば,

$$X_{A+B,-A-B}^{A+B,A+B} = (-1)^{2B} \{Q_{A,-B}^{AB}, Q_{A,-B}^{AB*}\} \quad (25.2.14)$$

となることが分かる. これは $Q_{A,-B}^{AB} = 0$ でなければゼロになれない. このことは, (「下降」演算子 $A_1 - iA_2$ と「上昇」演算子 $B_1 + iB_2$

25.2 超対称代数

の交換子をとることで) 全ての Q_{ab}^{AB} がゼロになることを意味する. したがって何らかのゼロでない (A, B) のフェルミオン的生成子が存在すれば, それらとそれらの共役生成子との反交換子は少なくとも $(A+B, A+B)$ 表現に属するゼロでないボゾン的な対称性生成子を含まなければならない.

さて, コールマン・マンデューラの定理より, ボゾン的な対称性生成子は, $(1/2, 1/2)$ の並進の生成子 P_μ, $(1,0) + (0,1)$ の固有ローレンツ変換の生成子 $J_{\mu\nu}$ および多分 $(0,0)$ の様々な内部対称性の生成子 T_A からなる. (トレース・ゼロの N 階対称テンソルは表現 $(N/2, N/2)$ に従って変換し, 階数 2 の反対称テンソルは表現 $(1,0) + (0,1)$ に従って変換するが, ディラック場は表現 $(1/2, 0) + (0, 1/2)$ に従って変換することを思い出そう.) したがってフェルミオン的な対称性生成子は $A + B \leq 1/2$ を満たす表現 (A, B) に属することだけが可能だ. これらの演算子はボゾンをフェルミオンに変え, またその逆も引き起こすので, スカラーではあり得ず, 残されたのは $(1/2, 0)$ 表現と $(0, 1/2)$ 表現だけだ. これが示したかったことだ. 線形独立な $(0, 1/2)$ のフェルミオン的生成子を Q_{ar} と表示すると, 反交換子 $\{Q_{ar}, Q_{bs}^*\}$ は表現 $(0, 1/2) \times (1/2, 0) = (1/2, 1/2)$ に属するので, 唯一の $(1/2, 1/2)$ のボゾン的な対称性生成子である運動量 4 元ベクトル P_μ に比例しなければならない. ローレンツ不変性より, この関係式の形は,

$$\{Q_{ar}, Q_{bs}^*\} = 2N_{rs}\, \sigma_{ab}^\mu P_\mu \qquad (25.2.15)$$

でなければならない. ここで N_{rs} は数値行列だ.

このことを見るために, 2.7 節で述べたローレンツ群 (より正確にはその被覆群) と 2 次元ユニモジュラ複素行列 λ の群 $SL(2, C)$ との同型性を使う. ローレンツ変換 $\Lambda^\mu{}_\nu$ が $(0, 1/2)$ のフェルミオン的生成子

に及ぼす効果は以下のとおりだ.

$$U^{-1}(\Lambda)\,Q_{ar}\,U(\Lambda) = \sum_b \lambda_{ab}\,.Q_{br} \tag{25.2.16}$$

ここで Λ は,

$$\lambda\,\sigma_\mu\,\lambda^\dagger = \Lambda^\nu{}_\mu\sigma_\nu \tag{25.2.17}$$

で定義されるローレンツ変換だ. (25.2.16) が $(0,1/2)$ 演算子について成り立つことを確認するには, 微小ローレンツ変換 $\Lambda^\mu{}_\nu = \delta^\mu{}_\nu + \omega^\mu{}_\nu$ (ただし $\omega_{\mu\nu} = -\omega_{\nu\mu}$) に対して,

$$\lambda = 1 + \tfrac{1}{2}\Big[\tfrac{1}{2}i\,\epsilon_{ijk}\omega_{ij} + \omega_{k0}\Big]\sigma_k ,$$

と取れば (25.2.17) が満たされ, また,[†]

$$U(\Lambda) = 1 + \tfrac{1}{2}i\,\omega_{\mu\nu}J^{\mu\nu} = 1 + \tfrac{1}{2}i\,\epsilon_{ijk}\omega_{ij}J_k - i\,\omega_{i0}\,K_i$$

となることに注意すればよい. (繰り返しのラテン添字 i,j,k は 1, 2, 3 の値について和をとる.) この場合, (25.2.16) で ω_{ij} および ω_{i0} の係数を等しいと置けば,

$$[\mathbf{J},\,Q_a] = -\tfrac{1}{2}\sum_b \sigma_{ab}\,Q_b , \qquad [\mathbf{K},\,Q_a] = -\tfrac{1}{2}\,i\sum_b \sigma_{ab}\,Q_b$$

あるいは, 同じ事だが,

$$[\mathbf{B},\,Q_a] = -\tfrac{1}{2}\sum_b \sigma_{ab}Q_b , \qquad [\mathbf{A},\,Q_a] = 0$$

が得られる. これは, (25.2.16) を満たす演算子が $(0,1/2)$ 表現に属する事を示している. さて, σ_μ は 2×2 行列の完全系を成すので, 反交換子 $\{Q_{ar},\,Q^*_{bs}\}$ を $N^\mu_{rs}\,(\sigma_\mu)_{ab}$ の形に置く事ができる. ここで

[†] ここで K_i は J_{i0} と定義する. 第 1 巻の 1・2 刷では誤記があった. 2.4, 3.3, 3.5 節では K_i を J^{i0} と定義したが, 5.6, 5.9 節では J_{i0} とした. なお $\mathbf{A}$ と $\mathbf{B}$ は一貫して (25.2.1) で定義している.

25.2 超対称代数

N^μ は演算子行列だ. (25.2.16) と (25.2.17) より, これらの演算子は, $U^{-1}(\Lambda)N^\mu U(\Lambda) = \Lambda^\mu{}_\nu N^\nu$ の意味で 4 元ベクトルであり, したがってコールマン・マンデューラの定理によって唯一のボゾン的な対称性生成子の 4 元ベクトルである P^μ に比例しなければならない. そこで $N^\mu_{rs} = 2P^\mu N_{rs}$ と置くと (25.2.15) が得られる.

次に Q_{ar} に線形変換を施して, それらの反交換子を (25.2.7) の形にする. そのためには, 行列 N_{rs} がエルミートで正定値であることを確かめておく必要がある. エルミート性は (25.2.15) のエルミート共役をとれば直ちに分かる. 正定値であることを見るには, Q_{ar} が線形独立にとられていることに気付けばよい. すると, 任意のゼロでない線形結合 $Q \equiv \sum_r d_a c_r Q_{ar}$ に対して Q で消せない状態 $|\Psi\rangle$ が存在しなければならない. (25.2.15) の期待値をこの状態についてとると,

$$2\langle\Psi|\sum_{ab}\sigma^\mu_{ab}P_\mu d_a d_b^*|\Psi\rangle \sum_{rs} c_r c_s^* N_{rs} = \langle\Psi|\{Q, Q^*\}|\Psi\rangle > 0$$

となる. このことから直ちに, 全てがゼロではない任意の c_r に対して $\sum_{rs} c_r c_s^* N_{rs}$ がゼロにはなれないことがわかるので, N_{rs} は正定値かまた負定値だ. 演算子 $\sum_{ab}(\sigma_\mu)_{ab}P^\mu d_a d_b^*$ は $-P^\mu P_\mu \geq 0$ かつ $P^0 > 0$ の物理的状態の空間では正なので, 行列 N_{rs} は正定値でなければならない.[††]

こうして新しいフェルミオン的生成子

$$Q'_{ar} \equiv \sum_s N_{rs}^{-1/2} Q_{as}$$

を定義することができる. この生成子については反交換子が,

$$\{Q'_{ar}, Q'^*_{bs}\} = 2\delta_{rs}\, \sigma^\mu_{ab} P_\mu$$

[††] この議論は逆を辿ることもできる. (25.2.7) のように N_{rs} を正定値とした超対称性を仮定すると, 全ての状態について $P^0 > 0$ を導く事ができる.[2] しかし, この結論は重力を考慮すると正しくない. そして重力を考慮しなければ全ての状態のエネルギーを同量だけずらしても物理的に何の影響も与えない.

の形をとる. 今後は, フェルミオン的生成子がこのように定義されていると仮定し, プライムを落とす. したがって (25.2.7) が成り立っているものとする.

次に Q_{ar} が運動量 4 元ベクトル P_μ と交換する事を示す必要がある. P_μ のような $(1/2, 1/2)$ 演算子と Q のような $(0, 1/2)$ 演算子との交換子は $(1/2, 0)$ または $(1/2, 1)$ 演算子だけが可能だが, 既に見たように $(1/2, 1)$ の対称性生成子は存在しないので, P_μ と Q の交換子は $(1/2, 0)$ 対称性生成子 Q^* に比例する事だけが可能だ. ローレンツ不変性の要求からこの関係は,

$$[\mathcal{M}_{ab}, Q_{cr}] = \sum_s e_{ac} K_{rs} Q^*_{bs} \qquad (25.2.18)$$

の形をとる. ここで K は数値行列で, $\mathcal{M}$ は演算子の行列

$$\mathcal{M} \equiv \sigma_\mu P^\mu \qquad (25.2.19)$$

だ. (行列 e_{ac} は 2 個のスピン 1/2 を結合してゼロ・スピンを作るクレブシュ・ゴルダン係数だ.) すると, 容易に以下を計算で示すことができる.

$$[\mathcal{M}_{-\frac{1}{2}-\frac{1}{2}}, [\mathcal{M}_{-\frac{1}{2}-\frac{1}{2}}, \{Q_{\frac{1}{2}r}, Q^*_{\frac{1}{2}s}\}]] = -4(\mathcal{M})_{-\frac{1}{2}-\frac{1}{2}}(KK^\dagger)_{rs}. \qquad (25.2.20)$$

(25.2.7) を使うと, 左辺は多重交換子 $[P_\mu, [P_\nu, P_\lambda]]$ の線形結合となり, その全てはゼロだが, $(\mathcal{M})_{-1/2-1/2}$ は一般の運動量についてゼロではないので, $KK^\dagger = 0$ したがって, $K = 0$ だ. これと (25.2.18) から $[P_\mu, Q_{ar}] = 0$ となる. また複素共役から $[P_\mu, Q^*_{ar}] = 0$ だ.

これで, 2 個の Q の反交換子を論じることができる. 2 個の $(0, 1/2)$ 対称性生成子の反交換関係は $(0, 1)$ と $(0, 0)$ の対称性生成子の線形結合でなければならない. コールマン・マンデューラの定理より, 唯一の $(0, 1)$ 対称性生成子は固有斉次ローレンツ変換の生成子 $J_{\nu\lambda}$ の線

25.2 超対称代数

形結合だ. しかし Q は P_μ と交換するので, それらの反交換子も P_μ と交換しなければならず, 一方 (2.4.13) より $J_{\nu\lambda}$ の線形結合は P_μ と交換しない. このことから, (0,0) 演算子だけが残されており, それは P_μ と $J_{\mu\nu}$ の両方と交換する. よって, ローレンツ不変性より, Q 同士の反交換関係は (25.2.8) の形をとることが要求される. 内部対称性の生成子 Z_{rs} は r と s について反対称だ. なぜなら (25.2.8) の全体の表現は r, a を s, b と入れ替えたとき対称でなければならず, 行列 e_{ab} は a と b について反対称だからだ.

今や残されているのは, Z が中心電荷だということを示すことだけだ. (25.2.8) と (25.2.10) から直ちに,

$$[P_\mu, Z_{rs}] = 0 \qquad (25.2.21)$$

が分かる. 次に 2 個の Q と 1 個の Q^* を含む一般化されたヤコビ恒等式 (25.1.5)

$$0 = [\{Q_{ar}, Q_{bs}\}, Q^*_{ct}] + [\{Q_{bs}, Q^*_{ct}\}, Q_{ar}] + [\{Q^*_{ct}, Q_{ar}\}, Q_{bs}]$$

を考える. (25.2.7) と (25.2.10) から, 第 2 項と第 3 項がゼロになることを分かるので,

$$[Z_{rs}, Q^*_{ct}] = 0 \qquad (25.2.22)$$

を得る. 最後に 1 個の Z と 1 個の Q と 1 個の Q^* を含む一般化されたヤコビ恒等式を考える.

$$0 = -[Z_{rs}, \{Q_{at}, Q^*_{bu}\}] + \{Q^*_{bu}, [Z_{rs}, Q_{at}]\} - \{Q_{at}, [Q^*_{bu}, Z_{rs}]\}.$$

第 1 項と第 3 項はそれぞれ (25.2.21) と (25.2.22) よりゼロなので, 第 2 項だけが残る.

$$\{Q^*_{bu}, [Z_{rs}, Q_{at}]\} = 0. \qquad (25.2.23)$$

さて $[Z_{rs}, Q_{at}]$ は, $(0, 1/2)$ 対称性生成子なので Q の線形結合でなければならない.

$$[Z_{rs}, Q_{at}] = \sum_u M_{rstu} Q_{au} . \qquad (25.2.24)$$

すると (25.2.23) から 全ての a, b, r, s, t, u について

$$\sigma^\mu_{ab} P_\mu M_{rstu} = 0$$

となる. 演算子 $\sigma^\mu_{ab} P_\mu$ はゼロではないので $M_{rstu} = 0$ が結論され, したがって,

$$[Z_{rs}, Q_{at}] = 0 \qquad (25.2.25)$$

を得る. 反交換関係 (25.2.8) とその共役式を交換関係 (25.2.22) と (25.2.25) およびそれらの共役式と合わせると,

$$[Z_{rs}, Z_{tu}] = [Z_{rs}, Z^*_{tu}] = [Z^*_{rs}, Z^*_{tu}] = 0 \qquad (25.2.26)$$

が得られる. これで (25.2.11) の証明と, それを含めたハーグ・ロプザンスキー・ゾーニウスの定理の証明が完了する.

もちろん, Z_{rs} が超対称代数の中心電荷だという事実は他の可換ないしは非可換内部対称性が存在する可能性を排除するものではない. T_A がボゾン的内部対称性のリー代数の完全系を張るとする. すると $[T_A, Q_{ar}]$ は $(0, 1/2)$ の対称性生成子なので, Q の線形結合でなければならない.

$$[T_A, Q_{ar}] = -\sum_s (t_A)_{rs} Q_{as} . \qquad (25.2.27)$$

2 個の T と 1 個の Q についてのヤコビ恒等式から, t_A 行列は内部対称性代数の表現

$$[t_A, t_B] = i \sum_C C^C_{AB} t_C \qquad (25.2.28)$$

になっていることが分かる. ここで, 係数 C^C_{AB} は内部対称性代数

$$[T_A, T_B] = i \sum_C C^C_{AB} T_C \qquad (25.2.29)$$

25.2 超対称代数

の構造定数だ. このとき Z_{rs} は, Q, Q^*, P_μ, Z, Z^* で構成される超対称代数の中心電荷であるだけでなく, 加えて全ての T_A を含むもっと大きな対称性の超対称代数の中心電荷だ. これを見るには, (25.2.27) と (25.2.8) から,

$$[T_A, Z_{rs}] = -\sum_{r'}(t_A)_{rr'}Z_{r's} - \sum_{s'}(t_A)_{ss'}Z_{rs'}$$

なので, Z_{rs} はボゾン的対称性代数全体の**不変**可換部分代数を形作る事に気付けばよい. しかし, コールマン・マンデューラの定理を証明する際に分かったことだが, ボゾン的内部対称性の完全なリー代数は, 今の場合は T_A で張られているが, コンパクト半単純リー代数といくつかの $U(1)$ 代数の直和に同型だ. そのようなリー代数の唯一の不変可換部分代数は $U(1)$ 生成子で張られるので, Z_{rs} は $U(1)$ 生成子でなければならず, したがって全ての T_A と交換しなければならない.

たとえ Z が全ての対称性生成子と交換するとしても, それは単なる数ではない. それは量子演算子であり, その値は状態毎に異なってよい. 実際 Z は, 全ての超対称性の生成子によって消される超対称性の真空状態では明らかに値ゼロを取らなければならないが, 一般にはゼロである必要はない. 27.9 節では, 拡張された超対称性を持つゲージ理論において Z を計算する方法を見る.

中心電荷が無い場合は, 超対称代数 (25.2.7), (25.2.8) は, V_{rs} を $N \times N$ のユニタリー(必ずしもユニモジュラである必要はない)行列として,

$$Q_{ar} \to \sum_s V_{rs} Q_{as}. \tag{25.2.30}$$

と定義される内部対称性の群 $U(N)$ の下で不変だ. これは **R 対称性** (R-symmetry) と呼ばれている. この対称性は作用の良い対称性であるかもしれないし, そうでないかもしれない. もし前者なら, それはアノマリによって破れているかもしれないし, 自発的に破れている

かもしれないし，あるいは自然界の良い対称性になっているかもしれない．

r, s, 等が $N > 1$ 個の値をとる超対称性の代数は **N 次の拡張超対称性** (*N*-extended supersymmetry) と呼ばれる．Q が 1 個だけ存在する場合は，条件 $Z_{rs} = -Z_{sr}$ より Z はゼロであり，より簡単な形の反交換関係

$$\{Q_a, Q_b^*\} = 2\sigma_{ab}^\mu P_\mu , \qquad (25.2.31)$$

$$\{Q_a, Q_b\} = 0 \qquad (25.2.32)$$

が得られる．これは**単純超対称性** (simple supersymmetry) あるいは $N = 1$ 超対称性と呼ばれる．この場合 R 対称性変換は $U(1)$ 位相変換

$$Q_a \to \exp(i\varphi)\, Q_a \qquad (25.2.33)$$

となり，φ は実位相だ．

いくつかの目的には，$(0, 1/2)$ 演算子 Q_{ar} と，(25.2.6) に従って $e_{ab}Q_{br}^*$ ととることができる $(1/2, 0)$ 演算子とを組み合わせて，

$$Q_r \equiv \begin{pmatrix} eQ_r^* \\ Q_r \end{pmatrix} \qquad (25.2.34)$$

あるいはもっと陽に，

$$Q_{1r} = Q_{-\frac{1}{2}r}^*, \quad Q_{2r} = -Q_{\frac{1}{2}r}^*, \quad Q_{3r} = Q_{\frac{1}{2}r}, \quad Q_{4r} = Q_{-\frac{1}{2}r}$$

を満たす 4 成分マヨラナ・スピノル生成子 $Q_{\alpha r}$ を作る方が便利だ．これは，

$$Q_r = -\beta\epsilon\gamma_5 Q_r^*$$

の意味でマヨラナ・スピノルだ．ここで $\beta, \epsilon, \gamma_5$ は 4×4 行列だが，2×2 ブロック行列

$$\beta = \begin{pmatrix} 0 & 1 \\ 1 & 0 \end{pmatrix} \quad \epsilon = \begin{pmatrix} e & 0 \\ 0 & e \end{pmatrix} \quad \gamma_5 = \begin{pmatrix} 1 & 0 \\ 0 & -1 \end{pmatrix}$$

25.2 超対称代数

として表すことができる. (マヨラナ・スピノルの性質は 26 章の補遺で概説する.) (25.2.34) の形は斉次ローレンツ群の 4 成分ディラック表示に対する通常の記法に従って選んである. その表示では (5.4.4) に従って回転とブーストの生成子は (5.4.19) と (5.4.20) のとおり,

$$\mathcal{J}_i = \frac{1}{2}\begin{bmatrix} \sigma_i & 0 \\ 0 & \sigma_i \end{bmatrix}, \qquad \mathcal{K}_i = -\frac{i}{2}\begin{bmatrix} \sigma_i & 0 \\ 0 & -\sigma_i \end{bmatrix} \qquad (25.2.35)$$

と表される. (25.2.1) より, これは演算子 **A** と **B** がそれぞれディラック・スピノルの上の 2 成分と下の 2 成分のみに作用することを示している. それが $(0, 1/2)$ 演算子 Q_{ar} を (25.2.34) の上の 2 成分ではなく下の 2 成分として扱う理由だ.

この 4 成分表記では, 単純超対称性の場合の基本的な反交換関係 (25.2.31) と (25.2.32) は,

$$\{Q, \overline{Q}\} = 2\begin{pmatrix} 0 & -e(\sigma_\mu P^\mu)^\mathrm{T} e \\ \sigma_\mu P^\mu & 0 \end{pmatrix} = -2i\,P_\mu\gamma^\mu \qquad (25.2.36)$$

となる. この本でのディラック行列の記法はこの巻の序文にまとめてあるが, ここでは,

$$\gamma^0 = -i\beta = -i\begin{pmatrix} 0 & \sigma_0 \\ \sigma_0 & 0 \end{pmatrix}, \quad \boldsymbol{\gamma} = -i\begin{pmatrix} 0 & \boldsymbol{\sigma} \\ -\boldsymbol{\sigma} & 0 \end{pmatrix} \qquad (25.2.37)$$

と $e\boldsymbol{\sigma}^\mathrm{T} e = \boldsymbol{\sigma}$, $e\sigma_0 e = -\sigma_0$, さらに通常どおり $\overline{Q} \equiv Q^\dagger\beta$ としていることを思い出せば十分だ. 拡張超対称性の場合には中心電荷の存在によりこの式は変更され, (25.2.36) の代わりに,

$$\{Q_r, \overline{Q}_s\} = -2i\,P_\mu\gamma^\mu\delta_{rs} + \left(\frac{1+\gamma_5}{2}\right)Z^*_{sr} + \left(\frac{1-\gamma_5}{2}\right)Z_{rs} \qquad (25.2.38)$$

となる.

ここで与えた 4 次元時空の場合の解析は, 32 章で一般の時空次元の場合について幾分非明示的な形で繰り返される. そこでは, 超対称

性の生成子はかならず高次元ローレンツ群の基本スピノル表現に属することを見る. このことはコールマン・マンデューラの定理で許される以外のボソン的対称性生成子を構成することができる拡がった対象物を含む理論においてさえ成り立つ.

* * *

共形対称代数 (24.B.34)–(24.B.35) の下で不変な質量ゼロ粒子の理論では, さらに二つのボソン的対称性生成子 D と K_μ が存在し, それが超対称性の反交換関係の右辺に現れることができる. これらの新しい生成子はそれぞれ Z_{rs} および P_μ と同様にスカラーとベクトルのローレンツ変換性を持つので, フェルミオン的生成子はこの場合もローレンツ代数の基本 $(1/2, 0)$ スピノル表現およびそのエルミート共役である $(0, 1/2)$ 表現に属さなければならない. 全ての演算子をそれとディラトン生成子 D との交換子に応じて分類しておくのが便利だ. すなわち演算子 X は,

$$[X, D] = iaX \qquad (25.2.39)$$

のとき次元 a を持つという. (24.B.34) から分かるとおり, ボソン的対称性生成子 $J^{\mu\nu}$, P^μ, K^μ, D はそれぞれ次元 0, $+1$, -1, 0 を持つ. また, 任意の内部対称性のリー群の生成子は次元 0 を持つ. 次元 a のフェルミオン的生成子とその共役生成子との反交換子は次元 $2a$ で正定値のボソン的対称性生成子なので, 唯一の正定値のボソン的対称性生成子は P_μ と K_μ の成分の線形結合だということから, 唯一のフェルミオン的対称性生成子は次元 $+1/2$ と $-1/2$ を持つことがわかる. 次元 $1/2$ の $(0, 1/2)$ フェルミオン的対称性生成子とその共役生成子はここでも, 合わせてマヨラナ・スピノル $Q_{r\alpha}$ を形成し,

$$\{Q_{r\alpha}, \bar{Q}_{s\beta}\} = -2iP_\mu(\gamma^\mu)_{\alpha\beta}\delta_{rs}, \qquad (25.2.40)$$

$$[P_\mu, Q_{r\alpha}] = 0, \qquad (25.2.41)$$

$$[D, Q_{r\alpha}] = -\tfrac{1}{2}iQ_{r\alpha} \qquad (25.2.42)$$

25.2 超対称代数

を満たすようにできる. (この場合に中心電荷は許されない. なぜなら その次元は $+1$ ではなく 0 だからだ.) K_μ と $Q_{r\alpha}$ との交換子はマヨラナ・フェルミオン的な対称性生成子 $Q_{r\alpha}^\#$ の線形結合で, それはローレンツ不変性から,

$$[K^\mu, Q_{r\alpha}] = i(\gamma^\mu)_{\alpha\beta} Q_{r\beta}^\# \qquad (25.2.43)$$

と書いてよい. (右辺の任意の因子は $Q_{r\beta}^\#$ の規格化で吸収されている. 右辺の位相は, $Q_{r\beta}^\#$ がマヨラナ・スピノルに対する標準的な実条件 (26.A.2) を満たすように選ばれる.) $Q_{r\beta}^\#$ は次元 $+1/2 - 1 = -1/2$ を持つので,

$$[D, Q_{r\alpha}^\#] = +\tfrac{1}{2} i Q_{r\alpha}^\# \qquad (25.2.44)$$

となる. (25.2.43) と P^ν との交換子を取り, K^μ と P^ν との交換子 (24.B.34) を使うと,

$$[P^\nu, Q_{r\alpha}^\#] = -i(\gamma^\nu)_{\alpha\beta} Q_{r\beta} \qquad (25.2.45)$$

が得られる. Q と $Q^\#$ は対になっている事が分かる. 反交換関係 (25.2.40) と K_μ との交換子をとると, $Q^\#$ と Q の反交換子は,

$$\{Q_{r\alpha}^\#, \bar{Q}_{s\beta}\} = 2iD\delta_{rs}\delta_{\alpha\beta} + 2J_{\mu\nu}\delta_{rs}\mathcal{J}^{\mu\nu}_{\alpha\beta} + O_{rs}\delta_{\alpha\beta} + O'_{rs}(\gamma_5)_{\alpha\beta} \qquad (25.2.46)$$

となる事が分かる. ここで $\mathcal{J}^{\mu\nu} \equiv -i[\gamma^\mu, \gamma^\nu]/4$ で, O_{rs} と O'_{rs} は次元 0 のローレンツ不変な演算子で,

$$O_{rs} = -O_{sr}, \qquad O'_{rs} = +O'_{sr} \qquad (25.2.47)$$

を満たす. (25.2.43) と K_ν の交換子を取り, $[K_\nu, K_\mu] = 0$ の事実を使うと, $(\gamma^\mu)_{\alpha\beta}[K^\nu, Q_{r\beta}^\#]$ が μ と ν について対称だということが分かり, 少し代数計算を行うと,

$$[K^\nu, Q_{r\beta}^\#] = 0 \qquad (25.2.48)$$

が得られる. また, (25.2.46) と K_ν の交換子から,

$$\{Q^\#_{r\alpha}, \overline{Q^\#}_{s\beta}\} = +2iK_\mu(\gamma^\mu)_{\alpha\beta}\delta_{rs} \qquad (25.2.49)$$

が得られる. 最後に, (25.2.46) と $Q_{t\gamma}$ との交換子から, O_{rs} と O'_{rs} は R 対称性の群 $U(N)$ の生成子として作用する事が分かる. ここで, $Q_{r\alpha}$ の左手成分と右手成分はそれぞれ $\mathbf{N}$ と $\bar{\mathbf{N}}$ 表現に従って変換するが, P_μ, K_μ, D は $U(N)$ 不変だ. これらの生成子同士および他の生成子との $U(N)$ 交換関係, (24.B.34), (24.B.35), (25.2.40)–(25.2.49), そして $J_{\mu\nu}$ および D と様々な生成子との交換子は全体で**超共形代数** (superconformal algebra) を構成する. この代数と通常の単純超対称性あるいは N 次拡張超対称性との際立った違いの一つは, $U(N)$ 対称性が作用の対称性であってもなくても構わない単なる外部自己同型ではなく, それが超共形代数の 1 部分であって, したがって超対称的かつ共形不変な任意の作用の対称性でなければならないという点だ.

25.3 超対称性生成子の空間反転性

パリティ保存則を満たす理論では, フェルミオン的対称性生成子 Q_{ar} にパリティ演算子 P を作用させた結果 $\mathsf{P}^{-1}Q_{ar}\mathsf{P}$ はまたフェルミオン的対称性生成子でなければならない. J_i と K_i は空間反転の下でそれぞれ偶と奇なので, (25.2.1) から A_i にパリティ演算子を作用させると,

$$\mathsf{P}^{-1}A_i\mathsf{P} = B_i \qquad (25.3.1)$$

となる事が分かる. (25.2.3) に従って, $(0, 1/2)$ 演算子としての Q_{ar} の定義は,

$$[B_i, \mathsf{Q}_{ar}] = -\tfrac{1}{2}\sum_b (\sigma_i)_{ab} \mathsf{Q}_{br}, \qquad [A_i, \mathsf{Q}_{ar}] = 0 \qquad (25.3.2)$$

25.3 超対称性生成子の空間反転性

を意味する. パリティ演算子を作用させると,

$$[A_i, \mathsf{P}^{-1}Q_{ar}\mathsf{P}] = -\tfrac{1}{2}\sum_b \left(\sigma_i\right)_{ab} \mathsf{P}^{-1}Q_{br}\mathsf{P}, \qquad [B_i, \mathsf{P}^{-1}Q_{ar}\mathsf{P}] = 0 \tag{25.3.3}$$

が得られるので, $\mathsf{P}^{-1}Q_{ar}\mathsf{P}$ は $(1/2,0)$ 対称性生成子であり, したがって Q_{ar}^* の線形結合でなければならない. (25.2.6) に従って, ローレンツ不変性よりこの関係は,

$$\mathsf{P}^{-1}Q_{ar}\mathsf{P} = \sum_{bs} \mathcal{P}_{rs}\, e_{ab} Q_{bs}^* \tag{25.3.4}$$

の形をとる事が導かれる. ここで $\mathcal{P}$ は数値行列で, 行列 e は (25.2.9) で与えられる.

(25.3.4) が基本的な反交換関係 (25.2.7) と矛盾しないという条件から, 行列 $\mathcal{P}$ の性質についていくつかの事が分かる. (25.3.4) とその共役式から,

$$\mathsf{P}^{-1}\{Q_{ar}, Q_{bs}^*\}\mathsf{P} = \sum_{cdtu} \mathcal{P}_{rt}\, e_{ac}\, \mathcal{P}_{su}^*\, e_{bd}\, \{Q_{ct}^*, Q_{du}\}$$

が得られる. (25.2.7) を代入すると, これは,

$$\delta_{rs}\sigma^\mu_{ab}\,\mathsf{P}^{-1}P_\mu\mathsf{P} = \sum_{cdtu} \mathcal{P}_{rt}\, e_{ac}\, \mathcal{P}_{su}^*\, e_{bd}\, \delta_{tu}\, \sigma^\mu_{dc}\, P_\mu$$

となる. しかし $e\sigma_i^\mathrm{T} e^{-1} = -\sigma_i$ と $e\sigma_0^\mathrm{T} e^{-1} = +\sigma_0$, また $\mathsf{P}^{-1}P_i\mathsf{P} = -P_i$ と $\mathsf{P}^{-1}P_0\mathsf{P} = P_0$ より, これは $\mathcal{P}$ がユニタリー

$$\mathcal{P}\mathcal{P}^\dagger = 1 \tag{25.3.5}$$

だという事に帰着する.

行列 $\mathcal{P}$ にはある程度の任意性がある. なぜなら, (25.3.2) と (25.2.7) を満たす任意のフェルミオン的生成子 Q_{ar} の組について, 同じく (25.3.2) と (25.2.7) を満たす別の組 Q'_{ar} を, ユニタリー変換

$$Q'_{ar} = \sum_s \mathcal{U}_{rs}\, Q_{as}, \qquad \mathcal{U}^\dagger = \mathcal{U}^{-1} \tag{25.3.6}$$

によって構成することができ, このときパリティ変換則 (25.3.4) は,

$$\mathsf{P}^{-1}\mathsf{Q}'_{ar}\mathsf{P} = \sum_{bs} \mathcal{P}'_{rs}\, e_{ab}\, \mathsf{Q}'^{*}_{bs} \tag{25.3.7}$$

となるからだ. ここで,

$$\mathcal{P}' = \mathcal{U}\mathcal{P}\mathcal{U}^{-1*} = \mathcal{U}\mathcal{P}\mathcal{U}^{\mathrm{T}} \tag{25.3.8}$$

だ.

単純超対称性の場合には, $\mathcal{P}$ は単に 1×1 の位相因子で, (25.3.4) は,

$$\mathsf{P}^{-1}\mathsf{Q}_a\mathsf{P} = \mathcal{P}\sum_b e_{ab}\, \mathsf{Q}^{*}_b \tag{25.3.9}$$

となる. これとその共役式を組み合わせると, 位相因子 $\mathcal{P}$ の値の取り方に依らずに,

$$\mathsf{P}^{-2}\mathsf{Q}_a\mathsf{P}^2 = -\mathsf{Q}_a \tag{25.3.10}$$

が得られる. このことから, もし粒子の超対称多重項のボゾンが実数の固有パリティを持てば, このボゾン状態に Q_a を作用させて得られるフェルミオンは虚数の固有パリティを持つという驚くべき結果が導かれる.

単純超対称性の場合に $\mathcal{U}$ と $\mathcal{P}$ は単に位相因子なので, $\mathcal{U}$ を適切に選べば (25.3.8) から位相因子 $\mathcal{P}'$ は任意の値に選ぶことができることは明らかだ. これからは $\mathcal{P}' = +i$ と取って, (25.3.7) が (プライムを落として),

$$\mathsf{P}^{-1}\mathsf{Q}_a\mathsf{P} = i\sum_b e_{ab}\, \mathsf{Q}^{*}_b \tag{25.3.11}$$

と簡単な形になるようにするのが便利だ. ちょうどスピノル場の演算子のように, $(0,1/2)$ 演算子 Q_a と $(1/2,0)$ 演算子 $\sum_b e_{ab}\mathsf{Q}^{*}_b$ を組み合わせて (25.2.34) で定義した 4 成分ディラック・スピノル生成子 Q_α を

25.3 超対称性生成子の空間反転性

作れば空間反転の表現はより簡単になる. これを使えば, (25.3.11) とその共役式は,

$$\mathsf{P}^{-1} Q \mathsf{P} = i\beta Q \tag{25.3.12}$$

となる. (ここでは 5.4 節とこの巻の序文で与えたディラック行列の記法を使っている. それによると

$$\beta = \begin{pmatrix} 0 & 1 \\ 1 & 0 \end{pmatrix}$$

となっている. ここで 1 と 0 は 2×2 部分行列と理解する.)

拡張超対称性の場合には, $\mathcal{P}'$ が対角行列になるように $\mathcal{U}$ を選ぶことが常に可能だとは限らない. しかし, (2 章の補遺 C で証明した) 行列代数の定理が示すように, $\mathcal{U}$ を適切に選んで, $\mathcal{P}'$ がブロック対角で, 一般に対角ブロックのいくつかは 1×1 部分行列で i (または他の任意の位相因子) に等しくとることができ, 対角ブロックの他の部分行列は 2×2 行列で

$$\begin{pmatrix} 0 & \exp(i\phi) \\ \exp(-i\phi) & 0 \end{pmatrix}$$

の形を持つように採ることができる. ここで ϕ は様々な位相だ. この $\mathcal{U}$ の選択に対応して (ここではプライムを落として), 2 成分の Q には二つの種類がある. 1 番目の種類の Q はまた (25.3.11) つまり,

$$\mathsf{P}^{-1} \mathsf{Q}_{ar} \mathsf{P} = i \sum_b e_{ab} \mathsf{Q}_{br}^* \tag{25.3.13}$$

を満たす. 2 番目の種類の 2 成分 Q は対で現れ, それを $\mathsf{Q}_{a\,s1}$ および $\mathsf{Q}_{a\,s2}$ と呼ぶことにする. ここで s 番目の対はパリティ変換則

$$\mathsf{P}^{-1} \mathsf{Q}_{a\,s1} \mathsf{P} = e^{i\phi_s} \sum_b e_{ab} \mathsf{Q}_{b\,s2}^*,$$
$$\mathsf{P}^{-1} \mathsf{Q}_{a\,s2} \mathsf{P} = e^{-i\phi_s} \sum_b e_{ab} \mathsf{Q}_{b\,s1}^* \tag{25.3.14}$$

を持つ. 特に,

$$\mathsf{P}^{-2}Q_{a\,s1}\mathsf{P}^2 = -e^{2i\phi_s}Q_{a\,s1},$$
$$\mathsf{P}^{-2}Q_{a\,s2}\mathsf{P}^2 = -e^{-2i\phi_s}Q_{a\,s2} \qquad (25.3.15)$$

となる. このことより, $\phi_s = 0 \,(\mathrm{mod}\,\pi)$ でない限り, 2番目の種類の拡張超対称性生成子の線形結合から1番目の種類の超対称性生成子を構成することは不可能だと分かる.

4成分スピノル (25.2.34) を用いると, パリティ演算子が1番目の種類の拡張超対称性の生成子へ及ぼす効果は,

$$\mathsf{P}^{-1}Q_r\,\mathsf{P} = i\beta\, Q_r \qquad (25.3.16)$$

と表され, 2番目の種類の生成子については,

$$\mathsf{P}^{-1}Q_{s1}\,\mathsf{P} = \beta\,\gamma_5\exp(i\gamma_5\phi_s)\,Q_{s2},$$
$$\mathsf{P}^{-1}Q_{s2}\,\mathsf{P} = \beta\,\gamma_5\exp(-i\gamma_5\phi_s)\,Q_{s1} \qquad (25.3.17)$$

と表される.

25.4　質量ゼロ粒子の超対称多重項

超対称性により, 既知の粒子には超対称代数の既約表現の「s粒子」が伴っている事が要求される. それは, クォークとレプトンにともなう「スクォーク」と「スレプトン」, そしてゲージ・ボソンにともなうフェルミオンの「ゲージーノ」だ. これらのs粒子は一つも見つかっていないので, 超対称性は確実に破れており, s粒子の質量は電弱 $SU(2) \times U(1)$ 群の自発的破れによって生じたクォーク, レプトン, ゲージ・ボソンの質量よりはるかに大きいことはほぼ確実で, したがって超対称多重項内の質量の分裂と同じ程度の大きさだ. このように, 超対称性の破れとこれらの質量の分裂を無視できる程大きなエネル

25.4 質量ゼロ粒子の超対称多重項

ギー・スケールでは,既知のクォーク,レプトン,ゲージボゾンとその超対称のパートナーを質量ゼロとして取り扱うことができる可能性は極めて高い.したがって,質量ゼロ粒子の超対称多重項には特に興味が持たれる.

ある超対称多重項に属する質量ゼロ粒子を 1 個だけ含む状態を考えよう.同じ超対称多重項の残りの状態は,演算子 Q_{ar} および(または) Q^*_{ar} をこの状態に作用させて得られる.Q_{ar} および Q^*_{ar} は P_μ と交換するので,これら全ての状態は同じ 4 元運動量の値を持つ.これらの状態の 4 元運動量が $p^1 = p^2 = 0$, $p^3 = p^0 = E$ となるローレンツ系で考えよう.4 元運動量をこのように選ぶと,

$$\sigma_\mu p^\mu = E(\sigma_0 + \sigma_3) = 2E \begin{pmatrix} 1 & 0 \\ 0 & 0 \end{pmatrix} \qquad (25.4.1)$$

となり,これは因子 $2E$ を除いてヘリシティ $+1/2$ の部分空間への射影行列だ.したがって反交換関係 (25.2.7) より,この運動量を持つ超対称多重項の任意の状態に作用したとき $\{Q_{(-1/2)r}, Q^*_{(-1/2)r}\}$ はゼロになり,よって $Q_{(-1/2)r}$ と $Q^*_{(-1/2)r}$ についても同じことが成り立つ.したがって $Q_{(1/2)r}$ と $Q^*_{(1/2)r}$ のみを作用させて超対称多重項の状態を構成しなければならない.さらに,以下のように Q の添字にはその J_3 の値をとっている.

$$[J_3, Q_{ar}] = -a\, Q_{ar}. \qquad (25.4.2)$$

したがって,$Q_{(1/2)r}$ と $Q^*_{(1/2)r}$ はそれぞれヘリシティを $1/2$ だけ下げ上げする.

最初に単純超対称性の場合を考察する.最大のヘリシティ $\lambda_{\max}$ を持つ超対称多重項を考えて,$|\lambda_{\max}\rangle$ をこのヘリシティと 4 元運動量 p^μ を持つ任意の 1 粒子状態とする.すると,

$$Q^*_{\frac{1}{2}} |\lambda_{\max}\rangle = 0 \qquad (25.4.3)$$

で，一方この状態に $Q_{1/2}$ を作用させるとヘリシティ $\lambda_{\max} - 1/2$ の状態 $|\lambda_{\max} - 1/2\rangle$ が得られる．この状態を，

$$|\lambda_{\max} - 1/2\rangle \equiv (4E)^{-1/2} Q_{\frac{1}{2}} |\lambda_{\max}\rangle \qquad (25.4.4)$$

と定義する．基本的な反交換関係 (25.2.7) と (25.4.1), (25.4.3) から，この状態は $|\lambda_{\max}\rangle$ と同じく，

$$\langle \lambda_{\max} - 1/2 | \lambda_{\max} - 1/2 \rangle = \langle \lambda_{\max} | \lambda_{\max} \rangle \qquad (25.4.5)$$

に規格化されており，特にこの状態はゼロにはなれない．(25.2.32) より，$Q_{1/2}^2 = 0$ なので，$Q_{1/2}$ を $|\lambda_{\max} - 1/2\rangle$ に作用させるとゼロになる．

$$Q_{\frac{1}{2}} |\lambda_{\max} - 1/2\rangle = (4E)^{-1/2} Q_{\frac{1}{2}}^2 |\lambda_{\max}\rangle = 0 \,. \qquad (25.4.6)$$

他方 $Q_{1/2}^*$ をこの状態に作用させると出発点の状態に戻る．すなわち，

$$Q_{\frac{1}{2}}^* |\lambda_{\max} - 1/2\rangle = (4E)^{-1/2} Q_{\frac{1}{2}}^* Q_{\frac{1}{2}} |\lambda_{\max}\rangle = (4E)^{-1/2} \{Q_{\frac{1}{2}}^*, Q_{\frac{1}{2}}\} |\lambda_{\max}\rangle$$

なので，(25.4.1) と反交換関係 (25.2.31) から，

$$Q_{\frac{1}{2}}^* |\lambda_{\max} - 1/2\rangle = (4E)^{1/2} |\lambda_{\max}\rangle \qquad (25.4.7)$$

が得られる．このように超対称多重項は，ヘリシティ $\lambda_{\max}$ と $\lambda_{\max} - 1/2$ の2個の状態だけから成る．これら2個の状態から成る基底では，演算子 $Q_{1/2}$ と $Q_{1/2}^*$ は行列

$$q_{\frac{1}{2}} = \sqrt{4E} \begin{pmatrix} 0 & 0 \\ 1 & 0 \end{pmatrix}, \qquad q_{\frac{1}{2}}^\dagger = \sqrt{4E} \begin{pmatrix} 0 & 1 \\ 0 & 0 \end{pmatrix} \qquad (25.4.8)$$

で表され，演算子 $Q_{-1/2}$ と $Q_{-1/2}^*$ はゼロで表される．

これが単純超対称性を持つ理論において唯一の種類の質量ゼロ超対称多重項だということは，強調しておく価値がある．超対称パートナーを持たない質量ゼロ粒子は存在しないし，2個以上の超対称パー

25.4 質量ゼロ粒子の超対称多重項

トナーを持つ質量ゼロの粒子も存在しない．もちろん CPT 不変性から，ヘリシティ λ と $\lambda - 1/2$ のどの質量ゼロ超対称多重項にも，ヘリシティ $-\lambda + 1/2$ と $-\lambda$ の反粒子の多重項が存在しなければならない．特に，ヘリシティ $+1/2$ と $-1/2$ の質量ゼロ粒子と反粒子には，ヘリシティ $+1$ と -1 かまたはヘリシティが共にゼロの質量ゼロ粒子と反粒子が伴っていなければならない．

既知のクォーク，レプトン，ゲージ・ボゾンはこの描像にどのように当てはまるのだろうか? 超対称性の生成子は $SU(3) \times SU(2) \times U(1)$ ゲージ群の生成子とは交換すると仮定しよう．* クォークとレプトンはゲージ・ボゾンが属するゲージ群の表現とは異なる表現に属する．よってそれらは同じ超対称多重項に属することができない．したがって $SU(2) \times U(1)$ 対称性の破れが無視できる高エネルギーの極限では，それぞれのカラーとフレーバーを持った質量ゼロのクォークとレプトンはゼロ・ヘリシティと同じカラーおよびフレーバーを持った質量ゼロのスクォークとスレプトンと対になって超対称多重項を組み，一方，質量ゼロのゲージ・ボゾンはヘリシティ $\pm 1/2$ のゲージーノを伴って $SU(3) \times SU(2) \times U(1)$ の随伴表現を構成すると結論付けなければならない．

重力が存在するので，標準模型の粒子に加えてヘリシティ ± 2 の質量ゼロ粒子である**重力子**も存在しなければならないことが分かる．$|\lambda| > 1/2$ のヘリシティ λ を持つ質量ゼロ粒子は低運動量では保存量と結合しなければならない．** ヘリシティ ± 1 の低エネルギー質量ゼロ粒子は様々な内部対称性の生成子と結合でき，ヘリシティ $\pm 3/2$ の低エネルギー質量ゼロ粒子は超対称性の生成子 Q_α と結合でき，ヘリシ

---

*単純超対称性の場合には，生成子 Q_α はいずれにしても $SU(3) \times SU(2)$ 生成子と交換しなければならない．なぜなら $SU(3) \times SU(2)$ のような半単純代数は 1 次元の非自明な表現を持たないからだ．

**この事は整数ヘリシティの場合には 13.1 節で説明した．半整数ヘリシティの場合の議論はグリサル (Grisaru) とペンドルトン (Pendleton)[3] が与えている．

ティ ± 2 の低エネルギー質量ゼロ粒子は単一の保存量すなわち 4 元運動量ベクトル P_μ と結合できるが, $|\lambda| > 2$ の低エネルギー質量ゼロ粒子が結合できる保存量はない. これより重力子はヘリシティ $\pm 5/2$ の粒子と超対称多重項を組むことはできず, したがってヘリシティ $\pm 3/2$ の質量ゼロ粒子と超対称多重項を組むことが結論付けられる. この粒子は **グラヴィティーノ** (gravitino) と呼ばれ超対称性生成子自身と結合する. この超対称多重項の場の理論は **超重力** (supergravity) と呼ばれるが, これは 31 章で議論する.

次に, N 個の超対称性生成子を持つ拡張超対称性の場合を考察する. まず, $Q_{(-1/2)r}$ は超対称多重項の状態に作用すると ($Q_{(1/2)s}$ を多重項の他の任意の状態に作用させて得られる状態を含めて) 全てゼロになるので, 中心電荷 Z_{rs} もまた多重項の任意の状態を消さなければならない. 中心電荷がなければ, 超対称性生成子 $Q_{(1/2)r}$ は質量ゼロ粒子の超対称多重項に作用するときには全て反交換し, よってそのうちの n 個を最大ヘリシティ $\lambda_{\max}$ と 4 元運動量 p^μ を持つ 1 粒子状態に作用させると, 同じ 4 元運動量とヘリシティ $\lambda_{\max} - n/2$ を持つ $N!/n!(N-n)!$ 個の 1 粒子状態が得られ, それは $SU(N)$ R 対称性[†](25.2.30) の n 階反対称テンソル表現を作る. ゼロでない状態を与える n の最大値は $n = N$ で, したがって超対称多重項の最小のヘリシティは,

$$\lambda_{\min} = \lambda_{\max} - N/2 \tag{25.4.9}$$

で与えられる. 質量ゼロ粒子のヘリシティ λ が $|\lambda| > 2$ となることを排除したければ, $\lambda_{\max} - \lambda_{\min} \leq 4$ でなければならず, よって拡張超対称性は $N \leq 8$ のものしか許されない.

$N = 8$ の場合には $|\lambda| > 2$ のヘリシティが許されないので, 可能な超対称多重項はただ一つだ. それは各々のヘリシティが ± 2 の 1 個の

[†]$U(N)$ R 対称性の $U(1)$ 部分はしばしば **量子力学的なアノマリー** によって破れている.

25.4 質量ゼロ粒子の超対称多重項

重力子, 各々のヘリシティが ±3/2 の 8 個のグラヴィティーノ, 各々のヘリシティが ±1 の 28 個のゲージ・ボゾン, 各々のヘリシティが ±1/2 の 56 個のフェルミオン, ヘリシティが ゼロ の 70 個のボゾンから成る.

これを $N = 7$ の場合と比較しよう. ふたたび $|\lambda| > 2$ のヘリシティを排除する. この場合は 2 個の超対称多重項が存在する. 一つの超対称多重項には, ヘリシティ +2 の 1 個の重力子, ヘリシティ +3/2 の 7 個のグラヴィティーノ, ヘリシティ +1 の 21 個のゲージ・ボゾン, ヘリシティ +1/2 の 35 個のフェルミオン, ヘリシティ 0 の 35 個のボゾン, ヘリシティ −1/2 の 21 個のフェルミオン, ヘリシティ −1 の 7 個のゲージ・ボゾン, ヘリシティ −3/2 の 1 個のグラヴィティーノが含まれる. もう一つは全てのヘリシティを反転した CPT 共役な超対称多重項だ. これら二つの超対称多重項の粒子数を加えると, 各々のヘリシティが ±2 の 1 個の重力子, 各々のヘリシティが ±3/2 の 7 + 1 = 8 個のグラヴィティーノ, 各々のヘリシティが ±1 の 21 + 7 = 28 個のゲージ・ボゾン, 各々のヘリシティが ±1/2 の 35 + 21 = 56 個のフェルミオン, ヘリシティが ゼロ の 35 + 35 = 70 個のボゾンになる. このように $N = 8$ と $N = 7$ の拡張超重力理論は正確に同じ粒子内容を持ち, 実際同等だ.

他方, $N \leq 6$ の拡張超重力理論は各々のヘリシティが ±3/2 のグラヴィティーノをちょうど N 個持ち, したがって全て異なる.

$N \leq 4$ の場合には**大域的**超対称性理論, すなわち重力子やグラヴィティーノを含まない超対称多重項を持つ理論の可能性もある. 大域的 $N = 4$ 超対称性の場合には, 超対称多重項が 1 種類だけ存在し, それには各々のヘリシティが ±1 の 1 個のゲージ・ボゾン, 各々のヘリシティが ±1/2 の 4 個のフェルミオン, ヘリシティがゼロの 6 個のボゾンが含まれる. これは $N = 3$ の大域的超対称性理論と同等だ. これは二つの超対称多重項を持ち, 一方の超対称多重項はヘリシティ +1 の 1 個のゲージ・ボゾン, ヘリシティ +1/2 の 3 個のフェルミオン, ヘリ

シティ 0 の 3 個のボソン, ヘリシティ $-1/2$ の 1 個のフェルミオンから成り, 他方は逆のヘリシティを持つ CPT 共役の超対称多重項だ. これら二つの $N=3$ 超対称多重項の各々のヘリシティの粒子数を加えると, $N=4$ 大域的超対称性理論と同じ粒子内容になっている. $N=4$ 超対称ゲージ場理論は著しい特徴を持っており, 27.9 節で議論する.

$N=2$ の大域的拡張超対称性の場合は, CPT によって関連している超対称多重項とは別に, 二つの異なる種類の超対称多重項が存在する. 一つの種類は**ゲージ超対称多重項** (gauge supermultiplet)で, その各々はヘリシティ +1 の 1 個のゲージ・ボソン, $SU(2)$ R 対称性 (25.2.30) の下で 2 重項を作るヘリシティ +1/2 の 2 個のフェルミオン, ヘリシティ 0 の 1 個のボソンを含む. またこの超対称多重項にはヘリシティを逆にした CPT 共役な超対称多重項が伴っている. 各々のゲージ超対称多重項とその反多重項を合わせたものはヘリシティ ±1 の 1 個のゲージ・ボソン, ヘリシティ ±1/2 の 2 個の $SU(2)$ 2 重項フェルミオン, ヘリシティ 0 の 2 個の $SU(2)$ 1 重項ボソンを含む. もう一方の種類は**ハイパー多重項** (hypermultiplet)で, ヘリシティ ±1/2 の 1 個のフェルミオンとヘリシティ 0 の $SU(2)$ 2 重項のボソンを含み, CPT 共役多重項を伴っている. (場の量子論ではハイパー多重項は自分自身の反多重項にはなれない. なぜなら, もしなれたならヘリシティ・ゼロ粒子は 2 個だけの実スカラー場で記述される事になるが, その場は $SU(2)$ 2 重項を作ることができないからだ.) もちろん, 現実の世界では, ヘリシティ +2 の 1 個の重力子, ヘリシティ +3/2 のグラヴィティーノの 1 個の $SU(2)$ 2 重項, ヘリシティ +1 の 1 個のゲージ・ボソンを含む重力子超対称多重項, およびその逆ヘリシティを持った CPT 共役多重項も存在しなければならないだろう. $N=2$ 超対称性を持ったゲージ理論を 27.9 節で構成し, 29.5 節で非摂動論的に調べる.

これらの超対称多重項の粒子内容は, 拡張超対称性を到達可能なエネルギーでの粒子の現実的な理論に組み込むことが如何に困難かを

25.4 質量ゼロ粒子の超対称多重項

浮き彫りにする. 一つの例外を除いて, ヘリシティ +1/2 のフェルミオンはヘリシティ +1 のゲージ・ボソンと同じ超対称多重項に属する. ゲージ・ボソンはゲージ群の随伴表現に属するので, 超対称性生成子がゲージ群の下で不変ならヘリシティ +1/2 のフェルミオンもまた随伴表現に属さなければならないが, その表現は実だ. これは既知のクォークとレプトンが属する $SU(3) \times SU(2) \times U(1)$ の表現が**カイラル**だという事実と矛盾する. カイラルだとは, ヘリシティ +1/2 のフェルミオンはその複素表現に属しているという事であり, その表現は必然的に CPT 共役であるヘリシティ −1/2 のフェルミオンが持っている表現とは異なる. 一つの例外では, ヘリシティ +1/2 のフェルミオンはゲージ・ボソンと同じ超対称多重項に属さないが, それは上で述べた $N=2$ ハイパー多重項のことだ. しかしこの場合には, ヘリシティ +1/2 と −1/2 の両方の粒子は同じ超対称多重項に属し, したがって超対称性生成子を不変に保つ任意のゲージ変換の下で同じ変換性を持つ必要がある. それはこのゲージ群の複素表現に属してもよいが, その場合はこのハイパー多重項の CPT 共役多重項は複素共役表現に属さなければならならず, そうすると各ヘリシティのフェルミオンは二つの表現の和に属すことになり, この和は実なので, 再び既存のクォークとレプトンのカイラルな性質と矛盾する.

これに対して, 単純超対称性の場合にはヘリシティ +1/2 とヘリシティ・ゼロのみを含む超対称多重項が存在し, それはCPT 共役な超対称多重項が持つ表現とは異なるゲージ群の複素表現に属する事が可能だ. この場合にはカイラルな性質との矛盾は無い. 到達可能なエネルギーで破れずに残っている対称性としての超対称性の議論が拡張超対称性ではなく単純超対称性に集中しているのはこのためだ.

25.5 質量を持つ粒子の超対称多重項

既知のクォーク，レプトン，ゲージ・ボゾンとそれらの超対称パートナーは超対称性の破れが無視できるエネルギーでは多分質量ゼロとして扱えるかもしれないが，これは強い相互作用と電弱相互作用との統一理論で要請される大きな質量を持った余分なゲージ・ボゾンを含めて，他の粒子については必ずしも正しくない．また，ヴェス・ズミノ模型以降，質量を持つ粒子の理論は超対称性理論を研究するための有用な試験の場となってきた．したがって，質量を持つ粒子の場合に破れていない超対称性が持つ意味を簡潔に考察するのは有益だ．

前節と同様に，超対称多重項の様々な 1 粒子状態は，それらの任意の一つに演算子 Q_{ar} と Q_{ar}^* を作用させて得られ，それらの状態は全て同じ 4 元運動量を持つ．質量ゼロの場合と異なり，$M > 0$ の質量の場合には，これを静止した粒子の 4 元運動量に採ることができる．それは $i = 1, 2, 3$ については $p^i = 0$ で $p^0 = M$ だ．この座標系では，

$$\sigma_\mu p^\mu = M\sigma_0 = M \begin{pmatrix} 1 & 0 \\ 0 & 1 \end{pmatrix} \tag{25.5.1}$$

となる．したがって，この 4 元運動量を持つ超対称多重項の任意の状態 $|\,\rangle$ に反交換関係 (25.2.7) を作用させると，

$$\{Q_{ar}, Q_{bs}^*\}|\,\rangle = 2M\,\delta_{ab}\,\delta_{rs}|\,\rangle \tag{25.5.2}$$

を得る．ゼロ質量の場合に比して，この場合は Q_{ar} あるいは Q_{ar}^* が多重項全体を消す事はできないので，2 組の昇降演算子が存在する．つまり，$Q_{(1/2)\,r}$ と $Q_{(-1/2)\,r}^*$ の両方ともがスピンの第 3 成分を 1/2 だけ下げ，$Q_{(-1/2)\,r}$ と $Q_{(1/2)\,r}^*$ の両方ともがスピンの第 3 成分を 1/2 だけ上げる．しかし，以下で見るように，拡張超対称性の場合には Q と Q^* のある線形結合がゼロになる事は可能だ．

最初に単純超対称性の場合を考えよう．超対称代数 (25.2.31) と

25.5 質量を持つ粒子の超対称多重項

(25.2.32) を使って, 質量がゼロでない一般的な超対称多重項はスピン $j+1/2$ の粒子 1 個とスピン j の粒子の対とスピン $j-1/2$ の粒子 1 個から成る事を示そう. パリティが保存する場合には, スピン $j\pm 1/2$ の粒子はある位相 η で与えられる同一の固有パリティを持ち, スピン j の粒子はパリティ $+i\eta$ と $-i\eta$ を持つ. ここで j はゼロより大きな整数または半整数だ. 2 個のスピン・ゼロ粒子と 1 個のスピン 1/2 粒子から成るつぶれた超対称多重項も存在する. パリティが保存するとき, スピン・ゼロ粒子はパリティ $i\eta$ と $-i\eta$ を持つ. ここで η はスピン 1/2 粒子のパリティだ.

証明は以下のとおりだ. 任意の超対称多重項は, 状態 $|j,\sigma\rangle$ のスピン多重項でスピンの第 3 成分 σ は $-j$ から $+j$ まで間隔 1 おきに値を取り, そのような全ての σ と $a=\pm 1/2$ について,

$$Q_a|j,\sigma\rangle = 0 \qquad (25.5.3)$$

を満たすものを少なくとも 1 個含むという特徴を持つことを最初に示す. 超対称多重項のゼロでない任意の状態 $|\psi\rangle$ から始めて, ゼロでない状態

$$|\psi'\rangle \equiv \begin{cases} (2M)^{-1/2}\, Q_{1/2}|\psi\rangle & Q_{1/2}|\psi\rangle \neq 0 \\ |\psi\rangle & Q_{1/2}|\psi\rangle = 0 \end{cases}$$

と

$$|\psi''\rangle \equiv \begin{cases} (2M)^{-1/2}\, Q_{-1/2}|\psi'\rangle & Q_{-1/2}|\psi'\rangle \neq 0 \\ |\psi'\rangle & Q_{-1/2}|\psi'\rangle = 0 \end{cases}$$

を定義できる. Q_a は反交換するので, $Q_{1/2}|\psi'\rangle = 0$ だ. したがって $a=\pm 1/2$ について $Q_a|\psi''\rangle = 0$ が成り立つ. 任意の状態 $|\psi''\rangle$ が条件 $Q_a|\psi''\rangle = 0$ を満たせば, $U(R)|\psi''\rangle$ もこの条件を満たす. ここで $U(R)$ は任意の空間回転を表すユニタリー演算子だ. この条件を満たす状態は, 条件 (25.5.3) を満たす完全なスピン多重項 $|j,\sigma\rangle$ に分解できることが導かれる.

(25.5.3) を満たすこれらのスピン多重項の任意の一つで,

$$\langle j, \sigma' | j, \sigma \rangle = \delta_{\sigma'\sigma} \tag{25.5.4}$$

と規格化されたものに着目する. $j > 0$ の場合, スピン $1/2$ 演算子*Q_a^* をこれらの状態に作用させてスピン $j \pm 1/2$ 状態

$$|j \pm 1/2, \sigma\rangle = \frac{1}{\sqrt{2M}} \sum_a C_{\frac{1}{2}\,j}\bigl(j \pm 1/2, \sigma; a, \sigma-a\bigr) Q_a^* |j, \sigma-a\rangle \tag{25.5.5}$$

を構成できる. ここで $C_{jj'}(j'', \sigma''; \sigma, \sigma')$ は第 3 成分 σ と σ' のスピン j と j' を結合して第 3 成分 σ'' のスピン j'' を作る通常のクレブシュ・ゴルダン係数だ. (25.5.2)–(25.5.5) とクレブシュ・ゴルダン係数の正規直交性を使うと, これらの状態は,

$$\langle j \pm 1/2, \sigma | j \pm 1/2, \sigma' \rangle = \delta_{\sigma\sigma'}, \quad \langle j \pm 1/2, \sigma | j \mp 1/2, \sigma' \rangle = 0 \tag{25.5.6}$$

と適切に規格化されていることを示せる. したがって状態 $|j \pm 1/2, \sigma\rangle$ はどれもゼロにはなれない. 唯一の例外は $j = 0$ のときで, その場合はもちろん状態 $|j-1/2, \sigma\rangle$ は存在しない. また 2 個の Q^* を $|j, \sigma\rangle$ に作用させて別の状態を構成できる. 各々の Q_a^* は自分自身と反交換するので, 唯一のゼロでないそのような状態は演算子 $Q_{1/2}^* Q_{-1/2}^* = -Q_{-1/2}^* Q_{1/2}^*$ を作用させて作ることができる. この演算子は $\frac{1}{2} e_{ab} Q_a^* Q_b^*$ と書くことができ, したがって回転不変なので, これはスピン j の別のスピン多重項を与える.

$$|j, \sigma\rangle^b = \frac{1}{2M} Q_{1/2}^* Q_{-1/2}^* |j, \sigma\rangle. \tag{25.5.7}$$

---

*Q_a は回転の下でスピン $1/2$ とスピンの第 3 成分 a を持つ粒子を消滅させる場として変換するので, そのような粒子を生成する場として変換し, したがってそのような粒子そのものと同じ変換をするのは Q_a^* だ. これを形式的に表すと, $[J_i, Q_a] = -\sum_b \frac{1}{2}(\sigma_i)_{ab} Q_b$, したがって $[J_i, Q_a^*] = \sum_b \frac{1}{2}(\sigma_i)_{ba} Q_b^*$ となる. これはスピン $1/2$ 粒子の変換性 $J_i |a\rangle = \sum_b \frac{1}{2}(\sigma_i)_{ba} |b\rangle$ に比類する.

25.5 質量を持つ粒子の超対称多重項

これは (25.5.3) の代わりに,

$$Q_a^* |j,\sigma\rangle^\flat = 0 \tag{25.5.8}$$

を満たすという点が $|j,\sigma\rangle$ と異なる. 再び (25.5.2)–(25.5.4) を使うと, これらの状態も,

$$^\flat\langle j,\sigma'|j,\sigma\rangle^\flat = \delta_{\sigma'\sigma}, \quad \langle j,\sigma'|j,\sigma\rangle^\flat = 0 \tag{25.5.9}$$

と規格化された状態であることが分かる. 次に, ここまでに構成された状態が超対称代数の完全な表現を構成することを示すのは容易だ. クレブシュ・ゴルダン係数の正規直交性から (25.5.5) は,

$$Q_a^* |j,\sigma\rangle = \sqrt{2M} \sum_\pm C_{1/2\,j}\bigl(j\pm 1/2, \sigma+a; a,\sigma\bigr) |j\pm 1/2, \sigma+a\rangle \tag{25.5.10}$$

と書き換えることができる. また, (25.5.2) から超対称多重項の任意の状態 $|\rangle$ は,

$$\left[Q_a, Q_{\frac{1}{2}}^* Q_{-\frac{1}{2}}^*\right] |\rangle = 2M \sum_b e_{ab} Q_b^* |\rangle \tag{25.5.11}$$

を満たすことがわかる. したがって (25.5.7) と (25.5.3) から,

$$Q_a |j,\sigma\rangle^\flat = \sum_b e_{ab} Q_b^* |j,\sigma\rangle$$
$$= \sqrt{2M} \sum_b e_{ab} \sum_\pm C_{\frac{1}{2}\,j}\bigl(j\pm 1/2, \sigma+b; b,\sigma\bigr) |j\pm 1/2, \sigma+b\rangle \tag{25.5.12}$$

となる. (25.5.2), (25.5.3), (25.5.5) から,

$$Q_a |j\pm 1/2, \sigma\rangle = \sqrt{2M} C_{\frac{1}{2}\,j}\bigl(j\pm 1/2, \sigma; a, \sigma-a\bigr) |j,\sigma-a\rangle \tag{25.5.13}$$

が得られ, 一方 (25.5.5), (25.2.31), (25.5.7) から,

$$Q_a^* |j\pm 1/2, \sigma\rangle = \sqrt{2M} \sum_b e_{ab} C_{\frac{1}{2}\,j}\bigl(j\pm 1/2, \sigma; b, \sigma-b\bigr) |j,\sigma-b\rangle^\flat \tag{25.5.14}$$

が得られる. (25.5.3), (25.5.8), (25.5.10), (25.5.12)–(25.5.14) は超対称多重項の全ての状態への Q と Q* の作用を表している.

$j = 0$ の場合はつぶれた超対称多重項が得られる. すなわち (25.5.3), (25.5.8), (25.5.10), (25.5.12)–(25.5.14) は,

$$\begin{aligned}
&Q_a |0,0\rangle = 0 , &&Q_a^* |0,0\rangle^b = 0 , \\
&Q_a^* |0,0\rangle = \sqrt{2M} |1/2, a\rangle , &&Q_a |0,0\rangle^b = \sqrt{2M} \sum_b e_{ab} |1/2, b\rangle , \\
&Q_a |1/2, b\rangle = \sqrt{2M} \delta_{ab} |0,0\rangle , &&Q_a^* |1/2, b\rangle = \sqrt{2M} e_{ab} |0,0\rangle^b
\end{aligned} \tag{25.5.15}$$

となる.

ここでパリティが保存されているとしよう. 超対称性生成子の位相は, これらの演算子へのパリティ演算子の作用が (25.3.13) となるように選ばれていることを思い出そう. すると Q_a^* を $P|j,\sigma\rangle$ に作用させたものは状態 $PQ_a|j,\sigma\rangle$ の線形結合であり, それはゼロだ. また $P|j,\sigma\rangle$ は $|j,\sigma\rangle^b$ と回転のもとで同じ特性を持っているので, 両者は単に比例する.

$$P|j,\sigma\rangle = -\eta |j,\sigma\rangle^b . \tag{25.5.16}$$

P はユニタリーなので, η は $|\eta| = 1$ を満たす位相因子だ. 対応する議論から $P|j,\sigma\rangle^b$ は $|j,\sigma\rangle$ に比例することが分かる. 比例係数を知るには, 以下に気付けばよい.

$$\begin{aligned}
P|j,\sigma\rangle^b &= (2M)^{-1} P Q_{\frac{1}{2}}^* Q_{-\frac{1}{2}}^* |j,\sigma\rangle = -\eta (2M)^{-1} Q_{-\frac{1}{2}} Q_{\frac{1}{2}} |j,\sigma\rangle^b \\
&= -\eta (2M)^{-2} Q_{-\frac{1}{2}} Q_{\frac{1}{2}} Q_{\frac{1}{2}}^* Q_{-\frac{1}{2}}^* |j,\sigma\rangle = -\eta |j,\sigma\rangle .
\end{aligned}$$

するとスピン j の状態

$$|j,\sigma\rangle^\pm \equiv \frac{1}{\sqrt{2}} \Big(|j,\sigma\rangle \pm i |j,\sigma\rangle^b \Big) \tag{25.5.17}$$

を定義できる. この状態は決まったパリティを持つ.

$$P|j,\sigma\rangle^\pm = \pm i\eta |j,\sigma\rangle^\pm . \tag{25.5.18}$$

25.5 質量を持つ粒子の超対称多重項

最後にパリティ演算子を (25.5.5) に作用させ (25.3.13) と (25.5.16) を使うと,

$$\mathsf{P}|j\pm 1/2,\sigma\rangle = -\frac{\eta}{\sqrt{2M}}\sum_a C_{\frac{1}{2}\,j}\left(j\pm 1/2,\,\sigma;a,\sigma-a\right)$$
$$\times \sum_b e_{ab} \mathsf{Q}_b |j,\sigma-a\rangle^b$$

となる. (25.5.12) とクレブシュ・ゴルダン係数の正規直交性より,

$$\mathsf{P}|j\pm 1/2,\sigma\rangle = \eta|j\pm 1/2,\sigma\rangle \tag{25.5.19}$$

が得られる. これが示したかったことだ.

次に N 個の超対称性生成子を持つ拡張超対称性の場合を簡単に見ておこう. 前節で述べたように, 中心電荷のどれかについて固有値がゼロでない質量ゼロ粒子は存在できない. さらに進んで, 中心電荷演算子の固有値は任意の超対称多重項の質量に下限を与えることが示せる. 中心電荷 Z_{rs} と Z_{rs}^* は互いに交換し, P_μ とも交換するので, 1 粒子状態は全ての中心電荷および P_μ の固有状態に採ることができ, また中心電荷は Q_{ar} および Q_{ar}^* と交換するので, 超対称多重項の全ての状態は同じ固有値を持つ.

超対称多重項の質量 M とこの超対称多重項の中心電荷の固有値とを関係づける不等式を導くために, 反交換関係 (25.2.7) と (25.2.8) を使って,

$$\sum_{ar}\left\{\left(\mathsf{Q}_{ar}-\sum_{bs}e_{ab}U_{rs}\mathsf{Q}_{bs}^*\right),\left(\mathsf{Q}_{ar}^*-\sum_{ct}e_{ac}U_{rt}^*\mathsf{Q}_{ct}\right)\right\}$$
$$= 8NP^0 - 2\mathrm{Tr}\left(ZU^\dagger + UZ^\dagger\right) \tag{25.5.20}$$

と書く. ここで U_{rs} は任意の $N\times N$ ユニタリー行列だ. 左辺は正定値の演算子なので, 静止した超対称多重項の状態にこれを作用させて,

$$M \geq \frac{1}{4N}\mathrm{Tr}\left(ZU^\dagger + UZ^\dagger\right) \tag{25.5.21}$$

を得る. ここで Z_{rs} は質量 M の超対称多重項の中心電荷の値を表す. 極分解定理により任意の正方行列 Z は HV と書くことができる. ここで H は正エルミート行列で V はユニタリーだ. $U = V$ と置くと有用な不等式(それは実際最善の不等式だ)が得られる. この場合, (25.5.21) は,

$$M \geq \frac{1}{2N} \operatorname{Tr} H = \frac{1}{2N} \operatorname{Tr} \sqrt{Z^\dagger Z} \tag{25.5.22}$$

となる. M がこの不等式で許される最小値に等しい状態は, 23.3 節で議論したボゴモルニ・プラサド・ゾマーフェルトの磁気単極子の配位との類推で **BPS 状態** と呼ばれる. その質量もまた一般の磁気単極子の質量の下限に等しい. 実はこれは単に類似しているというだけではない. 27.9 節で見るように拡張超対称性を持つゲージ理論における磁気単極子の質量の下限は下限 (25.5.22) の特別の場合だ.

(25.5.22) のこの導出から分かるように, BPS 超対称多重項の場合には演算子 $Q_{ar} - \sum_{bs} e_{ab} U_{rs} Q_{bs}^*$ は超対称多重項の任意の状態に作用したときにゼロとなり, したがって N 個の独立なヘリシティを下げる演算子 $Q_{(1/2)r}$ と N 個の独立なヘリシティを上げる演算子 $Q_{(-1/2)r}$ だけが存在する. これは質量ゼロの超対称多重項の場合と同じだ. この結果, 一般の場合に見られるよりも小さな超対称多重項が導かれる.

例えば, $N = 2$ 超対称性の場合には中心電荷は 1 個の複素数[**]

$$Z = \begin{pmatrix} 0 & Z_{12} \\ -Z_{12} & 0 \end{pmatrix} \tag{25.5.23}$$

で与えられる. 不等式 (25.5.22) はこの場合,

$$M \geq |Z_{12}|/2 \tag{25.5.24}$$

となる. $M = |Z_{12}|/2$ のとき, 質量がゼロでない超対称多重項のヘリシティ成分は質量ゼロの超対称多重項の成分と同じだ. すなわち, 1

[**] $N = 2$ 超対称性に関する論文によっては中心電荷 Z は本書の記法で書くと $Z/2\sqrt{2}$ になっている.

個のスピン 1 粒子と 1 個のスピン 1/2 の $SU(2)$ R 対称性 2 重項と 1 個のスピン 0 粒子から成るゲージ超対称多重項(残りのヘリシティ・ゼロ状態はスピン 1 粒子に属する),および,1 個のスピン 1/2 粒子と 1 個のスピン 0 の $SU(2)$ R 対称性 2 重項から成るハイパー多重項が存在する.これらは,$M > |Z_{12}|/2$ のときに現れるもっと大きな超対称多重項と区別するために「小さい」超対称多重項と呼ばれることがある.

問題

1. フェルミオン的生成子とボソン的生成子の両方を含む次数付きリー代数を構成する 2×2 行列の組を求めよ.

2. ハーグ・ロプザンスキー・ゾーニウスの方法に従って,2+1 時空次元での最も一般的な対称性の超対称代数の形を導け.(ヒント: 2+1 時空次元でのローレンツ群の生成子を $A_1 = -iJ_{10}$, $A_2 = -iJ_{20}$, $A_3 = J_{12}$ と表すと,ポアンカレ代数の交換関係は $[A_i, , A_j] = i\sum_k \epsilon_{ijk} A_k$ なので,2+1 時空次元での斉次ローレンツ群の表現は単一の正の整数または半整数の指標 A を持つ.) その際,コールマン・マンデューラの定理の条件は満たされていると仮定せよ.

3. ヘリシティが $+3/2$ を越えるあるいは $-3/2$ 未満の質量ゼロ粒子は存在しないとする.$N = 6$ の拡張超対称性の場合と (CPT 対称性を使って) $N = 5$ の拡張超対称性の場合に最も一般的な質量ゼロ粒子の多重項を求めよ.求めた粒子構成の比較からこれら二つの拡張超対称性についてどのようなことが示唆されるか?

4. $N = 2$ 拡張超対称性の小さい超対称多重項における粒子のパリティはどのようなものが可能か.

参考文献

1. R. Haag, J. T. Lopuszanski, and M. Sohnius, *Nucl. Phys.* **B88**, 257 (1975). この論文は *Supersymmetry*, S. Ferrara 編 (North Holland/World Scientific, Amsterdam/Singapore, 1987) に再録されている.

2. B. Zumino, *Nucl. Phys.* **B89**, 535 (1975). この論文は *Supersymmetry*, 参考文献 1 に再録されている.

3. M. T. Grisaru and H. N. Pendleton, *Phys. Lett.* **67B**, 323 (1977).

第26章

超対称場の理論

これまでに, 最も一般的な超対称代数の構造が分かり, この対称性が粒子のスペクトルをどのように制約するかも調べた. これを進めて, 超対称性が粒子の相互作用にどのように影響を及ぼすかを知るには, 超対称性を持つ場の理論を構成する方法を調べる必要がある.

　元来, 場の超対称多重項を構成するのには, 25.4節と25.5節で行った1粒子状態の超対称多重項の構成法と同じように, ヤコビ恒等式を繰り返して使う直接的な方法が用いられた. 26.1節ではこの手法の1例として, スカラー場とディラック場のみを含む超対称多重項の構成を述べる. また幸運にも, サラムとストラスディー(Strathdee)[1]によって発明された, より簡単な手法もある. この方法では, 場の超対称多重項は, 通常の時空の四つの座標に加えてフェルミオン的な座標にも依存する**超場** (superfield) にまとめられる. この超場は26.2節で導入して, 26.3–26.8節で超対称性を持つ場の理論を構成し, その帰結を調べるのに用いる. この章では $N=1$ 超対称性のみを扱うが, この場合は超場形式が非常に役立つ. 次の章の最後には, 複数の $N=1$ 超場の理論に $U(N)$ の R 対称性を課して, 拡張 N 次超対称性を持つ理論を構成する.

26.1 場の超対称多重項の直接的な構成

　場の超対称多重項の直接的な構成法を見るために, 25.5節で述べた最も単純な超対称多重項に属する任意の質量の粒子を消滅させる場を考える. この多重項は二つのスピン・ゼロの粒子と一つのスピン1/2の粒子からなっている. (25.5.15) で, スピン・ゼロの1粒子状態 $|0,0\rangle$ は超対称性の生成子 Q_a で消滅させられるが, Q_a^* では消滅させられないことをみた. したがって, この粒子を真空 (この真空は全ての超対称性の生成子で消滅させられるとする) から作るスカラー場 $\phi(x)$ は Q_a と可換だが, Q_a^* とは可換ではないと思われる. すなわち,

$$[Q_a, \phi(x)] = 0, \tag{26.1.1}$$

$$-i\sum_b e_{ab}[Q_b^*, \phi(x)] \equiv \zeta_a(x) \neq 0 \tag{26.1.2}$$

が成立している. ここで反対称な 2×2 行列 e_{ab} ($e_{1/2,-1/2} \equiv +1$ とする) を導入したが, これは斉次ローレンツ群のもとで (1/2, 0) 表現として変換されるのが $\sum_b e_{ab}Q_b^*$ だからだ. これにより, $\zeta_a(x)$ も斉次ローレンツ群の (1/2, 0) 表現に属する2成分スピノル場だと分かる.*

　(26.1.1)–(26.1.2) と反交換関係 (25.2.31) から, 以下が分かる.

$$\{Q_b, \zeta_a\} = -i\sum_c e_{ac}[\{Q_b, Q_c^*\}, \phi(x)] = 2i(\sigma^\mu e)_{ba}[P_\mu, \phi].$$

したがって,

$$\{Q_b, \zeta_a(x)\} = -2(\sigma^\mu e)_{ba}\partial_\mu \phi(x) \tag{26.1.3}$$

---

*ここで, これらの場の質量や相互作用については何も仮定していない. しかし 5.9 節で説明したように, (1/2, 0) 表現の自由場はヘリシティ $+1/2$ の質量ゼロの粒子しか生成することができないことには注意しておきたい. これは Q_a によって消される質量ゼロでスピン・ゼロの1粒子状態 $|0,0\rangle$ はヘリシティ $+1/2$ の状態の超対称多重項に属するという(25.5.15)の結果と一致している.

26.1 場の超対称多重項の直接的な構成

となる. 一方, (26.1.2) と反交換関係 (25.2.32) から,

$$-i\sum_c e_{ac}\{Q_b^*, \zeta_c\} = \{Q_b^*, [Q_a^*, \phi]\} = -\{Q_a^*, [Q_b^*, \phi]\}$$
$$= i\sum_c e_{bc}\{Q_a^*, \zeta_c\}$$

だから, $\sum_c e_{ac}\{Q_b^*, \zeta_c\}$ は反対称であり, これより反対称 2×2 行列 e_{ab} に比例することが分かる.

$$i\{Q_b^*, \zeta_a(x)\} = 2\delta_{ab}\mathcal{F}(x) . \tag{26.1.4}$$

また, ローレンツ不変性から係数 $\mathcal{F}(x)$ はスカラー場だと分かる.

ここで更に1歩進めて, 超対称性生成子と $\mathcal{F}(x)$ の交換子を計算する必要がある. (26.1.4), (26.1.2), (25.2.32) を使うと,

$$\delta_{ab}[Q_c^*, \mathcal{F}] = \tfrac{1}{2} i[Q_c^*, \{Q_b^*, \zeta_a\}] = \tfrac{1}{2} i[\{Q_c^*, \zeta_a\}, Q_b^*] = -\delta_{ac}[Q_b^*, \mathcal{F}]$$

を得る. $a = b \neq c$ と採ると, この交換子がゼロとなることが分かる.

$$[Q_c^*, \mathcal{F}(x)] = 0 . \tag{26.1.5}$$

最後に (26.1.4), (25.2.31), (26.1.3) を使うと以下を得る.

$$\begin{aligned}\delta_{ab}[Q_c, \mathcal{F}] &= \tfrac{1}{2} i[Q_c, \{Q_b^*, \zeta_a\}] \\ &= \tfrac{1}{2} i[\{Q_c, Q_b^*\}, \zeta_a] - \tfrac{1}{2} i[Q_b^*, \{Q_c, \zeta_a\}] \\ &= -\sigma_{cb}^\mu \partial_\mu \zeta_a + i(\sigma^\mu e)_{ca}[Q_b^*, \partial_\mu \phi] \\ &= -\sigma_{cb}^\mu \partial_\mu \zeta_a + \sum_d e_{bd}(\sigma^\mu e)_{ca} \partial_\mu \zeta_d .\end{aligned}$$

これと δ_{ab} の縮約をとると,

$$[Q_c, \mathcal{F}(x)] = -\sum_a \sigma_{ca}^\mu \partial_\mu \zeta_a(x) \tag{26.1.6}$$

となる. 式 (26.1.1)–(26.1.6) は, 場 $\phi(x)$, $\zeta_a(x)$, $\mathcal{F}(x)$ が超対称代数の完全な表現を成すことを意味する. これらの場はエルミートではないので, それらの複素共役は別の超対称多重項を与える.

$$[Q_a^*, \phi^*(x)] = 0 , \tag{26.1.7}$$

$$-i \sum_b e_{ab}[Q_b, \phi^*(x)] = \zeta_a^*(x) , \tag{26.1.8}$$

$$\{Q_b^*, \zeta_a^*(x)\} = 2(e\sigma^\mu)_{ab}\partial_\mu\phi^*(x) , \tag{26.1.9}$$

$$-i\{Q_b, \zeta_a^*(x)\} = 2\delta_{ab}\mathcal{F}^*(x) , \tag{26.1.10}$$

$$[Q_c, \mathcal{F}^*(x)] = 0 , \tag{26.1.11}$$

$$[Q_c^*, \mathcal{F}^*(x)] = \sum_a \sigma^\mu_{ac}\partial_\mu\zeta_a^*(x) . \tag{26.1.12}$$

これらの交換・反交換関係は超対称性変換のもとでの変換則として表すことができる. この超対称性変換は, 任意のボゾン場またはフェルミオン場の演算子 $\mathcal{O}(x)$ を微小量,

$$\delta\mathcal{O}(x) \equiv \left[\sum_a (\epsilon_a^* Q_a + \epsilon_a Q_a^*) , \mathcal{O}(x) \right] \tag{26.1.13}$$

だけずらす. ここで ϵ_a は微小なフェルミオン的 c 数スピノルだ. (ϵ_a と ϵ_a^* は Q_a と Q_a^* と反可換だから, $\epsilon_a^* Q_a + \epsilon_a Q_a^*$ という量は反エルミートだ. したがって, (26.1.13) により, $(\delta\mathcal{O})^* = \delta\mathcal{O}^*$ となる.) (26.1.1)–(26.1.6) の交換・反交換関係は変換則,

$$\delta\phi(x) = -i \sum_{ab} \epsilon_a e_{ab} \zeta_b(x) , \tag{26.1.14}$$

$$\delta\zeta_a(x) = -2 \sum_b \epsilon_b^* (\sigma^\mu e)_{ba} \partial_\mu\phi(x) - 2i\epsilon_a \mathcal{F}(x) , \tag{26.1.15}$$

$$\delta\mathcal{F}(x) = - \sum_{ab} \epsilon_b^* \sigma^\mu_{ba} \partial_\mu\zeta_a(x) \tag{26.1.16}$$

に同等だ.

26.1 場の超対称多重項の直接的な構成

これは微小なマヨラナ**4成分スピノル変換パラメータ,

$$\alpha \equiv -i \begin{pmatrix} \epsilon_a \\ \sum_b e_{ab}\epsilon_b^* \end{pmatrix} \quad (26.1.17)$$

を導入すると, (26.1.13) を,

$$i\,\delta\mathcal{O}(x) \equiv [\bar\alpha Q,\, \mathcal{O}(x)] \quad (26.1.18)$$

というように4成分ディラック記法で書くこともできる.

変換則 (26.1.14)-(26.1.16) とそれらの複素共役は, 実のボゾン場 A, B, F, G と4成分マヨラナ・スピノル場 ψ の組を導入すると便利な共変形で書くことができる. これらの実ボゾン場は,

$$\frac{A+iB}{\sqrt{2}} \equiv \phi, \qquad \frac{F-iG}{\sqrt{2}} \equiv \mathcal{F} \quad (26.1.19)$$

で定義され, マヨラナ・スピノル場は,

$$\psi \equiv \frac{1}{\sqrt{2}} \begin{pmatrix} \zeta_a \\ -\sum_b e_{ab}\zeta_b^* \end{pmatrix} \quad (26.1.20)$$

で定義される. 4×4 ディラック行列と 2×2 行列 σ_μ の関係,

$$\gamma_\mu = \begin{pmatrix} 0 & -i\,e\sigma_\mu^{\mathrm{T}} e \\ i\,\sigma_\mu & 0 \end{pmatrix}$$

**ここで使っている位相についての記法により, マヨラナ4成分スピノルは $(1/2,0)$ の2成分スピノル u_a から

$$\begin{pmatrix} u \\ -e u^* \end{pmatrix}$$

と構成される. (26.1.17) は $u = -i\epsilon$ とすればこの記法に合う. またはこれと同等だが, マヨラナ・スピノルは2成分 $(0,1/2)$ スピノル v_a から,

$$\begin{pmatrix} e v^* \\ v \end{pmatrix}$$

と構成することもできる. その例は (25.2.34) だ. マヨラナ・スピノルの性質はこの章の補遺で詳細に考察する.

を思い出そう.変換則は,ここで以下の形をとる.

$$\delta A = \bar{\alpha}\psi, \qquad \delta B = -i\,\bar{\alpha}\gamma_5\psi,$$
$$\delta\psi = \partial_\mu(A + i\gamma_5 B)\gamma^\mu\alpha + (F - i\gamma_5 G)\alpha, \qquad (26.1.21)$$
$$\delta F = \bar{\alpha}\gamma^\mu\,\partial_\mu\psi, \qquad \delta G = -i\,\bar{\alpha}\gamma_5\gamma^\mu\,\partial_\mu\psi.$$

直接的だが面倒な計算をすると,この変換は作用,

$$\begin{aligned}
I = \int d^4x \,\Big\{ &-\tfrac{1}{2}\,\partial_\mu A\,\partial^\mu A - \tfrac{1}{2}\,\partial_\mu B\,\partial^\mu B - \tfrac{1}{2}\,\bar{\psi}\gamma^\mu\partial_\mu\psi \\
&+ \tfrac{1}{2}(F^2 + G^2) + m\left[FA + GB - \tfrac{1}{2}\bar{\psi}\psi\right] \\
&+ g\left[F(A^2 + B^2) + 2GAB - \bar{\psi}(A + i\gamma_5 B)\psi\right]\Big\} \quad (26.1.22)
\end{aligned}$$

を不変に保つことが分かる. (26.1.21) と (26.1.22) はヴェスとズミノの原論文にある変換則 (24.2.8) とラグランジアン密度 (24.2.9) に一致する. 以下の三つの節では (26.1.22) の超対称性を確認し,更により一般的な超対称作用を導くのに便利な手法を調べる.

フェルミオン場 $\psi(x)$ が自由場のディラック方程式 $(\gamma^\mu\partial_\mu + m)\psi = 0$ を満たす場合には,これらの変換則から $F + mA$ と $G + mB$ が不変であり,したがって $\mathbf{Q}_a$ および $\mathbf{Q}_a^*$ と可換であり,したがってまた P_μ とも可換であることが分かる. これで $F = -mA$ と $G = -mB$ が証明されたわけではない. しかし,交換・反交換関係 (26.1.1)–(26.1.6) も変換則 (26.1.21) も変えずに,場 F と G からそれぞれ定数 $F + mA$ と $B + mG$ を引いて再定義し,新しい場 F と G が $F = -mA$ と $G = -mB$ で与えられ,したがって, $\mathcal{F} = -m\phi^*$ となるようにすることが可能だ. これは相互作用がある場合には正しくないが,相互作用がある場合でも $\mathcal{F}(x), F(x), G(x)$ は通常,補助場であり, (26.1.22) の作用の場合のように超対称多重項の他の場を使って表すことが可能だ.

26.2　一般的な超場

　前の節で述べたような直接的な手法で場の超対称多重項を構成することは容易にできるが, 超対称作用を構成するには場の超対称多重項をかけ合わせ, 他の超対称多重項をどう構成するかを知る必要がある. これには, サラムとストラスディー[1]によって発明された, 超対称多重項の場を単一の超場にまとめる理論形式を使うと労力が非常に節約できる.

　4元運動量演算子 P_μ が通常の時空座標 x^μ の並進の生成子として定義されたのと全く同じように, 4元超対称性生成子 Q_a と Q_a^* は四つのフェルミオン的c数の超空間座標の並進の生成子と見なすことができる. これらの超空間座標は互いに反可換で, フェルミオン場と反可換, しかし, x^μ および全てのボゾン場と可換だとする. ローレンツ不変なラグランジアン密度を構成するのが目的だから, 25.2節の4成分ディラック形式を採用すると便利だ. 超対称性生成子は4成分マヨラナ・スピノル Q_α にまとめられるので, それに対応して超空間座標は別の4成分マヨラナ・スピノル θ_α にまとめられる. (マヨラナ・スピノルの各種の性質はこの章の補遺で概説する.) 超対称性生成子の反交換子はゼロとならないので, これらを超座標の並進演算子 $\partial/\partial\theta_\alpha$ に単に比例するとはとれない. その代わりに, サラムとストラスディーは, もし超対称性生成子 Q とボゾン的またはフェルミオン的な超場 $S(x,\theta)$ との交換子または反交換子が,

$$[Q, S\} = i\mathcal{Q} S, \tag{26.2.1}$$

ただし, $\mathcal{Q}$ は超空間の微分演算子,

$$\mathcal{Q} \equiv -\frac{\partial}{\partial\bar\theta} + \gamma^\mu \theta \frac{\partial}{\partial x^\mu} \tag{26.2.2}$$

だとすると, 超対称代数が満たされることを発見した. (ここで, いつものように $\bar\theta \equiv \theta^\dagger \beta$ としている. フェルミオン的c数変数についての

微分は全て左微分, つまり, ある変数について微分する際にはその変数を項の最も左に動かして計算するものとする.) ϵ を (26.A.3) で与えられる 4×4 行列として, マヨラナ・スピノルについては $\bar{\theta} = \theta^{\mathrm{T}} \gamma_5 \epsilon$ なので, (26.2.2) をより明確に書き下すと次のようになる.

$$\mathcal{Q}_\alpha = \sum_\gamma (\gamma_5 \epsilon)_{\alpha\gamma} \frac{\partial}{\partial \theta_\gamma} + \sum_\gamma \gamma^\mu_{\alpha\gamma} \theta_\gamma \frac{\partial}{\partial x^\mu}. \qquad (26.2.3)$$

また同様に,

$$\overline{\mathcal{Q}}_\beta = \sum_\gamma \mathcal{Q}_\gamma (\gamma_5 \epsilon)_{\gamma\beta} = \frac{\partial}{\partial \theta_\beta} - \sum_\gamma (\gamma_5 \epsilon \gamma^\mu)_{\beta\gamma} \theta_\gamma \frac{\partial}{\partial x^\mu} \qquad (26.2.4)$$

となる. 以下は容易に計算で求めることができる.

$$\{\mathcal{Q}_\alpha, \overline{\mathcal{Q}}_\beta\} = (\gamma_5 \epsilon \gamma^\mu \gamma_5 \epsilon)_{\beta\alpha} \frac{\partial}{\partial x^\mu} + \gamma^\mu_{\alpha\beta} \frac{\partial}{\partial x^\mu}. \qquad (26.2.5)$$

しかし (5.4.35) から, $\mathcal{C}$ を行列 $\mathcal{C} = -\gamma_5 \epsilon$ として, $\gamma^{\mathrm{T}}_\mu = -\mathcal{C} \gamma_\mu \mathcal{C}^{-1}$ となるので, (26.2.5) の右辺の項は共に等しく, したがって,

$$\{\mathcal{Q}_\alpha, \overline{\mathcal{Q}}_\beta\} = 2\gamma^\mu_{\alpha\beta} \frac{\partial}{\partial x^\mu} \qquad (26.2.6)$$

となる. (26.2.6), (26.2.1), および一般化されたヤコビ恒等式 (25.1.5) から,

$$[\{Q_\alpha, \overline{Q}_\beta\}, S] = \{\mathcal{Q}_\alpha, \overline{\mathcal{Q}}_\beta\} S = 2\gamma^\mu_{\alpha\beta} \partial_\mu S = -2i\gamma^\mu_{\alpha\beta}[P_\mu, S] \qquad (26.2.7)$$

となり, これは反交換関係 (25.2.36) と一致する.

交換・反交換関係 (26.2.1) を微小超対称性変換のもとでの変換則として表すと, より都合がよいことが多い. (26.1.18), (26.2.1), (26.2.2) を共に使うと, 微小マヨラナ・スピノル・パラメータ α の超対称性変換は超場 $S(x,\theta)$ を,

$$\delta S = (\bar{\alpha}\, \mathcal{Q})\, S = -\left(\bar{\alpha}\, \frac{\partial S}{\partial \bar{\theta}}\right) + (\bar{\alpha}\, \gamma^\mu\, \theta)\, \frac{\partial S}{\partial x^\mu} \qquad (26.2.8)$$

26.2 一般的な超場

だけ変化させることが分かる。ここでは $\partial/\partial\bar{\theta}$ は任意の表式の左に働くことを思い出そう。特に, M が行列 1, $\gamma_5\gamma_\mu$, γ_5 の任意の1次結合で, $\bar{\theta}M\theta$ はゼロとならないとき, $\bar{\theta}'M\theta'' = \bar{\theta}''M\theta'$ だから,

$$\frac{\partial}{\partial\bar{\theta}}(\bar{\theta}M\theta) = 2M\theta \qquad (26.2.9)$$

となる.

θ の成分は反可換なので, 積において同じ成分が二つあれば, その積はゼロとなる. しかし, θ には四つの成分しかないので, θ の任意の関数は4次の項で終わる冪級数となる. さらに, この章の補遺で示すように, 二つの θ の積は, $(\bar{\theta}\theta)$, $(\bar{\theta}\gamma_\mu\gamma_5\theta)$, $(\bar{\theta}\gamma_5\theta)$ の1次結合に比例する. また, 三つの θ の積は $(\bar{\theta}\gamma_5\theta)\theta$ に比例し, 四つの θ の積は $(\bar{\theta}\gamma_5\theta)^2$ に比例する. したがって, x^μ と θ の最も一般的な関数は以下のように表すことができる.

$$\begin{aligned}S(x,\theta) = &C(x) - i\left(\bar{\theta}\gamma_5\omega(x)\right) - \frac{i}{2}\left(\bar{\theta}\gamma_5\theta\right)M(x) - \frac{1}{2}\left(\bar{\theta}\theta\right)N(x) \\ &+ \frac{i}{2}\left(\bar{\theta}\gamma_5\gamma_\mu\theta\right)V^\mu(x) - i\left(\bar{\theta}\gamma_5\theta\right)\left(\bar{\theta}\left[\lambda(x) + \frac{1}{2}\slashed{\partial}\omega(x)\right]\right) \\ &- \frac{1}{4}\left(\bar{\theta}\gamma_5\theta\right)^2\left(D(x) + \frac{1}{2}\Box C(x)\right). \end{aligned} \qquad (26.2.10)$$

($\frac{1}{2}\slashed{\partial}\omega$ と $\frac{1}{2}\Box C(x)$ の項は, 後で便利なように, それぞれ, $\lambda(x)$ と $D(x)$ の項から分離してある.) もし, $S(x,\theta)$ がスカラー場ならば, $C(x)$, $M(x)$, $N(x)$, $D(x)$ はスカラー場 (もしくは擬スカラー場), $\omega(x)$ と $\lambda(x)$ は4成分スピノル場, $V^\mu(x)$ はベクトル場だ. また, この章の補遺で与えるマヨラナ場の双線形積の実条件の性質を使うと, もし $S(x,\theta)$ が実なら, $C(x)$, $M(x)$, $N(x)$, $V^\mu(x)$, $D(x)$ は全て実, また, $\omega(x)$ と $\lambda(x)$ は位相が $s^* = -\beta\epsilon\gamma_5 s$ に従うマヨラナ・スピノルとなる.

次に, (26.2.10) の成分場の超対称性変換則を求めなければならない.

(26.2.8) と (26.2.9) を展開 (26.2.10) に適用すると以下を得る.

$$\begin{aligned}\delta S =& (\bar{\alpha}\gamma^\mu\theta)\frac{\partial C}{\partial x^\mu} \\ &+ i\left(\bar{\alpha}\gamma_5\omega\right) - i\left(\bar{\alpha}\gamma^\mu\theta\right)\left(\bar{\theta}\gamma_5\frac{\partial\omega}{\partial x^\mu}\right) \\ &+ i\left(\bar{\alpha}\gamma_5\theta\right)M - \frac{i}{2}\left(\bar{\alpha}\gamma^\mu\theta\right)\left(\bar{\theta}\gamma_5\theta\right)\frac{\partial M}{\partial x^\mu} \\ &+ (\bar{\alpha}\theta)N - \frac{1}{2}\left(\bar{\alpha}\gamma^\mu\theta\right)(\bar{\theta}\theta)\frac{\partial N}{\partial x^\mu} \\ &- i\left(\bar{\alpha}\gamma_5\gamma_\nu\theta\right)V^\nu + \frac{i}{2}\left(\bar{\alpha}\gamma^\mu\theta\right)\left(\bar{\theta}\gamma_5\gamma_\nu\theta\right)\frac{\partial V^\nu}{\partial x^\mu} \\ &+ 2i\left(\bar{\alpha}\gamma_5\theta\right)\left(\bar{\theta}[\lambda+\tfrac{1}{2}\slashed{\partial}\omega]\right) + i\left(\bar{\theta}\gamma_5\theta\right)\left(\bar{\alpha}[\lambda+\tfrac{1}{2}\slashed{\partial}\omega]\right) \\ &- i\left(\bar{\alpha}\gamma^\mu\theta\right)\left(\bar{\theta}\gamma_5\theta\right)\left(\bar{\theta}\partial_\mu[\lambda+\tfrac{1}{2}\slashed{\partial}\omega]\right) + \left(\bar{\theta}\gamma_5\theta\right)(\bar{\alpha}\gamma_5\theta)[D+\tfrac{1}{2}\Box C]\,.\end{aligned}$$

ここで, 各項を (26.2.10) のような標準的な形に書く必要がある. この目的のためには (26.A.9) が,

$$\begin{aligned}&(\bar{\alpha}\gamma^\mu\theta)(\bar{\theta}\gamma_5\partial_\mu\omega) \\ &\quad = -\tfrac{1}{4}(\bar{\theta}\theta)(\bar{\alpha}\slashed{\partial}\gamma_5\omega) - \tfrac{1}{4}(\bar{\theta}\gamma_5\gamma^\nu\theta)(\bar{\alpha}\slashed{\partial}\gamma_\nu\omega) - \tfrac{1}{4}(\bar{\theta}\gamma_5\theta)(\bar{\alpha}\slashed{\partial}\omega)\end{aligned}$$

を与えることに注意する. また, (26.A.16) は,

$$(\bar{\alpha}\gamma^\mu\theta)(\bar{\theta}\theta) = -(\bar{\alpha}\gamma^\mu\gamma_5\theta)(\bar{\theta}\gamma_5\theta)$$

となり, (26.A.17) は,

$$(\bar{\alpha}\gamma^\mu\theta)(\bar{\theta}\gamma_5\gamma_\nu\theta) = -(\bar{\alpha}\gamma^\mu\gamma_\nu\theta)(\bar{\theta}\gamma_5\theta)$$

を与え, また (26.A.9) から,

$$\begin{aligned}&(\bar{\alpha}\gamma_5\theta)(\bar{\theta}[\lambda+\tfrac{1}{2}\slashed{\partial}\omega]) \\ &\quad = -\tfrac{1}{4}(\bar{\theta}\theta)(\bar{\alpha}\gamma_5[\lambda+\tfrac{1}{2}\slashed{\partial}\omega]) + \tfrac{1}{4}(\bar{\theta}\gamma_5\gamma^\mu\theta)(\bar{\alpha}\gamma_\mu[\lambda+\tfrac{1}{2}\slashed{\partial}\omega]) \\ &\qquad - \tfrac{1}{4}(\bar{\theta}\gamma_5\theta)(\bar{\alpha}[\lambda+\tfrac{1}{2}\slashed{\partial}\omega])\,,\end{aligned}$$

26.2 一般的な超場

(26.A.19) から，

$$(\bar{\alpha}\gamma^{\mu}\theta)(\bar{\theta}\gamma_5\theta)(\bar{\theta}\partial_{\mu}[\lambda + \tfrac{1}{2}\slashed{\partial}\omega]) = -\tfrac{1}{4}(\bar{\alpha}\slashed{\partial}\gamma_5[\lambda + \tfrac{1}{2}\slashed{\partial}\omega])(\bar{\theta}\gamma_5\theta)^2$$

となる．これらの関係を使い，θ の因子の数が増える順序に項を並び替えると以下を得る．

$$\begin{aligned}\delta S = {}& i\left(\bar{\alpha}\gamma_5\omega\right) + \left(\bar{\alpha}[\slashed{\partial}C + i\gamma_5 M + N - i\gamma_5 \slashed{V}]\theta\right) \\ & - \tfrac{1}{2}i\left(\bar{\theta}\theta\right)\left(\bar{\alpha}\gamma_5[\lambda + \slashed{\partial}\omega]\right) + \tfrac{1}{2}i\left(\bar{\theta}\gamma_5\theta\right)\left(\bar{\alpha}[\lambda + \slashed{\partial}\omega]\right) \\ & + \tfrac{1}{2}i\left(\bar{\theta}\gamma_5\gamma^{\mu}\theta\right)\left(\bar{\alpha}\gamma_{\mu}\lambda\right) + \tfrac{1}{2}i\left(\bar{\theta}\gamma_5\gamma^{\nu}\theta\right)\left(\bar{\alpha}\partial_{\nu}\omega\right) \\ & + \tfrac{1}{2}\left(\bar{\theta}\gamma_5\theta\right)\left(\bar{\alpha}[-i\slashed{\partial}M - \gamma_5\slashed{\partial}N - i\slashed{\partial}\slashed{V} + \gamma_5(D + \tfrac{1}{2}\Box C)]\theta\right) \\ & - \tfrac{1}{4}i\left(\bar{\theta}\gamma_5\theta\right)^2\left(\bar{\alpha}\gamma_5[\slashed{\partial}\lambda + \tfrac{1}{2}\Box\omega]\right) \ .\end{aligned}$$

これは対称性 (26.A.7) を使うと，

$$\begin{aligned}\delta S = {}& i\left(\bar{\alpha}\gamma_5\omega\right) + \left(\bar{\theta}[-\slashed{\partial}C + i\gamma_5 M + N - i\gamma_5 \slashed{V}]\alpha\right) \\ & - \tfrac{1}{2}i\left(\bar{\theta}\theta\right)\left(\bar{\alpha}\gamma_5[\lambda + \slashed{\partial}\omega]\right) + \tfrac{1}{2}i\left(\bar{\theta}\gamma_5\theta\right)\left(\bar{\alpha}[\lambda + \slashed{\partial}\omega]\right) \\ & + \tfrac{1}{2}i\left(\bar{\theta}\gamma_5\gamma^{\mu}\theta\right)\left(\bar{\alpha}\gamma_{\mu}\lambda\right) + \tfrac{1}{2}i\left(\bar{\theta}\gamma_5\gamma^{\nu}\theta\right)\left(\bar{\alpha}\partial_{\nu}\omega\right) \\ & + \tfrac{1}{2}\left(\bar{\theta}\gamma_5\theta\right)\left(\bar{\theta}[i\slashed{\partial}M - \gamma_5\slashed{\partial}N - i\partial_{\mu}\slashed{V}\gamma^{\mu} + \gamma_5(D + \tfrac{1}{2}\Box C)]\alpha\right) \\ & - \tfrac{1}{4}i\left(\bar{\theta}\gamma_5\theta\right)^2\left(\bar{\alpha}\gamma_5[\slashed{\partial}\lambda + \tfrac{1}{2}\Box\omega]\right)\end{aligned}$$

とも書ける．これを (26.2.10) の展開の θ について 2 次までの項と比べると，以下の変換則を得る．

$$\delta C = i\left(\bar{\alpha}\gamma_5\omega\right), \tag{26.2.11}$$

$$\delta\omega = \left(-i\gamma_5\slashed{\partial}C - M + i\gamma_5 N + \slashed{V}\right)\alpha, \tag{26.2.12}$$

$$\delta M = -\left(\bar{\alpha}\left[\lambda + \slashed{\partial}\omega\right]\right), \tag{26.2.13}$$

$$\delta N = i\left(\bar{\alpha}\gamma_5\left[\lambda + \slashed{\partial}\omega\right]\right), \tag{26.2.14}$$

$$\delta V_{\mu} = \left(\bar{\alpha}\gamma_{\mu}\lambda\right) + \left(\bar{\alpha}\partial_{\mu}\omega\right). \tag{26.2.15}$$

θ について 3 次と 4 次の項からは,

$$\delta[\lambda + \tfrac{1}{2}\partial\!\!\!/\omega] = \tfrac{1}{2}\Big[-\partial\!\!\!/M - i\gamma_5\partial\!\!\!/N + \partial_\mu V\!\!\!\!/\gamma^\mu + i\gamma_5\Big(D + \tfrac{1}{2}\Box C\Big)\Big]\alpha,$$
$$\delta[D + \tfrac{1}{2}\Box C] = i\left(\bar\alpha\gamma_5[\partial\!\!\!/\lambda + \tfrac{1}{2}\Box\omega]\right)$$

を得る. 最後の二つの変換則と C と ω の変換則 (26.2.11) と (26.2.12) とを使うと, λ と D についてのはるかに簡単な変換則,

$$\delta\lambda = \left(\tfrac{1}{2}\Big[\partial_\mu V\!\!\!\!/, \gamma^\mu\Big] + i\gamma_5 D\right)\alpha, \tag{26.2.16}$$

$$\delta D = i\left(\bar\alpha\,\gamma_5\,\partial\!\!\!/\lambda\right) \tag{26.2.17}$$

を得る. (26.2.10) の展開で $\tfrac{1}{2}\partial\!\!\!/\omega$ と $\tfrac{1}{2}\Box C$ の項を λ と D から分離しておいたのは, この単純な形を得るためだった.

超場形式を使うのはまさに, 超対称多重項を他の超対称多重項から作る仕事を簡単にするためだ. 二つの超場 S_1 と S_2 がともに変換則 (26.2.8) を満たすとしよう. このとき, それらの積 $S \equiv S_1 S_2$ は,

$$\begin{aligned}\delta S &\equiv [(\bar\alpha\mathcal{Q}), S_1 S_2] = (\delta S_1)S_2 + S_1(\delta S_2) \\ &= \Big((\bar\alpha\,\mathcal{Q})S_1\Big)S_2 + S_1\Big((\bar\alpha\,\mathcal{Q})\Big)S_2 = (\bar\alpha\,\mathcal{Q})\,S\end{aligned} \tag{26.2.18}$$

を満たすので, やはり超場となっている. (26.A.7), (26.A.16), (26.A.18), (26.A.19) を使って直接的な計算をすると, それらの成分が以下で与えられることが分かる.

$$C = C_1 C_2, \tag{26.2.19}$$

$$\omega = C_1\omega_2 + C_2\omega_1, \tag{26.2.20}$$

$$M = C_1 M_2 + C_2 M_1 + \tfrac{1}{2}i\left(\overline{\omega_1}\,\gamma_5\,\omega_2\right), \tag{26.2.21}$$

$$N = C_1 N_2 + C_2 N_1 - \tfrac{1}{2}\left(\overline{\omega_1}\,\omega_2\right), \tag{26.2.22}$$

$$V^\mu = C_1 V_2^\mu + C_2 V_1^\mu - \tfrac{1}{2}i\left(\overline{\omega_1}\,\gamma_5\gamma^\mu\omega_2\right), \tag{26.2.23}$$

26.2 一般的な超場

$$\begin{aligned}\lambda = {} & C_1\lambda_2 + C_2\lambda_1 - \tfrac{1}{2}\gamma^\mu \omega_1 \partial_\mu C_2 - \tfrac{1}{2}\gamma^\mu \omega_2 \partial_\mu C_1 \\ & + \tfrac{1}{2}i\,\displaystyle{\not}V_1 \gamma_5 \omega_2 + \tfrac{1}{2}i\,\displaystyle{\not}V_2 \gamma_5 \omega_1 \\ & + \tfrac{1}{2}(N_1 - i\gamma_5 M_1)\omega_2 + \tfrac{1}{2}(N_2 - i\gamma_5 M_2)\omega_1 \,,\end{aligned} \quad (26.2.24)$$

$$\begin{aligned} D = {} & -\partial_\mu C_1\, \partial^\mu C_2 + C_1 D_2 + C_2 D_1 + M_1 M_2 + N_1 N_2 \\ & -\left(\overline{\omega_1}[\lambda_2 + \tfrac{1}{2}\displaystyle{\not}\partial \omega_2]\right) - \left(\overline{\omega_2}[\lambda_1 + \tfrac{1}{2}\displaystyle{\not}\partial \omega_1]\right) - V_{1\mu}V_2^\mu \,.\end{aligned} \quad (26.2.25)$$

同じ意味で, 超場の1次結合は超場であり, 超場の時空微分と複素共役も超場となっていることは自明だ. しかし, 超場に θ のある関数をかけたり, それを θ で微分すると, 一般には超場とならない. (例えば, θ 自身は明らかに超場ではない. これは, θ はフェルミオン的c数であるために $\bar{\alpha}Q$ と可換だが $Q\theta \neq 0$ であることによる.) しかしながら, 超場を θ で微分して因子 θ をかけることで別の超場を得る方法は存在する.

以下で定義される超空間の微分演算子 $\mathcal{D}_\alpha$ を考える.

$$\mathcal{D} \equiv -\frac{\partial}{\partial \bar{\theta}} - \gamma^\mu \theta\, \frac{\partial}{\partial x^\mu} \,. \quad (26.2.26)$$

これはより陽に書くと,

$$\mathcal{D}_\alpha = \sum_\gamma (\gamma_5 \epsilon)_{\alpha\gamma} \frac{\partial}{\partial \theta_\gamma} - \sum_\gamma \gamma^\mu_{\alpha\gamma} \theta_\gamma \frac{\partial}{\partial x^\mu} \quad (26.2.27)$$

となる. $\mathcal{D}$ と $\mathcal{Q}$ の定義の間の唯一の違いは, 時空の微分を含む項の符号の違いだ. この符号の違いにより, $\mathcal{D}_\beta$ と $\mathcal{Q}_\alpha$ の反交換子には (26.2.5) にあるような二つの同じ項が同じ符号で現れる代りに異なる符号で現れるために, それらが打ち消し合う.

$$\{\mathcal{D}_\beta,\, \mathcal{Q}_\alpha\} = 0 \,. \quad (26.2.28)$$

α はフェルミオン的だから $(\bar{\alpha}\mathcal{Q})$ は $\mathcal{D}_\beta$ と可換なので, もし $S(x,\theta)$ が

超場ならば,

$$\delta \mathcal{D}_\beta S \equiv -i[(\bar{\alpha}Q), \mathcal{D}_\beta S] = -i\mathcal{D}_\beta[(\bar{\alpha}Q), S] = \mathcal{D}_\beta(\bar{\alpha}Q)S = (\bar{\alpha}Q)\mathcal{D}_\beta S \tag{26.2.29}$$

となり, $\mathcal{D}_\beta S$ もまた超場だ. したがって, 超場 S の任意の多項式の関数と, その超微分 $\mathcal{D}_\beta S$, $\mathcal{D}_\beta \mathcal{D}_\gamma S$ 等もまた超場だ.

いうまでもないが, 時空微分は二つの超微分としても得られるので, 他の超場から別の超場を作る際に, それらの時空微分を入れることも可能だ. $\mathcal{D}_\beta$ と $\mathcal{Q}_\beta$ の唯一の違いは ∂_μ を含む項の符号の違いだけだから, $\mathcal{D}$ 同士の反交換子は符号の違いを除いては $\mathcal{Q}$ 同士の反交換子と同一だ.

$$\{\mathcal{D}_\alpha, \overline{\mathcal{D}}_\beta\} = -2\gamma^\mu_{\alpha\beta}\frac{\partial}{\partial x^\mu}. \tag{26.2.30}$$

さて, 超場から超対称作用を構成する方法を考察しよう. 超対称ラグランジアン密度なるものは存在しない. これは (26.2.6) の反交換関係から, もし $\delta\mathcal{L} = 0$ なら $\mathcal{L}$ は定数でなければならないからだ. たとえラグランジアン密度が超対称でなくても, もし $\delta\mathcal{L}(x)$ がある表式の微分ならば $\delta \int \mathcal{L} d^4x$ に寄与は無く, 作用は超対称だ. 一般に, ラグランジアン密度 $\mathcal{L}$ は, 基本的な超場とそれらの微分とから構成された超場のある成分になっているような項の和として書くことができる. 各成分の変換則 (26.2.11)–(26.2.17) から, ある一般的な超場に何も特別な条件が課されていなければ, 変分が微分となっているような超場の成分は D 成分だけだということが分かる. また, 任意の超場の D 成分がスカラーであるためには, その超場自身がスカラーでなくてはならない. したがって, ラグランジアン密度を構成する個々の超場に何も特別な条件が課されていなければ, 超対称作用はあるスカラー超場 Λ の D 項の積分でなければならない.

$$I = \int d^4x\, [\Lambda]_D. \tag{26.2.31}$$

26.2 一般的な超場

しかし実際には,この類の作用はそれを構成する超場に特別な条件が課されないと物理的に妥当なものとならない.ある一般的な超場 $S(x,\theta)$ について,S と S^* について双線形で,成分場について3階以上の微分を含まない超対称な運動項を持つ作用 I_0 の唯一の形は以下となる.

$$I_0 \propto \int d^4x \left[S^* S\right]_D . \tag{26.2.32}$$

(26.2.25) から $S^* S$ は D 成分,

$$\begin{aligned}\left[S^* S\right]_D =& -\partial_\mu C^* \partial^\mu C - \tfrac{1}{2}\left(\bar{\omega}\gamma^\mu \partial_\mu \omega\right) + \tfrac{1}{2}\left((\partial_\mu \bar{\omega})\gamma^\mu \omega\right) \\ & + C^* D + D^* C - \left(\bar{\omega}\lambda\right) - \left(\bar{\lambda}\omega\right) \\ & + M^* M + N^* N - V_\mu^* V^\mu \end{aligned} \tag{26.2.33}$$

を持つことが分かる.C か ω について2次の項はスピン・ゼロとスピン1/2の質量ゼロの場の運動ラグランジアンとして期待できるように見える.末尾の3項は無害だ.しかし,D と λ を含む項は経路積分で C と ω をゼロに拘束するという困難をもたらす.幸運にも,次の節で見るように,拘束された超場を使って物理的に意味のある作用を構成することが可能だ.それらの拘束された超場を導入すると,超場の関数の D 成分とはなっていない超対称項を作用に含めることも可能となる.

パリティが保存されるなら,超場の成分場の空間反転性は超対称性によって関係付けられる.この関係を調べるには,パリティ演算子 P を (26.2.1) の交換・反交換子に施して,超対称性生成子の変換則 (25.3.16) を使えばよい.こうして以下を得る.

$$i\beta \left[Q, \mathsf{P}^{-1} S(x,\theta) \mathsf{P}\right\} = \mathcal{Q}\mathsf{P}^{-1} S(x,\theta) \mathsf{P} . \tag{26.2.34}$$

(26.2.34) のスカラー超場についての解は,

$$\mathsf{P}^{-1} S(x,\theta) \mathsf{P} = \eta\, S(\Lambda_P x, -i\beta\theta) \tag{26.2.35}$$

という形となる．ここで η はある位相 (超場の内部パリティ) で，$\Lambda_P x \equiv (-\mathbf{x}, +x^0)$ だ．((26.2.35) が (26.2.34) を満たすことを確かめるためには，(26.2.35) によれば (26.2.34) の左辺は，

$$i\eta\beta\left(-\frac{\partial}{\partial(\overline{-i\beta\theta})} + \gamma^\mu(-i\beta\theta)\frac{\partial}{\partial(\Lambda_P x)^\mu}\right)S(\Lambda_P x, -i\beta\theta)$$
$$= \eta\,\mathcal{Q}\,S(\Lambda_P x, -i\beta\theta)$$

となることに注意する．これは (26.2.35) を (26.2.34) の右辺に適用した表式と一致する．) (26.2.35) に (26.2.10) の展開を適用すると，成分場の空間反転性は以下のようになっていることが分かる．

$$\begin{aligned}
\mathsf{P}^{-1}C(x)\mathsf{P} &= \eta\,C(\Lambda_P x)\,, \\
\mathsf{P}^{-1}\omega(x)\mathsf{P} &= -i\eta\,\beta\,\omega(\Lambda_P x)\,, \\
\mathsf{P}^{-1}M(x)\mathsf{P} &= -\eta\,M(\Lambda_P x)\,, \\
\mathsf{P}^{-1}N(x)\mathsf{P} &= \eta\,N(\Lambda_P x)\,, \\
\mathsf{P}^{-1}V^\mu(x)\mathsf{P} &= -\eta\,(\Lambda_P)^\mu{}_\nu V^\nu(\Lambda_P x)\,, \\
\mathsf{P}^{-1}\lambda(x)\mathsf{P} &= i\,\eta\,\beta\,\lambda(\Lambda_P x)\,, \\
\mathsf{P}^{-1}D(x)\mathsf{P} &= \eta\,D(\Lambda_P x)\,.
\end{aligned} \qquad (26.2.36)$$

* * *

一般の実スカラー超場 S は四つの実スカラー場 C, M, N, D と，一つの4元実ベクトル場 V_μ を持ち，合計8個の独立なボゾン場の成分を持つ．比較しておくと，フェルミオン場も ω と λ という二つの4成分マヨラナ・スピノル場があり，合計8個の独立な場の成分がある．独立なボゾン場とフェルミオン場の成分の数が等しいことは，この節で調べた拘束されない一般の超場のみならず，次の節で論じるカイラル超場や他の拘束された超場のように超対称な拘束条件を課して得られる一般の超場についても成立する．

26.2 一般的な超場

　これを一般的に見るために, N_B 個の線形独立な実ボソン場演算子 $b_n(x)$ と N_F 個の線形独立なフェルミオン場演算子 $f_k(x)$ がなす超対称性代数の表現があるとしよう. これらの場は非自明な場の方程式のみを満たし, ゼロでない係数での b_n や f_k のどのような線形結合も斉次線形な場の方程式を満たすことができないと仮定する. 以下で定義される実超対称性生成子 $Q(u)$ を考える.

$$Q(u) \equiv (\bar{u}\,Q) = (\bar{Q}\,u). \qquad (26.2.37)$$

ここで u はある通常の数値マヨラナ・スピノルだ(反可換c数ではない). (拡張超対称性では Q_α の代りに $Q_{r\alpha}$ のどれか, たとえば $Q_{1\alpha}$ を使えば良い.) b_n と f_k が超対称性代数の表現になるには, ある行列微分演算子 $q(\partial)$ と $p(\partial)$ を用いて,

$$[Q(u), b_n] = i\sum_k q_{nk}(\partial)\,f_k, \qquad (26.2.38)$$

$$\{Q(u), f_k\} = \sum_n p_{kn}(\partial)\,b_n \qquad (26.2.39)$$

となっていなければならない. また, (26.2.38) と $Q(u)$ との反交換子, (26.2.39) と $Q(u)$ との交換子をとると,

$$[Q^2(u), b_n] = i\sum_m \bigl(q(\partial)\,p(\partial)\bigr)_{nm} b_m, \qquad (26.2.40)$$

$$\{Q^2(u), f_k\} = i\sum_\ell \bigl(p(\partial)\,q(\partial)\bigr)_{k\ell} f_\ell \qquad (26.2.41)$$

を得る. (25.2.36) か (25.2.38) の反交換関係から, $Q(u)$ の2乗は $Q^2(u) = -iP_\mu(\bar{u}\gamma^\mu u)$ となる. したがって, 正方行列 $p(\partial)q(\partial)$ と $q(\partial)p(\partial)$ は両方とも正則でなければならない. これは, もしあるゼロとならない係数 $c_n(\partial)$ か $d_k(\partial)$ について, $\sum_n c_n(\partial)(q(\partial)p(\partial))_{nm} = 0$ か $\sum_k d_k(\partial)(p(\partial)q(\partial))_{k\ell} = 0$ ならば, b_n か f_k は斉次線形な場の方程式,

$$\bigl(\bar{u}\gamma^\mu u\bigr)\partial_\mu \sum_n c_n(\partial) b_n = 0 \quad \text{または} \quad \bigl(\bar{u}\gamma^\mu u\bigr)\partial_\mu \sum_k d_k(\partial) f_k = 0$$

を満たさなければならず,場がそのような場の方程式を満たすことができないというここでの仮定に矛盾するからだ. qp が正則であるためには $N_F \geq N_B$ でなければならず, pq が正則であるためには $N_B \geq N_F$ でなければならない.したがって, $N_B = N_F$ が結論される.また,正方行列 q と p は両方とも正則でなければならないから, (26.2.38) の複素共役から $f^* = q^{*-1}qf$ が分かる.そのため,独立なフェルミオン場の数は $2N_F$ ではなく N_F であり,独立なボソン場の数 N_B に等しい.これが証明したかったことだ.

26.3 カイラル線形超場

前の節では,一般の超場には D と λ 成分があるためにそのような超場を使って物理的に満足できるラグランジアン密度を構成することが困難となることを見た.そこで,

$$\lambda = D = 0 \tag{26.3.1}$$

となる超場を考えたらどうなるだろうか?このような条件は超対称性変換で保存されるだろうか? (26.2.17) と (26.2.16) に従うと, $D = 0$ という条件は,もし $\lambda = 0$ ならば不変だ.更に, $\lambda = 0$ 条件はもし $\partial_\mu V_\nu - \partial_\nu V_\mu = 0$ という条件も課したときにのみ不変だ.これは V_μ が,

$$V_\mu(x) = \partial_\mu Z(x) \tag{26.3.2}$$

と純ゲージであることを意味する. $\lambda = 0$ と共に (26.2.15) を使うと,この条件が超対称性変換で保存されることが分かる.こうして, (26.3.1) と (26.3.2) の拘束条件を満たす縮小された超場が得られる.この超場の成分場は以下の変換則を満たす.

$$\delta C = i\left(\bar{\alpha}\gamma_5\omega\right), \tag{26.3.3}$$

26.3 カイラル線形超場

$$\delta\omega = \left(-i\gamma_5 \partial\!\!\!/ C - M + i\gamma_5 N + \partial\!\!\!/ Z\right)\alpha, \qquad (26.3.4)$$

$$\delta M = -\left(\bar{\alpha}\,\partial\!\!\!/\omega\right), \qquad (26.3.5)$$

$$\delta N = i\left(\bar{\alpha}\gamma_5\,\partial\!\!\!/\omega\right), \qquad (26.3.6)$$

$$\delta Z = \left(\bar{\alpha}\omega\right). \qquad (26.3.7)$$

これを (26.1.21) と比較すると, これは26.1節で直接的な方法で構成した超対称多重項と同じになっていることが分かる. 対応関係は以下の通りだ.

$$C = A, \quad \omega = -i\gamma_5\psi, \quad M = G, \quad N = -F, \quad Z = B. \qquad (26.3.8)$$

(26.3.1) と (26.3.2) の条件を満たす超場は**カイラル**と呼ばれる.* カイラル超場 $X(x,\theta)$ を前の節で述べた一般の超場 $S(x,\theta)$ と区別するために, C, M, N, Z, ω の代りに A, B, F, G, ψ を使ってその成分を表す. (26.2.10) に (26.3.1), (26.3.2), (26.3.8) を使うと, 一般のカイラル超場の形が以下となることが分かる.

$$\begin{aligned}X(x,\theta) =& A(x) - \left(\bar{\theta}\psi(x)\right) + \frac{1}{2}\left(\bar{\theta}\theta\right)F(x) - \frac{i}{2}\left(\bar{\theta}\gamma_5\theta\right)G(x) \\&+ \frac{i}{2}\left(\bar{\theta}\gamma_5\gamma_\mu\theta\right)\partial^\mu B(x) + \frac{1}{2}\left(\bar{\theta}\gamma_5\theta\right)\left(\bar{\theta}\gamma_5\,\partial\!\!\!/\psi(x)\right) \\&- \frac{1}{8}\left(\bar{\theta}\gamma_5\theta\right)^2 \Box A(x).\end{aligned} \qquad (26.3.9)$$

($C = -B, \omega = \psi, M = -F, N = -G, Z = A$ と採ってもよかった. ここで (26.3.8) のようにしたのは, すぐに見るように, スカラー超場で

---
*著者によっては「カイラル」という用語を以下に導入する左カイラル, 右カイラルという特別の場合にのみ使う. 本書のようなカイラルという言葉の用法は, ディラック・スピノルの場合に対応するものがないので, 当初奇妙に思われるかもしれない. 任意のディラック・スピノルは左カイラルと右カイラルのディラック・スピノルの和だ. これはそれぞれが $1+\gamma_5$ と $1-\gamma_5$ に比例しているからだ. したがって, ディラック・スピノルのそのような和については特別な用語は特に必要無い. それに対比して, 超場については (26.3.1) と (26.3.2) が満たされるときのみ, その超場は左カイラル超場と右カイラル超場の和として表される.

はこれが通常の A と F がスカラーで, B と G が擬スカラーという通常の決まりと矛盾しないからだ.)

(26.3.9) のカイラル超場は更に以下のように分解することができる.

$$X(x,\theta) = \frac{1}{\sqrt{2}}\Big[\Phi(x,\theta) + \tilde{\Phi}(x,\theta)\Big]. \qquad (26.3.10)$$

ここで,

$$\begin{aligned}\Phi(x,\theta) =& \phi(x) - \sqrt{2}\Big(\bar{\theta}\psi_L(x)\Big) + \mathcal{F}(x)\Bigg(\bar{\theta}\left(\frac{1+\gamma_5}{2}\right)\theta\Bigg) \\ &+ \frac{1}{2}\Big(\bar{\theta}\gamma_5\gamma_\mu\theta\Big)\partial^\mu\phi(x) - \frac{1}{\sqrt{2}}\Big(\bar{\theta}\gamma_5\theta\Big)\Big(\bar{\theta}\,\slashed{\partial}\psi_L(x)\Big) \\ &- \frac{1}{8}\Big(\bar{\theta}\gamma_5\theta\Big)^2\Box\phi(x)\,, \end{aligned} \qquad (26.3.11)$$

$$\begin{aligned}\tilde{\Phi}(x,\theta) =& \tilde{\phi}(x) - \sqrt{2}\Big(\bar{\theta}\psi_R(x)\Big) + \tilde{\mathcal{F}}(x)\Bigg(\bar{\theta}\left(\frac{1-\gamma_5}{2}\right)\theta\Bigg) \\ &- \frac{1}{2}\Big(\bar{\theta}\gamma_5\gamma_\mu\theta\Big)\partial^\mu\tilde{\phi}(x) + \frac{1}{\sqrt{2}}\Big(\bar{\theta}\gamma_5\theta\Big)\Big(\bar{\theta}\,\slashed{\partial}\psi_R(x)\Big) \\ &- \frac{1}{8}\Big(\bar{\theta}\gamma_5\theta\Big)^2\Box\tilde{\phi}(x) \end{aligned} \qquad (26.3.12)$$

であり, 成分場は,

$$\phi \equiv \frac{A+iB}{\sqrt{2}}\,, \quad \psi_L \equiv \left(\frac{1+\gamma_5}{2}\right)\psi\,, \quad \mathcal{F} \equiv \frac{F-iG}{\sqrt{2}}\,, \qquad (26.3.13)$$

$$\tilde{\phi} \equiv \frac{A-iB}{\sqrt{2}}\,, \quad \psi_R \equiv \left(\frac{1-\gamma_5}{2}\right)\psi\,, \quad \tilde{\mathcal{F}} \equiv \frac{F+iG}{\sqrt{2}} \qquad (26.3.14)$$

で定義される. Φ か $\tilde{\Phi}$ の成分場は超対称性代数の完全な表現を与える.

$$\delta\psi_L = \sqrt{2}\partial_\mu\phi\,\gamma^\mu\,\alpha_R + \sqrt{2}\mathcal{F}\,\alpha_L\,, \qquad (26.3.15)$$

$$\delta\mathcal{F} = \sqrt{2}\Big(\overline{\alpha_L}\,\slashed{\partial}\psi_L\Big)\,, \qquad (26.3.16)$$

$$\delta\phi = \sqrt{2}\Big(\overline{\alpha_R}\psi_L\Big)\,, \qquad (26.3.17)$$

26.3 カイラル線形超場

$$\delta\psi_R = \sqrt{2}\partial_\mu\tilde{\phi}\gamma^\mu\alpha_L + \sqrt{2}\tilde{\mathcal{F}}\alpha_R\,, \tag{26.3.18}$$

$$\delta\tilde{\mathcal{F}} = \sqrt{2}\left(\overline{\alpha_R}\,\slashed{\partial}\psi_R\right)\,, \tag{26.3.19}$$

$$\delta\tilde{\phi} = \sqrt{2}\left(\overline{\alpha_L}\psi_R\right)\,. \tag{26.3.20}$$

ここでいつものように,

$$\alpha_L = \left(\frac{1+\gamma_5}{2}\right)\alpha\,, \qquad \alpha_R = \left(\frac{1-\gamma_5}{2}\right)\alpha\,,$$

また θ についても同様にとった. (26.3.11) もしくは (26.3.12) の形の超場はそれぞれ, **左カイラル** (left-chiral) もしくは**右カイラル** (right-chiral) と呼ばれる. カイラル超場 $X(x,\theta)$ が実という特別の場合には, その左カイラル部分 Φ と右カイラル部分 $\tilde{\Phi}$ は互いに複素共役であり, $\tilde{\phi} = \phi^*, \tilde{\mathcal{F}} = \mathcal{F}^*$ となっていて, ψ はマヨラナ場だ. しかし, もし $X(x,\theta)$ に実であることを要求しなければ, 一般には Φ と $\tilde{\Phi}$ には関係は無い. この二つのうち一方がゼロとなることさえ可能だ.

超場 Φ の成分場には ϕ と $\mathcal{F}$ の二つの複素ボゾン成分か, 四つの独立な実ボゾン成分, それと4成分を持つ一つのマヨラナ・フェルミオン場 ψ が含まれる. これは前の節の最後に導いた, 超対称性代数の表現をなす場の組は同じ数だけの独立なボゾン成分とフェルミオン成分を持つという一般的な結果の別の例となっている.

(26.A.5), (26.A.17), (26.A.18) を使って (26.3.11) と (26.3.12) をこれらの超場が θ_L と θ_R に依存する仕方が明確になるような形で書くことができる.

$$\Phi(x,\theta) = \phi(x_+) - \sqrt{2}\left(\theta_L^\mathrm{T}\epsilon\psi_L(x_+)\right) + \mathcal{F}(x_+)\left(\theta_L^\mathrm{T}\epsilon\theta_L\right)\,, \tag{26.3.21}$$

$$\tilde{\Phi}(x,\theta) = \tilde{\phi}(x_-) + \sqrt{2}\left(\theta_R^\mathrm{T}\epsilon\psi_R(x_-)\right) - \tilde{\mathcal{F}}(x_-)\left(\theta_R^\mathrm{T}\epsilon\theta_R\right)\,. \tag{26.3.22}$$

ここで,

$$x_\pm^\mu \equiv x^\mu \pm \tfrac{1}{2}\left(\bar{\theta}\gamma_5\gamma^\mu\theta\right) = x^\mu \pm \left(\theta_R^\mathrm{T}\epsilon\gamma^\mu\theta_L\right) \tag{26.3.23}$$

だ. $\phi(x_+)$ と $\tilde{\phi}(x_-)$ の $x^\mu - x_\pm^\mu$ での冪展開は2次の項で終り, $\psi_{L,R}(x_\pm)$ の展開は線形項で終り, $\mathcal{F}(x_+)$ と $\tilde{\mathcal{F}}(x_-)$ の展開はゼロ次で終る. これは, (26.3.21) と (26.3.21) において, より高次の項は全て θ_L か θ_R の3次以上の因子を含んでゼロとなるからだ. 同じ理由で, θ_L と x_+^μ のみに依存し θ_R には依存しない超場は必ず (26.3.21) の形にならなければならず, θ_R と x_-^μ にのみ依存し θ_L に依存しない超場は(26.3.22)の形にならなければならない.

超場が左カイラルか右カイラルかは, その超場が何に依存できるかということのみによって決まっていることを見た. これからすぐに, <u>左カイラル超場 (もしくは右カイラル超場) の任意の関数でその複素共役や時空微分を含まないものは左 (もしくは右) カイラル超場</u>だと分かる. これはより形式的に示すこともできる. $\Phi(x,\theta)$ は x_+ への依存性を通してのみ θ_R に依存し, $\tilde{\Phi}(x,\theta)$ は x_- への依存性を通してのみ θ_L に依存するから, これらは条件,

$$\mathcal{D}_{R\alpha}\Phi = \mathcal{D}_{L\alpha}\tilde{\Phi} = 0 \tag{26.3.24}$$

を満たす. ここで $\mathcal{D}_R$ と $\mathcal{D}_L$ は超微分 (26.2.26) の右巻き部分と左巻き部分だ.

$$\mathcal{D}_{R\alpha} \equiv \left[\left(\frac{1-\gamma_5}{2}\right)\mathcal{D}\right]_\alpha = -\sum_\beta \epsilon_{\alpha\beta}\frac{\partial}{\partial\theta_{R\beta}} - (\gamma^\mu\theta_L)_\alpha\frac{\partial}{\partial x^\mu}, \tag{26.3.25}$$

$$\mathcal{D}_{L\alpha} \equiv \left[\left(\frac{1+\gamma_5}{2}\right)\mathcal{D}\right]_\alpha = +\sum_\beta \epsilon_{\alpha\beta}\frac{\partial}{\partial\theta_{L\beta}} - (\gamma^\mu\theta_R)_\alpha\frac{\partial}{\partial x^\mu}. \tag{26.3.26}$$

これらについては,

$$\mathcal{D}_{R\alpha}x_+^\mu = \mathcal{D}_{L\alpha}x_-^\mu = 0$$

が成立する. 逆に, もし超場 Φ が $\mathcal{D}_R\Phi = 0$ を満たすならば, それは左カイラルであり, もし $\mathcal{D}_L\Phi = 0$ を満たすならば, それは右カイラ

26.3 カイラル線形超場

ルだ. 超場 Φ_n が全て $\mathcal{D}_R\Phi_n = 0$ を満たすか, もしくは $\mathcal{D}_L\Phi_n = 0$ を満たすとき, それらの任意の関数 $f(\Phi)$ は, $\mathcal{D}_R f(\Phi) = 0$ もしくは $\mathcal{D}_L f(\Phi) = 0$ を満たす. したがって, それはそれぞれ, 左カイラルもしくは右カイラルだ. しかし左カイラル超場と右カイラル超場両方の関数は一般には全くカイラルではない.

左カイラル超場の表現 (26.3.21) を使うと, 容易にそれらの積の性質を調べることができる. たとえば, もし Φ_1 と Φ_2 が二つの左カイラル超場ならば, それらの積 $\Phi = \Phi_1\Phi_2$ は左カイラル超場で, その成分は,

$$\phi = \phi_1\phi_2, \tag{26.3.27}$$

$$\psi_L = \phi_1\psi_{2L} + \phi_2\psi_{1L}, \tag{26.3.28}$$

$$\mathcal{F} = \phi_1\mathcal{F}_2 + \phi_2\mathcal{F}_1 - \left(\psi_{1L}^{\mathrm{T}}\epsilon\psi_{2L}\right) \tag{26.3.29}$$

となっている.

理論にカイラル超場があると, 超対称作用を構成するのにより広い可能性が開ける. (26.3.16) の変換則を調べると, 超対称性変換は左カイラル超場 Φ の $\mathcal{F}$ 項を微分だけ変化させることが分かる. したがって, 任意の左カイラル超場の $\mathcal{F}$ 項の積分は超対称だ. これより, 超対称作用を,

$$I = \int d^4x\, [f]_{\mathcal{F}} + \int d^4x\, [f]_{\mathcal{F}}^* + \frac{1}{2}\int d^4x\, [K]_D \tag{26.3.30}$$

と構成することができる. ここで, f と K はそれぞれ, 基本超場から作られる任意の左カイラル超場と一般的な実超場だ.

f と K は何に依存できるだろうか?関数 f は, 基本的な左カイラル超場 Φ_n にのみ依存し, それらの右カイラルな複素共役には依存しなければ, 左カイラルだ. 一方, カイラル超場の超微分はカイラルではないので, Φ_n の超微分を自由に f に含めることはできない. 左カイラルではない超場 S (たとえば左カイラル超場の複素共役を含んでいる場合を指す) に右超微分の対を作用させると左カイラル超場を得

る．これは右超微分には二つしか独立なものがなく，それらは反可換だからだ．

$$\mathcal{D}_{R\alpha}(\mathcal{D}_{R\beta}\mathcal{D}_{R\gamma}S) = 0 \, .$$

しかし，このようにして構成された任意の関数 f の $\mathcal{F}$ 項は，ある他の複合超場の $\mathcal{D}$ 項と同等の寄与を作用に与える．$\mathcal{D}$ は反可換だから，一般の超場 S に $\mathcal{D}_R$ を二つ作用させてできる最も一般の左カイラル超場は $(\mathcal{D}_R^{\mathrm{T}}\epsilon\mathcal{D}_R)S$ を使って表すことができる．超ポテンシャルの左カイラル超場がこの形ならば，個々の $\mathcal{D}_R$ が超ポテンシャルの他の全ての超場を消去するために，全超ポテンシャルをある他の超場 h を使って，$f = (\mathcal{D}_R^{\mathrm{T}}\epsilon\mathcal{D}_R)h$ と書くことができる．さて，

$$\left(\mathcal{D}_R^{\mathrm{T}}\epsilon\mathcal{D}_R\right)\left(\theta_R^{\mathrm{T}}\epsilon\theta_R\right) = -4$$

だから，作用に寄与しない時空微分項を除いて $(\mathcal{D}_R^{\mathrm{T}}\epsilon\mathcal{D}_R)h$ は h の中の $-(\theta_R^{\mathrm{T}}\epsilon\theta_R)/4$ の係数だ．しかし，また時空微分項を除いて $[f]_\mathcal{F}$ は f の $(\theta_L^{\mathrm{T}}\epsilon\theta_L)$ の係数だ．したがって，$[(\mathcal{D}_R^{\mathrm{T}}\epsilon\mathcal{D}_R)h]_\mathcal{F}$ は h の $-(\theta_L^{\mathrm{T}}\epsilon\theta_L)(\theta_R^{\mathrm{T}}\epsilon\theta_R)/4 = -(\bar{\theta}\gamma_5\theta)^2/4$ の係数だ．これにより，

$$\int d^4x \, [(\mathcal{D}_R^{\mathrm{T}}\epsilon\mathcal{D}_R)h]_\mathcal{F} = 2\int d^4x \, [h]_D \tag{26.3.31}$$

となる．したがって $\mathcal{D}_{R\beta}\mathcal{D}_{R\gamma}S$ の形の左カイラル超場に依存する項は f に含める必要が無い．そのような項はどれも全ての可能な D 項のリストに含まれているからだ．f が基本的な左カイラル超場のみの関数で表されて，それらの超微分や時空微分を含まないとき，それは**超ポテンシャル** (superpotential) と呼ばれる．

一方，関数 K は一般に左カイラル超場 Φ_n とそれらの右カイラル複素共役 Φ_n^* の両方，さらにそれらの超微分と時空微分の実スカラー関数であり，**ケーラー・ポテンシャル** (Kähler potential) と呼ばれる．(どんな右カイラル超場も，ある左カイラル超場の複素共役なので，K が左カイラル超場とそれらの複素共役のみに依存するとしても一般性

26.3 カイラル線形超場

は失われない.) しかし, そのような全ての K が異なる作用を与えるわけではない. 例えば, カイラル超場は D 項を持たないので, 二つの K がカイラル超場だけ異なるときは, 同じ作用として寄与する.

K の形を超空間の部分積分だけ変化させて, 作用を同じに保つことも可能だ. 任意の超場の超微分 $\mathcal{D}_\alpha S$ の D 項は,

$$\int d^4x\, [\mathcal{D}_\alpha S]_D = 0 \tag{26.3.32}$$

のために作用に寄与しない. これを見るには,

$$\mathcal{D}_\alpha S = \sum_\beta \left(\gamma_5\epsilon\right)_{\alpha\beta} \frac{\partial S}{\partial \theta_\beta} - (\gamma^\mu \theta)_\alpha \frac{\partial S}{\partial x^\mu}$$

を思い出そう. S は θ について高々4次の多項式だから, $\mathcal{D}_\alpha S$ の第1項は θ について高々3次の多項式であり, 微分でない D 項を持つことができない. 第2項もまた時空微分なので, その D 項も時空微分であり, したがって $\mathcal{D}_\alpha S$ の第1項も第2項も (26.3.32) の積分に寄与しない. また超微分は分配則に従って働くので, (26.3.32) より, 超空間で部分積分ができる. つまり任意の二つのボソン的超場 S_1 と S_2 について,

$$\int d^4x\, [S_1 \mathcal{D}_\alpha S_2]_D = -\int d^4x\, [S_2 \mathcal{D}_\alpha S_1]_D \tag{26.3.33}$$

が成立する. 26.4節と26.8節では f と K が基本超場のみに依存してそれらの超微分や通常の微分には依存しない場合を詳細に考察する.

前の節ではパリティが保存する理論において, 一般のスカラー超場への時空反転演算子の効果は, その引数を $x^\mu \to (\Lambda_P)^\mu{}_\nu x^\nu$, $\theta \to -i\beta\theta$ と変換し, また超場に位相 η をかけることを見た. これらの変換のもとでは (26.3.21) と (26.3.22) の引数 $x^\mu_\pm$ は,

$$x^\mu_\pm \to (\Lambda_P x)^\mu \pm \frac{1}{2}\left(\bar{\theta}\beta\gamma_5\gamma^\mu\beta\theta\right) = (\Lambda_P x_\mp)^\mu \tag{26.3.34}$$

と, また $\theta_L \to -i\beta\theta_R$, $\theta_R \to -i\beta\theta_L$ と変換される. したがって, 時空反転により左カイラル超場は右カイラル超場に, またその逆に右カイ

ラル超場は左カイラル超場に変換される.左カイラル超場 Φ で生成・消滅される粒子の生成・消滅演算子を成分場に含む右カイラル・スカラー超場は $\tilde{\Phi} \propto \Phi^*$ だけなので,$\mathsf{P}^{-1}\Phi\mathsf{P}$ は Φ^* に比例しなければならない. Φ の位相を適切に選ぶと,この変換則を,

$$\mathsf{P}^{-1}\Phi(x,\theta)\mathsf{P} = \Phi^*(\Lambda_P x, -i\beta\theta) \tag{26.3.35}$$

とできる.成分場で書くと,この変換則は,

$$\begin{aligned}
\mathsf{P}^{-1}\phi(x)\mathsf{P} &= \phi^*(\Lambda_P x)\,, \\
\mathsf{P}^{-1}\psi_L(x)\mathsf{P} &= -i\epsilon\gamma_5\beta\psi_L^*(\Lambda_P x)\,, \\
\mathsf{P}^{-1}\mathcal{F}(x)\mathsf{P} &= \mathcal{F}^*(\Lambda_P x)
\end{aligned} \tag{26.3.36}$$

となる.

他の種類の対称性も可能で,これは R 対称性と呼ばれる.この対称性は26.5節で述べる超対称性が自発的に破れる模型のいくつかで重要であり,27.6節で非くりこみ定理を証明する際にも使われる.25.2節で触れたように,$N=1$ の単純超対称性の理論では,R 対称性は $U(1)$ 変換のもとでの不変性だ.この変換のもとでは,(25.2節で Q_a と呼んだ) 超対称性生成子の左巻き成分はゼロではない量子数,例えば -1 を持ち,さらにこの場合にはその共役,つまり超対称性演算子の右巻き成分は反対の量子数 $+1$ を持つ. (26.2.2) から超空間座標 θ は R 対称性変換のもとで非自明な変換性を持つことが分かる.具体的には θ_L は R の量子数 $+1$ を持ち,θ_R は θ_L^* に比例するので R 量子数 -1 を持つ.それに加えて,超場全体がある特定の R 量子数を持つことができる.もし左カイラル超場 Φ が R 量子数 R_Φ を持てば,そのスカラー成分 ϕ は同じ R 量子数を持ち,左スピノル成分 ψ_L は $R_\psi = R_\Phi - 1$,補助場 $\mathcal{F}$ は $R_\mathcal{F} = R_\Phi - 2$ を持つ.特に,超ポテンシャル項 $\int d^4x\,[f]_\mathcal{F}$ が R 対称性を保存するなら,超ポテンシャル自身は $R_f = +2$ を持たなければならない.したがって,もし f が一つの左カイラル超場 Φ の

26.3 カイラル線形超場

みに依存するならば, それは Φ^{2/R_Φ} に比例しなければならない. 言いかえると, もし $f(\Phi)$ が Φ^2 に比例する純粋な質量項ならば, $R_\Phi = +1$ と選ばなければならないし, もし $f(\Phi)$ が Φ^3 に比例する純粋な相互作用項ならば $R_\Phi = 2/3$ と選ばなければならない. 一方, (26.2.10) を調べると, ある超場の D 項はその超場と同じ R 量子数を持たなければならず, 作用の $\int d^4x [K]_D$ 項が R を保存するならば, K が $R = 0$ でありさえすればよいことが分かる. それは Φ がどのような R 値を持とうとも K の各項が Φ の因子と Φ^* の因子を同じ数だけ持つ場合だ. もちろん, 作用が R 不変性を持たなければならない一般的な理由は無いし, それが自発的に破れていけない理由は無い.

* * *

超場を拘束する他の方法もある. これによれば場の別種の超対称性多重項が得られる. そのうち, 比較的知られているものの一つは**線形**の超場だ. この種の超場を定義する条件を調べるためには, ある一般の超場 S から,

$$S' \equiv \frac{1}{4} \left(\bar{\mathcal{D}} \mathcal{D} \right) S \tag{26.3.37}$$

とカイラル超場を作ることができることに着目する. これは右カイラルな $\frac{1}{4}(\bar{\mathcal{D}}_L \mathcal{D}_L) S$ と左カイラルな $\frac{1}{4}(\bar{\mathcal{D}}_R \mathcal{D}_R) S$ の和として書けるので, カイラル超場だ. その成分は S の成分を使って,

$$C' = N, \tag{26.3.38}$$

$$\omega' = \lambda + \partial\!\!\!/\, \omega, \tag{26.3.39}$$

$$M' = -\partial_\mu V^\mu, \tag{26.3.40}$$

$$N' = D + \Box C, \tag{26.3.41}$$

$$V'_\mu = -\partial_\mu M, \tag{26.3.42}$$

$$\lambda' = D' = 0 \tag{26.3.43}$$

となる. もしこのように定義された超場 S' がゼロ, つまり,

$$(\bar{\mathcal{D}}\mathcal{D})S = 0 \tag{26.3.44}$$

となれば多重項 S は線形だという. これは成分で書くと,

$$N = M = \partial_\mu V^\mu = 0, \quad \lambda = -\partial\!\!\!/\omega, \quad D = -\Box C \tag{26.3.45}$$

となる. これにより C と条件 $\partial_\mu V^\mu = 0$ を満たす V_μ の3成分のあわせて四つのボゾン場と, マヨラナ4スピノル ω の四つの独立なフェルミオン場が残る. 26.6節では, その V_μ 項が対称性変換に伴う保存カレントであるようなカレント超場は線形超場であることを見る.

26.4 カイラル超場のくりこみ可能な理論

さて, スカラー・カイラル超場の一般的なくりこみ可能な理論の詳細を調べる. これにより超対称性の帰結について見通しが得られ, ここで得る理論は28章で論じる超対称標準模型の一部を構成する.

12.2節で述べたように, くりこみ可能な理論のラグランジアン密度は ($\hbar = c = 1$ としてエネルギーか運動量の次数で) 次元が4以下の演算子のみを含むことができる. (26.2.6) によれば, $\mathcal{Q}_\alpha$, したがって, $\partial/\partial\theta_\alpha$ は次元 $1/2$ を持ち, これにより $\mathcal{D}_\alpha$ は次元 $+1/2$, θ_α は次元 $-1/2$ を持つことが分かる. 超場 S の $\mathcal{F}$ 項と D 項はそれぞれ θ の因子を二つと四つ持つ項の係数だ. したがって, その超場が次元 $d(S)$ を持てば, その $\mathcal{F}$ 項と D 項は次元 $d(\mathcal{F}^S) = d(S)+1$ と $d(D^S) = d(S)+2$ を持つ. これにより, くりこみ可能な理論では (26.3.30) の関数 f と K はそれぞれ, 次元が高々3と2の演算子からなることが分かる.

基本的なスカラー超場 Φ_n の次元は基本的なスカラー場の次元と同じで $+1$ だ. したがって次元3以下である関数 f の項はどれも, Φ_n やその微分 $\partial/\partial x^\mu$, もしくはスピノル超微分 $\mathcal{D}_\alpha$ の対の因子を高々三つ

26.4 カイラル超場のくりこみ可能な理論

しか含むことができない. 前の節で論じたように, 超微分を含む f のどんな左カイラル項も K の項で置きかえることができるので, f において超微分は落とすことができる. (26.2.30) から時空微分は超微分を使って表わせられることが分かるから, それらもまた省略することができる. (いずれにせよローレンツ不変性より時空微分が一つの項は排除されるし, くりこみ可能な理論では二つの微分の項は Φ_n の因子を一つだけしか含むことができず, それにこれらの微分が働くので, そのような項は作用に寄与することはできない.) したがって, $f(\Phi)$ は Φ_n について高々3次の多項式であり時空微分も超微分も含まないことが結論される.

同様の次元解析から, くりこみ可能な理論においては K は Φ_n と Φ_n^* の高々2次の関数であり, 微分は含まないことが分かる. しかし Φ_n のみか Φ_n^* のみを含む $K(\Phi, \Phi^*)$ の項は必ずカイラル超場であり, 定義によりカイラル超場は D 項を持たないので, Φ_n と Φ_n^* 両方を含む $K(\Phi, \Phi^*)$ の項のみが $[K(\Phi, \Phi^*)]_D$ に寄与する. したがって, $K(\Phi, \Phi^*)$ は以下の形でなければならない.

$$K(\Phi, \Phi^*) = \sum_{mn} g_{nm} \Phi_n^* \Phi_m \,. \tag{26.4.1}$$

ここで g_{nm} はエルミート行列を成す定数係数だ.

さて, $f(\Phi)$ の $\mathcal{F}$ 項と $K(\Phi, \Phi^*)$ の D 項を計算しなければならない. $K(\Phi, \Phi^*)$ の D 項を求めるには, $\Phi_n^* \Phi_m$ の中の θ について4次の項が以下で与えられることに注意する.

$$\begin{aligned}
\left[\Phi_n^* \Phi_m\right]_{\theta^4} = & -\frac{1}{8}\left(\bar{\theta}\gamma_5\theta\right)^2 \left[\phi_n^* \Box \phi_m + \left(\Box \phi_m^*\right)\phi_n\right] \\
& + \left(\bar{\theta}\gamma_5\,\theta\right)\left[\left(\overline{\psi_n}\theta\right)\left(\bar{\theta}\gamma^\mu \partial_\mu \psi_m\right) + \left((\partial_\mu \overline{\psi_n})\gamma^\mu \theta\right)\left(\bar{\theta}\,\psi_m\right)\right] \\
& + \frac{1}{4}\mathcal{F}_n^* \mathcal{F}_m \left(\bar{\theta}(1-\gamma_5)\theta\right)\left(\bar{\theta}(1+\gamma_5)\theta\right) \\
& - \frac{1}{4}\partial^\mu \phi_n^* \,\partial^\nu \phi_m \left(\bar{\theta}\gamma_5\gamma_\mu\theta\right)\left(\bar{\theta}\gamma_5\gamma_\nu\theta\right).
\end{aligned}$$

(26.A.18) と (26.A.19) を使うと,この表式の θ 依存性を全体にかかる因子 $(\bar{\theta}\gamma_5\theta)^2$ に変換することができる.

$$\left[\Phi_n^*\Phi_m\right]_{\theta^4} = -\frac{1}{4}\left(\bar{\theta}\gamma_5\theta\right)^2\left[\frac{1}{2}\phi_n^*\Box\phi_m + \frac{1}{2}\left(\Box\phi_m^*\right)\phi_n - \left(\overline{\psi_n}\,\gamma^\mu\partial_\mu\,\psi_m\right)\right.$$
$$\left.+\left((\partial_\mu\overline{\psi_n})\,\gamma^\mu\,\psi_m\right) + 2\mathcal{F}_n^*\mathcal{F}_m - \partial^\mu\phi_n^*\,\partial_\mu\phi_m\right].$$

超場の D 項は $-\frac{1}{4}\left(\bar{\theta}\gamma_5\theta\right)^2$ の係数から,θ に依らない項に $\frac{1}{2}\Box$ が働いた項を差し引いたものであり,また,θ に依らない項は $\Phi_n^*\Phi_m$ については $\phi_n^*\phi_m$ なので,以下のようになる.

$$\frac{1}{2}\Big[K(\Phi,\Phi^*)\Big]_D = \sum_{nm} g_{nm}\left[-\partial_\mu\phi_n^*\,\partial^\mu\phi_m + \mathcal{F}_n^*\mathcal{F}_m\right.$$
$$\left.-\frac{1}{2}\left(\overline{\psi_{nL}}\,\gamma^\mu\partial_\mu\,\psi_{mL}\right) + \frac{1}{2}\left(\partial_\mu(\overline{\psi_{nL}})\,\gamma^\mu\,\psi_{mL}\right)\right].$$
(26.4.2)

もし Φ_n を新しい超場 Φ'_m の線形結合 $\sum_m N_{nm}\Phi'_m$ で書いたならば,$K(\Phi,\Phi^*)$ は新しい超場を使って,(26.4.1) において g_{nm} を $g'_{nm} = (N^\dagger gN)_{nm}$ で置き換えたのと同じ表式で与えられる.スカラー場とスピノル場の運動項が量子交換・反交換関係と矛盾しない符号を持つためには,エルミート行列 g_{nm} が正定値でなければならない.12.5 節で示したように,これは $g'_{nm} = \delta_{nm}$ となるように N を選べることを意味する.プライムを落として書くと,項 (26.4.2) はいまや,

$$\frac{1}{2}\Big[K(\Phi,\Phi^*)\Big]_D = \sum_n\left[-\partial_\mu\phi_n^*\,\partial^\mu\phi_n + \mathcal{F}_n^*\mathcal{F}_n\right.$$
$$\left.-\frac{1}{2}\left(\overline{\psi_{nL}}\,\gamma^\mu\partial_\mu\,\psi_{nL}\right) + \frac{1}{2}\left(\partial_\mu(\overline{\psi_{nL}})\,\gamma^\mu\,\psi_{nL}\right)\right]$$
(26.4.3)

26.4 カイラル超場のくりこみ可能な理論

となる. この (26.4.3) の形を変えずに超場をユニタリー変換して再定義することはまだ可能だ. この自由度は以下ですぐに必要となる.

(26.4.3) で ϕ_n と ψ_{nL} を含む項は通常のように規格化された複素スカラー場とマヨラナ・スピノル場のラグランジアンの正しい運動項になっている. 質量項を調べた後に, このフェルミオン項をより馴染みのある形に書きかえる.

$f(\Phi)$ の $\mathcal{F}$ 項を計算するには, (26.3.21) の超場の表現を使い, θ_L について 2 次の項を拾い上げると一番便利だ.

$$\left[f\big(\Phi(x,\theta)\big)\right]_{\theta_L^2} = \sum_{nm} \left(\theta_L^{\mathrm{T}}\epsilon\,\psi_{nL}(x)\right)\left(\theta_L^{\mathrm{T}}\epsilon\,\psi_{mL}(x)\right)\frac{\partial^2 f\big(\phi(x)\big)}{\partial\phi_n(x)\,\partial\phi_m(x)}$$
$$+ \sum_n \mathcal{F}_n(x)\,\frac{\partial f\big(\phi(x)\big)}{\partial\phi_n(x)}\left(\theta_L^{\mathrm{T}}\epsilon\,\theta_L\right).$$

(ここで x_+ を x で置き換えた. これは θ_L の因子を二つ含む表式をかけると (26.3.21) の $(\theta_R^{\mathrm{T}}\epsilon\gamma^\mu\theta_L)$ の項はゼロとなるからだ.) 右辺の第 1 項の θ 依存性は (26.A.11) を使って標準形に書きかえることができる.[*]

$$\left(\theta_L^{\mathrm{T}}\epsilon\,\psi_{nL}\right)\left(\theta_L^{\mathrm{T}}\epsilon\,\psi_{mL}\right) = \left(\psi_{nL}^{\mathrm{T}}\epsilon\left(\frac{1+\gamma_5}{2}\right)\theta\right)\left(\theta^{\mathrm{T}}\epsilon\left(\frac{1+\gamma_5}{2}\right)\psi_{mL}\right)$$
$$= -\frac{1}{2}\left(\bar{\psi}_{nL}\,\psi_{mL}\right)\left(\theta_L^{\mathrm{T}}\epsilon\,\theta_L\right).$$

任意の左カイラル超場の $\mathcal{F}$ 項は $(\theta_L^{\mathrm{T}}\epsilon\theta_L)$ の係数だから,

$$\left[f(\Phi)\right]_{\mathcal{F}} = -\frac{1}{2}\sum_{nm}\frac{\partial^2 f(\phi_n)}{\partial\phi_n\,\partial\phi_m}\left(\bar{\psi}_{nL}\,\psi_{mL}\right) + \sum_n \mathcal{F}_n\,\frac{\partial f(\phi)}{\partial\phi_n} \quad (26.4.4)$$

となる. 完全なラグランジアン密度は (26.4.3), (26.4.4) の項と, (26.4.4) の複素共役の項の和だ.

$$\mathcal{L} = \sum_n \Bigg[-\partial_\mu\phi_n^*\,\partial^\mu\phi_n + \mathcal{F}_n^*\mathcal{F}_n$$

---

[*] $\bar{\psi}_{nL}$ は $\overline{\psi_{nL}}$ ではなく $\bar{\psi}_n$ の左巻き成分であることに注意しよう.

$$-\frac{1}{2}\left(\overline{\psi_{nL}}\,\gamma^\mu\partial_\mu\,\psi_{nL}\right) + \frac{1}{2}\left((\partial_\mu\overline{\psi_{nL}})\,\gamma^\mu\,\psi_{nL}\right)\Bigg]$$
$$-\frac{1}{2}\sum_{nm}\frac{\partial^2 f(\phi)}{\partial\phi_n\,\partial\phi_m}\left(\bar{\psi}_{nL}\,\psi_{mL}\right) - \frac{1}{2}\sum_{nm}\left(\frac{\partial^2 f(\phi)}{\partial\phi_n\,\partial\phi_m}\right)^*\left(\bar{\psi}_{nL}\,\psi_{mL}\right)^*$$
$$+\sum_n \mathcal{F}_n\frac{\partial f(\phi)}{\partial\phi_n} + \sum_n \mathcal{F}_n^*\left(\frac{\partial f(\phi)}{\partial\phi_n}\right)^*. \tag{26.4.5}$$

補助場 $\mathcal{F}_n$ は作用に2次で入り, その係数は定数だから, $\mathcal{F}_n$ をラグランジアン密度 (26.4.5) が $\mathcal{F}_n$ と $\mathcal{F}_n^*$ について停留的になる値,

$$\mathcal{F}_n = -\left(\frac{\partial f(\phi)}{\partial\phi_n}\right)^* \tag{26.4.6}$$

にとることで, それらを消すことができる. これを (26.4.5) に代入して以下を得る.

$$\mathcal{L} = \sum_n\Bigg[-\partial_\mu\phi_n^*\,\partial^\mu\phi_n - \frac{1}{2}\left(\overline{\psi_{nL}}\,\gamma^\mu\partial_\mu\,\psi_{nL}\right) + \frac{1}{2}\left((\partial_\mu\overline{\psi_{nL}})\,\gamma^\mu\,\psi_{nL}\right)\Bigg]$$
$$-\frac{1}{2}\sum_{nm}\frac{\partial^2 f(\phi)}{\partial\phi_n\,\partial\phi_m}\left(\bar{\psi}_{nL}\,\psi_{mL}\right) - \frac{1}{2}\sum_{nm}\left(\frac{\partial^2 f(\phi)}{\partial\phi_n\,\partial\phi_m}\right)^*\left(\bar{\psi}_{nL}\,\psi_{mL}\right)^*$$
$$-\sum_n\left(\frac{\partial f(\phi)}{\partial\phi_n}\right)^*\frac{\partial f(\phi)}{\partial\phi_n}. \tag{26.4.7}$$

したがって, スカラー場のポテンシャルは, $V(\phi) = \sum_n |\partial f(\phi)/\partial\phi_n|^2$ となる.

このように補助場を消去すると, 残りの場 ψ_{nL} と ϕ_n についての超対称性変換 (26.3.15), (26.3.17),

$$\delta\psi_{nL} = \sqrt{2}\partial_\mu\phi_n\gamma^\mu\alpha_R - \sqrt{2}\left(\frac{\partial f(\phi)}{\partial\phi_n}\right)^*\alpha_L\,,\quad \delta\phi_n = \sqrt{2}\left(\overline{\alpha_R}\psi_{nL}\right)$$

のもとで, 作用はもはや不変ではない. これは表式 (26.4.6) が $\mathcal{F}_n$ について (26.3.16) で与えられる変換則 $\delta\mathcal{F}_n = \sqrt{2}(\overline{\alpha_L}\,\not{\partial}\psi_{nL})$ に従わず, その代わりに,

$$\delta\left(-\frac{\partial f(\phi)}{\partial\phi_n}\right)^* = -\sum_m\left(\frac{\partial^2 f(\phi)}{\partial\phi_n\,\partial\phi_m}\right)^*\delta\phi_m^*$$

26.4 カイラル超場のくりこみ可能な理論

$$= -\sqrt{2}\sum_m \left(\frac{\partial^2 f(\phi)}{\partial\phi_n \partial\phi_m}\right)^* \left(\overline{\alpha_L}\psi_{mR}\right)$$

となるからだ. 同様の理由で, 補助場を消去した後は, ϕ_n と ψ_{nL} の超対称性変換の交換子は超対称反交換関係で与えられず, 実際, 閉じたリー超代数を構成しない. しかし, これは超対称性の反交換関係を満たす量子力学的演算子 Q_α の存在とは矛盾しない. これらの演算子は, $-i(\bar{\alpha}Q)$ とハイゼンベルグ表示での任意の量子場 ϕ_n または ψ_{nL} の交換子が, 微小パラメータ α の超対称性変換のもとでのその場の変化に等しい, という意味で超対称性変換を生成する. $\mathcal{F}_n$ が (26.4.6) で与えられるとき, $-i(\bar{\alpha}Q)$ と $\mathcal{F}_n$ の交換子は $\delta\mathcal{F}_n = \sqrt{2}(\overline{\alpha_L}\partial\!\!\!/\psi_{nL})$ で与えられる. これはハイゼンベルグ表示では量子場 ψ_{nL} はラグランジアン (26.4.7) から導かれる場の方程式を満たすからだ.

$$\partial\!\!\!/\psi_{nL} = -\sum_m \left(\frac{\partial^2 f(\phi)}{\partial\phi_n \partial\phi_m}\right)^* \psi_{mR}.$$

同様に, 量子場 ϕ_n と ψ_{nL} の超対称性変換は場の方程式を考慮に入れると閉じたリー超代数を構成する. このような代数はしばしば**殻上** (on-shell) だと言われる.

スカラー場 ϕ_n のゼロ次の期待値 ϕ_{n0} は (26.4.7) の最後の項を最大にするものでなければならない. この項は常に負かゼロだから, 最大値は時空座標に依らない場の値 ϕ_{n0} で実現し, そのとき, この項はゼロとなっている. したがって,

$$\left.\frac{\partial f(\phi)}{\partial\phi_n}\right|_{\phi=\phi_0} = 0 \tag{26.4.8}$$

となる. もちろん, これは, この方程式の解が存在するとしての話だ. (26.4.8) は (26.4.7) の最後の項を最大化するだけではない. それはまた超対称性が破れないための条件でもある. 超対称性変換のもとで真空が不変であるには, 超対称性変換のもとでのどの場の変化分の真空

期待値もゼロでなければならない. ボゾン場の変化分はフェルミオン場であり, それはもちろん期待値ゼロだ. しかし, (26.3.15) から $\delta\psi_{nL}$ の真空期待値は補助場 $\mathcal{F}_n$ の真空期待値に比例することが分かる. したがって, 超対称性が破れないならばそれはゼロとならなければならない. (26.4.6) によれば, 摂動論のゼロ次でこの条件は (26.4.8) が満たされていることを意味する. 27.6 節ではもし (26.4.8) が満たされていれば, 超対称性は摂動論の全次数で破れていないことを見る.

左カイラル超場 Φ が一つだけの場合については, 代数の基本的定理から多項式 $\partial f(\phi)/\partial \phi$ は常にゼロ点を複素空間のどこかに最低一つは持つことが分かる. これは超場が二つ以上ある場合には必ずしも正しくない. もし (26.4.8) に解 ϕ_{n0} があると仮定すると,

$$\phi_n = \phi_{n0} + \varphi_n \tag{26.4.9}$$

として φ_n の冪展開をすることで理論にある物理的自由度を調べることができる. この理論の粒子の質量は φ と ψ について 2 次の項を調べることで計算できる.

$$\begin{aligned}\mathcal{L}_0 = \sum_n &\left[-\partial_\mu \varphi_n^* \, \partial^\mu \varphi_n - \frac{1}{2}\left(\overline{\psi_{nL}}\,\gamma^\mu \partial_\mu \psi_{nL}\right) + \frac{1}{2}\left(\partial_\mu (\overline{\psi_{nL}})\,\gamma^\mu \psi_{nL}\right) \right] \\ &- \frac{1}{2}\sum_{nm} \mathcal{M}_{nm}\left(\bar\psi_{nL}\psi_{mL}\right) - \frac{1}{2}\sum_{nm} \mathcal{M}_{nm}^*\left(\bar\psi_{nL}\psi_{mL}\right)^* \\ &- \sum_{nm}\left(\mathcal{M}^\dagger\mathcal{M}\right)_{mn}\varphi_m^*\varphi_n \,. \end{aligned} \tag{26.4.10}$$

ここで $\mathcal{M}$ は対称複素行列,

$$\mathcal{M}_{mn} \equiv \left(\frac{\partial^2 f(\phi)}{\partial \phi_n \partial \phi_m}\right)_{\phi=\phi_0} \tag{26.4.11}$$

だ. さて, もし場をユニタリ変換,

$$\varphi_n = \sum_m \mathcal{U}_{nm}\varphi_m', \qquad \psi_{nL} = \sum_m \mathcal{U}_{nm}\psi_{mL}' \tag{26.4.12}$$

26.4 カイラル超場のくりこみ可能な理論

で再定義すると, 自由場のラグランジアン (26.4.10) は $\mathcal{M}$ を,

$$\mathcal{M}' = \mathcal{U}^{\mathrm{T}} \mathcal{M} \mathcal{U} \tag{26.4.13}$$

で置き換えたのと同じ形になる. 行列代数の定理によれば, 任意の複素対称行列 $\mathcal{M}$ について, (26.4.13) で定義される行列 $\mathcal{M}'$ が対角形になるようなユニタリ行列 $\mathcal{U}$ を見つけることが可能だ. このとき, その対角要素 m_n は実で正だ. (将来のために $\mathcal{M}'^{\dagger}\mathcal{M}' = \mathcal{U}^{\dagger}\mathcal{M}^{\dagger}\mathcal{M}\mathcal{U}$ だから, m_n^2 という量は単に正エルミート行列 $\mathcal{M}^{\dagger}\mathcal{M}$ の固有値であることに注意しておく.) 場をこのように再定義しプライムを省略すると, ラグランジアンの2次の項はいまや,

$$\begin{aligned}\mathcal{L}_0 = \sum_n &\left[-\partial_\mu \varphi_n^* \partial^\mu \varphi_n - \frac{1}{2}\left(\overline{\psi_{nL}}\, \gamma^\mu \partial_\mu \psi_{nL}\right) + \frac{1}{2}\left(\partial_\mu(\overline{\psi_{nL}})\, \gamma^\mu \psi_{nL}\right)\right] \\ &- \frac{1}{2}\sum_n m_n \left(\bar{\psi}_{nL}\, \psi_{nL}\right) - \frac{1}{2}\sum_n m_n \left(\bar{\psi}_{nL}\, \psi_{nL}\right)^* \\ &- \sum_n m_n^2 \varphi_n^* \varphi_n \end{aligned} \tag{26.4.14}$$

となる. フェルミオン質量項をより馴染みのある形に書き下すには, 左巻き成分が $\psi_{nL}(x)$ であるようなマヨラナ場 $\psi_n(x)$ を導入する. そうすると, マヨラナ2次形式の対称性の性質 (26.A.7) を使って以下が分かる.

$$\begin{aligned}&-\frac{1}{2}\left(\overline{\psi_{nL}}\, \gamma^\mu \partial_\mu \psi_{nL}\right) + \frac{1}{2}\left(\partial_\mu(\overline{\psi_{nL}})\, \gamma^\mu \psi_{nL}\right) \\ &= -\frac{1}{2}\left(\overline{\psi_n}\, \gamma^\mu \left(\frac{1+\gamma_5}{2}\right) \partial_\mu \psi_n\right) + \frac{1}{2}\left(\partial_\mu(\overline{\psi_n})\, \gamma^\mu \left(\frac{1+\gamma_5}{2}\right) \psi_n\right) \\ &= -\frac{1}{2}\left(\overline{\psi_n}\, \gamma^\mu \left(\frac{1+\gamma_5}{2}\right) \partial_\mu \psi_n\right) - \frac{1}{2}\left(\overline{\psi_n}\, \gamma^\mu \left(\frac{1-\gamma_5}{2}\right) \partial_\mu \psi_n\right) \\ &= -\frac{1}{2}\left(\overline{\psi_n}\, \gamma^\mu \partial_\mu \psi_n\right).\end{aligned}$$

また実条件 (26.A.21) から,

$$\left(\bar{\psi}_{nL}\, \psi_{nL}\right) + \left(\bar{\psi}_{nL}\, \psi_{mL}\right)^* = 2\,\mathrm{Re}\left(\overline{\psi_n}\left(\frac{1+\gamma_5}{2}\right)\psi_n\right) = \left(\overline{\psi_n}\,\psi_n\right)$$

となる. そうすると, 完全な 2 次のラグランジアンは,

$$\mathcal{L}_0 = \sum_n \left[-\partial_\mu \varphi_n^* \partial^\mu \varphi_n - \sum_n m_n^2 \varphi_n^* \varphi_n \right.$$
$$\left. -\frac{1}{2}\left(\overline{\psi_n}\gamma^\mu \partial_\mu \psi_n\right) - \frac{m_n}{2}\left(\overline{\psi_n}\psi_n\right) \right] \quad (26.4.15)$$

だ. フェルミオン項の因子 1/2 は, これらがマヨラナ・フェルミオン場であることから正しい. また, スカラー項は複素スカラー場なので 1/2 の因子は無い. スピン・ゼロの粒子とスピン 1/2 の粒子は同じ質量 m_n を持つことが分かる. これは理論の超対称性が破れていないことによって要請されている.

ラグランジアン密度の相互作用項 $\mathcal{L}'$ は (26.4.7) の φ_n と ψ_n について 3 次以上の項で与えられる. 超ポテンシャル $f(\phi_0 + \varphi)$ は 3 次多項式で, $\varphi_n = 0$ で停留し, φ は 2 次の項が $\frac{1}{2}\sum_n m_n \varphi_n^2$ となるように定義されているので, 超ポテンシャルを (無意味な定数項を除いて) 以下のように書くことができる.

$$f(\phi_0 + \varphi) = \frac{1}{2}\sum_n m_n \varphi_n^2 + \frac{1}{6}\sum_{nm\ell} f_{nm\ell}\,\varphi_n\varphi_m\varphi_\ell. \quad (26.4.16)$$

これを (26.4.7) に使うと相互作用は,

$$\mathcal{L}' = -\frac{1}{2}\sum_{nm\ell} f_{nm\ell}\,\varphi_n \left(\overline{\psi_m}\left(\frac{1+\gamma_5}{2}\right)\psi_\ell\right)$$
$$-\frac{1}{2}\sum_{nm\ell} f_{nm\ell}^*\,\varphi_n^* \left(\overline{\psi_m}\left(\frac{1-\gamma_5}{2}\right)\psi_\ell\right)$$
$$-\frac{1}{2}\sum_{nm\ell} m_n\,f_{nm\ell}\varphi_n^*\varphi_m\varphi_\ell - \frac{1}{2}\sum_{nm\ell} m_n\,f_{nm\ell}^*\varphi_n\varphi_m^*\varphi_\ell^*$$
$$-\frac{1}{4}\sum_{nm\ell m'\ell'} f_{nm\ell}f_{nm'\ell'}^*\varphi_m\varphi_\ell\varphi_{m'}^*\varphi_{\ell'}^* \quad (26.4.17)$$

となる. 質量 m_n とスカラーとフェルミオンの「湯川」結合定数 $f_{nm\ell}$ が分かれば, スカラー場の全ての 3 次と 4 次の自己結合が決定される.

26.4 カイラル超場のくりこみ可能な理論

例として, 左カイラル超場が一つある場合を考えることにする. 以前の結果との比較のために (26.4.16) の一つだけの係数 f を,

$$f \equiv 2\sqrt{2}\, e^{i\alpha}\, \lambda \tag{26.4.18}$$

と書こう. ここで λ は実で, α はある実位相だ. また実スピン・ゼロの場の対 $A(x)$ と $B(x)$ を導入し, 一つの複素スカラーを,

$$\varphi \equiv e^{-i\alpha}\left(\frac{A+iB}{\sqrt{2}}\right) \tag{26.4.19}$$

と書く. そうすると全ラグランジアン密度は, (26.4.15) と (26.4.17) の和として,

$$\begin{aligned}\mathcal{L} = &-\tfrac{1}{2}\,\partial_\mu A\,\partial^\mu A - \tfrac{1}{2}\,\partial_\mu B\,\partial^\mu B - \tfrac{1}{2}\,m^2\,(A^2+B^2) \\ &-\tfrac{1}{2}\left(\bar\psi\gamma^\mu\partial_\mu\psi\right) - \tfrac{1}{2}\,m\left(\bar\psi\psi\right) \\ &-\lambda A\left(\bar\psi\psi\right) - i\lambda B\left(\bar\psi\gamma_5\psi\right) \\ &-m\,\lambda\,A\,(A^2+B^2) - \tfrac{1}{2}\,\lambda^2\,(A^2+B^2)^2\end{aligned} \tag{26.4.20}$$

と書かれる. これはヴェスとズミノ[2]によって発見されたラグランジアン密度 (24.2.9) と同じだ. この単純な場合には, このラグランジアンを導く際にパリティ保存を仮定しなかったにもかかわらず, このラグランジアンは時空反転変換,

$$A(x) \to A(\Lambda_P x)\,,\quad B(x) \to -B(\Lambda_P x)\,,\quad \psi(x) \to i\beta\psi(\Lambda_P x) \tag{26.4.21}$$

のもとで不変であることは注目に値する. パリティ保存が「偶発的」対称性として現れるというのは様々なくりこみ可能なゲージ理論にはよくある (12.5節と18.7節を見よ) が, スピン・ゼロの場を含んだ理論についてはそうではない. したがって, これは単一のスカラー超場のくりこみ可能な理論において, 超対称性の特別の帰結だと言うことができる.

26.5　樹木近似での自発的超対称性の破れ

前の節では,もし (26.4.8) に解があればカイラル超場のくりこみ可能な理論では (少なくとも樹木近似で) 超対称性が破れていないことを見た. これは,

$$\left.\frac{\partial f(\phi)}{\partial \phi_n}\right|_{\phi=\phi_0} = 0 \tag{26.5.1}$$

というように, 超ポテンシャル $f(\phi)$ が停留するような場の値 ϕ_0 があるかどうかという問題だ. この方程式には, その数と同じだけ独立変数があるから, 一般的には (26.5.1) には解があると考えられる. したがって, これらの理論で超対称性が自発的に破れるためには, 超ポテンシャルの形に制限を加える必要がある.

超ポテンシャルをどのように選択すると超対称性が破れるかを見るために, オラファテ (O'Raifeartaigh)[3] によるある種の超対称性模型の一般化を考察する. 超ポテンシャルが左カイラル超場 Y_i の組の一次結合で, その係数は二組目の左カイラル超場 X_n の関数 $f_i(X)$ だとしよう.

$$f(X,Y) = \sum_i Y_i f_i(X) . \tag{26.5.2}$$

これらの超場のスカラー成分が x_n と y_i という値をとるときに超対称性が破れない条件は,

$$0 = \frac{\partial f(x,y)}{\partial y_i} = f_i(x) , \tag{26.5.3}$$

$$0 = \frac{\partial f(x,y)}{\partial x_n} = \sum_i y_i \frac{\partial f_i(x)}{\partial x_n} \tag{26.5.4}$$

だ. (26.5.4) は $y_i = 0$ と採ることで常に解くことができる. これは (26.5.3) を解くことには全く影響しない. 一方, 超場 X_n の数が超場 Y_i の数より少なければ, (26.5.3) が x_n に課す条件は変数の数より多いので, 微細調整を行わないと解は存在せず, したがって超対称性は破れる.

26.5 樹木近似での自発的超対称性の破れ

当初の仮定 (26.5.2) 自身が微細調整を極端に行ったものと思えるかもしれない. しかし実際には超ポテンシャルに適切な R 対称性を課すことでこの形に制限することができる. 26.3 節で論じたように $N=1$ 超対称性の理論では R 対称性は $U(1)$ 対称性だ. この対称性のもとでは超空間の座標 θ は自明でない変換性を持つ. もし θ_L が量子数 $+1$ を持つように R 対称性を選ぶと, 任意の超ポテンシャルの $\mathcal{F}$ 項は, その超ポテンシャル自身の量子数から 2 を引いた量子数を持つ. そこで, R 不変性から超ポテンシャル自身は $R=2$ だ. したがって, Y_i と X_n の超場がそれぞれ, R 量子数 $+2$ と 0 を持つような R 不変性を要求することで, 構造 (26.5.2) へ制約されることになる.

この種の模型のスカラー場はポテンシャル,

$$V(x,y) = \sum_i |f_i(x)|^2 + \sum_n \left| \sum_i y_i \frac{\partial f_i(x)}{\partial x_n} \right|^2 \tag{26.5.5}$$

を持つ. ポテンシャルは常に第 1 項を最小にするように x_n を選ぶことで最小になる. また, これで x_n がどのような値になっても第 2 項は $y_i=0$ とすることで最小化される. 超対称性が自発的に破れるかどうかに依らず, これらの模型は, 場の空間のなかでポテンシャルの最小値が平坦となる方向が常に存在するという特別な性質を持つ. (26.5.5) の初項を最小にする x_n の値 x_{n0} が何であろうと, $y_i=0$ だけではなく, ベクトル $(v^n)_i = (\partial f_i(x)/\partial x_n)_{x=x_0}$ に直交する方向の任意のベクトル y_i についても第 2 項はゼロとなる. もし超場 X_n が N_X 個, 超場 Y_i が N_Y 個あって, $N_Y > N_X$ ならば, v^n は y の空間を張ることができず, この平らな方向は最低 $N_Y - N_X$ 個ある. この平らな方向のどれかにゼロとならない $y_i = y_{0i}$ があれば, ラグランジアン密度の R 対称性は自発的に破れ, この大域的対称性の破れに伴うゴールドストーン・ボゾン場 ϕ は y_i の中の ϕy_{0i} に対応する.

この種の模型のなかで最も単純な例は超場 X が一つだけと超場 Y

が二つある場合だ. くりこみ可能性から係数関数 $f_i(X)$ は X の 2 次関数でなければならない. そして, Y_i の適切な線形結合をとり, X をずらしてスケールを変えると, これらの関数を,

$$f_1(X) = X - a, \qquad f_2(X) = X^2 \qquad (26.5.6)$$

と選ぶことができる. ここで a は任意の定数だ. これは明らかに, 超ポテンシャルを微細調整して $a=0$ としていない限り, (26.5.3) の二つの方程式を同時に満たす解は存在しない. ここでのポテンシャル (26.5.5) は,

$$V(x,y) = |x|^4 + |x-a|^2 + |y_1 + 2xy_2|^2 \qquad (26.5.7)$$

だ. 最初の 2 項の和には x_0 という唯一の大域的最小点がある. ここでの平らな方向は $y_1 + 2x_0 y_2 = 0$ となるものだ. $a=0$ では $x_0 = 0$ となり, $y_1 = 0$ で y_2 は任意となる線に沿ってポテンシャルは最小となっている.

超対称性がどのような理由で破れているにせよ, この現象は常に質量がゼロでスピンが 1/2 の粒子, **ゴールドスティーノ** (goldstino) の存在を意味する. この粒子は通常の大域的対称性の自発的破れに伴うゴールドストーン・ボソンに相当するものだ. (唯一の例外は 31.3 節に述べる超重力理論だ. この理論では超対称性は局所対称性なので, ゴールドスティーノは質量が有限なスピン 3/2 粒子, グラビティーノのヘリシティ ±1/2 状態となる.) カイラル超場のくりこみ可能な理論では, スカラー場の真空期待値の樹木近似での値 ϕ_{n0} は (26.4.7) のポテンシャル $\sum_n |\partial f(\phi)/\partial \phi_n|^2$ を最低とする値になっていなければならない. つまり,

$$\sum_m \mathcal{M}_{nm} \left(\left. \frac{\partial f(\phi)}{\partial \phi_m} \right|_{\phi = \phi_0} \right)^* = 0, \qquad (26.5.8)$$

ただしここで,

$$\mathcal{M}_{nm} \equiv \left.\frac{\partial^2 f(\phi)}{\partial \phi_n \partial \phi_m}\right|_{\phi=\phi_0} \tag{26.5.9}$$

だ. もし (26.5.1) が満たされていなければ, (26.5.8) から行列 $\mathcal{M}_{nm}$ は固有値ゼロの固有ベクトルを少なくとも一つは持っていなければならない. したがって, (26.4.10) によれば, ψ_n で記述される質量ゼロのスピン 1/2 粒子となる一次結合が最低一つは存在しなければならない. 例えば (26.5.2) と (26.5.6) で記述される模型では, 行列 $\mathcal{M}$ はゼロとならない成分,

$$\mathcal{M}_{xy_1} = \mathcal{M}_{y_1 x} = 1, \qquad \mathcal{M}_{xy_2} = \mathcal{M}_{y_2 x} = 2x_0 \tag{26.5.10}$$

を持つので, この行列は固有値 $\pm\sqrt{(2x_0)^2+1}$ と 0 を持ち, 後者の固有値がゴールドスティーノのモードに相当する. 29章では, 超対称性が自発的に破れるとゴールドスティーノが必然的に生じることを摂動論を使わずに示し, その一般的な帰結を調べる.

26.6　超空間積分, 場の方程式, カレント超場

ラグランジアン密度を構成するための「$\mathcal{F}$ 項」と「D 項」は超空間座標 θ_α についての積分として表される. ブレザン[4]が最初に与えたフェルミオン的なパラメータについての積分則は9.5節で導いた. 簡潔に述べると, フェルミオン的なパラメータの2乗は常にゼロとなるから, N 個のフェルミオン的なパラメータ ξ_n の任意の関数は,

$$f(\xi) = \left(\prod_{n=1}^{N} \xi_n\right) c + [\xi\text{ 因子がより少ない項}] \tag{26.6.1}$$

と表され, その ξ についての積分は単に,

$$\int d^N \xi \, f(\xi) \equiv c \tag{26.6.2}$$

と定義される. 係数 c はそれ自身, 積分する ξ と反可換な他の積分されないc数の変数に依存してよい. その場合は積分を実行する前に c の左に全ての ξ を動かして c の定義を標準化して置くことが重要だ. (26.6.1) ではそのようにしてある. このように定義するとフェルミオン変数についての積分が線形演算となる. これは, 変数 ξ_n を $\xi_n \to \xi_n + a_n$ と定数 a_n 分だけずらすと積 $\prod_n \xi_n$ は ξ の因子をより少なく含む項だけ変化し, そのために積分は影響を受けない, つまり,

$$\int d^N\xi\, f(\xi+a) = \int d^N\xi\, f(\xi) \tag{26.6.3}$$

だという意味で実変数についての積分に類似している. また (26.6.2) の特別な場合として, 次数 $< N$ の多項式の N 個のフェルミオン的なパラメータについての積分はゼロとなる. フェルミオン的なパラメータとボゾン的なパラメータの積分は変数変換のもとでの性質が非常に異なる. ボゾン的なパラメータ x_n については $d^N x' = \mathrm{Det}\,(\partial x'/\partial x)\, d^N x$ だが, フェルミオン的なパラメータについては,

$$d^N\xi' = [\mathrm{Det}\,(\partial\xi'/\partial\xi)]^{-1} d^N\xi \tag{26.6.4}$$

となる. 特に $d\xi$ の次元は ξ の次元の逆だ.

(26.2.10) に依れば, 一般の超場 $S(x,\theta)$ の D 項は, (この超場は基本場でも複合場でもよい) 微分項を除いて $-(\bar\theta\gamma_5\theta)^2/4 = -(\theta^{\mathrm{T}}\epsilon\theta)^2/4$ の係数に等しい. 四つの θ のどれが θ_1 でもよく, どの場合も同じ寄与をするので, θ_1 は一番左にあって因子4があるとしてよい. また θ_2 は左から二番目になければならない. θ_3 は残りの二つの θ のどちらでもよく, どちらの場合も同じ寄与をするので, θ_3 は左から3番目として因子を 2 とする. θ_4 は一番右となる. つまり,

$$-\tfrac{1}{4}\,(\bar\theta\gamma_5\theta)^2 = -\tfrac{1}{4}\,\times 4 \times 2 \times \theta_1\theta_2\theta_3\theta_4$$

となるので, この θ の関数の係数は $d^4\theta$ 積分に $-1/2$ をかけたものと

26.6 超空間積分, 場の方程式, カレント超場

なる. これが微分項を除いて D 項だから,

$$\int d^4x\,[S]_D = -\frac{1}{2}\int d^4x \int d^4\theta\, S(x,\theta) \tag{26.6.5}$$

を得る. 同様に, (26.3.11) を使うと, 一般の左カイラル超場 Φ (この超場は前と同じく基本場でも複合場でもよい) の $\mathcal{F}$ 項の時空積分は,

$$\int d^4x\,[\Phi]_{\mathcal{F}} = \frac{1}{2}\int d^4x \int d^2\theta_L\,\Phi(x,\theta) \tag{26.6.6}$$

と表される.

いまは θ についての積分をしているので, 任意の関数 $f(\theta)$ について通常の条件,

$$\int d^4\theta'\,\delta^4(\theta'-\theta)\,f(\theta') = f(\theta) \tag{26.6.7}$$

を満たすデルタ関数を導入しておくと便利だ. (9.5.40) によると, この条件は,

$$\begin{aligned}\delta^4(\theta'-\theta) &= (\theta'_1-\theta_1)(\theta'_2-\theta_2)(\theta'_3-\theta_3)(\theta'_4-\theta_4)\\ &= \frac{1}{4}\left[\left(\theta_L-\theta'_L\right)^{\mathrm{T}}\epsilon\left(\theta_L-\theta'_L\right)\right]\left[\left(\theta_R-\theta'_R\right)^{\mathrm{T}}\epsilon\left(\theta_R-\theta'_R\right)\right]\end{aligned} \tag{26.6.8}$$

によって満たされる.

作用を超空間積分で表すと, 場の方程式を超場形式で簡単に導くことができる. 例えば, 左カイラル・スカラー超場 Φ_n の組の作用 (これは特別な場合として左カイラル超場 Φ_n の一般的なくりこみ可能理論を含む),

$$I = \frac{1}{2}\int d^4x\,\left[K(\Phi,\Phi^*)\right]_D + 2\,\mathrm{Re}\int d^4x\,[f(\Phi)]_{\mathcal{F}} \tag{26.6.9}$$

を考える. ここで K は微分のかかっていない Φ_n と Φ_n^* の関数で, f はやはり微分のかかっていない Φ_n の任意の関数だ. (この形の作用を考える理由と, この作用を成分場で表す表式は26.8節で与える.) Φ_n

は $\mathcal{D}_R \Phi_n = 0$ という左カイラル超場に対する要請で拘束されているから, Φ の任意の変化分に対してこの作用が停留すると要求することで, 正しい場の方程式を導くことはできない. この条件が任意の変化分のもとで保存されることを保証するために, あるトリックを使う. このトリックは後に 30 章で超空間ファインマン則を導くのに役立つ. Φ_n を**ポテンシャル超場** $S_n(x,\theta)$ を使って,

$$\Phi_n = \mathcal{D}_R^2 S_n \tag{26.6.10}$$

と書く. これより ((26.A.21) を使って),

$$\Phi_n^* = -\mathcal{D}_L^2 S_n^* \tag{26.6.11}$$

となる. ここで $\mathcal{D}_R^2$ と $\mathcal{D}_L^2$ はそれぞれ, $(\mathcal{D}_R^\mathrm{T} \epsilon \mathcal{D}_R) = -(\bar{\mathcal{D}}_R \mathcal{D}_R)$ と $(\mathcal{D}_L^\mathrm{T} \epsilon \mathcal{D}_L) = (\bar{\mathcal{D}}_L \mathcal{D}_L)$ の略だ. (26.6.10) を満たす (必ずしも局所的ではない) S_n が常に存在することを見るには, 任意の左カイラル超場 Φ_n について,

$$\mathcal{D}_R^2 \mathcal{D}_L^2 \Phi_n = -16 \Box \Phi_n \tag{26.6.12}$$

が満たされていることに注意する. したがって (26.6.10) は,

$$-16 \Box S_n = \mathcal{D}_L^2 \Phi_n \tag{26.6.13}$$

の解によって満たされる.

$\mathcal{D}_R^2 S$ は任意の S について左カイラルだから, 作用は S_n の任意の変化分について停留しなければならない. (26.6.5) を使うと, 作用は S_n と S_n^* を使って,

$$I = -\frac{1}{4} \int d^4x \int d^4\theta \, K(-\mathcal{D}_L^2 S^*, \mathcal{D}_R^2 S) + 2\,\mathrm{Re} \int d^4x \left[f(\mathcal{D}_R^2 S) \right]_\mathcal{F} \tag{26.6.14}$$

と表されることが分かる. S_n の微小変化分 δS_n のもとでの作用の第 1 項の変化分 (ただし S_n^* についての変化分は含まない) は, 超空間の

26.6 超空間積分, 場の方程式, カレント超場

部分積分を使って簡単に求めることができる.

$$-\delta \frac{1}{4}\int d^4x \int d^4\theta \, K(-\mathcal{D}_L^2 S^*, \mathcal{D}_R^2 S)$$
$$= -\sum_n \int d^4x \int d^4\theta \, \delta S_n \, \mathcal{D}_R^2 \frac{\delta K(-\mathcal{D}_L^2 S^*, \mathcal{D}_R^2 S)}{\delta \mathcal{D}_R^2 S_n} .$$

(26.3.31) と (26.6.5) を使うと, S_n の微小変化分 δS_n のもとでの超ポテンシャル項の積分の変化分が以下のように表せることが分かる.

$$\delta \int d^4x \left[f(\mathcal{D}_R^2 S) \right]_{\mathcal{F}} = \sum_n \int d^4x \left[\left. \frac{\partial f(\Phi)}{\partial \Phi_n} \right|_{\Phi=\mathcal{D}_R^2 S} \mathcal{D}_R^2 \delta S_n \right]_{\mathcal{F}}$$
$$= \sum_n \int d^4x \left[\mathcal{D}_R^2 \left(\left. \frac{\partial f(\Phi)}{\partial \Phi_n} \right|_{\Phi=\mathcal{D}_R^2 S} \delta S_n \right) \right]_{\mathcal{F}}$$
$$= 2 \sum_n \int d^4x \left[\left. \frac{\partial f(\Phi)}{\partial \Phi_n} \right|_{\Phi=\mathcal{D}_R^2 S} \delta S_n \right]_{D}$$
$$= -\sum_n \int d^4x \int d^4\theta \left. \frac{\partial f(\Phi)}{\partial \Phi_n} \right|_{\Phi=\mathcal{D}_R^2 S} \delta S_n .$$

これより, (26.6.14) が S_n の任意の変分のもとで停留する条件は,

$$\mathcal{D}_R^2 \frac{\delta K(-\mathcal{D}_L^2 S^*, \mathcal{D}_R^2 S)}{\delta \mathcal{D}_R^2 S_n} = -4 \left. \frac{\partial f(\Phi)}{\partial \Phi_n} \right|_{\Phi=\mathcal{D}_R^2 S}$$

となる. これをカイラル超場で表すと,

$$\mathcal{D}_R^2 \frac{\delta K(\Phi, \Phi^*)}{\delta \Phi_n} = -4 \frac{\partial f(\Phi)}{\partial \Phi_n} \qquad (26.6.15)$$

となる. 複素共役をとると,

$$\mathcal{D}_L^2 \frac{\delta K(\Phi, \Phi^*)}{\delta \Phi_n^*} = 4 \left(\frac{\partial f(\Phi)}{\partial \Phi_n} \right)^* \qquad (26.6.16)$$

を得る. これらの方程式の成分が Φ_n^* と Φ_n の成分の場の方程式を与えることは簡単に確認できる. たとえば, $\mathcal{D}_R^2(\theta_R^{\mathrm{T}} \epsilon \theta_R) = -4$ を思い出すと, $\mathcal{D}_R^2 \Phi_n^*$ の θ に依らない部分は $4\mathcal{F}_n^*$ だし, $\partial f(\Phi)/\partial \Phi_n$ の θ に依ら

ない部分は $\partial f(\phi)/\partial\phi_n$ だから, $K = \sum_n \Phi_n^* \Phi_n$ の場合に (26.6.15) の θ に依らない部分は, $\mathcal{F}_n^* = -\partial f(\phi)/\partial\phi_n$ という方程式を与え, (26.4.6) と一致する.

　この形式の利用の一例として, 保存カレントが属する超場を考える. 作用 (26.6.9) の超ポテンシャルとケーラー・ポテンシャルが微小な大域的変換,

$$\delta\Phi_n = i\epsilon \sum_m \mathcal{T}_{nm}\Phi_m, \qquad \delta\Phi_n^* = -i\epsilon \sum_m \mathcal{T}_{mn}\Phi_m^* \qquad (26.6.17)$$

のもとで不変だとする. ここで, ϵ は実の微小定数, $\mathcal{T}_{nm}$ はエルミート行列で, 相似変換行列のリー代数の一部になっていてもよい. 超ポテンシャルは Φ_n にのみ依存するから, それは拡大された変換,

$$\delta\Phi_n = i\epsilon\Lambda \sum_m \mathcal{T}_{nm}\Phi_m, \qquad \delta\Phi_n^* = -i\epsilon\Lambda^* \sum_m \mathcal{T}_{mn}\Phi_m^* \qquad (26.6.18)$$

のもとでも自動的に不変となっている. ここで, $\delta\Phi_n$ が左カイラルとなるように, 超場 $\Lambda(x,\theta)$ は左カイラルでなければならないが, それ以外の制限は受けない. 一方, ケーラー・ポテンシャルのような他の項は $\Lambda \neq \Lambda^*$ のためにこれらの変換のもとで一般的には不変ではない. したがって, 一般の場について, 作用の変化は,

$$\delta I = i\epsilon \int d^4x \int d^4\theta \, [\Lambda - \Lambda^*]\mathcal{J} \qquad (26.6.19)$$

という形でなければならない. ここで, $\mathcal{J}(x,\theta)$ はある実の超場であり, **カレント超場** (current superfield) と呼ばれる. しかし場の方程式が満たされていると, 作用は超場の任意の変分について停留しなければならないので, 任意の左カイラル超場 $\Lambda(x,\theta)$ について積分 (26.6.19) はゼロとならなければならない. そのような任意の Λ は $\Lambda = \mathcal{D}_R^2 S$ という形に書けるから, カレント超場は,

$$\mathcal{D}_R^2 \mathcal{J} = \mathcal{D}_L^2 \mathcal{J} = 0 \qquad (26.6.20)$$

を満たさなければならない. つまり, $\mathcal{J}$ は線形超場だ. 26.3節で見たように, これはその成分が,

$$N^{\mathcal{J}} = M^{\mathcal{J}} = \partial^\mu V_\mu^{\mathcal{J}} = 0, \quad \lambda^{\mathcal{J}} = -\not{\partial}\omega^{\mathcal{J}}, \quad D^{\mathcal{J}} = -\Box C^{\mathcal{J}} \tag{26.6.21}$$

を満たすことを意味する. これにより V 成分 $V_\mu^{\mathcal{J}}$ がこの対称性に伴う保存カレントだと分かる.

作用が (26.6.9) のときは, カレント超場は,

$$\mathcal{J} = \sum_{nm} \frac{\partial K(\Phi, \Phi^*)}{\partial \Phi_n} \mathcal{T}_{nm} \Phi_m = \sum_{nm} \frac{\partial K(\Phi, \Phi^*)}{\partial \Phi_n^*} \mathcal{T}_{mn} \Phi_m^* \tag{26.6.22}$$

という形となる. この二つの表式が等しいことは変換 (26.6.17) のもとでの対称性のおかげだ. これにより, 場の方程式 (26.6.15) を使って,

$$\mathcal{D}_R^2 \mathcal{J} = \sum_{nm} \left[\mathcal{D}_R^2 \frac{\partial K(\Phi, \Phi^*)}{\partial \Phi_n} \right] \mathcal{T}_{nm} \Phi_m = -4 \sum_{nm} \frac{\partial f(\Phi)}{\partial \Phi_n} \mathcal{T}_{nm} \Phi_m \tag{26.6.23}$$

となり, これは変換 (26.6.17) のもとでの超ポテンシャルの不変性の仮定により, ゼロとなる. 同様にして $\mathcal{J}$ の二つの表現の 2 番目と場の方程式 (26.6.16) より $\mathcal{D}_L^2 \mathcal{J} = 0$ が分かり, 保存条件 (26.6.20) を確かめることができる.

26.7　超カレント

他の大域的連続対称性と同じく, 超対称性には保存カレントが存在する.[5] 超対称性カレントの保存則と交換関係は超対称性が自発的に破れてもそのまま成立する演算子則だ. したがって, 29 章で非摂動論的に超対称性が自発的に破れる理論を考察するときにもこれらの表式は役に立つ. また, 超対称性カレントは**超カレント** (supercurrent)[6] と呼ばれる超場の成分に関係している. この超場は 31 章で超重力を扱う際に本質的な役割をする.

7.3節で見たように, ラグランジアン密度が通常の大域的対称性の微小変換 $\chi^\ell \to \chi^\ell + \epsilon \mathcal{F}^\ell$ (ここで χ^ℓ は一般的なボゾンかフェルミオンの正準場か補助場で, $\mathcal{F}^\ell$ は正準場か補助場の関数) のもとで不変になっていると, カレント,

$$J^\mu(x) \propto \sum_\ell \frac{\partial \mathcal{L}(x)}{\partial(\partial \chi^\ell(x)/\partial x^\mu)} \mathcal{F}^\ell(x)$$

が存在する. これは場が場の方程式を満たすときに保存し, 正準交換関係より,

$$\left[\int d^3x\, J^0(x),\, \chi^\ell(y)\right] \propto \mathcal{F}^\ell(y)$$

が満たされるという意味で対称性を生成する. 超対称性カレントを扱うには二つの理由で, より複雑な取り扱いが必要だ. その一つは超対称性はラグランジアン密度やラグランジアンの対称性では無く, 作用に対してのみ成立する対称性だということだ. 実際, 微小超対称性変換のもとでのラグランジアン密度の変分は時空微分項になっていて, 以下のように書くことができる.

$$\delta \mathcal{L} = \sum_\ell \left(\bar{\alpha}\, \partial_\mu K^\mu\right). \tag{26.7.1}$$

ここで K^μ はマヨラナ・スピノルの4元ベクトルだ. その結果, 超対称性カレントは通常のネーター・カレントではない. ネーター・カレントは以下で定義されるマヨラナ・スピノルの4元ベクトル N^μ だ.

$$\sum_\ell \frac{\partial_R \mathcal{L}}{\partial(\partial_\mu \chi^\ell)} \delta \chi^\ell \equiv -\left(\bar{\alpha}\, N^\mu\right). \tag{26.7.2}$$

このベクトルの発散はオイラー・ラグランジュ方程式から,

$$\begin{aligned}\left(\bar{\alpha}\, \partial_\mu N^\mu\right) &= -\sum_\ell \frac{\partial_R \mathcal{L}}{\partial \chi^\ell} \delta \chi^\ell - \sum_\ell \frac{\partial_R \mathcal{L}}{\partial(\partial_\mu \chi^\ell)} \partial_\mu \delta \chi^\ell \\ &= -\delta \mathcal{L}\end{aligned} \tag{26.7.3}$$

26.7 超カレント

となる. (ここで ∂_R は, 微分の前に微分されるフェルミオン的変数を右に動かす右偏微分を意味する.) この量の代りに超対称性カレントを以下のように定義しなければならない.

$$S^\mu \equiv N^\mu + K^\mu . \tag{26.7.4}$$

これは (26.7.1) と (26.7.3) によれば保存される.

$$\partial_\mu S^\mu = 0 . \tag{26.7.5}$$

二番目の複雑な点は, 正準場 χ^ℓ の超対称性変換のもとでの変分 $\delta\chi^\ell$ は単に正準場のみの関数ではなく, それらの正準共役も含むということだ. 例えば, (26.3.15) より, カイラル・スカラー超場の ψ 成分の変分は, ϕ 成分の時間微分を含むことが分かる. その結果, ネーター・チャージ $\int d^3x\, N^0$ と一般の正準場との交換子は, その場の超対称性変換を与えない. 幸運にも, 第一の難点を考慮に入れると, つまり, 場と $\int d^3x\, K^0$ のみならず $\int d^3x\, N^0$ と場の交換子も考えると, 演算子 $\int d^3x\, S^0$ は超対称性変換を生成し, この難点は解消する.* これは,

---

*これは, このようにして構成されたカレントには一般に共通する結果だ. 例えばラグランジアン L (ラグランジアン密度ではない) が正準変数 q^n とそれらの時間微分 $\dot{q}^n$ の組に依存し, その他の拘束条件は無いとする. 場の量子論では添字 n は時空座標, 離散的スピン, 種類の添字を含み, $L = \int d^3x\, \mathcal{L}$ だ. ある微小変換 δ のもとでラグランジアン密度が時空微分項を除いて不変だというここでの仮定は, δL がある汎関数 F の時間微分であることに相当する. つまり,

$$\sum_n \frac{\partial L}{\partial q^n} \delta q^n + \sum_n \frac{\partial L}{\partial \dot{q}^n} \delta \dot{q}^n = \frac{d}{dt} F$$

ということだ. 運動の正準方程式を用いると, これは電荷,

$$Q = -\sum_n \frac{\partial L}{\partial \dot{q}^n} \delta q^n + F$$

を使って, 保存則 $\dot{Q} = 0$ として書くことができる. 今の場合は, $Q = \int d^3x\, [N^0 + K^0]$ となる. 通常の拘束されない交換関係,

$$\left[\frac{\partial L}{\partial \dot{q}^n}, q^m \right] = -i\delta_n^m , \qquad [q^n, q^m] = 0$$

$$\left[\int d^3x \left(\bar{\alpha} S^0\right), \chi^\ell\right] = i\,\delta\chi^\ell \tag{26.7.6}$$

となっていて, (26.2.1) と (26.2.8) とに矛盾しないという意味だ.

例えば, 左カイラル超場 Φ_n の一般的くりこみ可能な理論の超対称性カレントの表式を陽に求めることができ, それを使って, これが (26.7.6) の意味で超対称性変換を生成することを確認できる. この理論のラグランジアン密度 (26.4.7) は,

$$\mathcal{L} = \sum_n \sum_n \left[-\partial_\mu \phi_n^* \partial^\mu \phi_n - \frac{1}{2}\left(\overline{\psi_{Ln}}\gamma^\mu \partial_\mu \psi_{Ln}\right) \right.$$
$$\left. - \frac{1}{2}\left(\overline{\psi_{Rn}}\gamma^\mu \partial_\mu \psi_{Rn}\right)\right] + [非微分項] \tag{26.7.7}$$

という形に書ける. 変換則 (26.3.15), (26.3.17), (26.3.18), (26.3.20) を ($\tilde{\phi} = \phi^*$ として) 使うと, (26.7.2) によって定義されるネーター・カレントは,

$$N^\mu = \frac{1}{\sqrt{2}} \sum_n \left[2\left(\partial^\mu \phi_n^*\right)\psi_{nL} + 2\left(\partial^\mu \phi_n\right)\psi_{nR} + \left(\slashed{\partial}\phi_n\right)\gamma^\mu \psi_{nR} \right.$$

を仮定すると, 以下の交換子を得る.

$$\left[Q, q^m\right] = i\,\delta q^m - \sum_{nl} \frac{\partial L}{\partial \dot{q}^l}\frac{\partial \delta q^l}{\partial \dot{q}^n}\left[\dot{q}^n, q^m\right] + \sum_n \frac{\partial F}{\partial \dot{q}^n}\left[\dot{q}^n, q^m\right].$$

第2項と第3項を求めるには, 2階微分 $\ddot{q}^n$ が不変性条件に1次で現れ, そのためにそれらの係数が一致しなければならないことを利用する. これにより, 運動方程式を用いなくても,

$$\sum_l \frac{\partial L}{\partial \dot{q}^l}\frac{\partial \delta q^l}{\partial \dot{q}^n} = \frac{\partial F}{\partial \dot{q}^n}$$

となる. したがって, 第2項と第3項の交換子は相殺し, 以下の望ましい結果を得る.

$$\left[Q, q^m\right] = i\,\delta q^m.$$

また, 時間微分をとると,

$$\left[Q, \dot{q}^m\right] = i\,\delta \dot{q}^m$$

を得る. この結果は拘束条件がある理論にも拡張されている.[7]

26.7 超カレント

$$+ (\partial\!\!\!/\phi_n^*)\gamma^\mu \psi_{nL} - \mathcal{F}_n \gamma^\mu \psi_{nR} - \mathcal{F}_n^* \gamma^\mu \psi_{nL} \Big] \tag{26.7.8}$$

となる.ラグランジアン密度の変化分は直接に計算できるが, D 項と $\mathcal{F}$ 項の超対称性変換のもとでの変化分がそれぞれ, (26.2.17) と (26.3.16) によって与えられることに注意すると, より容易に求めることができる. いずれにせよ, (26.7.1) のカレント K^μ は,

$$K^\mu = \frac{1}{\sqrt{2}} \sum_n \gamma^\mu \Bigg[-(\partial\!\!\!/\phi_n)\psi_{nR} - (\partial\!\!\!/\phi_n^*)\psi_{nL} + \mathcal{F}_n^* \psi_{nL} + \mathcal{F}_n \psi_{nR}$$
$$+ 2\left(\frac{\partial f(\phi)}{\partial \phi_n}\right)\psi_{nL} + 2\left(\frac{\partial f(\phi)}{\partial \phi_n}\right)^* \psi_{nR} \Bigg] \tag{26.7.9}$$

となる. (26.7.8) と (26.7.9) を加えると, この種の理論の超対称性カレントが,

$$S^\mu = \sqrt{2} \sum_n \Bigg[(\partial\!\!\!/\phi_n)\gamma^\mu \psi_{nR} + (\partial\!\!\!/\phi_n^*)\gamma^\mu \psi_{nL} + \left(\frac{\partial f}{\partial \phi_n}\right)\gamma^\mu \psi_{nL}$$
$$+ \left(\frac{\partial f}{\partial \phi_n}\right)^* \gamma^\mu \psi_{nR} \Bigg] \tag{26.7.10}$$

となることがわかる. $\int d^3 x\, S^0$ が (26.7.6) の交換関係を満たすことを正準交換関係と正準反交換交換を使って確認するのは容易だ.

対称性カレントには別の定義もある. これは物質の作用の局所対称性変換のもとでの変化分を使う方法だ. これはその対称性が「ゲージ化」される際に特に便利だ. これを超対称性について実際に31章で行い, 超重力理論を得る. 超重力場が無ければ, 作用は局所超対称性変換のもとで不変ではない. 時空に依存するパラメータ $\alpha(x)$ を使ってそのような変換をすると, 作用の変化分は, $\alpha(x)$ が定数のときに消えるように (場の方程式が満たされていないときでも),

$$\delta I = -\int d^4 x \left((\partial_\mu \bar{\alpha}(x))\, S^\mu(x) \right) \tag{26.7.11}$$

という形でなければならない. ここで $S^\mu(x)$ はマヨラナ・スピノルの演算子係数4元ベクトルだ. これは $S^\mu(x)$ を一意的に定義しない. なぜなら, 大域的超対称性変換を局所変換に一般化したときに, 場 χ の局所超対称性変換のもとでの変分 $\delta\chi$ に $\alpha(x)$ の微分に任意に依存する部分を加えても良かったからだ. しかし, (26.7.11) の係数 $S^\mu(x)$ が, (26.7.4) で定義されるカレントと同じであることを保証するように局所超対称性変換を定義する方法が一つある. また, そのとき (26.7.6) の意味で対称性変換を生成することが分かる. それは $\underline{\alpha(x)\text{ の微分が正準場と補助場}}$ $\underline{\chi^\ell \text{ の超対称性変換に現れないようにすることだ}}$. 例えば, 左カイラル超場の成分に対する変換則 (26.3.15)–(26.3.17) の局所版は以下のようになる.

$$\delta\psi_L(x) = \sqrt{2}\partial_\mu\phi(x)\,\gamma^\mu\,\alpha_R(x)\,\phi(x)$$
$$+\sqrt{2}\mathcal{F}(x)\,\alpha_L(x)\,, \qquad (26.7.12)$$
$$\delta\mathcal{F}(x) = \sqrt{2}\Big(\overline{\alpha_L}(x)\,\slashed{\partial}\psi_L(x)\Big)\,, \qquad (26.7.13)$$
$$\delta\phi(x) = \sqrt{2}\Big(\overline{\alpha_R}(x)\psi_L(x)\Big)\,. \qquad (26.7.14)$$

(26.3.21) は超場が x_+^μ での成分場を使って微分無しに表されることを意味するから, 超場の変換則は,

$$\delta\Phi(x,\theta) = \Big(\bar{\alpha}(x_+)\,\mathcal{Q}\Big)\Phi(x,\theta) \qquad (26.7.15)$$

と表すことができる. ここで $\mathcal{Q}$ は (26.2.2) の演算子だ.

局所超対称性変換をこのように定義すると, それによる作用の変分は二つの項からなる. 第1は, 超対称性変換のもとでの正準場の変分は $\alpha(x)$ の微分を含まないが, 正準場の微分の変分はそれを含むことによる. これによるラグランジアン密度の変分は $\bar{\alpha}$ が $\partial_\mu\bar{\alpha}$ で置き換えられていることを除けば, (26.7.2) と同じだ.

$$\delta_1 I = -\int d^4x \,\Big([\partial_\mu\bar{\alpha}(x)]\,N^\mu(x)\Big).$$

26.7 超カレント

作用の第2の変分は、超対称性変換のうち $\alpha(x)$ の微分を含まない部分のもとでさえラグランジアン密度が不変でないことから来る. (26.7.1) によれば、これによる作用の変分は、

$$\delta_2 I = \int d^4x \left(\bar{\alpha}(x)\, \partial_\mu K^\mu(x) \right) = -\int d^4x \left((\partial_\mu \bar{\alpha}(x))\, K^\mu(x) \right)$$

となる. $\delta_1 I$ と $\delta_2 I$ を加えると, (26.7.11)の形の作用の全変分となり, $S^\mu(x)$ が (26.7.4) により与えられることが分かる. これが証明したかったことだ.

このように成分場の変換則を指定しても, 超対称性カレント $S^\mu(x)$ は(26.7.11)によって一意的には決定されていない. これは, マヨラナ・スピノルの任意の反対称テンソル $A^{\mu\nu} = -A^{\nu\mu}$ を使って, 変形したカレント,

$$S^\mu_{\text{new}} = S^\mu + \partial_\nu A^{\mu\nu} \tag{26.7.16}$$

を導入できるからだ. $\partial_\nu A^{\mu\nu}$ の項は, 場の方程式が満たされているかどうかにかかわらず保存されていて, その時間成分は空間微分だから, $\int d^3x\, S^0_{\text{new}} = \int d^3x\, S^0$ となり, (26.7.6)は変わらない.

実際, $A^{\mu\nu}$ を選んで, $\gamma_\mu S^\mu_{\text{new}}$ が理論のスケール不変性の破れの目安となるようにできる. ラグランジアン密度(26.4.7)から導いたディラック方程式,

$$\slashed{\partial}\psi_{mL} = -\sum_n \left(\frac{\partial^2 f(\phi)}{\partial \phi_m \partial \phi_n} \right)^* \psi_{nR}, \quad \slashed{\partial}\psi_{mR} = -\sum_n \left(\frac{\partial^2 f(\phi)}{\partial \phi_m \partial \phi_n} \right) \psi_{nL},$$
$$\tag{26.7.17}$$

を使うと, 以下を計算で求めることは容易だ.

$$\gamma_\mu S^\mu = -2\sqrt{2} \sum_n \Bigg\{ \slashed{\partial}\Big(\phi_n \psi_{nR} + \phi_n^* \psi_{nL} \Big)$$
$$+ \left(\sum_m \phi_m \frac{\partial^2 f(\phi)}{\partial \phi_n \partial \phi_m} - 2\frac{\partial f(\phi)}{\partial \phi_n} \right) \psi_{nL}$$

$$+ \left(\sum_m \phi_m \frac{\partial^2 f(\phi)}{\partial \phi_n \partial \phi_m} - 2 \frac{\partial f(\phi)}{\partial \phi_n} \right)^* \psi_{nR} \right\}.$$

(26.7.16)の一般の形を持つ変形された超対称性カレント

$$S^\mu_{\text{new}} = S^\mu + \frac{\sqrt{2}}{3}[\gamma^\mu, \gamma^\nu] \sum_n \partial_\nu \left(\phi_n \psi_{nR} + \phi_n^* \psi_{nL} \right) \qquad (26.7.18)$$

を導入して，上の第1項を消すことができる．実際，

$$\gamma_\mu S^\mu_{\text{new}} = -2\sqrt{2} \sum_n \left\{ \left(\sum_m \phi_m \frac{\partial^2 f(\phi)}{\partial \phi_n \partial \phi_m} - 2\frac{\partial f(\phi)}{\partial \phi_n} \right) \psi_{nL} \right.$$
$$\left. + \left(\sum_m \phi_m \frac{\partial^2 f(\phi)}{\partial \phi_n \partial \phi_m} - 2\frac{\partial f(\phi)}{\partial \phi_n} \right)^* \psi_{nR} \right\} \qquad (26.7.19)$$

となる．スケール不変なラグランジアン密度では $f(\Phi)$ は Φ_n の3次の斉次多項式であり，上の式の右辺はゼロとなる．

さて，超対称性カレントの超対称性変換性を調べよう．(26.7.18)と(26.7.10)で与えられるカレントが，実非カイラル超場 Θ_μ の ω 成分 ω^Θ_μ に以下のように関係していることは簡単に確認できる．**

$$S^\mu_{\text{new}} = -2\omega^{\Theta\,\mu} + 2\gamma^\mu \gamma^\nu \omega^\Theta_\nu. \qquad (26.7.20)$$

ここで，

$$\Theta_\mu = \frac{i}{12} \sum_n \left[4\Phi_n^* \partial_\mu \Phi_n - 4\Phi_n \partial_\mu \Phi_n^* + \left((\bar{\mathcal{D}}\Phi_n^*)\gamma_\mu (\mathcal{D}\Phi_n) \right) \right] \qquad (26.7.21)$$

** ここで31章で頻繁に使う記法を導入しておく．(26.2.10)によれば，任意の超場 $S(x,\theta)$ の成分 $C^S, \omega^S, M^S, N^S, V^S_\nu, \lambda^S, D^S$ は以下の展開で定義される．

$$\begin{aligned}S(x,\theta) =& C^S(x) - i\left(\bar{\theta}\gamma_5\,\omega^S(x)\right) - \frac{i}{2}\left(\bar{\theta}\gamma_5\,\theta\right)M^S(x) - \frac{1}{2}\left(\bar{\theta}\,\theta\right)N^S(x) \\&+ \frac{i}{2}\left(\bar{\theta}\gamma_5\gamma^\nu\,\theta\right)V^S_\nu(x) - i\left(\bar{\theta}\gamma_5\,\theta\right)\left(\bar{\theta}\left[\lambda^S(x) + \frac{1}{2}\slashed{\partial}\omega^S(x)\right]\right) \\&- \frac{1}{4}\left(\bar{\theta}\gamma_5\,\theta\right)^2 \left[D^S(x) + \frac{1}{2}\Box C^S(x)\right].\end{aligned}$$

26.7 超カレント

だ. 超場 Θ^μ は**超カレント**と呼ばれる.

超カレントの従う保存則は, 超対称性カレント(26.7.20)の保存則の外にも, 多くの事柄を含んでいる. この保存則を導くには, 反交換関係(26.2.30)を使って,[†]

$$[\mathcal{D}_R, (\bar{\mathcal{D}}_L \mathcal{D}_L)] = -4 \, \partial\!\!\!/ \mathcal{D}_L$$

と書いておくとよい. カイラルの条件 $\mathcal{D}_R \Phi_n = \mathcal{D}_L \Phi_n^* = 0$ も使うと, これより,

$$\gamma^\mu \mathcal{D}_L \sum_n \left[\Phi_n^* \partial_\mu \Phi_n - \Phi_n \partial_\mu \Phi_n^* \right]$$
$$= -\tfrac{1}{4} \sum_n \Phi_n^* \mathcal{D}_R \left(\bar{\mathcal{D}}_L \mathcal{D}_L \right) \Phi_n - \sum_n (\partial\!\!\!/ \Phi_n^*) \mathcal{D}_L \Phi_n$$

と

$$\gamma^\mu \mathcal{D}_L \sum_n \left((\bar{\mathcal{D}} \Phi_n^*) \gamma_\mu (\mathcal{D} \Phi_n) \right)$$
$$= 4 \sum_n (\partial\!\!\!/ \Phi_n^*) \mathcal{D} \Phi_n + 2 \sum_n \mathcal{D} \Phi_n^* \left(\bar{\mathcal{D}}_L \mathcal{D}_L \right) \Phi_n$$

を得る. したがって, 超場(26.7.21)は,

$$\gamma_\mu \mathcal{D}_L \Theta^\mu = \tfrac{1}{6} i \sum_n (\mathcal{D}_R \Phi_n^*) \left(\bar{\mathcal{D}}_L \mathcal{D}_L \right) \Phi_n - \tfrac{1}{12} i \sum_n \Phi_n^* \mathcal{D}_R \left(\bar{\mathcal{D}}_L \mathcal{D}_L \right) \Phi_n \tag{26.7.22}$$

を満たす. 26.6節ではラグランジアン密度(26.4.7)から得られる場の方程式が,

$$\left(\bar{\mathcal{D}}_L \mathcal{D}_L \right) \Phi_n = -4 \left(\frac{\partial f(\Phi)}{\partial \Phi_n} \right)^* \tag{26.7.23}$$

という形に表せることを見た. これを(26.7.22)に使うと, 最終的に以下を得る.

$$\gamma^\mu \mathcal{D}_L \Theta_\mu = -\frac{2}{3} i \sum_n (\mathcal{D}_R \Phi_n^*) \left(\frac{\partial f}{\partial \Phi_n} \right)^* + \frac{1}{3} i \sum_n \Phi_n^* \mathcal{D}_R \left(\frac{\partial f}{\partial \Phi_n} \right)^*$$

[†] $\bar{\mathcal{D}}_L$ と $\bar{\mathcal{D}}_R$ は, 共変随伴な $\bar{\mathcal{D}}$ の左巻きと右巻き成分であり, $\mathcal{D}_L$ と $\mathcal{D}_R$ の共変随伴な $\overline{\mathcal{D}_L}$ と $\overline{\mathcal{D}_R}$ の成分ではないことに注意する.

$$= \frac{1}{3} i \mathcal{D}_R \left[\sum_n \Phi_n \frac{\partial f(\Phi)}{\partial \Phi_n} - 3 f(\Phi) \right]^* . \tag{26.7.24}$$

(26.7.24) のエルミート共役は,

$$\gamma^\mu \mathcal{D}_R \Theta_\mu = -\frac{1}{3} i \mathcal{D}_L \left[\sum_n \Phi_n \frac{\partial f(\Phi)}{\partial \Phi_n} - 3 f(\Phi) \right] \tag{26.7.25}$$

だ. これと (26.7.24) の和から保存則,

$$\gamma^\mu \mathcal{D} \Theta_\mu = \mathcal{D} X \tag{26.7.26}$$

が導かれる. ここで X は実カイラル超場であり, (付加的な定数を除いて) この種の理論では,

$$X = \frac{2}{3} \mathrm{Im} \left[\sum_n \Phi_n \frac{\partial f(\Phi)}{\partial \Phi_n} - 3 f(\Phi) \right] \tag{26.7.27}$$

で与えられる.

ここでは保存則 (26.7.26) をカイラル超場のくりこみ可能な理論についてのみ導いたが, この保存則はより一般に成立すると期待できる. ただ, 他の保存則も絡んでいるから, もちろん, その場合は X は必ずしも (26.7.27) で与えられないだろう. (X の一般的表式は 31.4 節で与える.) これらの関係式を導くには (26.2.10) を使って Θ_μ を成分 C_μ^Θ, ω_μ^Θ 等で表し, (26.3.9) を使ってカイラル超場 X を成分 A^X, ψ^X 等で表さなければならない. (26.A.9), (26.A.16), (26.A.17) とディラック行列の恒等式,

$$[\gamma^\rho, \gamma^\sigma] = -\tfrac{1}{2} i \epsilon^{\rho\sigma\mu\nu} \gamma_5 [\gamma_\mu, \gamma_\nu], \tag{26.7.28}$$

$$\gamma^\mu \gamma^\rho \gamma^\nu = \eta^{\mu\rho} \gamma^\nu - \eta^{\mu\nu} \gamma^\rho + \eta^{\nu\rho} \gamma^\mu + i \gamma_5 \epsilon^{\mu\nu\rho\sigma} \gamma_\sigma \tag{26.7.29}$$

を使うと, (26.7.26) の両辺を,

$$1, \quad \theta, \quad \gamma_5 \theta, \quad \gamma^\nu \theta, \quad \gamma_5 \gamma^\nu \theta, \quad \gamma_5 [\gamma^\mu, \gamma^\nu] \theta,$$

26.7 超カレント

$$\left(\bar{\theta}\theta\right), \quad \left(\bar{\theta}\gamma_5\theta\right), \quad \left(\bar{\theta}\gamma_5\gamma^\nu\theta\right),$$
$$\theta\left(\bar{\theta}\gamma_5\theta\right), \quad \gamma_5\theta\left(\bar{\theta}\gamma_5\theta\right), \quad \gamma^\nu\theta\left(\bar{\theta}\gamma_5\theta\right),$$
$$\gamma^\nu\gamma_5\theta\left(\bar{\theta}\gamma_5\theta\right), \quad [\gamma^\rho,\gamma^\sigma]\theta\left(\bar{\theta}\gamma_5\theta\right), \quad \left(\bar{\theta}\gamma_5\theta\right)^2$$

を使って展開することができる. $1, \theta, \gamma_5\theta, \gamma^\nu\theta, \gamma_5\gamma^\nu\theta, \gamma_5[\gamma^\mu, \gamma^\nu]\theta$ の係数をそれぞれ合わせると以下を得る.[††]

$$\psi^X = -i\gamma_5\gamma^\mu\omega_\mu^\Theta, \tag{26.7.30}$$

$$F^X = \partial^\mu C_\mu^\Theta, \tag{26.7.31}$$

$$G^X = (V^\Theta)^\mu{}_\mu, \tag{26.7.32}$$

$$\partial_\mu A^X = -N_\mu^\Theta, \tag{26.7.33}$$

$$\partial_\mu B^X = M_\mu^\Theta, \tag{26.7.34}$$

$$0 = V_{\mu\nu}^\Theta - V_{\nu\mu}^\Theta + \epsilon_{\mu\nu\rho\sigma}\partial^\sigma C^{\Theta\,\rho}. \tag{26.7.35}$$

$(\bar{\theta}\theta)$ か $(\bar{\theta}\gamma_5\theta)$ の係数を合わせて, 共に同じ結果,

$$0 = \gamma^\mu \lambda_\mu^\Theta \tag{26.7.36}$$

を得る. また, $(\bar{\theta}\gamma_5\gamma^\nu\theta)$ の係数を合わせると,

$$-i\gamma_5[\gamma^\nu, \slashed{\partial}]\psi^X = 2\gamma^\mu\gamma^\nu\lambda_\mu^\Theta + \gamma^\mu[\gamma^\nu, \slashed{\partial}]\omega_\mu^\Theta \tag{26.7.37}$$

を得る. (26.7.30), (26.7.36), (26.7.37) から超カレント (26.7.20) の保存則を得る.

$$0 = \partial_\mu S_{\text{new}}^\mu = -2\partial^\mu\omega_\mu^\Theta + 2\slashed{\partial}\gamma^\mu\omega_\mu^\Theta. \tag{26.7.38}$$

また, λ_μ^Θ と ω_μ^Θ の関係式,

$$\lambda_\nu^\Theta = -\slashed{\partial}\omega_\nu^\Theta + \partial_\nu\gamma^\mu\omega_\mu^\Theta \tag{26.7.39}$$

[††] $V_{\mu\nu}^\Theta$ は Θ_μ の V_ν 成分であり, Θ_ν の V_μ 成分ではないことに注意しておく.

も得る. $\theta(\bar{\theta}\gamma_5\theta)$ と $\gamma_5\theta(\bar{\theta}\gamma_5\theta)$ の係数を合わせると, それぞれ, (26.7.34) と (26.7.33) の発散をとって得られる関係式を得る. $\gamma^\rho\theta(\bar{\theta}\gamma_5\theta)$ の係数を合わせると,

$$\partial_\rho G^X = \partial^\mu V^\Theta_{\mu\rho} + \partial^\mu V^\Theta_{\rho\mu} - \partial_\rho V^{\Theta\,\lambda}{}_\lambda \tag{26.7.40}$$

となり, これを (26.7.32) と共に使うと, 保存則,

$$\partial_\mu T^{\mu\nu} = 0 \tag{26.7.41}$$

を得る. ここで $T^{\mu\nu}$ は対称テンソル,

$$T_{\mu\nu} \equiv -\tfrac{1}{2}V^\Theta_{\mu\nu} - \tfrac{1}{2}V^\Theta_{\nu\mu} + \eta_{\mu\nu}V^{\Theta\,\lambda}{}_\lambda \tag{26.7.42}$$

だ. $\gamma^\rho\gamma_5\theta(\bar{\theta}\gamma_5\theta)$ の係数を合わせると,

$$\partial_\mu F^X = 2D^\Theta_\mu + \Box C^\Theta_\mu + \epsilon_{\rho\nu\sigma\mu}\partial^\nu V^{\Theta\,\rho\sigma} \tag{26.7.43}$$

を得て, これは (26.7.31) と (27.7.35) と共に, D^Θ_μ と C^Θ_μ の関係式,

$$D^\Theta_\mu = -\Box C^\Theta_\mu + \partial_\mu\partial^\nu C^\Theta_\nu \tag{26.7.44}$$

を導く. $[\gamma^\rho,\gamma^\sigma]\theta(\bar{\theta}\gamma_5\theta)$ と $(\bar{\theta}\gamma_5\theta)^2$ の係数を合わせると, それぞれ, (26.7.34) からすでに得られている結果と, (26.7.38) と (26.7.39) から得られている結果を得る.

保存対称テンソル $T^{\mu\nu}$ はこの系のエネルギー・運動量テンソルと同一視できる. これを確かめるためには (26.1.18) と (26.2.12) を使って微小パラメータ α による超対称性変換のもとでの $\omega^\Theta_\mu(x)$ の変分を,

$$\begin{aligned}\delta\omega^\Theta_\mu &= -i\bigl[(\bar{Q}\alpha),\,\omega^\Theta_\mu\bigr] = +i\bigl[\omega^\Theta_\mu,\,(\bar{Q}\alpha)\bigr]\\ &= \bigl(-i\gamma_5\,\slashed{\partial}C^\Theta_\mu - M^\Theta_\mu + i\gamma_5 N^\Theta_\mu + \gamma^\nu V^\Theta_{\mu\nu}\bigr)\alpha\end{aligned}$$

と書く. (26.7.33)–(26.7.35) を使うと上の式は,

$$\begin{aligned}i\bigl\{\omega^\Theta_\mu,\,\bar{Q}\bigr\} &= \tfrac{1}{2}\gamma^\nu(V^\Theta_{\mu\nu} + V^\Theta_{\nu\mu}) - \partial_\mu(B^X + \gamma_5 A^X)\\ &\quad - i\gamma_5\,\slashed{\partial}C^\Theta_\mu + \tfrac{1}{2}\epsilon_{\mu\nu\kappa\sigma}\gamma^\nu\partial^\kappa C^{\Theta\,\sigma}\end{aligned}$$

26.7 超カレント

という形に書きかえることができる. カレント (26.7.20) と (26.7.42) を使うと, これは,

$$i\{S_{\text{new}}^\mu, \bar{Q}\} = 2\gamma_\nu T^{\mu\nu} + 2(\partial^\mu - \gamma^\mu \slashed{\partial})(B^X + \gamma_5 A^X) - \epsilon^{\mu\nu\kappa\sigma}\gamma_\nu \partial_\kappa C_\sigma^\Theta$$
$$+ 2i\gamma_5\left(\slashed{\partial} C^{\Theta\mu} - \gamma^\mu\gamma^\lambda \slashed{\partial} C_\lambda^\Theta - \tfrac{1}{2}\gamma^\mu[\slashed{\partial}, \gamma^\sigma]C_\sigma^\Theta\right)$$
(26.7.45)

となる. $\mu = 0$ では右辺の第1項を除くすべての項は空間微分で, したがって空間積分で消え, 残りは,

$$i\left\{\int d^3x\, S_{\text{new}}^0, \bar{Q}\right\} = 2\gamma_\nu \int d^3x\, T^{0\nu} \tag{26.7.46}$$

となる. 超対称性カレント S_{new}^μ を $\int d^3x\, S_{\text{new}}^0 = Q$ となるように決めたので, 基本的な反交換関係 (25.2.36) から,

$$\int d^3x\, T^{0\nu} = P^\nu \tag{26.7.47}$$

となる. これと保存則 (26.7.41) から $T^{\mu\nu}$ がエネルギー・運動量テンソルだと分かる.

この方法でどのエネルギー・運動量テンソルを構成したことになるのかに注意しておくことが重要だ. (26.7.21) から直接に, もしくはカレント (26.7.18) の超対称性変換を考察することで, エネルギー・運動量テンソル $T^{\mu\nu}$ をカイラル超場のくりこみ可能な理論について計算することができる.

$$\begin{aligned} T^{\mu\nu} &= \sum_n \left[\partial^\mu \phi_n^* \partial^\nu \phi_n + \partial^\nu \phi_n^* \partial^\mu \phi_n\right] \\ &\quad - \eta^{\mu\nu} \sum_n \left[\partial^\lambda \phi_n^* \partial_\lambda \phi_n + \left|\frac{\partial f(\phi)}{\partial \phi_n}\right|^2\right] \\ &\quad + \frac{1}{3}(\eta^{\mu\nu}\Box - \partial^\mu\partial^\nu)\sum_n |\phi_n|^2 + \cdots . \end{aligned} \tag{26.7.48}$$

ここで…はフェルミオンを含む項を表し,ここでは重要ではない.最後の項は (26.7.18) の補正項と超対称性によって関係しているが,超ポテンシャルの無い質量ゼロの自由場の理論では,エネルギー・運動量テンソルをトレース・ゼロとする効果がある.この理論では $\Box\phi_n = 0$ となっている.簡単な計算で $T^{\mu\nu}$ が一般にスケール不変な理論においてもトレース・ゼロであることが分かる.その種の理論では $f(\phi)$ は ϕ_n について3次の斉次多項式だ.

超対称性はまた,スケール不変性と R 保存の破れに興味深い関係を付ける. (26.7.30)–(26.7.32) から, $\gamma_\mu S^\mu_{\text{new}} = 6\gamma_\mu\omega^{\Theta\mu}$, $\partial^\mu C^\Theta_\mu$, $T^\lambda{}_\lambda = 2V^{\Theta\mu}{}_\mu$ (これはスケール不変性の破れを測る) がカイラル超場 X の成分に比例することが分かる.したがって,もしこれらのどれか一つでも演算子として(つまり,ある特別な場の配位についてだけではなく)ゼロとなるなら,それらの全てがゼロとなる.その場合, $C^{\Theta\rho}$ はある R 量子数のカレントに比例する.これを見るには (26.2.11) から,

$$\delta C^\Theta_\sigma = i\left[C^\Theta_\sigma, (\bar\alpha Q)\right] = i\left(\bar\alpha\gamma_5\omega^\Theta_\sigma\right)$$

となることを使う.これにより一般に,

$$\left[C^\Theta_\sigma, Q\right] = \gamma_5\omega^\Theta_\sigma \qquad (26.7.49)$$

となる.もし C^Θ_σ が保存されるならば, $\gamma_\mu S^\mu = 0$ であることはすでに見た.これより, (26.7.20) から $S_\sigma = -2\omega^\Theta_\sigma$ を得る. (26.7.49) において $\sigma = 0$ として $\mathbf{x}$ について積分すると,

$$\left[\int d^3x\, C^{0\Theta}, Q\right] = -\tfrac{1}{2}\gamma_5 Q \qquad (26.7.50)$$

を得る.したがって,カレント,

$$\mathcal{R}^\mu \equiv 2\,C^{\mu\Theta} \qquad (26.7.51)$$

を導入することができる.これはもし保存されるなら,量子数 $\mathcal{R} \equiv \int d^3x\,\mathcal{R}^0$ のカレントであり, Q_L と Q_R は $\mathcal{R}$ の値をそれぞれ値 $+1$ と

26.7 超カレント

-1 だけ消滅させる. Q_L とスカラー超場 Φ の交換子は $\partial\Phi/\partial\theta_L$ という項を含むので, θ_L は $\mathcal{R}$ の値 $+1$ を持つことになる. これは通常の定義と一致している. 超場 X がゼロとなるか, それと同等に $T^\mu{}_\mu$, $\gamma_\mu S^\mu$, $\partial_\mu \mathcal{R}^\mu$ が全てゼロとなる理論は, 25.2節の最後に述べた超共形代数によって生成される拡大された超対称性変換のもとで不変だ.

スケール不変な理論では, 各種の超場が持つ $\mathcal{R}$ 量子数は, ラグランジアンの構造によって決まっている. 例えば, カイラル・スカラー超場のスケール不変な理論では, 超ポテンシャルは超場の3次の斉次多項式でなければならない. 超ポテンシャルの $\mathcal{F}$ 項は $\mathcal{R}$ 量子数 $+2$ を持つ θ_L^2 の係数に比例しているから, 超ポテンシャルの $\mathcal{F}$ 項の $\mathcal{R}$ 量子数は超ポテンシャル自身の $\mathcal{R}$ 量子数から2を引いたものだ. これと $\mathcal{R}$ 不変性から, スカラー超場には $\mathcal{R}$ 量子数 $+2/3$ が与えられる. 結果として, 超ポテンシャルは $\mathcal{R}$ 量子数 $+2$ を持ち, その $\mathcal{F}$ 項は $\mathcal{R}$ 量子数ゼロを持つ. すなわち, スカラー成分 ϕ_n は $\mathcal{R} = 2/3$, スピノル成分 ψ_{nL} (これは超場の θ_L の係数に比例する) は $\mathcal{R} = -1/3$ を持つ. これはカレント $\mathcal{R}^\mu$ をこの種の理論の超カレント (26.7.21) の C 項から計算しても得られる.

$$\mathcal{R}_\mu = \tfrac{2}{3}i\left[\phi^* \partial_\mu \phi - \phi \partial_\mu \phi^*\right] - \tfrac{1}{6}i\left(\bar{\psi}\gamma_\mu\gamma_5\psi\right). \qquad (26.7.52)$$

(ψ はマヨラナ・スピノルなので第2項は $1/2$ の因子を一つ余分に持つ.)

量子補正によって (アドラー・ベル・ジャッキーフのアノマリーを通じて) $\mathcal{R}$ 不変性の破れが起こることがある. また同様に (結合定数のくりこみ群による変化によって) スケール不変性も破れることがある. しかし, そのような補正があっても, 超対称性によって, これらの対称性の破れの間に関係が付けられることは変わらない.[7a] この一例を29.3節で見る.

∗ ∗ ∗

保存条件 (26.7.26) は超カレント Θ^μ もそれに伴うカイラル超場 X も一意的に決定しない．特に，Y を任意のカイラル超場として，Θ^μ に，

$$\Delta\Theta^\mu = \partial^\mu Y \tag{26.7.53}$$

という変化を付け加えることができる．ここでは Y は任意のカイラル超場だ．そうすると，(26.7.26) の左辺は，

$$\gamma_\mu \mathcal{D}\Delta\Theta^\mu = \not{\partial}\mathcal{D}Y$$

だけ変化する．左カイラル超場 Y_L については，カイラルの条件 $\mathcal{D}_R Y_L = 0$ と反交換関係 (26.2.30) から，

$$\begin{aligned}\not{\partial}\mathcal{D}_\alpha Y_L &= -\tfrac{1}{2}\Big[\big\{\mathcal{D}_L, \bar{\mathcal{D}}_R\big\}\mathcal{D}_R\Big]_\alpha Y_L \\ &= -\tfrac{1}{2}\Big[\mathcal{D}_{L\alpha}\big(\bar{\mathcal{D}}_R \mathcal{D}_R\big)Y_L + \sum_\beta \bar{\mathcal{D}}_{L\beta}\mathcal{D}_{R\alpha}\mathcal{D}_{L\beta}Y_L\Big]\end{aligned}$$

となる．上の表式の右辺第2項の $\bar{\mathcal{D}}_{L\beta}$ の中の行列 $\epsilon\gamma_5$ を動かすと，最終的に演算子 $\mathcal{D}_{L\beta}$ となるので，カイラルの条件と反交換関係を使って，

$$\sum_\beta \bar{\mathcal{D}}_{L\beta}\mathcal{D}_{R\alpha}\mathcal{D}_{L\beta}Y_L = -\sum_\beta \mathcal{D}_{L\beta}\mathcal{D}_{R\alpha}\bar{\mathcal{D}}_{L\beta}Y_L = 2(\not{\partial}\mathcal{D})_\alpha Y_L$$

とできるから，

$$\not{\partial}\mathcal{D}Y_L = -\tfrac{1}{2}\Big[\mathcal{D}\big(\bar{\mathcal{D}}\mathcal{D}\big)Y_L + 2\not{\partial}\mathcal{D}Y_L\Big] = -\tfrac{1}{4}\mathcal{D}\big(\bar{\mathcal{D}}\mathcal{D}\big)Y_L$$

を得る．任意の右カイラル超場についての同じ結果は同様にして導くことができるので，左カイラル超場と右カイラル超場の任意の和についても成立する．

$$\gamma_\mu \mathcal{D}\Delta\Theta^\mu = \not{\partial}\mathcal{D}Y = -\tfrac{1}{4}\mathcal{D}\big(\bar{\mathcal{D}}\mathcal{D}\big)Y\ . \tag{26.7.54}$$

26.7 超カレント

これは保存条件 (26.7.26) において, それに伴うカイラル超場 X をカイラル超場

$$\Delta X = -\tfrac{1}{4}(\bar{\mathcal{D}}\mathcal{D})Y \qquad (26.7.55)$$

だけ変えたものと同じだ. Θ^μ に $\Delta\Theta^\mu$ を加えたことで, $T^{\mu 0}$ と S^0_{new} が空間微分だけ変更され, エネルギー・運動量4元ベクトル P^μ や超電荷 Q は変更されないことはすぐに分かる.

26.6節で任意のカイラル超場 X は $X = (\bar{\mathcal{D}}\mathcal{D})S$ の形に表されることを見た. したがって, Θ^μ に $Y = 4S$ として (26.7.55) の形の項を加えることで取り除くことができる. しかし, 一般には S とこのように構成された新しい Θ^μ は局所的にならない. この状況は22章で論じた三角アノマリーの経験でおなじみのことだ. そこでは, ラグランジアン密度に加えることで, これらのアノマリーを相殺するような項を構成することが常に可能だったが, 一般的に, これらの項は局所的ではなく, ラグランジアン密度からは排除されなければならなかった. 局所的な S を使って $(\bar{\mathcal{D}}\mathcal{D})S$ と表すことができるカイラル超場は存在するので, カイラル超場 X にそのような項があれば, Θ^μ に (26.7.53) の形の局所項を付け加えて消去することができる. 例えば, これらには k を任意の複素定数として $\operatorname{Re}(k\partial f(\Phi)/\partial\Phi)$ の形の項が含まれる. なぜなら場の方程式 (26.6.15) と (26.6.16) から, $(\bar{\mathcal{D}}\mathcal{D})\operatorname{Re}(k^*\Phi) = 4\operatorname{Re}(k\partial f(\Phi)/\partial\Phi)$ となるからだ. しかし一般的には, このようにできる X の変化は非常に限られている.

26.8　一般のケーラー・ポテンシャル*

　場合によっては, (26.3.30)の一般的な形をしたラグランジアン密度で, くりこみ可能でないものを考える必要もある.

$$\mathcal{L} = 2\,\mathrm{Re}\left[f(\Phi)\right]_{\mathcal{F}} + \tfrac{1}{2}\left[K(\Phi, \Phi^*)\right]_D. \tag{26.8.1}$$

ここで超ポテンシャル f は左カイラル・スカラー超場 Φ_n の任意関数だが, それらの微分は含まず, ケーラー・ポテンシャル K は Φ_n と Φ_n^* の任意関数だが, それらの微分は含まない.

　対称性によってくりこみ可能な相互作用が排除されるか, くりこみ可能な相互作用が全て偶然的に小さいような有効場の理論を考える際に, このような状況が起こる. そのような場合にはしばしば, 低エネルギーでの散乱振幅を, 微分とフェルミオン場とくりこみ可能な小さい結合定数の数のある組み合わせが最も小さいラグランジアン密度を使って, 樹木ダイアグラムから計算することが可能だ. 19.5節ではくりこみ可能な相互作用を持たない, 核子と軟パイ中間子を含む有効場の理論を調べた. 21.4節で論じた動力学的に破れたゲージ場の理論は, くりこみ可能な結合定数が小さい類の有効場の理論の例となっている. この状況はまた, 対称性が超ポテンシャルを許さないか, 超ポテンシャルが何らかの理由で小さいような超対称性理論でも起こる. この類の例には, 29.5節で可換ゲージ超場とゲージ中性なカイラル・スカラー超場の拡張 $N=2$ 超対称性理論を考える際にも出会う. そこでは, この理論の低エネルギー散乱振幅が(26.8.1)の形のラグランジアン密度を使って樹木近似で得られることを見る. ただし, ラグランジアン密度は, $f = 0$ で K は Φ_n と Φ_n^* のみの関数でそれらの微分を含まず, $\mathcal{F}$ 項はゲージ超場について2次だ. Φ_n と Φ_n^* に任意に依存するが, それらの微分には依存しないケーラー・ポテンシャルを含める

---

*この節はこの本の議論の本筋からは多少外れているので, 最初読むときには飛ばしてもよい.

26.8 一般のケーラー・ポテンシャル

ことは, いくつかのスカラー場が, 基礎になる理論の基本的なエネルギーの大きさと同じ程度の強さを持ち, 他の全ての場の値と全てのエネルギーがそれらよりはるかに小さいような有効場の理論において非常に重要だ. これは例えば, 31.6 節で論じる重力が介在して起きる超対称性の破れの理論と関係して興味がある.

ラグランジアン密度 (26.8.1) を, 成分場を使ってどのように表すかを考察しよう. (26.4.4) を導くのに, $f(\Phi)$ が 3 次の多項式だという仮定は使わなかったので, ラグランジアンの $\mathcal{F}$ 項には依然として任意の超ポテンシャルが寄与した. D 項を導くには, ケーラー・ポテンシャルの θ について 4 次の項は以下であることに注意する.

$$\begin{aligned}
K&(\Phi,\Phi^*)_{\theta^4} \\
&= -\frac{1}{8}\left(\bar{\theta}\gamma_5\theta\right)^2 \sum_n \left[\frac{\partial K(\phi,\phi^*)}{\partial\phi_n}\Box\phi_n + \frac{\partial K(\phi,\phi^*)}{\partial\phi_n^*}\Box\phi_n^*\right] \\
&\quad + \sum_{nm}\frac{\partial^2 K(\phi,\phi^*)}{\partial\phi_n\partial\phi_m^*}\left(\bar{\theta}\gamma_5\theta\right)\left[\left(\bar{\theta}\psi_{mR}\right)\left(\bar{\theta}\,\slashed{\partial}\psi_{nL}\right)\right. \\
&\qquad \left. -\left(\bar{\theta}\psi_{nL}\right)\left(\bar{\theta}\,\slashed{\partial}\psi_{mR}\right)\right] \\
&\quad + 2\,\mathrm{Re}\sum_{nml}\frac{\partial^3 K(\phi,\phi^*)}{\partial\phi_n\partial\phi_m\partial\phi_l^*}\left(\theta_L^{\mathrm{T}}\epsilon\psi_{nL}\right)\left(\theta_L^{\mathrm{T}}\epsilon\psi_{mL}\right)\left(\theta_L^{\mathrm{T}}\epsilon\theta_L\right)^*\mathcal{F}_l^* \\
&\quad + 2\,\mathrm{Re}\sum_{nml}\frac{\partial^3 K(\phi,\phi^*)}{\partial\phi_n\partial\phi_m\partial\phi_l^*}\left(\bar{\theta}\psi_{mL}\right)\left(\bar{\theta}\psi_{lR}\right)\left(\bar{\theta}\gamma_5\gamma_\mu\theta\right)\partial^\mu\phi_n \\
&\quad + \sum_{nmlk}\frac{\partial^4 K(\phi,\phi^*)}{\partial\phi_n\partial\phi_m\partial\phi_k^*\partial\phi_\ell^*}\left(\bar{\theta}\psi_{nL}\right)\left(\bar{\theta}\psi_{mL}\right)\left(\bar{\theta}\psi_{lR}\right)\left(\bar{\theta}\psi_{kR}\right) \\
&\quad - \frac{1}{4}\sum_{nm}\frac{\partial^2 K(\phi,\phi^*)}{\partial\phi_n\partial\phi_m^*}\mathcal{F}_n\mathcal{F}_m^*\left(\bar{\theta}(1+\gamma_5)\theta\right)\left(\bar{\theta}(1-\gamma_5)\theta\right) \\
&\quad + \frac{1}{4}\left(\bar{\theta}\gamma_5\gamma^\mu\theta\right)\left(\bar{\theta}\gamma_5\gamma^\nu\theta\right)\sum_{mn}\left[-\frac{\partial^2 K(\phi,\phi^*)}{\partial\phi_n\partial\phi_m^*}\partial_\mu\phi_n\,\partial_\nu\phi_m^*\right.
\end{aligned}$$

$$+\frac{1}{2}\frac{\partial^2 K(\phi,\phi^*)}{\partial\phi_n\phi_m}\partial_\mu\phi_n\,\partial_\nu\phi_m + \frac{1}{2}\frac{\partial^2 K(\phi,\phi^*)}{\partial\phi_n^*\partial\phi_m^*}\partial_\mu\phi_n^*\,\partial_\nu\phi_m^*\Bigg]. \tag{26.8.2}$$

(26.A.18) と (26.A.19) を (26.A.9) と共に使うと, この表式の θ 依存性を, 全体にかかる因子 $(\bar{\theta}\gamma_5\theta)^2$ にまとめることができて, 以下が分かる.

$$K(\Phi,\Phi^*)_{\theta^4}$$
$$=\frac{1}{4}\left(\bar{\theta}\gamma_5\theta\right)^2\Bigg\{-\frac{1}{2}\sum_n\frac{\partial K(\phi,\phi^*)}{\partial\phi_n}\Box\phi_n - \frac{1}{2}\sum_n\frac{\partial K(\phi,\phi^*)}{\partial\phi_n^*}\Box\phi_n^*$$
$$+\sum_{nm}\frac{\partial^2 K(\phi,\phi^*)}{\partial\phi_n\,\partial\phi_m^*}\left[\left(\overline{\psi_m}\,\slashed{\partial}\psi_{nL}\right)+\left(\overline{\psi_n}\,\slashed{\partial}\psi_{mR}\right)-2\mathcal{F}_n\mathcal{F}_m^*\right]$$
$$+2\,\mathrm{Re}\sum_{nml}\frac{\partial^3 K(\phi,\phi^*)}{\partial\phi_n\,\partial\phi_m\,\partial\phi_l^*}\left(\overline{\psi_n}\psi_{mL}\right)\mathcal{F}_\ell^*$$
$$-2\,\mathrm{Re}\sum_{nml}\frac{\partial^3 K(\phi,\phi^*)}{\partial\phi_n\,\partial\phi_m\,\partial\phi_l^*}\left(\overline{\psi_m}\gamma^\mu\psi_{\ell R}\right)\partial_\mu\phi_n$$
$$-\frac{1}{2}\sum_{nmlk}\frac{\partial^4 K(\phi,\phi^*)}{\partial\phi_n\,\partial\phi_m\,\partial\phi_l^*\,\partial\phi_k^*}\left(\overline{\psi_n}\psi_{mL}\right)\left(\overline{\psi_k}\psi_{lR}\right)$$
$$+\sum_{nm}\frac{\partial^2 K(\phi,\phi^*)}{\partial\phi_n\,\partial\phi_m^*}\partial_\mu\phi_n\,\partial^\mu\phi_m^* - \frac{1}{2}\sum_{nm}\frac{\partial^2 K(\phi,\phi^*)}{\partial\phi_n\,\partial\phi_m}\partial_\mu\phi_n\,\partial^\mu\phi_m$$
$$-\frac{1}{2}\sum_{nm}\frac{\partial^2 K(\phi,\phi^*)}{\partial\phi_n^*\,\partial\phi_m^*}\partial_\mu\phi_n^*\,\partial^\mu\phi_m^*\Bigg\}. \tag{26.8.3}$$

フェルミオンの運動項が実であることを明かにするために, (26.A.21) を使って,

$$\left(\overline{\psi_n}\,\slashed{\partial}\psi_{mR}\right)=\left(\overline{\psi_n}\,\slashed{\partial}\psi_{mL}\right)^*$$

と書く. $K(\Phi,\Phi^*)$ の D 項は, $-(\bar{\theta}\gamma_5\theta)^2/4$ の係数から $K(\Phi,\Phi^*)$ の θ に依らない項にダランベルシャンを施した項の半分を引いたもので, θ に依らない項は単に $K(\phi,\phi^*)$ なので, 以下を得る.

$$\frac{1}{2}\Big[K(\Phi,\Phi^*)\Big]_D = \mathrm{Re}\sum_{nm}\mathcal{G}_{nm}\Bigg[-\frac{1}{2}\left(\overline{\psi_m}\,\slashed{\partial}(1+\gamma_5)\psi_n\right)$$

26.8 一般のケーラー・ポテンシャル

$$\begin{aligned}
&+ \mathcal{F}_n \mathcal{F}_m^* - \partial_\mu \phi_n \, \partial^\mu \phi_m^* \Big] \\
&- \text{Re} \sum_{nml} \frac{\partial^3 K(\phi,\phi^*)}{\partial \phi_n \, \partial \phi_m \, \partial \phi_l^*} \Big(\overline{\psi_n} \psi_{mL} \Big) \mathcal{F}_\ell^* \\
&+ \text{Re} \sum_{nml} \frac{\partial^3 K(\phi,\phi^*)}{\partial \phi_n \, \partial \phi_m \, \partial \phi_l^*} \Big(\overline{\psi_m} \gamma^\mu \psi_{\ell R} \Big) \partial_\mu \phi_n \\
&+ \frac{1}{4} \sum_{nmlk} \frac{\partial^4 K(\phi,\phi^*)}{\partial \phi_n \, \partial \phi_m \, \partial \phi_l^* \, \partial \phi_k^*} \Big(\overline{\psi_n} \psi_{mL} \Big) \Big(\overline{\psi_k} \psi_{lR} \Big) .
\end{aligned}$$
(26.8.4)

ここで, $\mathcal{G}(\phi,\phi^*)$ は**ケーラー計量** (Kähler metric),

$$\mathcal{G}_{nm}(\phi,\phi^*) \equiv \frac{\partial^2 K(\phi,\phi^*)}{\partial \phi_n \, \partial \phi_m^*} \qquad (26.8.5)$$

だ. (26.4.2) の定数行列 g_{nm} は, ここではケーラー計量 $\mathcal{G}_{nm}(\phi,\phi^*)$ に置き換えられていることに注意しよう. ケーラー計量は場に依存するので, 場の再定義によってそれを単位行列に等しくすることは一般にはできない. したがって, 全ラグランジアン密度は以下の形となる.

$$\begin{aligned}
\mathcal{L} = &\text{Re} \sum_{nm} \mathcal{G}_{nm} \Bigg[-\frac{1}{2} \Big(\overline{\psi_m} \, \slashed{\partial}(1+\gamma_5) \psi_n \Big) + \mathcal{F}_n \mathcal{F}_m^* - \partial_\mu \phi_n \, \partial^\mu \phi_m^* \Bigg] \\
&- \text{Re} \sum_{nml} \frac{\partial^3 K(\phi,\phi^*)}{\partial \phi_n \, \partial \phi_m \, \partial \phi_l^*} \Big(\overline{\psi_n} \psi_{mL} \Big) \mathcal{F}_\ell^* \\
&+ \text{Re} \sum_{nml} \frac{\partial^3 K(\phi,\phi^*)}{\partial \phi_n \, \partial \phi_m \, \partial \phi_l^*} \Big(\overline{\psi_m} \gamma^\mu \psi_{\ell R} \Big) \partial_\mu \phi_n \\
&+ \frac{1}{4} \sum_{nmlk} \frac{\partial^4 K(\phi,\phi^*)}{\partial \phi_n \, \partial \phi_m \, \partial \phi_l^* \, \partial \phi_k^*} \Big(\overline{\psi_n} \psi_{mL} \Big) \Big(\overline{\psi_k} \psi_{lR} \Big) \\
&- \text{Re} \sum_{nm} \frac{\partial^2 f(\phi)}{\partial \phi_n \, \partial \phi_m} \Big(\overline{\psi_n} \psi_{mL} \Big) + 2 \, \text{Re} \sum_n \mathcal{F}_n \frac{\partial f(\phi)}{\partial \phi_n} .
\end{aligned}$$
(26.8.6)

2次の項 $(\overline{\psi_m} \, \slashed{\partial} \gamma_5 \psi_n)$ は全微分なので, もし $\mathcal{G}_{nm}$ が定数ならば捨て去ることができるが, 一般のケーラー・ポテンシャルの場合には残して

おかなければならない. この結果は27.4節の最後でゲージ超場を含むように拡張される.

* * *

19.6 節で論じたように, 大域的対称性群 G が部分群 H に自発的に破れると, 質量ゼロで実のゴールドストン・ボゾン場の組が現れる. それらのスカラー場を π_k とすると, 微分を最も少なく含むラグランジアン密度の項は,

$$\mathcal{L}_{G/H} = -\sum_{k\ell} G_{k\ell}(\pi) \partial_\mu \pi_k \partial^\mu \pi_\ell \tag{26.8.7}$$

の形をしている. ここで $G_{k\ell}(\pi)$ は商空間 G/H の計量だ. (このような一般的な形のラグランジアン密度を持つ理論は非線形シグマ模型と呼ばれる.) 複素場 ϕ_n をそれらの実部と虚部で書くと, ラグランジアン密度 (26.8.6) の項 $-\sum_{nm} \mathcal{G}_{nm}(\phi, \phi^*) \partial_\mu \phi_n \partial^\mu \phi_m^*$ は (26.8.7) の形に書けるが, その逆は一般的には正しくない. ゴールドストン・ボゾン場 π_k のような実座標の組が場 ϕ_n のような複素座標の組の実部と虚部として解釈できて, その座標を使って計量が局所的に (26.8.5) で与えられる為の条件は, **ケーラー多様体** (Kähler manifold) と呼ばれるものを定義する.[**] しかし, G/H がケーラー多様体ではない通常の場合には, 超対称性を破らずに G が H に自発的に破れることが不可能だと

[**] この理由でケーラー多様体が重要であることはズミノが初期の論文で指摘した.[8] 計量が全多様体にわたって単一のケーラー・ポテンシャル $K(\phi, \phi^*)$ で (26.8.5) の形に表わされることは必要ではないことに注意しよう. 多様体が, 重複領域を持つ有限個のパッチで覆われ, それぞれのパッチで異なるケーラー・ポテンシャルを使って, 計量が (26.8.5) の形に表されていればよい. これが成り立つケーラー多様体の最も簡単な例は平らな複素平面で, ケーラー・ポテンシャルは $|z|^2$ となる. ケーラー多様体となる商空間 G/H の例としては, ズミノは $G = GL(p, \mathbb{C}) \times GL(p+q, \mathbb{C})$ で $H = GL(p, \mathbb{C})$ の例を挙げた. ここで p と q は任意の正の整数で, $GL(N, \mathbb{C})$ は複素正則 $N \times N$ 行列の群だ. ここでの商空間 G/H は複素座標 ϕ_n を持つが, これらはある複素 $p \times (p+q)$ 行列 A の成分にとれる. この行列 A は G と H のもとで, B と C をそれぞれ次元 p と $p+q$ の正方正則複素行列として, それぞれ, $A \to BAC$, $A \to BA$ と変換される. この場合のケーラー・ポテンシャルは単に $K \propto \ln \mathrm{Det}\, AA^\dagger$ だ.

26.8 一般のケーラー・ポテンシャル

思ってはいけない．これらの場合には，余分に質量ゼロのボゾンが現れ，ゴールドストン・ボゾンと共に，ケーラー多様体が作られる．

それは超ポテンシャル $f(\phi)$ が ϕ に依存するが，ϕ^* には依存せず，そのために全ラグランジアンが大域的対称性群 G のもとで不変ならば，超ポテンシャルは G の複素化して得られる群 $G_{\mathbb{C}}$ のもとで自動的に不変となるからだ．もし G が生成子 t_A と任意の実パラメータ θ_A を使って $\exp(i\sum_A \theta_A t_A)$ と表される変換からなるならば，$G_{\mathbb{C}}$ は同じ生成子と任意の複素パラメータ z_A を使った変換 $\exp(i\sum_A z_A t_A)$ からなる．(例えば，もし G が $U(n)$ ならば，$G_{\mathbb{C}}$ は全ての正則複素行列がなす群 $GL(n,\mathbb{C})$ だ．また，もし G が $SU(n)$ ならば，$G_{\mathbb{C}}$ は正則で行列式が1の全ての複素行列がなす群，$SL(n,\mathbb{C})$ だ．) 同様に，もし $f(\phi)$ のある停留点 $\phi^{(0)}$ が G のある部分群 H のもとで左不変ならば，H の複素化である $G_{\mathbb{C}}$ の部分群 $H_{\mathbb{C}}$ のもとでも左不変だ．G/H がケーラー多様体であるかどうかに依らず，複素化された商空間 $G_{\mathbb{C}}/H_{\mathbb{C}}$ は常にケーラー多様体だ．これは，ケーラー多様体の任意の複素部分多様体はケーラー多様体であるという定理があり，[9] $G_{\mathbb{C}}/H_{\mathbb{C}}$ が，ケーラー多様体である平らな複素空間 ϕ_n の複素部分多様体であることによる．$\phi_n(z) = [\exp(i\sum_A z_A t_A)\phi^{(0)}]_n$ の値によってパラメータづけすると，ケーラー多様体 $G_{\mathbb{C}}/H_{\mathbb{C}}$ は通常，線要素 $\sum_n d\phi_n d\phi_n^*$ を持つ ϕ_n の平らな複素空間にそれを埋め込んで得られる計量を持つ．

確かに $G_{\mathbb{C}}$ は全ラグランジアンの対称性ではないが，それにも関わらず，$G_{\mathbb{C}}$ が $H_{\mathbb{C}}$ に破れることに伴うゴールドストン・ボゾンは厳密に質量ゼロだ．これは27.6節の非くりこみ定理によって保証される．より簡単に述べるならば，質量ゼロのスピン・ゼロ粒子は超対称性変換で関係する対として現れなければならず，そのために超対称性と可換な任意の大域的対称性群 G のもとで同じ変換性を持たなければならないという25.4節の結果から保証されている．

補遺：マヨラナ・スピノル

この補遺では，超場を扱う際に必要となるマヨラナ・スピノルの幾つかの代数的性質をまとめておく．

フェルミオン的な4成分マヨラナ・スピノル s を考える．これは Q や θ のように，

$$s = \begin{pmatrix} e\varsigma^* \\ \varsigma \end{pmatrix} \tag{26.A.1}$$

の形で表されるとする．ここで ς はある2成分スピノル，e は 2×2 行列，

$$e \equiv \begin{pmatrix} 0 & 1 \\ -1 & 0 \end{pmatrix} = i\sigma_2$$

だ．そのようなスピノルは自分自身の複素共役と，

$$s^* = \begin{pmatrix} 0 & e \\ -e & 0 \end{pmatrix} s = -\beta\gamma_5\,\epsilon\, s \tag{26.A.2}$$

の関係にある．ここで ϵ は 4×4 行列

$$\epsilon \equiv \begin{pmatrix} e & 0 \\ 0 & e \end{pmatrix} \tag{26.A.3}$$

だ．また γ_5 と β は通常の 4×4 行列，

$$\gamma_5 = \begin{pmatrix} 1 & 0 \\ 0 & -1 \end{pmatrix}, \qquad \beta = \begin{pmatrix} 0 & 1 \\ 1 & 0 \end{pmatrix}$$

だ．ここで 1 と 0 は 2×2 部分行列を意味する．(26.A.2) の転置を取り右から β をかけると，同等の表式，

$$\bar{s} \equiv s^\dagger \beta = s^\mathrm{T} \epsilon\, \gamma_5 \tag{26.A.4}$$

を得る．

スピノル成分の反可換性のためにマヨラナ・スピノルから構成できる共変量が限られる．これを見るには，まず双線形共変量の対称性を

補遺：マヨラナ・スピノル 145

考察するのが便利だ．これはまた，これ自身興味がある．マヨラナ・スピノルの対，s_1 と s_2 と，任意の 4×4 数値行列 M について，(26.A.4) から，

$$\overline{s_1} M s_2 = \sum_{\alpha\beta} s_{1\alpha} s_{2\beta} (\epsilon \gamma_5 M)_{\alpha\beta} = -\sum_{\alpha\beta} s_{2\alpha} s_{1\beta} (\epsilon \gamma_5 M)_{\beta\alpha}$$
$$= +\sum_{\alpha\beta} s_{2\alpha} s_{1\beta} (M^{\mathrm{T}} \epsilon \gamma_5)_{\alpha\beta} = \overline{s_2} (\epsilon \gamma_5)^{-1} M^{\mathrm{T}} \epsilon \gamma_5 s_1$$

となる．ここで2番目の等号の直後にある負符号はこれらのスピノルのフェルミオン的性質から生じる．5.4節ではディラック行列から作られる16個の共変行列は以下を満たすことを見た．

$$M^{\mathrm{T}} = \begin{cases} +\mathcal{C} M \mathcal{C}^{-1} & M = 1, \ \gamma_5 \gamma_\mu, \ \gamma_5, \\ -\mathcal{C} M \mathcal{C}^{-1} & M = \gamma_\mu, \ [\gamma_\mu, \gamma_\nu]. \end{cases} \quad (26.\mathrm{A}.5)$$

ここで $\mathcal{C}$ は行列，

$$\mathcal{C} = \gamma_2 \beta = -\epsilon \gamma_5 = \begin{pmatrix} -e & 0 \\ 0 & e \end{pmatrix} \quad (26.\mathrm{A}.6)$$

だ．これより，

$$(\overline{s_1} M s_2) = \begin{cases} +(\overline{s_2} M s_1) & M = 1, \ \gamma_5 \gamma_\mu, \ \gamma_5 \\ -(\overline{s_2} M s_1) & M = \gamma_\mu, \ [\gamma_\mu, \gamma_\nu] \end{cases} \quad (26.\mathrm{A}.7)$$

となる．特に $s_1 = s_2 = s$ とすると，

$$\bar{s} \gamma_\mu s = \bar{s} [\gamma_\mu, \gamma_\nu] s = 0 \quad (26.\mathrm{A}.8)$$

となる．したがって，単一のマヨラナ・スピノル s から作ることのできる2次の共変量は $\bar{s}s, \bar{s}\gamma_5\gamma_\mu s, \bar{s}\gamma_5 s$ だけだ．

最も一般の超場の形を考えるには，二つ以上のマヨラナ・スピノルの積の表式が必要だ．スピノル二つについては，任意の 4×4 行列は

16個の共変行列 1, γ_μ, $[\gamma_\mu, \gamma_\nu]$, $\gamma_5\gamma_\mu$, γ_5 の和として展開できる．ローレンツ不変性より，行列 $s_\alpha \bar{s}_\beta$ については，この展開は，

$$s\bar{s} = k_S\,(\bar{s}s) + k_V\,\gamma_\mu\,(\bar{s}\gamma^\mu s) + k_T\,[\gamma_\mu,\,\gamma_\nu]\,(\bar{s}\,[\gamma^\mu,\,\gamma^\nu]\,s)$$
$$+ k_A\,\gamma_5\gamma_\mu\,(\bar{s}\gamma_5\gamma^\mu s) + k_P\,\gamma_5\,(\bar{s}\gamma_5 s)$$

という形になることが分かる．ここで k は以下で決定する定数だ．(26.A.8) は $k_V = k_T = 0$ としてよいことを意味する．残りの係数は右から 1, $\gamma_5\gamma^\mu$, γ_5 をかけトレースをとることで計算でき，$k_S = -1/4$, $k_A = +1/4$, $k_P = -1/4$ となる．このようにして

$$s\bar{s} = -\tfrac{1}{4}(\bar{s}s) + \tfrac{1}{4}\gamma_5\gamma_\mu\,(\bar{s}\gamma_5\gamma^\mu s) - \tfrac{1}{4}\gamma_5\,(\bar{s}\gamma_5 s) \qquad (26.\text{A}.9)$$

が分かる．右から $-\epsilon\gamma_5$ をかけて (26.A.4) を使うと，これを，

$$s_\alpha s_\beta = \tfrac{1}{4}(\epsilon\gamma_5)_{\alpha\beta}\,(\bar{s}s) + \tfrac{1}{4}(\gamma_\mu\epsilon)_{\alpha\beta}\,(\bar{s}\gamma_5\gamma^\mu s) + \tfrac{1}{4}\epsilon_{\alpha\beta}\,(\bar{s}\gamma_5 s) \quad (26.\text{A}.10)$$

という形に書くことができる．これはまた，

$$s_\alpha s_\beta = \tfrac{1}{4}(\epsilon\gamma_5)_{\alpha\beta}\,(s^{\mathrm{T}}\epsilon\gamma_5 s) + \tfrac{1}{4}(\gamma_\mu\epsilon)_{\alpha\beta}\,(s^{\mathrm{T}}\epsilon\gamma^\mu s) + \tfrac{1}{4}\epsilon_{\alpha\beta}\,(s^{\mathrm{T}}\epsilon s)$$
$$(26.\text{A}.11)$$

とも書くことができる．

さてマヨラナ・スピノル s の三つの成分の積 $s_\alpha s_\beta s_\gamma$ を考える．s を右巻き部分と左巻き部分に，

$$s = s_L + s_R, \quad s_L = \tfrac{1}{2}(1+\gamma_5)s, \quad s_R = \tfrac{1}{2}(1-\gamma_5)s \qquad (26.\text{A}.12)$$

と分けることができる．s_L と s_R は各々が独立な成分を二つしか持たず，フェルミオン的なc数の2乗はゼロとなるから，全ての α, β, γ について $s_{L\alpha}s_{L\beta}s_{L\gamma} = 0$ と $s_{R\alpha}s_{R\beta}s_{R\gamma} = 0$ となる．したがって，

$$s_\alpha s_\beta s_\gamma = s_{L\alpha}s_{L\beta}s_{R\gamma} + s_{L\alpha}s_{R\beta}s_{L\gamma} + s_{R\alpha}s_{L\beta}s_{L\gamma} + [L \leftrightarrow R]$$

補遺：マヨラナ・スピノル 147

を得る. ここで「$L \leftrightarrow R$」は前の項で添字 L と R を入れ替えたものを意味する. この表式を計算するには, (26.A.11) に適切な因子 $(1+\gamma_5)/2$ をかけて,

$$s_{L\alpha} s_{L\beta} = \tfrac{1}{4} [\epsilon(1+\gamma_5)]_{\alpha\beta} (s_L^{\mathrm{T}} \epsilon s_L)$$

を得る. もしこれに $s_{R\gamma}$ をかけると, $(s_R^{\mathrm{T}} \epsilon s_R) s_{R\gamma} = 0$ だから 2 次形式 $(s_L^{\mathrm{T}} \epsilon s_L)$ のスピノルの添字 L を落として,

$$s_{L\alpha} s_{L\beta} s_{R\gamma} = \tfrac{1}{4} [\epsilon(1+\gamma_5)]_{\alpha\beta} (s^{\mathrm{T}} \epsilon s) s_{R\gamma}$$

を得る. 同じ議論で,

$$s_{R\alpha} s_{R\beta} s_{L\gamma} = \tfrac{1}{4} [\epsilon(1-\gamma_5)]_{\alpha\beta} (s^{\mathrm{T}} \epsilon s) s_{L\gamma}$$

も得ることができる. これらの二つの表式の和を, γ を α か β で置き換えた同じ表式に加えると, 最終的に,

$$\begin{aligned} s_\alpha s_\beta s_\gamma = \tfrac{1}{4} \left(s^{\mathrm{T}} \epsilon s\right) \Big[& \epsilon_{\alpha\beta} s_\gamma - (\epsilon\gamma_5)_{\alpha\beta} (\gamma_5 s)_\gamma - \epsilon_{\alpha\gamma} s_\beta \\ & + (\epsilon\gamma_5)_{\alpha\gamma} (\gamma_5 s)_\beta + \epsilon_{\beta\gamma} s_\alpha - (\epsilon\gamma_5)_{\beta\gamma} (\gamma_5 s)_\alpha \Big] \end{aligned}$$
(26.A.13)

を得る.

マヨラナ・スピノルの 4 成分の積を計算するには, $(s^{\mathrm{T}} \epsilon s)$ が s_L 二つか s_R 二つの項のみを含むことに着目すると,

$$(s^{\mathrm{T}} \epsilon s) s_\gamma s_\delta = (s^{\mathrm{T}} \epsilon s)[s_{R\gamma} s_{R\delta} + s_{L\gamma} s_{L\delta}]$$

を得る. (26.A.11) を使って角括弧の中の和を計算し, さらに,

$$(s^{\mathrm{T}} \epsilon s)(s^{\mathrm{T}} \epsilon \gamma_5 s) = (s_L^{\mathrm{T}} \epsilon s_L)(s_R^{\mathrm{T}} \epsilon s_R) - (s_R^{\mathrm{T}} \epsilon s_R)(s_L^{\mathrm{T}} \epsilon s_L) = 0$$

に注意すると,

$$(s^{\mathrm{T}} \epsilon s) s_\gamma s_\delta = \tfrac{1}{4} \epsilon_{\gamma\delta} (s^{\mathrm{T}} \epsilon s)^2 \tag{26.A.14}$$

を得る. (26.A.13) に s_δ をかけると以下を得る.

$$s_\alpha s_\beta s_\gamma s_\delta = \tfrac{1}{16}\left(s^{\mathrm{T}}\epsilon s\right)^2 \Big[\epsilon_{\alpha\beta}\,\epsilon_{\gamma\delta} - (\epsilon\gamma_5)_{\alpha\beta}\,(\epsilon\gamma_5)_{\gamma\delta} - \epsilon_{\alpha\gamma}\,\epsilon_{\beta\delta}$$
$$+ (\epsilon\gamma_5)_{\alpha\gamma}\,(\epsilon\gamma_5)_{\beta\delta} + \epsilon_{\beta\gamma}\,\epsilon_{\alpha\delta} - (\epsilon\gamma_5)_{\beta\gamma}\,(\epsilon\gamma_5)_{\alpha\delta}\Big]. \tag{26.A.15}$$

s の成分を5つかけると必ずゼロとなるから, これでマヨラナ・スピノルの成分の積の表式のリストが完成した.

これらの表式を使って, 超場を扱う際に便利な関係式を幾つか導くことができる. (26.A.13) を $(\epsilon\gamma_5)_{\beta\gamma}$ および $(\epsilon\gamma_\mu)_{\beta\gamma}$ と縮約すると,

$$s_\alpha\left(\bar{s}\,s\right) = -(\gamma_5\,s)_\alpha\left(\bar{s}\,\gamma_5\,s\right) \tag{26.A.16}$$

と,

$$s_\alpha\left(\bar{s}\,\gamma_5\gamma_\mu\,s\right) = -(\gamma_\mu\,s)_\alpha\left(\bar{s}\,\gamma_5\,s\right) \tag{26.A.17}$$

を得る. (26.A.16), (26.A.17) から「フィールツ」恒等式,

$$\left(\bar{s}\,s\right)^2 = -\left(\bar{s}\,\gamma_5\,s\right)^2, \qquad \left(\bar{s}\,\gamma_5\gamma_\mu\,s\right)\left(\bar{s}\,\gamma_5\gamma_\nu\,s\right) = -\eta_{\mu\nu}\left(\bar{s}\,\gamma_5\,s\right)^2 \tag{26.A.18}$$

を導くことができる. また, (26.A.14) は以下のように共変形に書くこともできる.

$$\left(\bar{s}\,\gamma_5\,s\right)s\,\bar{s} = -\tfrac{1}{4}\,\gamma_5\left(\bar{s}\,\gamma_5\,s\right)^2. \tag{26.A.19}$$

また, マヨラナ・スピノルの2次形式の実条件も書き下しておくと便利だ. 位相について (26.A.1) を満たす任意のマヨラナ・スピノル s_1, s_2 の対について, (26.A.2) と (26.A.4) から,

$$(\overline{s_1}\,M\,s_2)^* = -(s_1^\dagger\epsilon\gamma_5\,M^*\,s_2^*) = (\overline{s_1}\,\beta\,\epsilon\,\gamma_5\,M^*\,\beta\,\epsilon\,\gamma_5\,s_2)$$

となる. (真中の表式の負の符号は複素共役をとるときに s_1 と s_2 が交換され, それを元に戻すことから生じる.) しかし (5.4.40) と (26.A.6)

から $\beta\epsilon\gamma_5\gamma_\mu^*\beta\epsilon\gamma_5 = \gamma_\mu$ となるから,

$$\beta\epsilon\gamma_5 M^* \beta\epsilon\gamma_5 = \begin{cases} +M & M = 1, \gamma_\mu, [\gamma_\mu, \gamma_\mu] \\ -M & M = \gamma_\mu\gamma_5, \gamma_5 \end{cases} \quad (26.\text{A}.20)$$

を得る. したがって,

$$(\overline{s_1} M s_2)^* = \begin{cases} +(\overline{s_1} M s_2) & M = 1, \gamma_\mu, [\gamma_\mu, \gamma_\mu] \\ -(\overline{s_1} M s_2) & M = \gamma_\mu\gamma_5, \gamma_5 \end{cases}$$
$$(26.\text{A}.21)$$

となる.

最後に, 任意のスピノル u はマヨラナ・スピノル $s_\pm$ の対を使って,

$$u = s_+ + i s_- \quad (26.\text{A}.22)$$

と書けることに注意しておく. ここで,

$$s_+ \equiv \frac{1}{2}\left(u - \beta\epsilon\gamma_5 u^*\right), \quad s_- \equiv \frac{1}{2i}\left(u + \beta\epsilon\gamma_5 u^*\right) \quad (26.\text{A}.23)$$

だ. $s_\pm$ が (26.A.2) を満たすマヨラナ・スピノルであることを確かめるのには, $\beta\epsilon\gamma_5$ が実で $(\beta\epsilon\gamma_5)^2 = 1$ であることを思い出しさえすればよい.

問題

1. 26.1節の直接的な方法を $N = 2$ 超対称性に使って, マヨラナ・スピノルを一つだけと複素スカラーを二つ含む, 質量がゼロでない超対称多重項の超対称変換則を導け.

2. 時間反転された超場,

$$\mathsf{T}^{-1} S(x, \theta) \mathsf{T}$$

の成分を超場 $S(x, \theta)$ の成分を使って書き下せ. 左カイラル超場の時間反転でどのような超場が得られるか? また線形超場についてはどうか?

3. 左カイラル超場 Φ 一つだけを持つ $N=1$ 超対称理論を考える. 超場を使って, ラグランジアン密度に加えることのできる Φ や Φ^* を含む次元5の項を全て書き下せ.

4. Φ_1, Φ_2, Φ_3 という三つの左カイラル・スカラー超場を持つ理論を考える. この理論が通常の運動項と, 超ポテンシャル,

$$f(\Phi_1, \Phi_2, \Phi_3) = \Phi_1 \Phi_3^2 + \Phi_2 \left(\Phi_3^2 + a \right)$$

を持つとする. ただし a はゼロでない実の定数だ. この理論は超対称性が自発的に破れた理論であることを示せ. ポテンシャルの最小値を求めよ. ゴールドスティーノ場を Φ_1, Φ_2, Φ_3 のフェルミオン的成分を使って表せ.

5. 作用 (26.6.9) のカレント超場の成分を全て, 左カイラル超場 Φ_n, 超場 f の微分, ケーラー・ポテンシャル K の成分を使って表せ.

6. (26.7.18) と (26.7.10) で与えられる超対称カレントは (26.7.20) によって超場 (26.7.21) の ω 成分と関係していることを確かめよ.

参考文献

1. A. Salam and J. Strathdee, *Nucl. Phys.* **B76**, 477 (1974). この論文は *Supersymmetry*, S. Ferrara 編 (North Holland/World Scientific, Amsterdam/Singapore, 1987) に, 再録されている.

2. J. Wess and B. Zumino, *Nucl. Phys.* **B70**, 13 (1974). この論文は参考文献1の *Supersymmetry* に再録されている.

3. L. O'Raifeartaigh, *Nucl. Phys.* **B96**, 331 (1975). この論文は参考文献1の *Supersymmetry* に再録されている.

4. F. A. Berezin, *The Method of Second Quantization* (Academic Press, New York, 1966).

5. J. Iliopoulos and B. Zumino, *Nucl. Phys.* **B76**, 310 (1974); S. Ferrara and B. Zumino, *Nucl. Phys.* **B87**, 207 (1975). これらの論文は参考文献1の *Supersymmetry* に再録されている.

6. この節では参考文献5の S. Ferrara と B. Zumino の方法を使っている.

7. X. Gràcia and J. Pons, *J. Phys.* **A25**, 6357 (1992). $\bar{q}^n$ の係数を一致させる方程式を使うことを提案してくれたことに関して J. Gomis に感謝する.

7a. M. Grisaru, *Recent Developments in Gravitation – Cargèse 1978*, M. Lévy, S. Deser 編. (Plenum Press, New York, 1979): 577頁.

8. B. Zumino, *Phys. Lett.* **87B**, 203 (1979). この論文は参考文献1の *Supersymmetry* に再録されている.

9. P. Griffiths and J. Harris, *Principles of Algebraic Geometry* (Wiley, New York, 1978): 109頁. この一般的な定理の使い方を知らせてくれた D. Freed に感謝する.

第27章

超対称ゲージ理論

最初の2巻(日本語訳4巻)で述べた成功を収めている強い相互作用,弱い相互作用,電磁相互作用の理論はすべてゲージ理論だ.したがって単純超対称性が現実にどう組み入れられているかを知るには,超対称性とゲージ不変性の両方を満たす作用を構成する方法を考える必要がある.[1]

27.1 カイラル超場のゲージ不変な作用

超対称性生成子 Q を不変に保つ可換または非可換ゲージ変換を考える.(単純超対称性の場合は,マヨラナ・スピノル超対称性生成子が1個だけ存在し,それは任意の半単純ゲージ群の基本表現だけを持つことが出来る.) 一つの超対称多重項に属する場の各成分は,そのようなゲージ変換のもとで同じように変換しなければならない.特に,左カイラル超場については,

$$\phi_n(x) \to \sum_m \left[\exp\left(i \sum_A t_A \Lambda^A(x) \right) \right]_{nm} \phi_m(x),$$

$$\psi_{nL}(x) \to \sum_m \left[\exp\left(i\sum_A t_A \Lambda^A(x)\right)\right]_{nm} \psi_{mL}(x), \quad (27.1.1)$$

$$\mathcal{F}_n(x) \to \sum_m \left[\exp\left(i\sum_A t_A \Lambda^A(x)\right)\right]_{nm} \mathcal{F}_m(x)$$

と変換する. ここで t_A はゲージ代数の生成子を表現するエルミート行列で, $\Lambda^A(x)$ は有限なゲージ変換を表す x^μ の実関数パラメータだ. (ゲージ変換については 15.1 節と同じ記法を使うが, ディラックの添字との混同を避けるためにゲージ生成子とゲージ変換パラメータは α, β 等の文字のかわりに A, B 等の文字で表す.)

左カイラル超場 (26.3.11) は場の成分の微分を含んでいるので, その変換は (27.1.1) より複雑だ. しかし (26.3.21) から分かるように, この超場は (26.3.23) で定義した θ_L と変数 x_+ で表すと微分を含まない. したがってその変換性は以下のようになる.

$$\Phi_n(x,\theta) \to \sum_m \left[\exp\left(i\sum_A t_A \Lambda^A(x_+)\right)\right]_{nm} \Phi_m(x,\theta). \quad (27.1.2)$$

作用のある項が (26.3.30) の $\int d^4x\, [f(\Phi)]_\mathcal{F}$ のように左カイラル超場のみに依存し, その微分や複素共役には依存しないとき, それ(およびその複素共役項)は, $\Lambda^A(x)$ が x^μ に依らないとした大域的変換のもとで不変なら, 局所変換 (27.1.2) のもとで不変だ. カイラル超場のくり込み可能な理論にゲージ場を導入することが必要なのは D 項の場合だけだ. これは Φ_n と Φ_n^* の両方を含む. 行列 t_A はエルミートなので, (27.1.2) のエルミート共役は,

$$\Phi_n^\dagger(x,\theta) \to \sum_m \Phi_m^\dagger(x,\theta)\left[\exp\left(-i\sum_A t_A \Lambda^A(x_+)^*\right)\right]_{mn} \quad (27.1.3)$$

となる. もし $\Lambda^A(x_+)^* = \Lambda^A(x_-)$ と $\Lambda^A(x_+)$ の差を無視すれば, この式から言えることは, $\Phi^\dagger$ は Φ が持つ表現に反傾(contragredient)なゲージ群の表現に従って変換し, 大域的ゲージ変換のもとで不変な Φ

27.1 カイラル超場のゲージ不変な作用

と $\Phi^\dagger$ の任意の関数は局所ゲージ変換のもとでも不変だということだけだ. x_+ と x_- は異なるので,ゲージ接続行列 $\Gamma_{nm}(x,\theta)$ を導入する必要がある. その変換性は次のとおりだ.

$$\Gamma(x,\theta) \to \exp\left(+i\sum_A t_A \Lambda^A(x_+)^*\right) \Gamma(x,\theta) \exp\left(-i\sum_A t_A \Lambda^A(x_+)\right). \tag{27.1.4}$$

したがって $\Phi^\dagger$ に右側から Γ をかけて,

$$\left[\Phi^\dagger(x,\theta)\,\Gamma(x,\theta)\right]_n \to \sum_m \left[\Phi^\dagger(x,\theta)\,\Gamma(x,\theta)\right]_m \\ \times \left[\exp\left(-i\sum_A t_A \Lambda^A(x_+)\right)\right]_{mn} \tag{27.1.5}$$

と変換する超場を得る. この結果, Φ と $\Phi^\dagger \Gamma$ から作られる(ただしそれらの微分や複素共役は含まない)任意の大域的ゲージ不変な関数は局所的にもゲージ不変だ. 一つの自明な例は, 26.4 節で構成したラグランジアンの D 項をゲージ不変にした $(\Phi^\dagger \Gamma \Phi)_D$ だ.

(27.1.4) で変換する任意の $\Gamma(x,\theta)$ を使ってカイラル超場のゲージ不変なラグランジアンを構成することができる. その選び方は一意的ではない. Γ が (27.1.4) と変換し,右から,

$$\Upsilon_L(x,\theta) \to \exp\left(i\sum_A t_A \Lambda^A(x_+)\right) \Upsilon_L(x,\theta) \exp\left(-i\sum_A t_A \Lambda^A(x_+)\right)$$

の変換をする任意の左カイラル超場 Υ_L をかければ, (27.1.4) を満たす新しいゲージ接続が得られる. 一つの簡単なやり方は, $\Gamma(x,\theta)$ をエルミートにとることだ.

$$\Gamma^\dagger(x,\theta) = \Gamma(x,\theta). \tag{27.1.6}$$

これは (27.1.4) を満たす $\Gamma(x,\theta)$ が存在すれば常に可能だ. なぜなら, そのとき (27.1.4) のエルミート共役をとると $\Gamma^\dagger(x,\theta)$ は $\Gamma(x,\theta)$ と同

じ変換をすることが容易に分かるので, もし $\Gamma(x,\theta)$ がエルミートでなければ, そのエルミート部分 $(\Gamma+\Gamma^\dagger)/2$ で置き換えることができるからだ. (また, それがゼロならば, 反エルミート部分 $(\Gamma-\Gamma^\dagger)/2i$ を使えばよい.) もう一つの簡単で物理的に重要な方法は, ゲージ代数の特定の表現 t_A に依らないゲージ変換性を持つ場で $\Gamma(x,\theta)$ を表すことだ. ただし, このときこのゲージ代数のもとでカイラル超場 $\Phi(x,\theta)$ が変換するものとする. そうすれば, ゲージ群の任意の表現に従って変換するカイラル超場について, 適切な行列 $\Gamma(x,\theta)$ をこれらの場を使って構成できる. この目的には, ベーカー・ハウスドルフの公式を思い出すとよい. この公式によれば, 任意の行列 a と b について,

$$e^a e^b = \exp\left(a+b+\tfrac{1}{2}[a,b]+\tfrac{1}{12}[a,[a,b]]+\tfrac{1}{12}[b,[b,a]]+\cdots\right) \quad (27.1.7)$$

が成り立つ. ここで「$\cdots$」は, 陽に示した 2 次と 3 次の項と同様に a と b との多重交換子で表される高次項だ. この公式から, リー代数の任意の表現について,

$$\exp\left(\sum_A a^A t_A\right)\exp\left(\sum_A b^A t_A\right) = \exp\left(\sum_A f^A(a,b)\, t_A\right) \quad (27.1.8)$$

が成り立つことが分かる. ここで,

$$\begin{aligned}
f^A(a,b) = & a^A + b^A + \tfrac{1}{2} i \sum_{BC} C^A{}_{BC} a^B b^C \\
& -\tfrac{1}{12} \sum_{BCDE} C^A{}_{BC} C^C{}_{DE} a^B a^D b^E \\
& -\tfrac{1}{12} \sum_{BCDE} C^A{}_{BC} C^C{}_{DE} b^B b^D a^E + \cdots \quad (27.1.9)
\end{aligned}$$

となる. これは通常どおり

$$[t_B, t_C] = i\sum_A C^A{}_{BC}\, t_A$$

27.1 カイラル超場のゲージ不変な作用

で定義される構造定数 $C^A{}_{BC}$ を通じてリー代数に依存するが, t_A が持つ特定の表現には依存しない. したがって $\Gamma(x,\theta)$ を,

$$\Gamma(x,\theta) = \exp\left(-2\sum_A t_A V^A(x,\theta)\right) \tag{27.1.10}$$

の形にとる. ここで $V^A(x,\theta)$ は実の超場(したがって Γ はエルミート)で, t_A が持つゲージ代数の表現には依存しない.

超対称ゲージ理論の別の対称性に気づけば, さらに重要な簡単化をはかることができる. Φ と $\Phi^\dagger \Gamma$ のある関数が大域的ゲージ変換のもとで不変なら, 自動的に局所的ゲージ変換 (27.1.2)–(27.1.4) のもとで不変なばかりでなく, もっと大きな拡張されたゲージ変換

$$\Phi_{nL}(x,\theta) \to \sum_m \left[\exp\left(i\sum_A t_A \Omega^A(x,\theta)\right)\right]_{nm} \Phi_{mL}(x,\theta) \tag{27.1.11}$$

と

$$\Gamma(x,\theta) \to \exp\left(-i\sum_A t_A \Omega^A(x,\theta)\right) \Gamma(x,\theta) \exp\left(+i\sum_A t_A \Omega^A(x,\theta)^*\right) \tag{27.1.12}$$

のもとでも不変だ. ここで $\Omega^A(x,\theta)$ は任意の左カイラル超場つまり θ_L および x_+ の任意の関数だ. この変換のもとで,

$$V^A(x,\theta) \to V^A(x,\theta) + \frac{i}{2}\left[\Omega^A(x,\theta) - \Omega^A(x,\theta)^*\right] + \cdots \tag{27.1.13}$$

となる. ここで「$\cdots$」は (27.1.7) の交換子から生じる項を表し, ゲージ結合定数について 1 次以上の次数をもつ. 一般の左カイラル超場と同様に, Ω は (26.3.11) の形に書ける.

$$\begin{aligned}\Omega^A(x,\theta) &= W^A(x) - \sqrt{2}\left(\bar{\theta}\left(\frac{1+\gamma_5}{2}\right)w^A(x)\right) \\ &\quad + \mathcal{W}^A(x)\left(\bar{\theta}\left(\frac{1+\gamma_5}{2}\right)\theta\right) + \frac{1}{2}\left(\bar{\theta}\gamma_5\gamma_\mu\theta\right)\partial^\mu W^A(x)\end{aligned}$$

$$-\frac{1}{\sqrt{2}}\left(\bar{\theta}\gamma_5\theta\right)\left(\bar{\theta}\,\slashed{\partial}\left(\frac{1+\gamma_5}{2}\right)w^A(x)\right)$$
$$-\frac{1}{8}\left(\bar{\theta}\gamma_5\theta\right)^2\Box W^A(x). \tag{27.1.14}$$

ここで $W^A(x)$ と $\mathcal{W}^A(x)$ は x^μ の任意の複素関数だ。またマヨラナ・スピノル $w^A(x)$ を導入した。これは超場の左手スピノル成分が $\frac{1}{2}(1+\gamma_5)w^A(x)$ となるように定義されている。マヨラナ双線形式の複素共役に関する性質 (26.A.21) を使うと, (27.1.14) の複素共役は,

$$\begin{aligned}\Omega^A(x,\theta)^* = & W^{A*}(x) - \sqrt{2}\left(\bar{\theta}\left(\frac{1-\gamma_5}{2}\right)w^A(x)\right) \\ & +\mathcal{W}^{A*}(x)\left(\bar{\theta}\left(\frac{1-\gamma_5}{2}\right)\theta\right) \\ & -\frac{1}{2}\left(\bar{\theta}\gamma_5\gamma_\mu\theta\right)\partial^\mu W^{A*}(x)\frac{1}{\sqrt{2}}\left(\bar{\theta}\gamma_5\theta\right) \\ & \times\left(\bar{\theta}\,\slashed{\partial}\left(\frac{1-\gamma_5}{2}\right)w^A(x)\right) \\ & -\frac{1}{8}\left(\bar{\theta}\gamma_5\theta\right)^2\Box W^{A*}(x) \end{aligned} \tag{27.1.15}$$

となる。実超場 $V^A(x,\theta)$ は (26.2.10) と同様に成分場で書けば,

$$\begin{aligned}V^A(x,\theta) = & C^A(x) - i\left(\bar{\theta}\,\gamma_5\,\omega^A(x)\right) - \frac{i}{2}\left(\bar{\theta}\,\gamma_5\,\theta\right)M^A(x) \\ & -\frac{1}{2}\left(\bar{\theta}\,\theta\right)N^A(x) + \frac{i}{2}\left(\bar{\theta}\,\gamma_5\,\gamma^\mu\,\theta\right)V^A_\mu(x) \\ & -i\left(\bar{\theta}\,\gamma_5\,\theta\right)\left(\bar{\theta}\left[\lambda^A(x) + \frac{1}{2}\slashed{\partial}\omega^A(x)\right]\right) \\ & -\frac{1}{4}\left(\bar{\theta}\,\gamma_5\,\theta\right)^2\left(D^A(x) + \frac{1}{2}\Box C^A(x)\right) \end{aligned} \tag{27.1.16}$$

となる。ここで $C^A(x)$, $M^A(x)$, $N^A(x)$, $V^A_\mu(x)$ はすべて実で, $\omega^A(x)$ と $\lambda^A(x)$ はマヨラナ・スピノルだ。(27.1.14)–(27.1.16) を (27.1.13) に使うとゲージ超場の成分は以下の拡張されたゲージ変換を受けるこ

27.1 カイラル超場のゲージ不変な作用

とが分かる.

$$\begin{align}
C^A(x) &\to C^A(x) - \operatorname{Im} W^A(x) + \cdots , \\
\omega^A(x) &\to \omega^A(x) + \frac{1}{\sqrt{2}} w^A(x) + \cdots , \\
V_\mu^A(x) &\to V_\mu^A(x) + \partial_\mu \operatorname{Re} W^A(x) + \cdots , \\
M^A(x) &\to M^A(x) - \operatorname{Re} \mathcal{W}^A(x) + \cdots , \\
N^A(x) &\to N^A(x) + \operatorname{Im} \mathcal{W}^A(x) + \cdots , \\
\lambda^A(x) &\to \lambda^A(x) + \cdots , \\
D^A(x) &\to D^A(x) + \cdots .
\end{align} \tag{27.1.17}$$

ここでも「$\cdots$」は (27.1.9) の構造定数から生じる項を表し, したがってゲージ結合定数の 1 個以上の因子に比例する. このように拡張されたゲージ変換を使って, ゲージ超場を**ヴェス・ズミノ・ゲージ** (Wess–Zumino gauge)[1] と呼ばれる便利な形にすることができる. このゲージでは,

$$C^A(x) = \omega^A(x) = M^A(x) = N^A(x) = 0 , \tag{27.1.18}$$

したがって,

$$\begin{align}
V^A(x,\theta) =& \frac{i}{2}\left(\bar\theta \gamma_5 \gamma^\mu \theta\right) V_\mu^A(x) - i\left(\bar\theta \gamma_5 \theta\right)\left(\bar\theta \lambda^A(x)\right) \\
& -\frac{1}{4}\left(\bar\theta \gamma_5 \theta\right)^2 D^A(x)
\end{align} \tag{27.1.19}$$

となる. これを結合定数のゼロ次で実現するには, $\operatorname{Im} W^A(x) = C^A(x)$, $w^A(x) = -\sqrt{2}\omega^A(x)$, $\mathcal{W}^A(x) = M^A(x) - iN^A(x)$ とおくだけでよい. 可換ゲージ理論では, 構造定数がゼロなので, これで作業は終わりだ. 非可換ゲージ理論では, ゼロ次項の交換子から生じる項を相殺するために $\operatorname{Im} W^A(x), w^A(x), \mathcal{W}^A(x)$ にゲージ結合定数の 1 次の項をつけ加え, さらに 1 次項とゼロ次項との交換子から生じる項を相殺する

ために Im $W^A(x)$, $w^A(x)$, $\mathcal{W}^A(x)$ にゲージ結合定数の 2 次項をつけ加え, 等々というように項をつけ加えていく必要がある. ゲージ条件 (27.1.18) を結合定数のすべての次数で満たすのに必要な Im $W^A(x)$, $w^A(x)$, $\mathcal{W}^A(x)$ の一連の項を計算するのは容易ではないが, しかしその必要はない. 重要なのは, それが可能だということだ.

変換則 (26.2.11)–(26.2.14) を見ると, ヴェス・ズミノのゲージ条件 (27.1.18) は $V_\mu^A = \lambda^A = 0$ でないかぎり超対称性変換のもとで不変ではなく, また $\lambda^A = 0$ の条件はさらに $D^A = 0$ でないかぎり超対称でないことが分かる. この場合すべての超場はゼロとなる. 一旦ヴェス・ズミノ・ゲージを採用すると作用は最早, 一般の拡張されたゲージ変換のもとでも超対称性のもとでも不変ではないが, 超対称性変換によってヴェス・ズミノ・ゲージからはずれた後にヴェス・ズミノ・ゲージに引き戻す適切な拡張されたゲージ変換を引き続いて行えば不変だ. (この点は 27.8 節で陽に論じる.) 以下で見るように, 作用はヴェス・ズミノ・ゲージを保つ通常のゲージ変換 (27.1.2)–(27.1.4) のもとでも不変だ.

ヴェス・ズミノのゲージ条件 (27.1.18) を満たすゲージ超場を使うと, 通常の微小ゲージ変換のもとでの振舞いを計算するのが比較的容易になる. この場合, $\Omega^A(x_+)$ は (26.3.11) の形の左カイラル超場だが, ψ_L 成分と $\mathcal{F}$ 成分がゼロで ϕ 成分が実微小関数 $\Lambda^A(x)$ のとき,

$$\Omega^A(x_+) = \Lambda^A(x) + \frac{1}{2}\left(\bar{\theta}\gamma_5\gamma_\mu\theta\right)\partial^\mu\Lambda^A(x) - \frac{1}{8}\left(\bar{\theta}\gamma_5\theta\right)^2 \Box\Lambda^A(x)$$
(27.1.20)

となる. 変換則 (27.1.4) における指数関数の積を計算するために, 以下の形のベーカー・ハウスドルフ公式を使う.

$$\exp(a)\exp(X)\exp(b) = \exp\Big[X + L_X \cdot (b-a) \\ + (L_X \coth L_X) \cdot (b+a) + \cdots\Big].$$

27.1 カイラル超場のゲージ不変な作用

(27.1.21)

ここで a, b, X は任意の行列で, L_X は,

$$L_X \cdot f = \tfrac{1}{2} [X, f] \qquad (27.1.22)$$

で定義される. また「…」はここでは a と b の 2 次以上の高次項を表す. 今の場合は以下のとおりだ.

$$b + a = 2 \sum_A t_A \operatorname{Im} \Omega^A(x_+) = -i \left(\bar{\theta} \gamma_5 \gamma_\mu \theta\right) \sum_A t_A \, \partial^\mu \Lambda^A(x),$$

$$b - a = -2i \sum_A t_A \operatorname{Re} \Omega^A(x_+)$$

$$= -2i \sum_A t_A \left[\Lambda^A(x) - \tfrac{1}{8} \left(\bar{\theta} \gamma_5 \theta\right)^2 \Box \Lambda^A(x) \right],$$

$$X = -2 \sum_A t_A V^A(x, \theta) = -2 \sum_A t_A \left[\tfrac{i}{2} \left(\bar{\theta} \gamma_5 \gamma^\mu \theta\right) V_\mu^A(x) \right.$$

$$\left. -i \left(\bar{\theta} \gamma_5 \theta\right) \left(\bar{\theta} \lambda^A(x)\right) - \tfrac{1}{4} \left(\bar{\theta} \gamma_5 \theta\right)^2 D^A(x) \right].$$

さて, X のすべての項は θ_L を少なくとも 1 個と θ_R を少なくとも 1 個含み, また $a+b$ は θ_L と θ_R をちょうど 1 個ずつ含むので, $L_X \coth L_X$ の L_X について 2 次以上のすべての項は落としてよい. $L_X \coth L_X$ は L_X の偶関数なので, これはその関数を L_X のゼロ次項で置き換えてよいことを意味するが, それは単に 1 だ. 同様に, $b - a$ の $(\bar{\theta} \gamma_5 \theta)^2$ に比例する項を落としてもよい. なぜなら L_X が作用すると少なくとも 3 個の θ_L または θ_R が生じるからだ. したがって (27.1.21) の右辺の指数関数の引数は以下で置き換えてよい.

$$X + \tfrac{1}{2} [X, b - a] + b + a = -2 \sum_A t_A \left[V^A(x, \theta) \right.$$

$$\left. + \sum_{BC} C^A{}_{BC} V^B(x, \theta) \Lambda^C(x) \right.$$

$$+\tfrac{1}{2}\,i\left(\bar{\theta}\gamma_5\gamma_\mu\theta\right)\partial^\mu\Lambda^A(x)\bigg]\,.$$

このようにして微小ゲージ変換について，変換則 (27.1.4) は，

$$V^A(x,\theta) \to V^A(x,\theta) + \sum_{BC} C^A{}_{BC}\,V^B(x,\theta)\,\Lambda^C(x)$$
$$+\frac{1}{2}i\left(\bar{\theta}\gamma_5\gamma_\mu\theta\right)\partial^\mu\Lambda^A(x) \qquad (27.1.23)$$

となる．通常のゲージ変換のもとではヴェス・ズミノ・ゲージのゲージ超場はヴェス・ズミノ・ゲージのまま保たれる点が重要だ．(27.1.19) の成分場で表すと，(27.1.23) は以下のとおりだ．

$$V^A_\mu(x) \to \sum_{BC} C^A{}_{BC}\,V^B_\mu(x)\,\Lambda^C(x) + \partial_\mu\Lambda^A(x)\,, \qquad (27.1.24)$$

$$\lambda^A(x) \to \sum_{BC} C^A{}_{BC}\,\lambda^B(x)\,\Lambda^C(x)\,, \qquad (27.1.25)$$

$$D^A(x) \to \sum_{BC} C^A{}_{BC}\,D^B(x)\,\Lambda^C(x)\,. \qquad (27.1.26)$$

(27.1.24) はゲージ場の通常のヤン・ミルズ・ゲージ変換則 (15.1.9) と同じだが，(27.1.25) と (27.1.26) より分かるように，場 $\lambda^A(x)$ と $D^A(x)$ はゲージ群の随伴表現に属する「物質」場として変換する．マヨラナ・スピノル λ^A は**ゲージーノ** (gaugino) 場と呼ばれ，一方実スカラー D^A は別の補助場であることが分かる．

次に行列 Γ を評価しなければならない．これはカイラル超場のゲージ不変関数を構成するのに必要だ．θ を 5 個以上含む項はすべてゼロなので，指数関数の展開はヴェス・ズミノ・ゲージでは極めて簡単だ．

$$\Gamma(x,\theta) = \exp\left(-2\sum_A t_A\,V^A(x,\theta)\right)$$
$$= 1 - i\left(\bar{\theta}\gamma_5\gamma^\mu\theta\right)\sum_A t_A\,V^A_\mu(x)$$

27.1 カイラル超場のゲージ不変な作用

$$-\frac{1}{2}\left(\bar{\theta}\,\gamma_5\,\gamma^\mu\,\theta\right)\left(\bar{\theta}\,\gamma_5\,\gamma^\nu\,\theta\right)\sum_{AB}t_A\,t_B\,V_\mu^A(x)\,V_\nu^B(x)$$

$$+2i\left(\bar{\theta}\,\gamma_5\,\theta\right)\sum_A t_A\left(\bar{\theta}\,\lambda^A(x)\right)+\frac{1}{2}\left(\bar{\theta}\,\gamma_5\,\theta\right)^2\sum_A t_A\,D^A(x)\,.$$

これに右から (26.3.11) の形の左カイラル超場の列ベクトル

$$\Phi_n(x,\theta) = \phi_n(x) - \sqrt{2}\left(\bar{\theta}\psi_{nL}(x)\right) + \mathcal{F}_n(x)\left(\bar{\theta}\left(\frac{1+\gamma_5}{2}\right)\theta\right)$$
$$+\frac{1}{2}\left(\bar{\theta}\gamma_5\gamma_\mu\theta\right)\partial^\mu\phi_n(x) - \frac{1}{\sqrt{2}}\left(\bar{\theta}\gamma_5\theta\right)\left(\bar{\theta}\,\partial\!\!\!/\,\psi_{nL}(x)\right)$$
$$-\frac{1}{8}\left(\bar{\theta}\gamma_5\theta\right)^2 \Box\phi_n(x)$$

をかけ, 左から列ベクトル

$$\Phi_n(x,\theta)^* = \phi_n^*(x) - \sqrt{2}\left(\overline{\psi_{nL}(x)\theta}\right) + \mathcal{F}_n^*(x)\left(\bar{\theta}\left(\frac{1-\gamma_5}{2}\right)\theta\right)$$
$$-\frac{1}{2}\left(\bar{\theta}\gamma_5\gamma_\mu\theta\right)\partial^\mu\phi_n^*(x) - \frac{1}{\sqrt{2}}\left(\bar{\theta}\gamma_5\theta\right)\partial_\mu\left(\overline{\psi_{nL}(x)}\gamma^\mu\theta\right)$$
$$-\frac{1}{8}\left(\bar{\theta}\gamma_5\theta\right)^2\Box\phi_n^*(x)$$

をかけてゲージ不変な密度を構成できる. この積の θ について 4 次の項は以下のとおりだ.

$$\left[\Phi^\dagger\,\Gamma\,\Phi\right]_{\theta^4} = -\frac{1}{8}\left(\bar{\theta}\gamma_5\theta\right)^2\left\{\left[\phi^\dagger\Box\phi\right]+\left[(\Box\phi^\dagger)\phi\right]\right\}$$
$$+\left(\bar{\theta}\gamma_5\,\theta\right)\left\{\left[\left(\overline{\psi_L}\,\theta\right)\left(\bar{\theta}\gamma^\mu\partial_\mu\psi_L\right)\right]\right.$$
$$\left.+\left[\left((\partial_\mu\overline{\psi_L})\,\gamma^\mu\theta\right)\left(\bar{\theta}\,\psi_L\right)\right]\right\}$$
$$+\frac{1}{4}\left(\bar{\theta}(1-\gamma_5)\theta\right)\left(\bar{\theta}(1+\gamma_5)\theta\right)\left[\mathcal{F}^\dagger\,\mathcal{F}\right]$$
$$-\frac{1}{4}\left(\bar{\theta}\gamma_5\gamma^\mu\theta\right)\left(\bar{\theta}\gamma_5\gamma^\nu\theta\right)\left[\partial_\mu\phi^\dagger\,\partial_\nu\phi\right]$$

$$-\frac{i}{2}\left(\bar{\theta}\gamma_5\gamma^\mu\theta\right)\left(\bar{\theta}\gamma_5\gamma^\nu\theta\right)$$
$$\times \sum_A V_\mu^A \left\{ \left[\phi^\dagger\, t_A\, \partial_\nu \phi\right] - \left[(\partial_\nu \phi^\dagger)\, t_A\, \phi\right]\right\}$$
$$-\frac{1}{2}\left(\bar{\theta}\gamma_5\gamma^\mu\theta\right)\left(\bar{\theta}\gamma_5\gamma^\nu\theta\right)\sum_{AB}V_\mu^A V_\nu^B\left[\phi^\dagger\, t_A\, t_B\, \phi\right]$$
$$-2i\left(\bar{\theta}\gamma_5\gamma_\mu\theta\right)\sum_A V_\mu^A\left[\left(\overline{\psi_L}\theta\right)t_A\left(\bar{\theta}\psi_L\right)\right]$$
$$-2i\sqrt{2}\left(\bar{\theta}\gamma_5\theta\right)\sum_A\left[\left(\overline{\psi_L}\theta\right)t_A\left(\bar{\theta}\lambda^A\right)\phi\right]$$
$$-2i\sqrt{2}\left(\bar{\theta}\gamma_5\theta\right)\sum_A\left[\phi^\dagger\left(\overline{\lambda^A}\theta\right)t_A\left(\bar{\theta}\psi_L\right)\right]$$
$$+\frac{1}{2}\left(\bar{\theta}\gamma_5\theta\right)^2\sum_A D_A\left[\phi^\dagger t_A\phi\right].$$

ここで角括弧はフレーバーの添字 n, m についてのスカラー積を表すのに使い, 丸括弧はこれまで通りディラックの添字についてのスカラー積を表すのに使っている. 26.4 節とまったく同様に等式 (26.A.17)–(26.A.19) を使って, θ 依存性としては全体に $(\bar{\theta}\gamma_5\theta)^2$ の因子がかかるだけの形にすることができる.

$$\left[\Phi^\dagger\,\Gamma\,\Phi\right]_{\theta^4} = \left(\bar{\theta}\gamma_5\theta\right)^2\Bigg\{ -\frac{1}{8}\left[\phi^\dagger\Box\phi\right] - \frac{1}{8}\left[(\Box\phi^\dagger)\phi\right]$$
$$+\frac{1}{4}\left[\left(\overline{\psi_L}\gamma^\mu\partial_\mu\psi_L\right)\right] - \frac{1}{4}\left[\left((\partial_\mu\overline{\psi_L})\gamma^\mu\psi_L\right)\right]$$
$$-\frac{1}{2}\left[\mathcal{F}^\dagger\,\mathcal{F}\right] + \frac{1}{4}\left[\partial_\mu\phi^\dagger\,\partial^\mu\phi\right]$$
$$+\frac{i}{2}\sum_A V_\mu^A\left[\phi^\dagger\, t_A\,\partial^\mu\phi\right] - \frac{i}{2}\sum_A V_\mu^A\left[(\partial^\mu\phi^\dagger)\,t_A\,\phi\right]$$
$$+\frac{1}{2}\sum_{AB}V_\mu^A V^{B\mu}\left[\phi^\dagger\, t_A\, t_B\,\phi\right] - \frac{i}{2}\sum_A V_\mu^A\left[\left(\overline{\psi_A}\gamma^\mu t_A\psi_A\right)\right]$$
$$-\frac{i}{\sqrt{2}}\sum_A\left[\left(\overline{\psi_L}\,t_A\,\lambda^A\right)\phi\right] + \frac{i}{\sqrt{2}}\sum_A\left[\phi^\dagger\left(\overline{\lambda^A}\,t_A\,\psi_L\right)\right]$$

27.1 カイラル超場のゲージ不変な作用

$$+ \frac{1}{2} \sum_A D_A \left[\phi^\dagger t_A \phi \right] \Bigg\}.$$

D 項は θ に依存しない項(これは $[\Phi^\dagger \Gamma \Phi]$ の場合は $[\phi^\dagger \phi]$ だ)に $\frac{1}{2}\Box$ をかけたものを $-\frac{1}{4}(\bar{\theta}\gamma_5\theta)^2$ の係数から差し引いて得られ,それは以下のとおりだ.

$$\begin{aligned}
\left[\Phi^\dagger \Gamma \Phi \right]_D = & -2[\partial_\mu \phi^\dagger \, \partial^\mu \phi] \\
& - \left[\left(\overline{\psi_L} \gamma^\mu \partial_\mu \psi_L \right) \right] + \left[\left((\partial_\mu \overline{\psi_L}) \gamma^\mu \psi_L \right) \right] + 2 \left[\mathcal{F}^\dagger \mathcal{F} \right] \\
& -2i \sum_A V_\mu^A \left[\phi^\dagger t_A \partial^\mu \phi \right] + 2i \sum_A V_\mu^A \left[(\partial^\mu \phi^\dagger) t_A \phi \right] \\
& -2 \sum_{AB} V_\mu^A V^{B\mu} \left[\phi^\dagger t_A t_B \phi \right] + 2i \sum_A V_\mu^A \left[\left(\overline{\psi_A} \gamma^\mu t_A \psi_A \right) \right] \\
& + 2i\sqrt{2} \sum_A \left[\left(\overline{\psi_L} t_A \lambda^A \right) \phi \right] - 2i\sqrt{2} \sum_A \left[\phi^\dagger \left(\overline{\lambda^A} t_A \psi_L \right) \right] \\
& -2 \sum_A D_A \left[\phi^\dagger t_A \phi \right].
\end{aligned}$$

これがまさにゲージ不変であることを見るには,

$$\begin{aligned}
\frac{1}{2} \left[\Phi^\dagger \Gamma \Phi \right]_D = & - \left[(D_\mu \phi)^\dagger D^\mu \phi \right] \\
& - \frac{1}{2} \left[\left(\overline{\psi_L} \gamma^\mu D_\mu \psi_L \right) \right] + \frac{1}{2} \left[\left(\overline{(D_\mu \psi_L)} \gamma^\mu \psi_L \right) \right] + \left[\mathcal{F}^\dagger \mathcal{F} \right] \\
& + i\sqrt{2} \sum_A \left[\left(\overline{\psi_L} t_A \lambda^A \right) \phi \right] - i\sqrt{2} \sum_A \left[\phi^\dagger \left(\overline{\lambda^A} t_A \psi_L \right) \right] \\
& - \sum_A D_A \left[\phi^\dagger t_A \phi \right] \quad\quad\quad\quad\quad\quad\quad (27.1.27)
\end{aligned}$$

と書けることに気づけばよい.ここで D_μ はゲージ共変微分 (15.1.10) だ.

$$D_\mu \psi_L \equiv \partial_\mu \psi_L - i \sum_A t_A V_\mu^A \psi_L, \quad D_\mu \phi \equiv \partial_\mu \phi - i \sum_A t_A V_\mu^A \phi.$$
$$(27.1.28)$$

したがって (27.1.27) は左カイラル超場のスカラー成分とスピノル成分についての適切なゲージ不変運動項ラグランジアンだ．これにはカイラル超場のスカラーおよびスピノル成分とゲージーノ場との湯川結合，さらに補助場 $\mathcal{F}_n$ と D_A を含む項が付け加わっている．

27.2 可換ゲージ超場のゲージ不変な作用

次にゲージ場 $V_\mu^A(x)$ を含むゲージ超場 $V^A(x,\theta)$ のゲージ不変で超対称な作用を構成する方法を考察する必要がある．これを構成する動機付けとしてまず 1 個の可換ゲージ場の場合を (添字 A を落として) 考察し，その後に次の節で一般の場合に戻る．

量子電磁理論のような可換ゲージ理論では $V_\mu(x)$ から作られたゲージ不変な場は，よく知られた場の強度テンソルだ．

$$f_{\mu\nu}(x) = \partial_\mu V_\nu(x) - \partial_\nu V_\mu(x) \,. \tag{27.2.1}$$

$f_{\mu\nu}(x)$ の超対称性変換は $V_\mu(x)$ の変換則 (26.2.15) から，

$$\delta f_{\mu\nu} = \left(\bar\alpha \left(\partial_\mu \gamma_\nu - \partial_\nu \gamma_\mu\right)\lambda\right) \tag{27.2.2}$$

となる．(26.2.16) より $\lambda(x)$ の変換則は，

$$\delta\lambda = \left(-\tfrac{1}{4}\, f_{\mu\nu}[\gamma^\mu,\,\gamma^\nu] + i\,\gamma_5\, D\right)\alpha \tag{27.2.3}$$

となり，(26.2.17) から $D(x)$ の変換則は，

$$\delta D = i\left(\bar\alpha\,\gamma_5\,\not\partial\lambda\right) \tag{27.2.4}$$

となる．これらはすべて超場 $S(x)$ がヴェス・ズミノ・ゲージにとられているか否かには依らない．場 $f_{\mu\nu}(x),\,\lambda(x),\,D(x)$ は完全な超対称多重項を作ることが分かる．

この超対称多重項の場の適切な運動項ラグランジアン密度を構成するのは難しいことではない．これらの場のローレンツ不変でパリ

27.2 可換ゲージ超場のゲージ不変な作用

ティを保存しゲージ不変な次元 4 の関数は $f_{\mu\nu}f^{\mu\nu}, \bar{\lambda}\partial\!\!\!/\lambda, D^2$ だけだ。$f_{\mu\nu}f^{\mu\nu}$ の係数を $-\frac{1}{4}$ にとれば V^μ が通常どおりに規格化されたベクトル場になるので、とりあえず運動項ラグランジアン密度を,

$$\mathcal{L}_{\text{gauge}} = -\tfrac{1}{4}f_{\mu\nu}f^{\mu\nu} - c_\lambda\left(\bar{\lambda}\partial\!\!\!/\lambda\right) - c_D D^2$$

ととって、係数 c_λ と c_D は $\int \mathcal{L}_{\text{gauge}} d^4x$ が超対称になるという条件から決める。(27.2.2)–(27.2.4) を使うと微小超対称性変換はラグランジアンの演算子を、

$$\delta\left(f_{\mu\nu}f^{\mu\nu}\right) = 2f^{\mu\nu}\left(\bar{\alpha}\left(\gamma_\nu\partial_\mu - \gamma_\mu\partial_\nu\right)\lambda\right),$$
$$\delta\left(\bar{\lambda}\partial\!\!\!/\lambda\right) = 2\left(\bar{\alpha}\left[+\tfrac{1}{4}\,f_{\mu\nu}[\gamma^\mu,\gamma^\nu] + i\gamma_5 D\right]\partial\!\!\!/\lambda\right),$$
$$\delta D^2 = 2iD\left(\bar{\alpha}\gamma_5\,\partial\!\!\!/\lambda\right)$$

だけ変える。ここで作用の変分には効かない微分項は落とした。これらの項の相殺の仕方を見るためには、ガンマ行列の恒等式*

$$[\gamma^\mu,\gamma^\nu]\gamma^\rho = -2\eta^{\mu\rho}\gamma^\nu + 2\eta^{\nu\rho}\gamma^\mu - 2i\epsilon^{\mu\nu\rho\sigma}\gamma_\sigma\gamma_5 \tag{27.2.5}$$

を使う必要がある。$-i\epsilon^{\mu\nu\rho\sigma}f_{\mu\nu}(\bar{\alpha}\gamma_\sigma\gamma_5\partial_\rho\lambda)$ の項は $\int d^4x\,\delta\mathcal{L}$ には効かない。なぜなら部分積分すると $\epsilon^{\mu\nu\rho\sigma}\partial_\rho f_{\mu\nu}$ に比例する寄与が得られるが、それは (27.2.1) の形の $f_{\mu\nu}$ についてはゼロとなるからだ。したがって、この等式から λ 項の変分を、

$$\delta\left(\bar{\lambda}\partial\!\!\!/\lambda\right) = -f^{\mu\nu}\left(\bar{\alpha}(\gamma_\nu\partial_\mu - \gamma_\mu\partial_\nu)\lambda\right) + 2iD\left(\bar{\alpha}\gamma_5\partial\!\!\!/\lambda\right)$$

と書き換えることができる。$f^{\mu\nu}\lambda$ に比例する項が相殺するためには $c_\lambda = 1/2$ が必要で、$D\lambda$ に比例する項が相殺するためには $c_D = -c_\lambda$

---

*この式を導くには、任意の 4×4 行列は 5.4 節で述べた 16 個の独立な共変行列の線形結合で表されるという事実を使えばよい。今の場合はローレンツ不変性と空間反転不変性からここに示した項に限られる。これらの項の係数は $\mu\nu\rho$ に値 121 と 123 を代入して計算できる。

が必要だ. したがって超対称ラグランジアン密度は以下の形をとる.

$$\mathcal{L}_{\text{gauge}} = -\tfrac{1}{4} f_{\mu\nu} f^{\mu\nu} - \tfrac{1}{2} \left(\bar{\lambda} \partial\!\!\!/ \lambda \right) + \tfrac{1}{2} D^2 \, . \tag{27.2.6}$$

このことから, V^μ を正準規格化しておけば, (27.2.2) および (27.2.3) の変換則で V^μ と関係している場 λ もまた正準規格化されていることが分かる.

くわえて, 可換ゲージ理論では以下の超くりこみ可能な項が存在し, **ファイエ・イリオプロス項** (Fayet–Iliopoulos term)[2] と呼ばれている.

$$\mathcal{L}_{\text{FI}} = \xi D \, . \tag{27.2.7}$$

ここで ξ は任意定数だ. 超対称性変換のもとでのその変分は (27.2.4) から微分項と分かるので, これは作用における別の超対称項だ. 27.5 節で見るように, そのような項のおかげで超対称性が自発的に破れる機構が与えられる.

それ自身の興味の上からも, 場 $f_{\mu\nu}$, λ, D を含む超対称相互作用を構成する道具としても, どのような種類の超場がこれらを成分場として含むかに関心がもたれる. いくぶん驚くべきことだが, それは**スピノル超場** $W_\alpha(x)$ で, 成分場は ((26.2.10) の記法で) 以下のものだ.

$$\begin{aligned}
C_{(\alpha)}(x) &= \lambda_\alpha(x) \, , \\
\omega_{(\alpha)\beta}(x) &= \tfrac{1}{2} i \left(\gamma^\mu \gamma^\nu \epsilon \right)_{\alpha\beta} f_{\mu\nu}(x) + (\gamma_5 \epsilon)_{\alpha\beta} D(x) \, , \\
V_{(\alpha)\mu}(x) &= -i \partial_\mu \left(\gamma_5 \lambda(x) \right)_\alpha , \\
M_{(\alpha)}(x) &= -i \left(\partial\!\!\!/ \gamma_5 \lambda(x) \right)_\alpha , \quad N_{(\alpha)}(x) = - \left(\partial\!\!\!/ \lambda(x) \right)_\alpha , \\
\lambda_{(\alpha)\beta}(x) &= D_{(\alpha)}(x) = 0 \, .
\end{aligned} \tag{27.2.8}$$

(これらの成分場の添字 α は, 超場全体の添字だということを強調するために括弧の中に置いてある.) (27.2.2)–(27.2.4) を使って (27.2.8)

27.2 可換ゲージ超場のゲージ不変な作用

の超場の成分が (26.2.11)–(26.2.17) と変換することを直接確かめることは容易だ.

成分場 (27.2.8) を (26.2.10) に代入して (26.A.5) を使うと, 超場 W_α が以下の形をとることが分かる.

$$W_\alpha(x,\theta) = \Bigl[\lambda(x) + \tfrac{1}{2}\,\gamma^\mu\gamma^\nu\theta\, f_{\mu\nu}(x) - i\gamma_5\theta\, D(x) - \tfrac{1}{2}\left(\theta^{\mathrm{T}}\epsilon\theta\right)\partial\!\!\!/\,\gamma_5\lambda(x)$$
$$+ \tfrac{1}{2}\left(\theta^{\mathrm{T}}\epsilon\gamma_5\theta\right)\partial\!\!\!/\lambda(x) + \tfrac{1}{2}\left(\theta^{\mathrm{T}}\epsilon\gamma^\mu\theta\right)\gamma_5\partial_\mu\lambda(x)$$
$$- \tfrac{1}{4}\left(\theta^{\mathrm{T}}\epsilon\theta\right)\gamma_5\gamma^\mu\gamma^\nu\gamma^\sigma\theta\,\partial_\sigma f_{\mu\nu}(x)$$
$$+ \tfrac{1}{2}\,i\left(\theta^{\mathrm{T}}\epsilon\theta\right)\gamma^\sigma\theta\,\partial_\sigma D(x) - \tfrac{1}{8}\left(\theta^{\mathrm{T}}\epsilon\theta\right)^2\Box\lambda(x)\Bigr]_\alpha. \quad (27.2.9)$$

26.3 節で示したように, λ 成分と D 成分がゼロのこのような超場は**カイラル**だ. すなわち, それは左カイラル超場と右カイラル超場の和だ.

$$W(x,\theta) = W_L(x,\theta) + W_R(x,\theta). \quad (27.2.10)$$

ここで左右のカイラル超場は単に W を $\gamma_5 = +1$ と $\gamma_5 = -1$ の部分空間にそれぞれ射影したものだ.

$$\begin{aligned}W_L(x,\theta) &= \tfrac{1}{2}\,(1+\gamma_5)W(x,\theta) \\ &= \lambda_L(x_+) + \tfrac{1}{2}\,\gamma^\mu\gamma^\nu\theta_L\, f_{\mu\nu}(x_+) + \left(\theta_L^{\mathrm{T}}\epsilon\theta_L\right)\partial\!\!\!/\lambda_R(x_+) \\ &\quad - i\theta_L D(x_+),\end{aligned} \quad (27.2.11)$$

$$\begin{aligned}W_R(x,\theta) &= \tfrac{1}{2}\,(1-\gamma_5)W(x,\theta) \\ &= \lambda_R(x_-) + \tfrac{1}{2}\,\gamma^\mu\gamma^\nu\theta_R\, f_{\mu\nu}(x_-) - \left(\theta_R^{\mathrm{T}}\epsilon\theta_R\right)\partial\!\!\!/\lambda_L(x_-) \\ &\quad - i\theta_R D(x_-).\end{aligned} \quad (27.2.12)$$

ここで $x_\pm^\mu$ は (26.3.23) で与えられる.

26.3 節で見たように, 左カイラル超場の任意のスカラー関数の $\mathcal{F}$ 項とそのエルミート共役との和から適切なラグランジアン密度を構

成できる.左カイラル超場 (27.2.11) の最も簡単なスカラー関数は $\sum_{\alpha\beta}\epsilon_{\alpha\beta}W_{L\alpha}W_{L\beta}$ だ.$\mathcal{F}$ 項を計算するには,θ_L と x_+ の関数として表すと $\sum_{\alpha\beta}\epsilon_{\alpha\beta}W_{L\alpha}W_{L\beta}$ の θ_L について 2 次の項が以下のとおりになることに気づけばよい.

$$-\Big[\sum_{\alpha\beta}\epsilon_{\alpha\beta}W_{L\alpha}W_{L\beta}\Big]_{\theta_L^2} = \Big(\theta_L^{\mathrm{T}}\epsilon\theta_L\Big)\Big[-2\Big(\lambda_L^{\mathrm{T}}(x)\,\epsilon\,\slashed{\partial}\lambda_R(x)\Big) + D^2(x)\Big]$$
$$+\frac{1}{16}\Big(\overline{\theta_L}[\gamma^\mu,\gamma^\nu][\gamma^\rho,\gamma^\sigma]\theta_L\Big)f_{\mu\nu}(x)f_{\rho\sigma}(x)\,.$$

(ここで場の引数は x_+^μ ではなく x^μ にとることができる.なぜなら両者の差は少なくとも θ_L を 3 個含む項を生じ,したがってゼロとなるからだ.) 任意のマヨラナ・フェルミオン s について $(\bar{s}[\gamma_\mu,\gamma_\nu]s)$ と $(\bar{s}[\gamma_\mu,\gamma_\nu]\gamma_5 s)$ がゼロになる事実とローレンツ不変性から,双線形式 $(\overline{\theta_L}[\gamma^\mu,\gamma^\nu][\gamma^\rho,\gamma^\sigma]\theta_L)$ は $(\overline{\theta_L}\theta_L)(\eta^{\mu\rho}\eta^{\nu\sigma}-\eta^{\mu\sigma}\eta^{\nu\rho})$ と $(\overline{\theta_L}\theta_L)\epsilon^{\mu\nu\rho\sigma}$ の線形結合でなければならない.その係数は $\mu\nu\rho\sigma$ に値 1212 または 1230 を代入すれば求まり,

$$\Big(\overline{\theta_L}[\gamma^\mu,\gamma^\nu][\gamma^\rho,\gamma^\sigma]\theta_L\Big) = 4\Big(\overline{\theta_L}\theta_L\Big)\Big[-\eta^{\mu\rho}\eta^{\nu\sigma}+\eta^{\mu\sigma}\eta^{\nu\rho}+i\epsilon^{\mu\nu\rho\sigma}\Big]$$

が得られる.$\mathcal{F}$ 項は $(\overline{\theta_L}\theta_L)$ の係数だから,以下のようになる.

$$-\Big[\sum_{\alpha\beta}\epsilon_{\alpha\beta}W_{L\alpha}W_{L\beta}\Big]_{\mathcal{F}} = -2\Big(\overline{\lambda_R}\,\slashed{\partial}\lambda_R\Big) - \frac{1}{2}f_{\mu\nu}f^{\mu\nu}$$
$$+\frac{i}{4}\epsilon^{\mu\nu\rho\sigma}f_{\mu\nu}f_{\rho\sigma} + D^2\,. \quad (27.2.13)$$

(26.A.21) より $(\overline{\lambda}\,\slashed{\partial}\lambda)$ は実で $(\overline{\lambda}\,\slashed{\partial}\gamma_5\lambda)$ は虚なので,(27.2.13) の実部はゲージ場とゲージーノ場のラグランジアン (27.2.6) を与える.

$$-\frac{1}{2}\mathrm{Re}\Big[\sum_{\alpha\beta}\epsilon_{\alpha\beta}W_{L\alpha}W_{L\beta}\Big]_{\mathcal{F}} = -\frac{1}{2}\Big(\overline{\lambda}\,\slashed{\partial}\lambda\Big) - \frac{1}{4}f_{\mu\nu}f^{\mu\nu} + \frac{1}{2}D^2\,.$$
$$(27.2.14)$$

虚部の物理的意味は次の節のより一般的な話題の中で議論する.

27.2 可換ゲージ超場のゲージ不変な作用

スピノル超場の形を導く別の方法がある.それは非可換ゲージ理論のゲージ超場の成分を導くのにもっと便利な方法を与える.煩雑な直接の計算からゲージ不変な超場 (27.2.9) はゲージ超場 (27.1.16) を用いて,

$$W_\alpha(x,\theta) = \frac{i}{4}\left(\mathcal{D}^\mathrm{T}\epsilon\mathcal{D}\right)\mathcal{D}_\alpha\, V(x,\theta) \qquad (27.2.15)$$

と書けることが分かる.ここで $\mathcal{D}_\alpha$ は (26.2.26) で導入した超微分だ.

$$\mathcal{D}_\alpha \equiv \sum_\beta (\gamma_5\epsilon)_{\alpha\beta}\frac{\partial}{\partial\theta_\beta} - (\gamma^\mu\theta)_\alpha\frac{\partial}{\partial x^\mu} = -\frac{\partial}{\partial\bar\theta_\alpha} - (\gamma^\mu\theta)_\alpha\frac{\partial}{\partial x^\mu}\,.$$

この結果は,関数 (27.2.15) がゲージ不変なカイラル・スピノル超場だという望ましい性質を持つことに気づけば,(規格化因子を除いて) 得ることもできた.まず,(27.2.15) は<u>まさに超場</u>だという点に注意する.なぜなら,それは超場 V に超微分を施したものだからだ.また $\mathcal{D}$ の反交換性から,任意の 3 個以上の $\mathcal{D}_L$ の積や 3 個以上の $\mathcal{D}_R$ の積はゼロになるので,以下を得る.

$$\left(\mathcal{D}^\mathrm{T}\epsilon\mathcal{D}\right)\mathcal{D} = \left(\mathcal{D}_L^\mathrm{T}\epsilon\mathcal{D}_L\right)\mathcal{D}_R + \left(\mathcal{D}_R^\mathrm{T}\epsilon\mathcal{D}_R\right)\mathcal{D}_L\,. \qquad (27.2.16)$$

$\mathcal{D}_L(\mathcal{D}_L^\mathrm{T}\epsilon\mathcal{D}_L) = \mathcal{D}_R(\mathcal{D}_R^\mathrm{T}\epsilon\mathcal{D}_R) = 0$ なので超場 (27.2.15) はカイラルで,

$$W_{L\alpha}(x,\theta) = \frac{i}{4}\left(\mathcal{D}_R^\mathrm{T}\epsilon\mathcal{D}_R\right)\mathcal{D}_{L\alpha}\, V(x,\theta)\,,$$

$$W_{R\alpha}(x,\theta) = \frac{i}{4}\left(\mathcal{D}_L^\mathrm{T}\epsilon\mathcal{D}_L\right)\mathcal{D}_{R\alpha}\, V(x,\theta) \qquad (27.2.17)$$

となる.最後に (27.2.15) は一般化されたゲージ変換 (27.1.13) のもとで不変なことを示せる.このゲージ変換は 1 個の可換ゲージ超場の場合には単に,

$$V(x,\theta) \to V(x,\theta) + \frac{i}{2}\left[\Omega(x,\theta) - \Omega^*(x,\theta)\right] \qquad (27.2.18)$$

となる.ここで $\Omega(x,\theta)$ は任意の左カイラル超場だ.$\mathcal{D}_L\Omega^* = 0$ より,$W_{L\alpha}$ の変化は $(\mathcal{D}_R^\mathrm{T}\epsilon\mathcal{D}_R)\mathcal{D}_{L\alpha}\Omega$ に比例する.しかし $\mathcal{D}_R\Omega = 0$ と,

$$\left[(\mathcal{D}_R^\mathrm{T}\epsilon\mathcal{D}_R),\, \mathcal{D}_{L\alpha}\right] = -2\left[(1+\gamma_5)\,\slashed{\partial}\mathcal{D}_R\right]_\alpha$$

より, $W_{L\alpha}$ の変化はゼロだ. 同様の議論から $W_{R\alpha}$ もゲージ不変なことが分かる. ((27.2.15) を確認する仕事は, このゲージ不変性を使って $V(x,\theta)$ をヴェス・ズミノ・ゲージにすれば大幅に軽減される.)

カイラル超場 (27.2.11) と (27.2.12) は左右のカイラル超場の最も一般的な形ではないことは明らかだ. これらの超場が満たす条件を明白に超対称な形にするには, 反交換関係 (26.2.30) を使って以下の式が成り立つことに気づけばよい.

$$\epsilon_{\alpha\beta}\mathcal{D}_{L\alpha}\left(\mathcal{D}_R^{\mathrm{T}}\epsilon\mathcal{D}_R\right)\mathcal{D}_{L\beta} = -2\mathcal{D}_{R\alpha}\mathcal{D}_{L\beta}\left(\epsilon(1+\gamma_5)\,\not{\partial}\right)_{\beta\alpha}$$
$$+\left(\mathcal{D}_R^{\mathrm{T}}\epsilon\mathcal{D}_R\right)\left(\mathcal{D}_L^{\mathrm{T}}\epsilon\mathcal{D}_L\right)$$
$$= \epsilon_{\alpha\beta}\mathcal{D}_{R\alpha}\left(\mathcal{D}_L^{\mathrm{T}}\epsilon\mathcal{D}_L\right)\mathcal{D}_{R\beta}. \qquad (27.2.19)$$

すると (27.2.17) から W_L と W_R は,

$$\epsilon_{\alpha\beta}\mathcal{D}_{L\alpha}W_{L\beta} = \epsilon_{\alpha\beta}\mathcal{D}_{R\alpha}W_{R\beta} \qquad (27.2.20)$$

で関係していることが分かる. (27.2.20) を満たす最も一般的なカイラル・スピノル超場は (27.2.11) と (27.2.12) の形で, $f_{\mu\nu}$ が「ビアンキ」恒等式 $\epsilon^{\mu\nu\rho\sigma}\partial_\rho f_{\mu\nu}=0$ を満たすものだということは容易に示せる.

27.3 一般的なゲージ超場のゲージ不変作用

前節での超対称可換ゲージ理論についての経験からただちに, 一般の非可換ゲージ理論では場 $V_\mu^A(x)$, $\lambda^A(x)$, $D^A(x)$ の運動項ラグランジアンは (27.2.6) をゲージ不変に一般化した,

$$\mathcal{L}_{\mathrm{gauge}} = -\tfrac{1}{4}\sum_A f_{A\mu\nu}f_A^{\mu\nu} - \tfrac{1}{2}\sum_A\left(\overline{\lambda_A}(\not{D}\lambda)_A\right) + \tfrac{1}{2}\sum_A D_A D_A \qquad (27.3.1)$$

の 1 部分として現れるはずだということが示唆される. ここでは構造定数が完全反対称となるリー代数の基底を使っているので, 群の添字

27.3 一般的なゲージ超場のゲージ不変作用

の上付きと下付きの区別はせず, A, B 等のすべての添字を下付きで書いている. $f_{A\mu\nu}$ はゲージ共変な場の強度テンソル

$$f_{A\mu\nu} = \partial_\mu V_{A\nu} - \partial_\nu V_{A\mu} + \sum_{BC} C_{ABC} V_{B\mu} V_{C\nu} \tag{27.3.2}$$

で, また $D_\mu \lambda$ はゲージーノ場のゲージ共変微分で随伴表現ではそれは,

$$(D_\mu \lambda)_A = \partial_\mu \lambda_A + \sum_{BC} C_{ABC} V_{B\mu} \lambda_C \tag{27.3.3}$$

となる. 問題は, (27.3.1) が超対称な作用を与えるかだ.

ラグランジアン密度 (27.3.1) は明白にゲージ不変なので, 作用が超対称か否かを任意の便利なゲージで調べることができる. $\delta \mathcal{L}_\text{gauge}$ がある点 X^μ で微分になっているかを見るには $V_A^\mu(X) = 0$ という特定のヴェス・ズミノ・ゲージを採用するのが便利だ. すると X での成分場の変化は (26.2.15)–(26.2.17) から $x = X$ として以下のようになる.

$$\delta V_{A\mu} = \left(\bar{\alpha} \gamma_\mu \lambda_A \right), \tag{27.3.4}$$

$$\delta \lambda_A = \left(\frac{1}{4} f_{A\mu\nu} [\gamma^\nu, \gamma^\mu] + i\gamma_5 D_A \right) \alpha, \tag{27.3.5}$$

$$\delta D_A = i \left(\bar{\alpha} \gamma_5 \slashed{\partial} \lambda_A \right). \tag{27.3.6}$$

(これらの表現において x^μ を X^μ とおくのは, 超対称性変換のもとでの変化を計算する前ではなく後でなければならない.) また $f_A^{\mu\nu}$ の非線形項は V について 2 次なので $x = X$ での変化分はゼロだ. したがって $x = X$ で,

$$\delta f_{A\mu\nu} = \left(\bar{\alpha} (\gamma_\nu \partial_\mu - \gamma_\mu \partial_\nu) \lambda_A \right) \tag{27.3.7}$$

となる. 一つの例外を除いて, (27.3.1) の各項とそれらの超対称性変換のもとでの変換は, このようにちょうど前節で説明した可換理論の複数のコピー(それらには添字 A がつく)であり, したがって超対称な

作用を与える. 作用の超対称性を壊すかもしれない一つの例外とは, ゲージーノ場のゲージ共変微分 (27.3.3) の第 2 項から生じる以下の項だ.

$$\mathcal{L}_{\lambda\lambda V} = -\tfrac{1}{2} \sum_{ABC} C_{ABC} \left(\overline{\lambda_A} \slashed{V}_B \lambda_C \right). \qquad (27.3.8)$$

これの $x = X$ での変分は,

$$\begin{aligned}\delta\mathcal{L}_{\lambda\lambda V} &= -\tfrac{1}{2} \sum_{ABC} C_{ABC} \left(\overline{\lambda_A} (\delta \slashed{V}_B) \lambda_C \right) \\ &= -\tfrac{1}{2} \sum_{ABC} C_{ABC} \left(\overline{\lambda_A} \gamma_\mu \lambda_C \right) \left(\bar{\alpha} \gamma^\mu \lambda_B \right) \end{aligned} \qquad (27.3.9)$$

となる. 右辺の双線形式の積は二つの項の和

$$\left(\overline{\lambda_A} \gamma_\mu \lambda_C \right) \left(\bar{\alpha} \gamma^\mu \lambda_B \right) = X_{ABC} + Y_{ABC}$$

で表せる. ここで,

$$X_{ABC} \equiv \tfrac{1}{4} \sum_{\pm} \left(\overline{\lambda_A} (1 \pm \gamma_5) \gamma_\mu \lambda_C \right) \left(\bar{\alpha} \gamma^\mu (1 \pm \gamma_5) \lambda_B \right),$$

$$Y_{ABC} \equiv \tfrac{1}{4} \sum_{\pm} \left(\overline{\lambda_A} (1 \pm \gamma_5) \gamma_\mu \lambda_C \right) \left(\bar{\alpha} \gamma^\mu (1 \mp \gamma_5) \lambda_B \right)$$

と定義した. 標準的なフィルツの恒等式とスピノル場の反交換性を使うと以下が得られる.

$$\begin{aligned}\left(\overline{\lambda_A} (1 \pm \gamma_5) \gamma_\mu \lambda_B \right) \left(\bar{\alpha} (1 \pm \gamma_5) \gamma^\mu \lambda_C \right) &= \left(\overline{\lambda_A} (1 \pm \gamma_5) \gamma_\mu \lambda_C \right) \\ &\quad \times \left(\bar{\alpha} (1 \pm \gamma_5) \gamma^\mu \lambda_B \right), \\ \left(\overline{\lambda_A} (1 \pm \gamma_5) \gamma_\mu \lambda_B \right) \left(\bar{\alpha} (1 \mp \gamma_5) \gamma^\mu \lambda_C \right) &= \left(\overline{\lambda_C} (1 \pm \gamma_5) \gamma_\mu \lambda_B \right) \\ &\quad \times \left(\bar{\alpha} (1 \mp \gamma_5) \gamma^\mu \lambda_A \right).\end{aligned}$$

(この第 1 式を導くには, $[(1 \pm \gamma_5) \gamma_\mu]_{\alpha\gamma} [(1 \pm \gamma_5) \gamma^\mu]_{\delta\beta}$ を δ と γ に依存する $\alpha\beta$ 行列要素と見なすことができ, したがって $1_{\alpha\beta}, \gamma^\mu_{\alpha\beta}, [\gamma^\mu, \gamma^\kappa]_{\alpha\beta},$

27.3 一般的なゲージ超場のゲージ不変作用

$(\gamma_5\gamma^\mu)_{\alpha\beta}$ $(\gamma_5)_{\alpha\beta}$ の線形結合に展開できることに気づけばよい. 因子 $(1\pm\gamma_5)$ のために, 展開に現れる唯一の項は $[(1\pm\gamma_5)\gamma^\mu]_{\alpha\beta}$ に比例する. ローレンツ不変性ともう一つの $1\pm\gamma_5$ 因子の存在からこの展開は,

$$[(1\pm\gamma_5)\gamma_\mu]_{\alpha\gamma}[(1\pm\gamma_5)\gamma^\mu]_{\delta\beta} = k[(1\pm\gamma_5)\gamma_\mu]_{\alpha\beta}[(1\pm\gamma_5)\gamma^\mu]_{\delta\gamma}$$

の形をとることが分かる. 比例定数 k を決めるには両辺と $(\gamma_\nu)_{\gamma\alpha}$ との縮約をとればよく, $k = -1$ であることがわかる. 負符号は λ_C と $\bar{\alpha}$ の反交換性から生じる負符号と相殺する. もう一方のフィルツ恒等式も同様に証明できる. ただしこの場合はマヨラナ双線形式の対称性 (26.A.7) も使う必要がある.) したがって X_{ABC} は B と C の入れ替えについて対称で Y_{ABC} は A と B の入れ替えについて対称だ. C_{ABC} は完全反対称なので X_{ABC} と Y_{ABC} はともに (27.3.9) の和に寄与せず, $\delta\mathcal{L}_{\lambda\lambda V} = 0$ が得られる. したがって (27.3.1) は超対称な作用を与える. これが示したかったことだ.

なぜ (27.3.1) が超対称な作用を与えるかという理由は, $f_{A\mu\nu}$, λ_A, D_A を成分場として持つ超場を同定することによって理解できる. 一般化されたゲージ変換のもとでベクトル超場 $V_A(x,\theta)$ は変換性 (27.1.12) を持つことを思い出そう.

$$\exp\left(-2\sum_A t_A V_A(x,\theta)\right) \to \exp\left(-i\sum_A t_A \Omega_A(x,\theta)\right)$$
$$\times \exp\left(-2\sum_A t_A V_A(x,\theta)\right) \exp\left(+i\sum_A t_A \Omega_A^*(x,\theta)\right).$$
(27.3.10)

ここで $\Omega_A(x,\theta)$ は一般の左カイラル超場だ. $\Omega_A^* \neq \Omega_A$ なので, これはゲージ共変な変換則ではない. Ω_A^* を含む因子を消去するには, Ω_A^* が右カイラル超場なので $\mathcal{D}_{L\alpha}\Omega_A^* = 0$ を満たし, したがって,

$$\exp\left(-2\sum_A t_A V_A(x,\theta)\right) \mathcal{D}_{L\alpha} \exp\left(+2\sum_A t_A V_A(x,\theta)\right)$$

$$\rightarrow \exp\left(-i\sum_A t_A \Omega_A(x,\theta)\right) \exp\left(-2\sum_A t_A V_A(x,\theta)\right)$$
$$\times \mathcal{D}_{L\alpha}\left[\exp\left(+2\sum_A t_A V_A(x,\theta)\right) \exp\left(+i\sum_A t_A \Omega_A(x,\theta)\right)\right] \tag{27.3.11}$$

となることに気づけばよい．これはまだゲージ共変にはなっていない．なぜなら左超微分 $\mathcal{D}_{L\alpha}$ は $\exp(+2\sum_A t_A V_A(x,\theta))$ だけでなく $\exp(+i\sum_A t_A \Omega_A(x,\theta))$ にも作用するからだ．これは，前節で説明した可換理論の先例に従ってスピノル超場

$$2\sum_A t_A W_{AL\alpha}(x,\theta) \equiv \sum_{\beta\gamma} \epsilon_{\beta\gamma} \mathcal{D}_{R\beta} \mathcal{D}_{R\gamma}\left[\exp\left(-2\sum_A t_A V_A(x,\theta)\right)\right.$$
$$\left.\times \mathcal{D}_{L\alpha} \exp\left(+2\sum_A t_A V_A(x,\theta)\right)\right] \tag{27.3.12}$$

を定義すれば消去できる．任意の 3 個の $\mathcal{D}_R$ の積はゼロなので，$W_{AL\alpha}$ は左カイラルだ．

$$\mathcal{D}_{R\beta} W_{AL\alpha}(x,\theta) = 0 \,. \tag{27.3.13}$$

また，$\mathcal{D}_{R\beta}\mathcal{D}_{R\gamma}\mathcal{D}_{L\alpha}\Omega_A \propto \mathcal{D}_{R\delta}\Omega_A = 0$ なので $W_{AL\alpha}$ は一般化されたゲージ変換のもとで以下の意味でゲージ共変だ．

$$\sum_A t_A W_{AL\alpha}(x,\theta) \rightarrow \exp\left(-i\sum_A t_A \Omega_A(x,\theta)\right) \sum_A t_A W_{AL\alpha}(x,\theta)$$
$$\times \exp\left(+i\sum_A t_A \Omega_A(x,\theta)\right). \tag{27.3.14}$$

ある点 $x^\mu = X^\mu$ でのスピノル超場を計算するために，ふたたび $V_A(X) = 0$ というヴェス・ズミノ・ゲージの一つを採用すると，直接の計算からこのゲージでは，

$$W_{AL}(X,\theta) = \lambda_{AL}(X_+) + \tfrac{1}{2}\,\gamma^\mu \gamma^\nu \theta_L \left(\partial_\mu V_{A\nu}(X_+) - \partial_\nu V_{A\mu}(X_+)\right)$$
$$+ \left(\theta_L^\mathrm{T} \epsilon \theta_L\right) \displaystyle{\not{\partial}} \lambda_{RA}(X_+) - i\theta_L D_A(X_+)$$

27.3 一般的なゲージ超場のゲージ不変作用

となることがわかる. W_{AL} がゲージ共変なので, それは一般のゲージでは一般の点で以下の値を持つ必要がある.

$$W_{AL}(x,\theta) = \lambda_{AL}(x_+) + \tfrac{1}{2}\gamma^\mu\gamma^\nu\theta_L f_{A\mu\nu}(x_+)$$
$$+ \left(\theta_L^{\mathrm{T}}\epsilon\theta_L\right)\slashed{D}\lambda_{RA}(x_+) - i\theta_L D_A(x_+). \quad (27.3.15)$$

これから, W について双線形のローレンツ不変でゲージ不変な $\mathcal{F}$ 項を構成できる.

$$-\Big[\sum_{A\alpha\beta}\epsilon_{\alpha\beta}W_{AL\alpha}W_{AL\beta}\Big]_{\mathcal{F}} = \sum_{A}\bigg[-\left(\overline{\lambda_A}\,\slashed{\partial}(1-\gamma_5)\lambda_A\right) - \tfrac{1}{2}f_{A\mu\nu}f_A^{\mu\nu}$$
$$+\tfrac{i}{4}\epsilon_{\mu\nu\rho\sigma}f_A^{\mu\nu}f_A^{\rho\sigma} + D_A^2\bigg]. \quad (27.3.16)$$

前節と同様に, ゲージ不変なラグランジアン (27.3.1) は, この F 項の実部から得られる.

$$-\tfrac{1}{2}\mathrm{Re}\Big[\sum_{A\alpha\beta}\epsilon_{\alpha\beta}W_{AL\alpha}W_{AL\beta}\Big]_{\mathcal{F}} = \mathcal{L}_{\mathrm{gauge}}. \quad (27.3.17)$$

虚部についてはどうだろうか. これは,

$$-\mathrm{Im}\Big[\sum_{A\alpha\beta}\epsilon_{\alpha\beta}W_{AL\alpha}W_{AL\beta}\Big]_{\mathcal{F}} = -i\sum_{A}\left(\overline{\lambda_A}\,\slashed{D}\gamma_5\lambda_A\right)$$
$$+\tfrac{1}{4}\epsilon_{\mu\nu\rho\sigma}\sum_{A}f_A^{\mu\nu}f_A^{\rho\sigma} \quad (27.3.18)$$

で与えられる. (26.A.7) と構造定数の反対称性から $(\overline{\lambda_A}\,\slashed{D}\gamma_5\lambda_A) = \tfrac{1}{2}\partial_\mu(\overline{\lambda_A}\gamma^\mu\gamma_5\lambda_A)$ が示せるので, 第 1 項は全微分だ. 一方 (23.5.4) より第 2 項も全微分だ. このことは可換ゲージ理論では, (27.3.18) のような項は何の効果も生じないことを意味する. しかし 23.5 節と 23.6 節で議論したように, 非可換ゲージ理論ではインスタントン解の存在により密度 (27.3.18) の全時空での積分がゼロでない値を持つことが許

される.したがってラグランジアン密度に以下の新しい項の可能性を許さなければならない.

$$\mathcal{L}_\theta = -\frac{g^2\theta}{16\pi^2}\,\mathrm{Im}\Big[\sum_{A\alpha\beta}\epsilon_{\alpha\beta}W_{AL\alpha}W_{AL\beta}\Big]_\mathcal{F}. \quad (27.3.19)$$

ここで θ は新しい実パラメータで g はゲージ結合だ.このゲージ結合の定義は単純ゲージ群の場合に,t_A, t_B, t_C がインスタントン効果の計算で使うゲージ代数の「標準的な」$SU(2)$ 部分代数のときに $C_{ABC} = g\epsilon_{ABC}$ となるようにするのが便利だ.ゲージ結合をこのように定義すると (23.5.20) より単純ゲージ群の場合に,

$$\int d^4x\,\epsilon_{\mu\nu\rho\sigma}\sum_A f_A^{\mu\nu}f_A^{\rho\sigma} = 64\pi^2\nu/g^2 \quad (27.3.20)$$

となる.ここで $\nu = 0, \pm 1, \pm 2, \ldots$ は整数の巻付き数で,ゲージ場の配位のトポロジーの型を特徴付ける.このように巻付き数 ν のインスタントンの場合にラグランジアン密度 $\mathcal{L}_\theta$ は経路積分の位相に,

$$\Big[\exp\Big(i\int d^4x\,\mathcal{L}_\theta\Big)\Big]_\nu = \exp(i\nu\theta) \quad (27.3.21)$$

だけの寄与を与えるので,$\mathcal{L}_\theta$ の効果は θ について周期的で,その周期は 2π だ.

因子 g をゲージ場に吸収させて,構造定数が g に依存しないようにし,かわりにゲージ場のラグランジアン密度全体に因子 $1/g^2$ をかける方が便利な場合がよくある.この記法では,ゲージ場の完全なラグランジアン密度はスケールを変えたゲージ場と構造定数を用いて,

$$\mathcal{L}_{\text{gauge}} + \mathcal{L}_\theta = -\mathrm{Re}\Big[\frac{\tau}{8\pi i}\sum_{A\alpha\beta}\epsilon_{\alpha\beta}W_{AL\alpha}W_{AL\beta}\Big]_\mathcal{F} \quad (27.3.22)$$

と書ける.ここで τ は以下の複素結合定数だ.

$$\tau \equiv \frac{4\pi i}{g^2} + \frac{\theta}{2\pi}. \quad (27.3.23)$$

(23.5.19) によれば, 巻付き数 ν のインスタントンの経路積分への寄与は, 因子 $\exp(-8\pi^2|\nu|/g^2)$ により小さく抑えられ, (27.3.21) の因子と合わせると全体の因子は以下のとおりだ.

$$\exp\left[i\nu\theta - \frac{8\pi^2|\nu|}{g^2}\right] = \begin{cases} \exp(2\pi i\nu\tau) & \nu \geq 0 \\ \exp(2\pi i\nu\tau^*) & \nu \leq 0 \end{cases}. \qquad (27.3.24)$$

27.4 カイラル超場を含むくりこみ可能なゲージ理論

前の3つの節で用意した部品を組み合わせて, 一般のゲージ場と相互作用するカイラル超場の最も一般的なくりこみ可能な作用を構成しよう. (27.1.27), (27.2.7), (27.3.1) の各項と (26.4.5) の超ポテンシャル項を加えると以下のラグランジアン密度が得られる.

$$\begin{aligned}\mathcal{L} &= \frac{1}{2}\left[\Phi^\dagger \exp\left(-2\sum_A t_A V_A\right)\Phi\right]_D - \frac{1}{2}\mathrm{Re}\sum_A \left(W_{AL}^{\mathrm{T}}\epsilon W_{AL}\right)_\mathcal{F} \\ &\quad -\frac{g^2\theta}{16\pi^2}\sum_A \mathrm{Im}\left(W_{AL}^{\mathrm{T}}\epsilon W_{AL}\right)_\mathcal{F} \\ &= -\sum_n (D_\mu\phi)_n^*(D^\mu\phi)_n - \frac{1}{2}\sum_n \left(\overline{\psi_n}\gamma^\mu(D_\mu\psi)_n\right) + \sum_n \mathcal{F}_n^*\mathcal{F}_n \\ &\quad -\mathrm{Re}\sum_{nm}\frac{\partial^2 f(\phi)}{\partial\phi_n\partial\phi_m}\left(\psi_{nL}^{\mathrm{T}}\epsilon\psi_{mL}\right) + 2\mathrm{Re}\sum_n\frac{\partial f(\phi)}{\partial\phi_n}\mathcal{F}_n \\ &\quad -2\sqrt{2}\,\mathrm{Im}\sum_{Anm}(t_A)_{nm}\left(\overline{\psi_{nL}}\lambda_A\right)\phi_m \\ &\quad +2\sqrt{2}\,\mathrm{Im}\sum_{Anm}(t_A)_{mn}\left(\overline{\psi_{nR}}\lambda_A\right)\phi_m^* \\ &\quad -\sum_{Anm}\phi_n^*(t_A)_{nm}\phi_m D_A - \sum_A \xi_A D_A + \frac{1}{2}\sum_A D_A D_A \\ &\quad -\frac{1}{4}\sum_A f_{A\mu\nu}f_A^{\mu\nu} - \frac{1}{2}\sum_A \left(\overline{\lambda_A}(\slashed{D}\lambda)_A\right)\end{aligned}$$

$$+\frac{g^2\theta}{64\pi^2}\epsilon_{\mu\nu\rho\sigma}\sum_A f_A^{\mu\nu} f_A^{\rho\sigma} . \tag{27.4.1}$$

ここで $f(\phi)$ は超ポテンシャルであり, ϕ_n のゲージ不変な複素関数 (ϕ_n^* は含まない) で, くりこみ可能性の条件から 3 次の多項式でなければならない. ξ_A は定数でゲージ不変性の要請から t_A が $U(1)$ 生成子以外のときはゼロでなければならない. またゲージ共変微分は,

$$D_\mu \psi_L \equiv \partial_\mu \psi_L - i \sum_A t_A V_{A\mu} \psi_L , \tag{27.4.2}$$

$$D_\mu \phi \equiv \partial_\mu \phi - i \sum_A t_A V_{A\mu} \phi , \tag{27.4.3}$$

$$(D_\mu \lambda)_A = \partial_\mu \lambda_A + \sum_{BC} C_{ABC} V_{B\mu} \lambda_C \tag{27.4.4}$$

で, $f_{A\mu\nu}$ はゲージ場のゲージ共変な強度テンソルだ.

$$f_{A\mu\nu} = \partial_\mu V_{A\nu} - \partial_\nu V_{A\mu} + \sum_{BC} C_{ABC} V_{B\mu} V_{C\nu} . \tag{27.4.5}$$

補助場は 2 次関数で入っていて, その 2 次の項の係数が場に依存しない定数なので, 以下のようにラグランジアン密度が停留する値に等しくおくことで消去できる.

$$\mathcal{F}_n = -\Big(\partial f(\phi)/\partial \phi_n\Big)^* , \tag{27.4.6}$$

$$D_A = \xi_A + \sum_{nm} \phi_n^* (t_A)_{nm} \phi_m . \tag{27.4.7}$$

これらを使って (27.4.1) を書き換えると, ラグランジアン密度は以下のようになる.

$$\begin{aligned}\mathcal{L} = &-\sum_n (D_\mu \phi)_n^* (D^\mu \phi)_n \\ &-\frac{1}{2}\sum_n \Big(\overline{\psi_{nL}}\gamma^\mu (D_\mu \psi_L)_n\Big) + \frac{1}{2}\sum_n \Big(\overline{(D_\mu \psi_L)_n}\gamma^\mu \psi_{nL}\Big)\end{aligned}$$

27.4 カイラル超場を含むくりこみ可能なゲージ理論

$$-\frac{1}{2}\sum_{nm}\frac{\partial^2 f(\phi)}{\partial\phi_n\,\partial\phi_m}\left(\psi_{nL}^{\mathrm{T}}\epsilon\,\psi_{mL}\right)$$

$$-\frac{1}{2}\sum_{nm}\left(\frac{\partial^2 f(\phi)}{\partial\phi_n\,\partial\phi_m}\right)^*\left(\psi_{nL}^{\mathrm{T}}\epsilon\,\psi_{mL}\right)^*$$

$$-\sum_n\left|\frac{\partial f(\phi)}{\partial\phi_n}\right|^2$$

$$+i\sqrt{2}\sum_{Anm}\left(\overline{\psi_{nL}}\,(t_A)_{nm}\,\lambda_A\right)\phi_m - i\sqrt{2}\sum_{Anm}\phi_n^*\left(\overline{\lambda_A}\,(t_A)_{nm}\,\psi_{mL}\right)$$

$$-\frac{1}{2}\sum_A\left(\xi_A+\sum_{nm}\phi_n^*\,(t_A)_{nm}\,\phi_m\right)^2 - \frac{1}{4}\sum_A f_{A\mu\nu}f_A^{\mu\nu}$$

$$-\frac{1}{2}\sum_A\left(\overline{\lambda_A}\,(\not{D}\lambda)_A\right) + \frac{g^2\theta}{64\pi^2}\epsilon_{\mu\nu\rho\sigma}\sum_A f_A^{\mu\nu}f_A^{\rho\sigma}\,. \qquad(27.4.8)$$

ローレンツ不変性から場 ψ_{nL}, λ_A, $f_{A\mu\nu}$ は真空期待値がゼロでなければならないが, ϕ_n の樹木近似での真空期待値はポテンシャル

$$V(\phi) = \sum_n\left|\frac{\partial f(\phi)}{\partial\phi_n}\right|^2 + \frac{1}{2}\sum_A\left(\xi_A+\sum_{nm}\phi_n^*\,(t_A)_{nm}\,\phi_m\right)^2 \qquad(27.4.9)$$

を最小にする点だ. このポテンシャルは正なので, もし $V(\phi)$ がゼロになる場の値の組が存在すれば, これが自動的にポテンシャルの最低点でもある. $V(\phi)$ が場のある値 $\phi_n = \phi_{n0}$ でゼロになるには,

$$\mathcal{F}_{n0} = -\left[\frac{\partial f(\phi)}{\partial\phi_n}\right]^*_{\phi=\phi_0} = 0 \qquad(27.4.10)$$

と

$$D_{A0} = \xi_A + \sum_{nm}\phi_{n0}^*\,(t_A)_{nm}\,\phi_{m0} = 0 \qquad(27.4.11)$$

が必要十分だ. これはさらに超対称性が自発的には破れない必要十分条件となっている. なぜなら (26.3.15) から $\langle\delta\psi_{nL}\rangle_{\mathrm{VAC}} = \sqrt{2}\langle\mathcal{F}_n\rangle_{\mathrm{VAC}}\,\alpha_L$ が得られ, (26.2.16) から $\langle\delta\lambda_A\rangle_{\mathrm{VAC}} = i\langle D_A\rangle_{\mathrm{VAC}}\,\gamma_5\alpha$ が得られるからだ.

自発的対称性の破れは他の対称性に比べて超対称性では起こりにくいことを，ここで強調しておくのが有益だ．作用のほとんどの対称性については，対称性が破れずにポテンシャルが停留する場の配位が存在するが，それにもかかわらずこれらの配位のどれもポテンシャルの最低点でなければ，その対称性は自発的に破れる．対照的に，任意の超対称な場の配位はポテンシャルの値をゼロにし，それは必然的に任意の超対称でない配位のポテンシャルの値より低いので，超対称な場の配位が一つでも存在すれば超対称性は破れないことが保証される．27.6 節で見るように，この結論はこの節で使っている樹木近似を越えて成り立ち，摂動論の有限な任意の次数の補正による影響を受けない．

(27.4.10) と (27.4.11) はスカラー場に多くの条件を課しすぎて，超ポテンシャルを微調整しなければ解が期待できないように見えるかもしれない．しかし次元 D のゲージ群の場合に，超ポテンシャル $f(\phi)$ にはすべての A とすべての ϕ について D 個の条件

$$\sum_m \frac{\partial f(\phi)}{\partial \phi_m} \bigl(t_A \phi\bigr)_m = 0 \qquad (27.4.12)$$

が課されている．したがって ϕ が N 個の独立な成分をもっているなら (27.4.10) の独立な条件の数は $N-D$ で，一方条件 (27.4.11) の数は D なので，全体ではちょうど N 個の条件になっている．条件の数が自由な変数の数と等しければ，一般の超ポテンシャルの場合に解は見つかりそうだ．実際，解が見つかる場合の方が見つからない場合より多い．例えば，半単純ゲージ群の自明でない表現に属するカイラル・スカラー超場の場合は，$\xi_A = 0$ であり，また $f(\phi)$ は ϕ_n の 1 次項を含むことができないので，(27.4.10) と (27.4.11) はともに $\phi_{n0} = 0$ で満たされる．(27.4.10) と (27.4.11) の解でゲージ対称性を破る別のものが存在するかもしれないが，そのような理論では超対称性が破れることは少なくとも樹木近似では不可能で，また 27.6 節で見るように摂動論のどの次数でも不可能だ．

27.4 カイラル超場を含むくりこみ可能なゲージ理論

もっと一般的には, たとえゲージ群が $U(1)$ 因子を含みまた超ポテンシャルがゲージ不変な超場を含んでいても, ファイエ・イリオプロスの定数 ξ_A がすべてゼロでありさえすれば, (27.4.10) を満たすスカラー場の値 ϕ_{n0} が存在するとき, (27.4.10) と (27.4.11) の両方を満たす別の解が存在することが容易にわかる. これを示すには, 超ポテンシャル $f(\phi)$ は ϕ^* を含まないので, それは Λ_A を任意の実数とする通常のゲージ変換 $\phi \to \exp(i\sum_A \Lambda_A t_A)\phi$ のもとで不変であるばかりでなく, Λ_A を任意の複素数とする変換のもとでも不変であることに気づけばよい. すべてのこれらの変換のもとで (27.4.10) の $\mathcal{F}$ 項は線形に変換するので, ϕ_0 が (27.4.10) を満たすなら $\phi^\Lambda \equiv \exp(i\sum_A \Lambda_A t_A)\phi_0$ も (27.4.10) を満たす. 他方, スカラー積 $[\phi^\dagger \phi]$ は Λ_A が複素数の変換のもとでは不変でないが, 複素数の Λ_A の場合に $[\phi^{\Lambda\dagger}\phi^\Lambda]$ は実で正のままなので, 下に有界でしたがって最小点がある. $\xi_A = 0$ の場合には, $[\phi^{\Lambda\dagger}\phi^\Lambda]$ がこの最小点で停留するという条件はちょうど ϕ^Λ が (27.4.11) を満たす条件になっている. こうしてファイエ・イリオプロスの D 項がないときには, ゲージ理論で超対称性が破れないかどうかという問題は, 超ポテンシャルが (27.4.10) の解を持つかどうかの問題と完全に同じだ. 同じ結論はくりこみ可能でない理論でも成り立つ.[3]

ここで $V(\phi_0) = 0$ となる ϕ_{n0} の値の組が存在し, したがって超対称性が破れないと仮定しよう. スピンゼロの自由度は, ずらした場

$$\varphi_n = \phi_n - \phi_{n0} \tag{27.4.13}$$

で記述される. そうすると (27.4.1) の第 1 項から生じる φ とゲージ場の交差項が存在する.

$$2\sum_{nA} \text{Im}\left(\partial_\mu \varphi_n (t_A \phi_0)_n^*\right) V_A^\mu.$$

21.1 節で示したように, この項は「ユニタリー・ゲージ」を採用すれ

ば常に消去できる．このゲージでは ϕ_n はこの項を消去する条件

$$\sum_n \text{Im}\left(\phi_n\left(t_A\phi_0\right)_n^*\right) = 0 \tag{27.4.14}$$

を満たす．これは破れたゲージ対称性にともなうゴールドストン・ボゾンを取り除く効果がある．

次に，超対称性が破れていないときに，この理論に現れるスピン 0 とスピン 1/2 とスピン 1 の粒子の質量を求める．ただしゲージ対称性が自発的に破れている可能性は考慮する．

スピン 0

$\partial f(\phi)/\partial \phi_n$ と $\xi_A + \sum_{nm} \phi_n^* (t_A)_{nm} \phi_m$ はともに $\phi_n = \phi_{n0}$ でゼロでなければならないので，$V(\phi)$ の $\varphi_n \equiv \phi_n - \phi_{n0}$ と φ_n^* について 2 次の項は，

$$\begin{aligned}V_{\text{quad}}(\phi) = &\sum_{nm}(\mathcal{M}^*\mathcal{M})_{nm}\varphi_n^*\varphi_m + \sum_{Anm}\left(t_A\phi_0\right)_n\left(t_A\phi_0\right)_m^*\varphi_n^*\varphi_m \\ &+ \frac{1}{2}\sum_{Anm}\left(t_A\phi_0\right)_n^*\left(t_A\phi_0\right)_m^*\varphi_n\varphi_m \\ &+ \frac{1}{2}\sum_{Anm}\left(t_A\phi_0\right)_n\left(t_A\phi_0\right)_m\varphi_n^*\varphi_m^*\end{aligned}$$
$$\tag{27.4.15}$$

の形をしている．ここで $\mathcal{M}$ は複素対称行列 (26.4.11) だ．

$$\mathcal{M}_{nm} \equiv \left(\frac{\partial^2 f(\phi)}{\partial \phi_n \partial \phi_m}\right)_{\phi=\phi_0}.$$

これは次のように書ける．

$$V_{\text{quad}} = \frac{1}{2}\begin{bmatrix}\varphi \\ \varphi^*\end{bmatrix}^\dagger M_0^2 \begin{bmatrix}\varphi \\ \varphi^*\end{bmatrix}. \tag{27.4.16}$$

27.4 カイラル超場を含むくりこみ可能なゲージ理論

ここで M_0^2 は,

$$M_0^2 = \begin{bmatrix} \mathcal{M}^*\mathcal{M} + \sum_A (t_A\phi_0)(t_A\phi_0)^\dagger & \sum_A (t_A\phi_0)(t_A\phi_0)^{\mathrm{T}} \\ \sum_A (t_A\phi_0)^*(t_A\phi_0)^\dagger & \mathcal{M}\mathcal{M}^* + \sum_A (t_A\phi_0)^*(t_A\phi_0)^{\mathrm{T}} \end{bmatrix} \quad (27.4.17)$$

のブロック行列だ. ここで, この質量 2 乗行列の固有値を求める必要がある. (27.4.12) を ϕ_n で微分すると,

$$\sum_m \frac{\partial^2 f(\phi)}{\partial \phi_n \partial \phi_m} (t_A\phi)_m + \sum_m \frac{\partial f(\phi)}{\partial \phi_m} (t_A)_{mn} = 0 \quad (27.4.18)$$

が得られる. しかしすでに見たように $\partial f(\phi)/\partial \phi_m$ は $\phi = \phi_0$ でゼロなので, (27.4.18) の式で ϕ をこの値におくと,

$$\sum_m \mathcal{M}_{nm} (t_A\phi_0)_m = 0 \quad (27.4.19)$$

となる. したがって,

$$M_0^2 \begin{bmatrix} t_B\phi_0 \\ \pm(t_B\phi_0)^* \end{bmatrix} = \sum_A \left(\phi_0^\dagger [t_A t_B \pm t_B t_A]\phi_0\right) \begin{bmatrix} t_A\phi_0 \\ \pm(t_A\phi_0)^* \end{bmatrix}$$

が得られる. しかし, $\phi = \phi_0$ で D_A がゼロとなることと ξ_A の大域的ゲージ不変性とから,

$$\begin{aligned}\left(\phi_0^\dagger [t_A, t_B]\phi_0\right) &= i\sum_C C_{ABC} \left(\phi_0^\dagger t_C \phi_0\right) = -i\left(\phi_0^\dagger \phi_0\right) \sum_C C_{ABC} \xi_C \\ &= 0 \end{aligned} \quad (27.4.20)$$

がわかる. したがって行列 (27.4.17) は各々のゲージ対称性について 2 個の固有ベクトル

$$u = \begin{bmatrix} \sum_B c_B\, t_B\phi_0 \\ \sum_B c_B\, (t_B\phi_0)^* \end{bmatrix}, \quad v = \begin{bmatrix} \sum_B c_B\, t_B\phi_0 \\ -\sum_B c_B\, (t_B\phi_0)^* \end{bmatrix} \quad (27.4.21)$$

を持ち, それぞれ,

$$M_0^2 u = \mu^2 u, \qquad M_0^2 v = 0 \qquad (27.4.22)$$

が成り立つ. ここで μ^2 と c_A は固有値問題

$$\sum_B \left(\phi_0^\dagger \{t_A, t_B\} \phi_0\right) c_B = \mu^2 c_A \qquad (27.4.23)$$

の任意の実の解だ.* ただし例外として固有値 μ^2 がゼロなら $\sum_B c_B t_B \phi_0 = 0$ なので固有ベクトル u と v は存在しない. 固有ベクトル v に対応する質量ゼロ粒子はゴールドストン・ボゾンで, ユニタリー・ゲージ条件 (27.4.14) によって物理的スペクトルから除かれる. これらの質量固有状態に加えて, すべての u と v に直交し, したがって以下の形をとる別の固有状態の集合がある.

$$w_\pm = \begin{bmatrix} \zeta \\ \pm \zeta^* \end{bmatrix}. \qquad (27.4.24)$$

ここで ζ は,

$$\sum_n (t_A \phi_0)_n^* \zeta_n = 0 \qquad (27.4.25)$$

を満たす. (27.4.19) からわかるように, (27.4.25) を満たす ζ の空間はエルミート行列 $\mathcal{M}^\dagger \mathcal{M}$ をかけたときに不変で, したがってこの行列の固有ベクトルで張られており,

$$\mathcal{M}^\dagger \mathcal{M} \zeta = m^2 \zeta \qquad (27.4.26)$$

を満たす. ここで m^2 は実で正(またはゼロ)の固有値の集合だ. (27.4.26) とその複素共役, さらに (27.4.25) から, $w_\pm$ は M_0^2 の固有ベクトルで, 固有値は m^2 とわかる.

$$M_0^2 w_\pm = m^2 w_\pm. \qquad (27.4.27)$$

---

*(21.1.17) の因子 1/2 は (27.4.23) には現れないが, これはスカラー場の規格化の仕方の違いからきている.

27.4 カイラル超場を含むくりこみ可能なゲージ理論

このように, (27.4.27) を満たす質量 m ごとに自己荷電共役でスピンゼロのボソンが 2 個ずつと, (27.4.23) を満たすゼロでない質量 μ ごとに自己荷電共役でスピンゼロのボソンが 1 個ずつ存在する.

Spin 1/2

フェルミオンの質量は (27.4.8) でフェルミオン場 ψ_n と λ_A について 2 次の非微分項から生じる.

$$\mathcal{L}_{1/2} = -\frac{1}{2}\sum_{nm}\mathcal{M}_{nm}\left(\psi_{nL}^{\mathrm{T}}\epsilon\psi_{mL}\right) - i\sqrt{2}\sum_{Am}(t_A\phi_0)_m^*\left(\lambda_{LA}^{\mathrm{T}}\epsilon\psi_{mL}\right)$$
$$+\text{H.c.} \qquad (27.4.28)$$

26.4 節で見たように, マヨラナ・スピノル場の列 χ についてのラグランジアンのフェルミオン質量項を,

$$\mathcal{L}_{1/2} = -\frac{1}{2}\left(\chi_L^{\mathrm{T}}\epsilon M \chi_L\right) + \text{H.c.} \qquad (27.4.29)$$

の形におくと, フェルミオンの質量の 2 乗はエルミート行列 $M^\dagger M$ の固有値だ. (27.4.28) から今の場合の行列 M の要素は,

$$M_{nm} = \mathcal{M}_{nm}, \quad M_{nA} = M_{An} = i\sqrt{2}(t_A\phi_0)_n^*, \quad M_{AB} = 0$$
$$(27.4.30)$$

となり, (27.4.19) と (27.4.20) を使うと,

$$(M^\dagger M)_{nm} = (\mathcal{M}^\dagger\mathcal{M})_{nm} + 2\sum_A (t_A\phi_0)_n(t_A\phi_0)_m^*,$$
$$(M^\dagger M)_{nA} = (M^\dagger M)_{An} = 0, \qquad (27.4.31)$$
$$(M^\dagger M)_{AB} = 2(\phi_0^\dagger t_B t_A \phi_0) = (\phi_0^\dagger \{t_B, t_A\}\phi_0)$$

となる. 行列 (27.4.30) の固有ベクトルは三つの型に分かれる. 第 1 は,

$$z = \begin{bmatrix} \zeta \\ 0 \end{bmatrix} \qquad (27.4.32)$$

の形のもので, 固有値は m^2 だ. ここで ζ_n と m^2 は $\mathcal{M}^\dagger\mathcal{M}$ の任意の固有ベクトルと対応する固有値だ. 第 2 は,

$$g = \begin{bmatrix} 0 \\ c \end{bmatrix} \tag{27.4.33}$$

の形のもので, 固有値は μ^2 だ. ここで c_B と μ^2 は行列 $(\phi_0^\dagger \{t_B, t_A\} \phi_0)$ の任意の固有ベクトルと固有値だ. 最後に,

$$h = \begin{bmatrix} \sum_B c_B t_B \phi_0 \\ 0 \end{bmatrix} \tag{27.4.34}$$

の形の固有ベクトルが存在し, 固有値は μ^2 だ. ここで c_B と μ^2 も行列 $(\phi_0^\dagger \{t_B, t_A\} \phi_0)$ の任意の固有ベクトルと固有値だ. 唯一異なる点は, この行列の固有値がゼロの固有ベクトル c は, 破れていない対称性に対応して $\sum_A c_A t_A \phi_0 = 0$ を満たし, したがってこの場合には (27.4.34) はゼロとなり, 固有ベクトル (27.4.33) だけが存在する. したがって, (27.4.26) を満たす質量 m ごとにマヨラナ・フェルミオンが 1 個ずつと, (27.4.22) を満たすゼロでない質量 μ ごとにマヨラナ・フェルミオンが 2 個ずつと, 破れていないゲージ対称性ごとに質量ゼロのマヨラナ・フェルミオンが 1 個ずつ存在する.

Spin 1

ゲージ場のラグランジアンの質量項は (27.4.1) の第 1 項でゲージ場 V_A^μ の 2 次の部分

$$\mathcal{L}_V = -\sum_{nAB} (t_A \phi_0)_n^* (t_B \phi_0)_n V_{A\mu} V_B^\mu \tag{27.4.35}$$

から生じる. 場 $V_{A\mu}$ は実なので, その質量 2 乗行列は行列 (27.4.23) だ.

$$(\mu^2)_{AB} = \left(\phi_0^\dagger \{t_B, t_A\} \phi_0\right). \tag{27.4.36}$$

27.4 カイラル超場を含むくりこみ可能なゲージ理論

行列 (27.4.36) の固有値 μ^2 ごとに質量 μ のスピン 1 粒子が 1 個ずつ存在する.

以上をまとめると, 行列 $\mathcal{M}^*\mathcal{M}$ の固有値 m^2 の各々について質量 m の 2 個の自己荷電共役でスピン・ゼロの粒子と 1 個のマヨラナ・フェルミオンが存在し, 行列 μ_{AB}^2 のゼロでない固有値の各々について質量 μ の 1 個の自己荷電共役でスピン・ゼロの粒子と 2 個のマヨラナ・フェルミオンと 1 個の自己荷電共役でスピン 1 のボソンが存在し, この行列のゼロ固有値の各々について, 1 個のマヨラナ・フェルミオンと 1 個の自己荷電共役でスピン 1 のボソンが存在する. 各々のゼロ質量またはゼロでない質量の粒子多重項が, 25.4 節と 25.5 節で超対称性代数を直接使って見つけたのとちょうど同じものだということは驚くにあたらない. 若干驚きに値するのは, ゲージ粒子とカイラル粒子の質量がお互いに影響を及ぼし合わない点だ. $(\mathcal{M}^*\mathcal{M})_{nm}$ の固有値で与えられる質量 m およびこの質量を持った粒子はゲージ超場を含まないカイラル超場の理論のものと丁度同じで, μ_{AB}^2 の固有値で与えられる質量 μ および, この質量を持った粒子はカイラル超場を含まないゲージ超場の理論のものと丁度同じだという点だ.

後の 27.9 節で使う目的で, 26.7 節で説明した方法を適用して超対称なゲージ・ラグランジアン (27.4.1) の超対称性カレントをここで構成しておこう. 以前に使ったゲージでは, 微小超対称性変換は V_A, λ_a, D_A を (27.3.4)–(27.3.6) の分だけ変化させる. (26.7.2) で与えられるこれらの場のネーター超対称性カレントを, すでに (26.7.8) で与えた ϕ_n, ψ_n, $\mathcal{F}_n$ のネーター・カレントにおいて微分をゲージ不変微分で置き換えたものに加えたとき, 全体のネーター超対称性カレントは以下のようになる.

$$N^\mu = \sum_A f_A^{\mu\nu} \gamma_\nu \lambda_A - \frac{1}{8} \sum_A f_{A\rho\sigma}[\gamma^\rho, \gamma^\sigma]\gamma^\mu \lambda_A - \frac{1}{2} i \sum_A D_A \gamma_5 \gamma^\mu \lambda_A$$

$$+ \frac{1}{\sqrt{2}} \sum_n \left[2 \left(D^\mu \phi \right)^*_n \psi_{nL} + 2 \left(D^\mu \phi \right)_n \psi_{nR} + (\not{D} \phi)_n \gamma^\mu \psi_{nR} \right.$$
$$\left. + (\not{D} \phi)^*_n \gamma^\mu \psi_{nL} - \mathcal{F}_n \gamma^\mu \psi_{nR} - \mathcal{F}^*_n \gamma^\mu \psi_{nL} \right]. \qquad (27.4.37)$$

これは超対称性カレントではない．なぜならラグランジアン密度は超対称性のもとで不変ではないからだ．かわりに，その変化は微分

$$\delta \mathcal{L} = \partial_\mu \left(\bar{\alpha} K^\mu \right) \qquad (27.4.38)$$

で与えられる．ここで以下の定義を使った．**

$$K^\mu = \frac{1}{2} i \sum_A \epsilon^{\rho \sigma \mu \nu} f_{A\rho\sigma} \gamma_\nu \gamma_5 \lambda_A + \frac{1}{8} \sum_A [\gamma^\rho, \gamma^\sigma] \gamma^\mu \lambda_A f_{A\rho\sigma}$$
$$+ \frac{1}{2} i \sum_A D_A \gamma_5 \gamma^\mu \lambda_A - i \sum_{Anm} (t_A)_{nm} \gamma_5 \gamma^\mu \lambda_A \phi^*_n \phi_m$$
$$+ \frac{1}{\sqrt{2}} \sum_n \gamma^\mu \left[- (\not{D} \phi)_n \psi_{nR} - (\not{D} \phi)^*_n \psi_{nL} + \mathcal{F}^*_n \psi_{nL} \right.$$
$$\left. + \mathcal{F}_n \psi_{nR} + 2 \left(\frac{\partial f(\phi)}{\partial \phi_n} \right) \psi_{nL} + 2 \left(\frac{\partial f(\phi)}{\partial \phi_n} \right)^* \psi_{nR} \right].$$
$$(27.4.39)$$

最初の 2 項は等式 (27.2.5) を使って導かれる．同じ等式を (26.7.4) とともにもう一度使うと全超対称性カレントは以下のようになる．

$$S^\mu = N^\mu + K^\mu$$
$$= -\frac{1}{4} \sum_A f_{A\rho\sigma} [\gamma^\rho, \gamma^\sigma] \gamma^\mu \lambda_A - i \sum_{Anm} (t_A)_{nm} \gamma_5 \gamma^\mu \lambda_A \phi^*_n \phi_m$$
$$+ \frac{1}{\sqrt{2}} \sum_n \left[(\not{D} \phi)_n \gamma^\mu \psi_{nR} + (\not{D} \phi^*)_n \gamma^\mu \psi_{nL} \right.$$

**項 $[\Phi^\dagger \exp(-2 \sum_A t_A V_A) \Phi]_D$ の変化分を計算する際に最も簡単な方法は，$\Phi^\dagger \exp(-2 \sum_A t_A V_A) \Phi$ の λ 成分を計算して (26.2.17) を使うことだ．この計算の途中で，(27.4.39) の重要な右辺 2 行目第 2 項が $\exp(-2 \sum_A t_A V_A)$ の λ 成分から生じる．

27.4 カイラル超場を含むくりこみ可能なゲージ理論

$$+2\left(\frac{\partial f(\phi)}{\partial \phi_n}\right)\gamma^\mu \psi_{nL} + 2\left(\frac{\partial f(\phi)}{\partial \phi_n}\right)^* \gamma^\mu \psi_{nR}\Bigg]. \quad (27.4.40)$$

* * *

26.8 節で左カイラル・スカラー超場 Φ_n には任意に依存し, その微分には依存しない超ポテンシャル $f(\Phi)$ と, Φ_n と Φ_n^* には任意に依存し, その微分には依存しないケーラー・ポテンシャルとを持つ超対称理論を考えた. 同じ考察をゲージ理論に拡張できる. ただし, その際もラグランジアンのカイラル超場への依存性は超対称性で制限されるだけで, 新しい超微分や時空微分は導入しない. するとくりこみ可能なラグランジアン密度は以下で置き換えられる.

$$\mathcal{L} = \frac{1}{2}\Big[K\Big(\Phi, \Phi^\dagger \exp(-2\sum_A t_A V_A)\Big)\Big]_D + 2\,\text{Re}\,\Big[f(\Phi)\Big]_{\mathcal{F}}$$
$$-\frac{1}{2}\text{Re}\sum_{AB}\Big[h_{AB}(\Phi)\Big(W_{AL}^\text{T}\epsilon W_{BL}\Big)\Big]_{\mathcal{F}}. \quad (27.4.41)$$

ここで $h_{AB}(\Phi)$ は Φ_n の新しい関数だが, Φ_n^* やそれらの微分は含まない.

カイラルなゲージ超場とスカラー超場は展開 (26.3.21) と (27.3.15) で与えられる.

$$W_{AL}(x,\theta) = \lambda_{AL}(x_+) + \frac{1}{2}\gamma^\mu\gamma^\nu\theta_L\,f_{A\mu\nu}(x_+) + \Big(\theta_L^\text{T}\epsilon\theta_L\Big)\slashed{D}\lambda_{AR}(x_+)$$
$$-i\theta_L D_A(x_+)\,,$$
$$\Phi_n(x,\theta) = \phi_n(x_+) - \sqrt{2}\Big(\theta_L^\text{T}\epsilon\psi_{nL}(x_+)\Big) + \mathcal{F}_n(x_+)\Big(\theta_L^\text{T}\epsilon\theta_L\Big)\,.$$

ここで x_+^μ は (26.3.23) のずらした座標だ. そうすると $\sum_{AB} h_{AB}(\Phi)$ $(W_{AL}^\text{T}\epsilon W_{BL})$ の θ_L について 2 次の (しかも θ_R には依らない) 項は以下のとおりだ.

$$-\Bigg[\sum_{AB} h_{AB}(\Phi)\Big(W_{AL}^\text{T}\epsilon W_{BL}\Big)\Bigg]_{\theta_L^2} =$$

$$\left(\theta_L^{\mathrm{T}} \epsilon \theta_L\right) \sum_{AB} \left(\lambda_{AL}^{\mathrm{T}} \epsilon \lambda_{BL}\right) \left[\frac{1}{2} \sum_{nm} \left(\psi_{nL}^{\mathrm{T}} \epsilon \psi_{mL}\right) \frac{\partial^2 h_{AB}(\phi)}{\partial \phi_n \partial \phi_m}\right.$$
$$\left. - \sum_n \mathcal{F}_n \frac{\partial h_{AB}(\phi)}{\partial \phi_n}\right]$$
$$+ \left(\theta_L^{\mathrm{T}} \epsilon \theta_L\right) \sum_{AB} h_{AB}(\phi) \left[-\left(\overline{\lambda_A} \slashed{D}(1-\gamma_5)\lambda_B\right) - \frac{1}{2} f_{A\mu\nu} f_B^{\mu\nu}\right.$$
$$\left. + \frac{i}{4} \epsilon_{\mu\nu\rho\sigma} f_A^{\mu\nu} f_B^{\rho\sigma} + D_A D_B \right]$$
$$+ \sqrt{2} \sum_{ABn} \frac{\partial h_{AB}(\phi)}{\partial \phi_n} \left(\theta_L^{\mathrm{T}} \epsilon \psi_{nL}\right) \left[-\left(\lambda_{BL}^{\mathrm{T}} \epsilon \gamma^\mu \gamma^\nu \theta_L\right) f_{A\mu\nu}\right.$$
$$\left. + 2i \left(\lambda_{BL}^{\mathrm{T}} \epsilon \theta_L\right)\right] .$$

ここで, すべての場は x_+^μ ではなくて x^μ で評価するものと理解する. (右辺の第 1 項と第 2 項はそれぞれ (26.4.4) と (27.3.16) からとった) また $\theta_{L\alpha}\theta_{L\beta}$ を $\frac{1}{2}\epsilon_{\alpha\beta}(\theta_L^{\mathrm{T}}\epsilon\theta_L)$ と書くことで右辺の第 3 項も $(\theta_L^{\mathrm{T}}\epsilon\theta_L)$ に比例する形に表すことができる.

$$\left(\theta_L^{\mathrm{T}} \epsilon \psi_{nL}\right) \left[\left(\overline{\psi_B}\gamma^\mu\gamma^\nu\theta_L\right)f_{A\mu\nu} - 2i\left(\overline{\psi_B}\theta_L\right)\right] =$$
$$\frac{1}{2}\left(\theta_L^{\mathrm{T}}\epsilon\theta_L\right)\left[\left(\overline{\psi_B}\gamma^\mu\gamma^\nu\psi_{nL}\right) - 2i\left(\overline{\psi_B}\psi_{nL}\right)D_A\right] .$$

$\mathcal{F}$ 項は $(\theta_L^{\mathrm{T}}\epsilon\theta_L)$ の係数なので以下を得る.

$$-\left[\sum_{AB} h_{AB}(\Phi)\left(W_{AL}^{\mathrm{T}}\epsilon W_{BL}\right)\right]_{\mathcal{F}} =$$
$$\sum_{AB}\left(\lambda_{AL}^{\mathrm{T}}\epsilon\lambda_{BL}\right)\left[\frac{1}{2}\sum_{nm}\left(\psi_{nL}^{\mathrm{T}}\epsilon\psi_{mL}\right)\frac{\partial^2 h_{AB}(\phi)}{\partial\phi_n\partial\phi_m} - \sum_n \mathcal{F}_n \frac{\partial h_{AB}(\phi)}{\partial\phi_n}\right]$$
$$+ \sum_{AB} h_{AB}(\phi)\left[-\left(\overline{\lambda_A}\slashed{D}(1-\gamma_5)\lambda_B\right) - \frac{1}{2}f_{A\mu\nu}f_B^{\mu\nu}\right.$$
$$\left. + \frac{i}{4}\epsilon_{\mu\nu\rho\sigma}f_A^{\mu\nu}f_B^{\rho\sigma} + D_A D_B \right]$$

27.4 カイラル超場を含むくりこみ可能なゲージ理論

$$+\frac{\sqrt{2}}{2}\sum_{ABn}\frac{\partial h_{AB}(\phi)}{\partial\phi_n}\left[-\left(\overline{\psi_B}\gamma^\mu\gamma^\nu\psi_{nL}\right)f_{A\mu\nu}+2i\left(\overline{\psi_B}\psi_{nL}\right)D_A\right].$$

(27.4.41) の残りの項はちょうどラグランジアン密度 (26.8.6) をゲージ不変にしたものになっている. 以上をまとめるとラグランジアン密度は以下のとおりだ.

$$\begin{aligned}\mathcal{L} =\ &\mathrm{Re}\sum_{nm}\mathcal{G}_{nm}(\phi,\phi^*)\bigg[-\frac{1}{2}\left(\overline{\psi_m}\,\slashed{D}(1+\gamma_5)\psi_n\right)+\mathcal{F}_n\mathcal{F}_m^*\\ &\qquad\qquad -D_\mu\phi_n\,D^\mu\phi_m^*\bigg]\\ &-\mathrm{Re}\sum_{nml}\frac{\partial^3 K(\phi,\phi^*)}{\partial\phi_n\,\partial\phi_m\,\partial\phi_l^*}\left(\overline{\psi_n}\psi_{mL}\right)\mathcal{F}_\ell^*\\ &+\mathrm{Re}\sum_{nml}\frac{\partial^3 K(\phi,\phi^*)}{\partial\phi_n\,\partial\phi_m\,\partial\phi_l^*}\left(\overline{\psi_m}\gamma^\mu\psi_{\ell R}\right)D_\mu\phi_n\\ &+\frac{1}{4}\sum_{nmlk}\frac{\partial^4 K(\phi,\phi^*)}{\partial\phi_n\,\partial\phi_m\,\partial\phi_l^*\,\partial\phi_k^*}\left(\overline{\psi_n}\psi_{mL}\right)\left(\overline{\psi_k}\psi_{lR}\right)\\ &-\mathrm{Re}\sum_{nm}\frac{\partial^2 f(\phi)}{\partial\phi_n\,\partial\phi_m}\left(\overline{\psi_n}\psi_{mL}\right)+2\,\mathrm{Re}\sum_n\mathcal{F}_n\frac{\partial f(\phi)}{\partial\phi_n}\\ &+\frac{1}{4}\mathrm{Re}\sum_{ABnm}\left(\overline{\lambda_A}\lambda_{BL}\right)\left(\overline{\psi_n}\psi_{mL}\right)\frac{\partial^2 h_{AB}(\phi)}{\partial\phi_n\partial\phi_m}\\ &-\frac{1}{2}\,\mathrm{Re}\sum_{ABn}\left(\overline{\lambda_A}\lambda_{BL}\right)\mathcal{F}_n\frac{\partial h_{AB}(\phi)}{\partial\phi_n}\\ &+\mathrm{Re}\sum_{AB}h_{AB}(\phi)\bigg[-\left(\overline{\lambda_A}\,\slashed{D}\lambda_{BR}\right)-\frac{1}{4}f_{A\mu\nu}f_B^{\mu\nu}+\frac{1}{8}i\,\epsilon_{\mu\nu\rho\sigma}f_A^{\mu\nu}f_B^{\rho\sigma}\\ &\qquad\qquad +\frac{1}{2}D_AD_B\bigg]\\ &+\frac{\sqrt{2}}{4}\mathrm{Re}\sum_{ABn}\frac{\partial h_{AB}(\phi)}{\partial\phi_n}\bigg[-\left(\overline{\lambda_B}\gamma^\mu\gamma^\nu\psi_{nL}\right)f_{A\mu\nu}\\ &\qquad\qquad +2i\left(\overline{\lambda_B}\psi_{nL}\right)D_A\bigg].\qquad(27.4.42)\end{aligned}$$

この結果の興味深い特徴の一つは, ϕ_n に依存する関数 $h_{AB}(\phi)$ を持つ理論では $\mathcal{F}_n$ のゼロでない値によって超対称性が破れたとき, ゲージーノに質量が生じることだ. 重力を通じて超対称性を破るいくつかの理論では, この機構を使ってゲージーノの質量を作り出す. これは 31.7 節で議論する.

27.5 樹木近似での超対称性の破れ (再)

前節で見たように, ファイエ・イリオプロス定数 ξ_A がすべてゼロで式 $\partial f(\phi)/\partial \phi_n = 0$ の解が存在すれば, これらの式の解でゲージ超場の D 成分がすべてゼロとなるものが存在し, したがって超対称性は破れない. ゲージ超場とカイラル超場のくりこみ可能な理論で超対称性を樹木近似で破る可能な方法は二通りしかないことがわかる (この二つはお互いに排他的ではない). それは, 式 $\partial f(\phi)/\partial \phi_n = 0$ のすべてを満たす解が存在しないように超ポテンシャル $f(\phi)$ をとることができるか, ゲージ群が $U(1)$ 因子を持つ場合にファイエ・イリオプロス項が作用の中に存在するかのどちらかだ.

式 $\partial f(\phi)/\partial \phi_n = 0$ を満たす ϕ の値が全く存在しないという状況がどのようにして起こり得るかを 26.5 節ですでに見た. その議論は, カイラル超場がゲージ場と相互作用するときにも変更する必要はない. したがってもう一方の可能性, すなわち, ファイエ・イリオプロス項により生じる自発的対称性の破れの議論に移ろう. これが起こるのはゲージ群が $U(1)$ 因子を含むときに限るので, 最も簡単な場合は単一の $U(1)$ ゲージ群をもつ理論だ. 22.4 節で議論したように, $U(1)$-$U(1)$-$U(1)$ と $U(1)$-重力子-重力子のアノマリーを避けるには, すべての左カイラル超場の $U(1)$ 量子数の和とそれらの 3 乗の和がゼロであることが必要だ. 最も単純な可能性である, 2 個の左カイラル超場 $\Phi_\pm$ が存在し $U(1)$ 量子数 $\pm e$ をもつ場合を考察する. (これは量子電磁理論の

27.5 樹木近似での超対称性の破れ(再)

超対称版で, 2 個の超場のスピノル成分 ψ_{-L} と ψ_{+L} は電子場の左手成分とその荷電共役場になる.) くりこみ可能な理論での最も一般的な $U(1)$ 不変な超ポテンシャルは単に $f(\Phi) = m\Phi_+\Phi_-$ だ. これらの超場のスカラー成分 $\phi_\pm$ のスカラー・ポテンシャル (27.4.9) は,

$$V(\phi_+, \phi_-) = m^2|\phi_+|^2 + m^2|\phi_-|^2 + \left(\xi + e^2|\phi_+|^2 - e^2|\phi_-|^2\right)^2$$
(27.5.1)

で与えられる. ファイエ・イリオプロス定数 ξ がゼロでなければ, $V = 0$ を満たす超対称な真空を見つけることは明らかに不可能だ. $\xi > m^2/2e^2$ または $\xi < -m^2/2e^2$ の場合には, ポテンシャル (27.5.1) は $\phi_+ = 0$ かつ $|\phi_-|^2 = (2e^2\xi - m^2)/2e^4$ かあるいは $\phi_- = 0$ かつ $|\phi_+|^2 = (-2e^2\xi - m^2)/2e^4$ のどちらかで最小値をとり, したがって $U(1)$ ゲージ対称性は超対称性とともに破れる. $|\xi| < m^2/2e^2$ の場合には, ポテンシャルは $\phi_+ = \phi_- = 0$ で最小値をとり, したがってこの場合にはゲージ対称性は破れない. 超対称性の可能な破れとゲージ対称性の可能な破れの間に必然的な関連は一般にはない.

超対称性の破れが, ここで説明したファイエ・イリオプロス機構によるか, 26.5 節のオラファテ機構によるか, あるいは二つのある組み合わせによるかにかかわらず, 超対称性は樹木近似での質量のパターンに痕跡を残す. ゲージ超場とカイラル超場のくりこみ可能な一般的な超対称理論のラグランジアン (27.4.8) を見ると, この理論の超対称性の自発的破れにより 27.4 節で計算した質量に以下の補正が生じることがわかる.

スピン 0 の質量

$\mathcal{F}$ 項の $\mathcal{F}_n = -(\partial f(\phi)/\partial \phi_n)^*$ がポテンシャルの最低点 ϕ_0 でゼロでなければ, ポテンシャルの $\varphi_n \equiv \phi_n - \phi_{n0}$ について 2 次の項は (27.4.15)

に挙げた項に加えて,

$$\begin{aligned}
V_{\text{quad}}(\varphi) = &\sum_{nm}(\mathcal{M}^*\mathcal{M})_{nm}\varphi_n^*\varphi_m + \sum_{Anm}\left(t_A\phi_0\right)_n\left(t_A\phi_0\right)_m^*\varphi_n^*\varphi_m \\
&+\frac{1}{2}\sum_{Anm}\left(t_A\phi_0\right)_n^*\left(t_A\phi_0\right)_m^*\varphi_n\varphi_m \\
&+\frac{1}{2}\sum_{Anm}\left(t_A\phi_0\right)_n\left(t_A\phi_0\right)_m\varphi_n^*\varphi_m^* , \\
&+\frac{1}{2}\sum_{nm}\mathcal{N}_{nm}\varphi_n\varphi_m + \frac{1}{2}\sum_{nm}\mathcal{N}_{nm}^*\varphi_n^*\varphi_n^* \\
&+\sum_{Anm}D_{A0}(t_A)_{nm}\varphi_n^*\varphi_m \quad (27.5.2)
\end{aligned}$$

の項をもつ. $\mathcal{M}$ はここでも複素対称行列 (26.4.11) だ.

$$\mathcal{M}_{nm} \equiv \left(\frac{\partial^2 f(\phi)}{\partial\phi_n\partial\phi_m}\right)_{\phi=\phi_0}.$$

また $\mathcal{N}_{nm}$ は,

$$\mathcal{N}_{nm} \equiv -\sum_\ell \mathcal{F}_{\ell 0}\left(\frac{\partial^3 f(\phi)}{\partial\phi_n\partial\phi_m\partial\phi_\ell}\right)_{\phi=\phi_0} \quad (27.5.3)$$

の新しい行列で, $\mathcal{F}_0$ と D_{A0} はふたたびポテンシャルの最低点でのカイラルなスカラー超場とゲージ超場の $\mathcal{F}$ 項と D 項だ.

$$\mathcal{F}_{n0} = -\left[\frac{\partial f(\phi)}{\partial\phi_n}\right]^*_{\phi=\phi_0}, \qquad D_{A0} = \xi_A + \sum_{nm}\phi_{n0}^*\left(t_A\right)_{nm}\phi_{m0}.$$

ポテンシャルの 2 次の部分 (27.5.2) を (27.4.16) の形で,

$$V_{\text{quad}} = \frac{1}{2}\begin{bmatrix}\varphi \\ \varphi^*\end{bmatrix}^\dagger M_0^2 \begin{bmatrix}\varphi \\ \varphi^*\end{bmatrix}$$

と書けば, (27.4.17) の代わりにスカラー質量行列

$$M_0^2 = \begin{bmatrix} \mathcal{M}^*\mathcal{M} + \mathcal{A} + \sum_A D_{A0}\,t_A & \mathcal{B} + \mathcal{N}^* \\ \mathcal{B}^* + \mathcal{N} & \mathcal{M}\mathcal{M}^* + \mathcal{A}^* + \sum_A D_{A0}\,t_A^{\mathrm{T}} \end{bmatrix}$$
$$(27.5.4)$$

27.5 樹木近似での超対称性の破れ(再)

が得られる. ここで

$$\mathcal{A} \equiv \sum_A (t_A\phi_0)(t_A\phi_0)^\dagger, \qquad \mathcal{B} \equiv \sum_A (t_A\phi_0)(t_A\phi_0)^\mathrm{T}$$

を使った.

スピン 1/2 の質量

フェルミオン質量行列 M はここでも (27.4.30) で与えられる.

$$M_{nm} = \mathcal{M}_{nm}, \quad M_{nA} = M_{An} = i\sqrt{2}(t_A\phi_0)_n^*, \quad M_{AB} = 0.$$

しかし, ゲージ不変条件 (27.4.18) から, ここでは (27.4.19) の代わりに,

$$\sum_m \mathcal{M}_{nm}(t_A\phi_0)_m = \sum_m \mathcal{F}_{m0}(t_A)_{mn} \tag{27.5.5}$$

が得られる. したがって固有値がフェルミオン質量の 2 乗を与えるエルミート正行列は, 次のようになる.

$$\begin{aligned}(M^\dagger M)_{nm} &= (\mathcal{M}^\dagger \mathcal{M})_{nm} + 2\sum_A (t_A\phi_0)_n (t_A\phi_0)_m^*, \\ (M^\dagger M)_{AB} &= 2(\phi_0^\dagger t_B t_A \phi_0),\end{aligned} \tag{27.5.6}$$

$$(M^\dagger M)_{An} = (M^\dagger M)_{nA}^* = i\sqrt{2}\sum_m \mathcal{F}_{m0}(t_A)_{mn}.$$

スピン 1 の質量

ベクトル・ボゾンの質量の 2 乗はここでも行列 (27.4.36)

$$(\mu^2)_{AB} = \left(\phi_0^\dagger, \{t_B, t_A\}\phi_0\right). \tag{27.5.7}$$

の固有値で与えられる.

(27.5.4) の D 項を例外として質量 2 乗行列で変わったのは非対角成分だけだ. したがって (27.5.4), (27.5.6), (27.5.7) から, これらの行列のトレースについて特に簡単な結果が得られる. スピン 0 については,

$$\mathrm{Tr}\, M_0^2 = 2\mathrm{Tr}\,(\mathcal{M}^*\mathcal{M}) + \mathrm{Tr}\,\mu^2 + 2\sum_A D_{A0} \mathrm{Tr}\, t_A, \qquad (27.5.8)$$

またスピン 1/2 については,

$$\mathrm{Tr}\,(M^\dagger M) = \mathrm{Tr}\,(\mathcal{M}^*\mathcal{M}) + 2\mathrm{Tr}\,\mu^2 \qquad (27.5.9)$$

となる. トレースは固有値の和なので, これから**質量和則** (mass sum rule)

$$\sum_{\text{spin } 0} \text{mass}^2 - 2\sum_{\text{spin } 1/2} \text{mass}^2 + 3\sum_{\text{spin } 1} \text{mass}^2 = -2\sum_A D_{A0} \mathrm{Tr}\, t_A \qquad (27.5.10)$$

を得る. t_A が $U(1)$ 生成子でなければ t_A のトレースは自動的にゼロだ. また 22.4 節で述べたとおり, $U(1)$ ゲージ生成子のトレースも (すべての左手フェルミオンについて和をとると) これまたゼロでなければならない. これは $U(1)$ カレントの保存を破るアノマリーへの重力の寄与を避けるためだ. したがって (27.5.10) はもっと簡単な以下の結果を導く.[4]

$$\sum_{\text{spin } 0} \text{mass}^2 - 2\sum_{\text{spin } 1/2} \text{mass}^2 + 3\sum_{\text{spin } 1} \text{mass}^2 = 0. \qquad (27.5.11)$$

もちろん, 電荷, カラー, バリオン数とレプトン数の保存は破れていないので, これらの量子数が異なる粒子間では質量行列は行列要素を持つことができず, したがってこれらの結果はすべて, 保存する量子数のそれぞれについて別々に成立する.

27.5 樹木近似での超対称性の破れ(再)

標準模型の超対称な最小範囲の拡張では超対称性が樹木近似で自発的に破れる模型は作れない証拠として,和則 (27.5.11) はしばしば引用される.これについては 28.3 節で他の議論といっしょに考察する.

すでに 26.5 節で見たように(さらに 29.1 節と 29.2 節でより一般的な議論をする),超対称性の自発的破れには質量ゼロのフェルミオン,すなわちゴールドスティーノが必然的にともなう.くりこみ可能なゲージ理論の樹木近似ではゴールドスティーノ場 g はカイラル超場とゲージ超場のスピノル成分 ψ_n と λ_A として現れ,その係数は,

$$\psi_{nL} = i\sqrt{2}\,\mathcal{F}_{n0}\,g_L + \cdots , \qquad \lambda_{AL} = D_{A0}\,g_L + \cdots \qquad (27.5.12)$$

で与えられる.ここで「$\cdots$」はゼロでない決まった質量のスピノル場を含む項だ.これを確かめるには,$(i\sqrt{2}\mathcal{F}_{n0}, D_{A0})$ がフェルミオンの質量 2 乗行列 $M^\dagger M$ の固有値ゼロをもつ固有ベクトルだということを確認する必要がある.このためには,ポテンシャル (27.4.9) が $\phi = \phi_0$ で停留するという条件を使う必要がある.

$$0 = \left.\frac{\partial V}{\partial \phi_n}\right|_{\phi=\phi_0} = -\sum_m \mathcal{M}_{nm}\mathcal{F}_{m0} + \sum_A D_{A0}(\phi_0^\dagger t_A)_n . \qquad (27.5.13)$$

またゲージ不変性の条件 (27.4.12) も必要だ.それは $\phi = \phi_0$ では,

$$\sum_n \mathcal{F}_{n0}\,(t_A\phi_0)_n = 0 \qquad (27.5.14)$$

となる.(27.5.13) および (27.5.14) と (27.5.5) および (27.5.6) を合わせると,

$$i\sqrt{2}\sum_m (M^\dagger M)_{nm}\mathcal{F}_{m0} = i\sqrt{2}\sum_A D_A(t_A\mathcal{F}_0^*)_n$$
$$= -\sum_A (M^\dagger M)_{nA} D_{A0} \qquad (27.5.15)$$

および,

$$i\sqrt{2}\sum_m (M^\dagger M)_{Am}\mathcal{F}_{m0} = -2\sum_{nm}\mathcal{F}_{n0}\,(t_A)_{nm}\,\mathcal{F}_{m0}$$

$$= -\sum_B (M^\dagger M)_{AB} D_{B0} \quad (27.5.16)$$

が得られる. これはすなわち,

$$M^\dagger M \begin{pmatrix} i\sqrt{2}\mathcal{F}_0 \\ D_0 \end{pmatrix} = 0 \quad (27.5.17)$$

を意味するが, これが示したかったことだ.

27.6　摂動論での非くりこみ定理

　通常のくりこみ可能な場の量子論での紫外発散のいくつかは, これらの理論の超対称版では存在しないことが当初から知られていた. 各超対称多重項に属するすべての粒子をまとめて考察する超ダイアグラムの技法が1975年に開発され, それを使って, 輻射補正のなかには有限であるばかりでなく, あるものは摂動論ではまったく存在しないことを示すことが可能になった.[5] 超ダイアグラムについては30章で詳しく説明するが, それは最も重要な非くりこみ定理を証明するのには不要だということがわかる. この節では1993年にサイバーグ (Seiberg)[6] が発展させた方法の一つを使う. この方法によって, 非くりこみ定理が対称性と解析性の簡単な考察からいかに容易に得られるかが示された.

　いくつかの左カイラル超場 Φ_n とゲージ超場 V_A (どちらか一方だけでもよい) を含む一般のくりこみ可能な超対称ゲージ理論を考えよう. 27.3節で述べたように, 因子 g を t_A と C_{ABC} から取り除く代わりに, ゲージ超場に含ませると, ラグランジアン密度は以下の形となる.

$$\mathcal{L} = \left[\Phi^\dagger e^{-V} \Phi\right]_D + 2\mathrm{Re}\left[f(\Phi)\right]_\mathcal{F} + \frac{1}{2g^2}\mathrm{Re}\left[\sum_{A\alpha\beta} \epsilon_{\alpha\beta} W_{A\alpha L} W_{A\beta L}\right]_\mathcal{F}. \quad (27.6.1)$$

ここで超ポテンシャル $f(\Phi)$ は左カイラル超場のゲージ不変な3次多

27.6 摂動論での非くりこみ定理

項式だ. (θ 項は可能だが, 摂動論では効果を及ぼさないので無視している.)

ループ・ダイアグラムを回る運動量に紫外切断 λ を課そう. この切断によって運動量が λ 以下の過程の S 行列要素について, 元のラグランジアン密度と正確に同じ結果を与える局所的な「ウィルソン流」の有効ラグランジアン密度 $\mathcal{L}_\lambda$ を, 12.4 節で議論したように見つけることができる. 有効ラグランジアン密度は今の場合 λ に依存する質量と結合定数のパラメータをもち, 通常は有効ラグランジアン密度には無限個の結合項, すなわち理論の対称性から許されるすべての可能な項が含まれる. しかし超対称性理論では, ものごとはずっと単純だ. 非くりこみ定理のおかげで, 切断が超対称性とゲージ不変性を保つ限り, 摂動論のすべての次数で有効ラグランジアンは以下の構造を持つ.

$$\mathcal{L}_\lambda = \left[\mathcal{A}_\lambda(\Phi, \Phi^\dagger, V, \mathcal{D}\cdots)\right]_D + 2\,\text{Re}\left[f(\Phi)\right]_\mathcal{F} \\ + \frac{1}{2g_\lambda^2}\text{Re}\left[\sum_{A\alpha\beta}\epsilon_{\alpha\beta}W_{A\alpha L}W_{A\beta L}\right]_\mathcal{F}. \qquad (27.6.2)$$

ここで $\mathcal{A}_\lambda$ は一般的なローレンツ不変でゲージ不変な関数で,「$\mathcal{D}\cdots$」は以前の議論の超微分または時空微分を含む項だ. また g_λ は 1 ループ有効ゲージ結合で, 1 ループのくりこまれたゲージ結合定数

$$g_\lambda^{-2} = \text{constant} - 2b\ln\lambda \qquad (27.6.3)$$

と同じ式で与えられる. ここで b は 18 章で述べたゲルマン・ロー関数 $\beta(g)$ の g^3 の係数だ. 以上は 1 個だけのゲージ結合をもつ単一のゲージ群の場合の議論だが, 単純ゲージ群と $U(1)$ ゲージ群の直積への拡張は容易だ. とくに, 有効超ポテンシャルは $\lambda \to \infty$ の極限で有限なばかりでなく, 少なくとも摂動論の範囲で元の超ポテンシャルが含む項以外の項は含まず, またそれが含む項の係数は変化しないことに留意しよう.

この定理を証明するために, 2 個のゲージ不変な左カイラル超場 X と Y を外場としてつけ加えた以下のラグランジアン密度をもつ理論の特別な場合として, この理論を解釈しよう.

$$\mathcal{L}^\sharp = \frac{1}{2}\left[\Phi^\dagger e^{-V}\Phi\right]_D + 2\mathrm{Re}\left[Y f(\Phi)\right]_\mathcal{F}$$
$$+ \frac{1}{2}\mathrm{Re}\left[X \sum_{A\alpha\beta} \epsilon_{\alpha\beta} W_{A\alpha L} W_{A\beta L}\right]_\mathcal{F}. \qquad (27.6.4)$$

このラグランジアン密度は X と Y のスカラー成分 x と y に値 $x = 1/g^2$ と $y = 1$ を与え, X と Y のスピノル成分と補助場の成分をゼロとおくと元のラグランジアン密度と同じになる. 切断の処法においては超対称性とゲージ不変性は保存されると仮定しているので, これらの外部超場が存在するときの有効ラグランジアン密度は一般の超場の D 項と左カイラル超場の $\mathcal{F}$ 項の実部との和でなければならない.

$$\mathcal{L}^\sharp_\lambda = \left[\mathcal{A}_\lambda(\Phi, \Phi^\dagger, V, X, X^\dagger, Y, Y^\dagger, \mathcal{D}\cdots)\right]_D$$
$$+ 2\mathrm{Re}\left[\mathcal{B}_\lambda(\Phi, W_L, X, Y)\right]_\mathcal{F}. \qquad (27.6.5)$$

ここで $\mathcal{A}_\lambda$ と $\mathcal{B}_\lambda$ はともに式中の引数のゲージ不変な関数だ. $\mathcal{F}$ 項は超微分も時空微分も全く含まない. なぜなら 26.3 節で見たように, 任意の左カイラル超場あるいはその複素共役の微分を含む項は $[\mathcal{A}_\lambda]_D$ への寄与として表すことができるからだ. (確かに (27.3.12) より W_L 自身は超場 $\exp(-2V)\mathcal{D}_L \exp(2V)$ に二つの $\mathcal{D}_R$ が作用したものとして表されるが, この超場はゲージ不変ではない. ここでは $\mathcal{A}_\lambda$ がゲージ不変だと要求している.)

$\mathcal{B}_\lambda$ の X と Y への依存性は, ラグランジアン密度 (27.6.4) から得られる作用の二つの余分な対称性によって厳しく制限されている. (この二つの対称性はともに非摂動論的効果によって破れているが, これは 29 章で考察する.) 第 1 の対称性は 26.3 節で述べた種類の摂動論

的な $U(1)$ の R 対称性で, θ_L と θ_R には R の値として $+1$ と -1 を与え, 超場 Φ, V, X は R 中性で, Y は R 値を $+2$ としたものだ. ($f_\mathcal{F}$ は f における θ_L^2 の係数なので, $f_\mathcal{F}$ が R 値 0 をもつためには f は R 値 2 を持たねばならない.) W_L は R 中性な超場に 2 個の $\mathcal{D}_R$ と 1 個の $\mathcal{D}_L$ を作用させて得られるので, その R 値は $+1$ だ. このようにして, R 不変性から $\mathcal{B}_\lambda$ は超ポテンシャルと同様に R 値 $+2$ を持つことが要求される. これは, 左カイラル超場の共役場のような負の R 値を持つ超場に依存することはできない. なぜなら, それは**正則** (holomorphic) なので, $\mathcal{B}_\lambda$ の項は Y について 1 次か W_L について 2 次かのどちらかだけが可能で, その係数は R 中性な超場 Φ と X だけに依存する.

$$\mathcal{B}_\lambda(\Phi, W_L, X, Y) = Y f_\lambda(\Phi, X) + \sum_{\alpha\beta AB} \epsilon_{\alpha\beta} W_{A\alpha L} W_{B\beta L}\, h_{\lambda AB}(\Phi, X) \tag{27.6.6}$$

(ローレンツ不変性より W_L のスピノル添字は $\epsilon_{\alpha\beta}$ と縮約する必要がある.) もう一つの対称性は X を虚数の定数値だけずらす並進 $X \to X + i\xi$ だ. ここで ξ は実数とする. これはラグランジアン密度 (27.6.4) を $\mathrm{Im}\sum_{A\alpha\beta} W_{A\alpha L} W_{A\beta L}$ に比例する量だけ変化させるが, それは 27.3 節で見たように時空微分なので, 摂動論では効果を及ぼさない. この並進対称性は X が有効ラグランジアン密度 (27.6.5) において, 元のラグランジアン密度 (27.6.4) に現れた場所以外のいかなる場所に現れることも禁止する. したがって f_λ は X に依存せず, また $h_{\lambda AB}$ は Φ に依存せず $X\delta_{AB}$ に比例する項と X に依存しない項との和から成ることが結論される. つまり,

$$\begin{aligned}\mathcal{B}_\lambda(\Phi, W_L, X, Y) = &\, Y f_\lambda(\Phi) \\ &+ \sum_{\alpha\beta AB} \epsilon_{\alpha\beta} W_{A\alpha L} W_{B\beta L} \left[c_\lambda \delta_{AB} X + \ell_{\lambda AB}(\Phi) \right]\end{aligned} \tag{27.6.7}$$

となる. ここで c_λ は切断に依存する実定数だ.

補助的な外部超場 X と Y を導入する理由は, それらに適切な値を与えることで, 弱結合近似を使って (27.6.7) の係数を決定できることだ. X と Y のスピノル成分と補助場成分をゼロとおき, スカラー成分 x と y をそれぞれ無限大とゼロに近づけると, ゲージ結合定数は $1/\sqrt{x}$ に比例してゼロになり, 超ポテンシャルから導かれる全ての湯川結合とスカラー結合は y に比例してゼロになる. この極限で, (27.6.7) の中で Y に比例する寄与を与える唯一のダイアグラムは (27.6.4) の $2\,\mathrm{Re}\,[Y f(\Phi)]_{\mathcal{F}}$ の項から生じる 1 個だけの頂点をもつ. したがって,

$$f_\lambda(\Phi) = f(\Phi) \tag{27.6.8}$$

が得られる. また $Y = 0$ のとき保存則により $\mathcal{L}^\sharp_\lambda$ のどの項においても Φ の数と $\Phi^\dagger$ の数が等しいことが要求され, したがって $\ell_{\lambda AB}$ が $\Phi^\dagger$ を含むことができないことから Φ も含むことができない. するとゲージ不変性より定数 $\ell_{\lambda AB}$ は単純群の場合には δ_{AB} に比例する.

$$\ell_{\lambda AB} = \delta_{AB} L_\lambda . \tag{27.6.9}$$

ゲージ・プロパゲーターは $1/x$ に比例し, ゲージ場だけの相互作用は x に比例し, スカラー場のプロパゲーターと相互作用は x に依らないので, $y = 0$ のときゲージ・ボソンだけの頂点を V_W 個, ゲージ・ボソンの内線を I_W 本, そしてスカラー–ゲージ・ボソン頂点およびスカラー・プロパゲーターを任意個だけもつダイアグラム内の x の冪数は,

$$N_x = V_W - I_W \tag{27.6.10}$$

となる. ループの数は,

$$L = I_W + I_\Phi - V_W - V_\Phi + 1 \tag{27.6.11}$$

で与えられる. ここで I_Φ は Φ の内線の数で, V_Φ は Φ–V 相互作用の頂点の数だ. すべての Φ–V 頂点には 2 本の Φ の線が付いているの

27.6 摂動論での非くりこみ定理

で, Φ の外線がなければ I_Φ と V_Φ は等しく, したがって (27.6.11) で相殺する. よって (27.6.10) は,

$$N_x = 1 - L \tag{27.6.12}$$

と書くことができる. このようにして (27.6.7) の X の係数 c_λ は樹木近似で正しく与えられ, したがって元のラグランジアンでのものと同じで単に $c_\lambda = 1$ だ. 一方, X に依らない項の係数 L_λ は 1 ループ・ダイアグラムのみで与えられる. 以上をすべてまとめると, 以下のとおりだ.

$$\mathcal{L}_\lambda^\sharp = \left[\mathcal{A}_\lambda(\Phi, \Phi^\dagger, V, X, X^\dagger, Y, Y^\dagger, \mathcal{D} \cdots) \right]_D + 2 \operatorname{Re} \left[Y f(\Phi) \right]_\mathcal{F}$$
$$+ \frac{1}{2} \operatorname{Re} \left[\left(X + L_\lambda \right) \sum_{A\alpha\beta} \epsilon_{\alpha\beta} W_{A\alpha L} W_{A\beta L} \right]_\mathcal{F}. \tag{27.6.13}$$

ここで L_λ は 1 ループからの寄与だ. $Y = 1$ と $X = 1/g^2$ とおくと (27.6.2) で $g_\lambda^{-2} = g^{-2} + L_\lambda$ としたものが得られる. 18.3 節で示したように, $\lambda dg_\lambda/d\lambda$ への最低次の寄与は, この結合定数を定義するために使われるくりこみ処法に依らず g_λ の同じ関数なので 1 ループでは,

$$\lambda \, dg_\lambda/d\lambda = b \, g_\lambda^3 \tag{27.6.14}$$

となるはずだ. ここで b はゲルマン・ローのくりこみ群方程式での g^3 の係数に等しい. その解は (27.6.3) だ. これで証明が完結する.

$U(1)$ ゲージ超場 V_1 を含む理論では, ラグランジアンはファイエ・イリオプロス項 (27.2.7) を含むことができる.

$$\mathcal{L}_{\text{FI}} = \xi \left[V_1 \right]_D. \tag{27.6.15}$$

そのような項の係数 ξ はくりこみを受けないことを示すのは容易だ.[7] 仮にウィルソン流のラグランジアン密度の対応する係数 ξ_λ がゲージ結合定数や超ポテンシャルの結合定数に依るとすると, 元のラグラン

ジアン (27.6.1) を外部超場 X と Y を含むラグランジアン (27.6.4) で置き換えたとき，ウィルソン流ラグランジアンのこの項は超対称性から以下の形をとらなければならないことになる.

$$\mathcal{L}^{\sharp}_{\text{FI }\lambda} = \left[\xi_\lambda(X, Y, X^*, Y^*)\, V_1\right]_D. \tag{27.6.16}$$

ここで ξ_λ は X や Y やそれらの共役場に自明でない形で依存性する関数だ. しかしそのような項はゲージ不変ではない. なぜなら, (27.2.18) によると, ゲージ変換は V_1 をカイラル超場 $i(\Omega - \Omega^*)/2$ だけずらし, カイラル超場の D 項はゼロになるが, $i(\Omega - \Omega^*)/2$ と ξ_λ の積は ξ_λ が他の超場に何らかの形で依存をしていると一般のゲージ変換についてはカイラルでないからだ. ξ_λ に寄与するダイアグラムでどの結合定数にも依存しないものが実際に存在する. ラグランジアン (27.6.1) の場合, ゲージ超場がカイラルな物質場と相互作用する頂点はゲージ結合 g の因子を含まないが, 代わりに因子 g^{-2} が各々のゲージ・プロパゲーターに含まれる. したがってゲージ場の内線とカイラル超場の自己結合を含まないダイアグラムは結合定数には依存しない. ξ_λ に寄与するそのような唯一のダイアグラムは1本のゲージ外線がカイラル場のループに付いたものだ. (図 27.1 を見よ.) そのような全てのダイアグラムの寄与は全てのカイラル超場のゲージ結合の和, すなわち $U(1)$ 生成子のトレースに比例する. しかし 22.4 節で議論したように, このトレースは ($U(1)$ 対称性が破れていなければ) $U(1)$ カレントの保存を破る重力アノマリーを避けるためにゼロでなければならない.

これらの定理の最も重要な応用は, もしファイエ・イリオプロス項がなく, さらに超ポテンシャル $f(\Phi)$ が式 $\partial f(\phi)/\partial \phi_n = 0$ の解を許すなら超対称性は摂動論のどの有限の次数でも破れないという結論だ.

この結論を確かめるには, Φ_n が定数のスカラー成分 ϕ_n と定数の補助場成分 $\mathcal{F}_n$ のみをもち, (ヴェス・ズミノ・ゲージで) ゲージ超場行列 V のゲージ生成子 t_A の係数 V_A が補助場成分 D_A のみをもつローレ

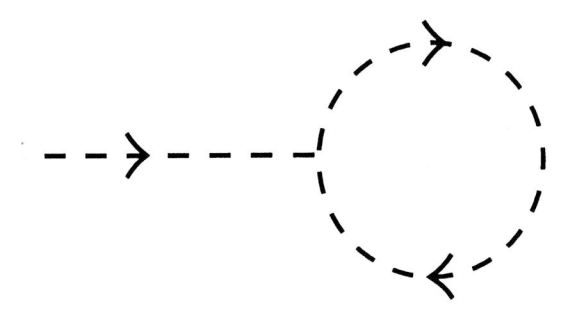

図 27.1: スカラー場とその共役場の 3 次の結合によって超対称性が破れている理論で 2 次発散する可能性のある 1 ループ・ダイアグラム. 線はすべて複素スカラー場を表す.

ンツ不変な場の配位を調べなければならない. $\mathcal{L}_\lambda$ が $\mathcal{F}_n$ または D_A について 1 次の項を含まないようにする ϕ_n の値が存在すれば, 超対称性は破れない. その場合は確かに $\mathcal{F}_n = D_A = 0$ を満たす平衡解が存在する. (29.2 節で見るように, これは超対称性が破れないための必要十分条件だ.) ファイエ・イリオプロス項がない場合は, すべての A について,

$$\sum_{nm} \frac{\partial K_\lambda(\phi,\phi^*)}{\partial \phi_n^*} (t_A)_{mn} \phi_m^* = 0 \tag{27.6.17}$$

が成り立ち, かつ, すべての n について,

$$\frac{\partial f(\phi)}{\partial \phi_n} = 0 \tag{27.6.18}$$

が成り立てば, これは正しい. ここで有効ケーラー・ポテンシャル $K_\lambda(\phi,\phi^*)$ は,

$$K_\lambda(\phi,\phi^*) = \mathcal{A}_\lambda(\phi,\phi^*,0,0\cdots) \tag{27.6.19}$$

で与えられ, $\mathcal{A}_\lambda(\phi,\phi^*,0,0\cdots)$ は $\mathcal{A}_\lambda$ のゲージ超場とすべての超微分をゼロとおいて得られる. (ローレンツ不変性から超微分がゼロとなることが要求されると, $\mathcal{A}_\lambda$ の V 依存性はあらゆる $\Phi^\dagger$ の因子の後に

現れる因子 $\exp(-V)$ だけだ.) ここで 27.4 節ですでに採用した技法を使おう. (27.6.18) に何らかの解 $\phi^{(0)}$ があるとすると, ゲージ対称性から ϕ_n を,

$$\phi_n(z) = \left[\exp(i\sum_A t_A z_A)\right]_{nm} \phi_m^{(0)} \quad (27.6.20)$$

で置き換えた一連のそのような解が存在することがわかる. ここで (f は ϕ のみに依存し ϕ^* には依存しないので) z_A は任意の複素パラメータの組だ. もし $K_\lambda(\phi, \phi^*)$ が面 $\phi = \phi(z)$ 上のどこでもよいが, ある点で停留すればその点で,

$$\begin{aligned}0 = &\sum_{nmA} \frac{\partial K_\lambda(\phi, \phi^*)}{\partial \phi_n}(t_A)_{nm}\phi_m\,\delta z_A \\ &- \sum_{nmA} \frac{\partial K_\lambda(\phi, \phi^*)}{\partial \phi_n^*}(t_A)_{mn}\phi_m^*\,\delta z_A^*\end{aligned} \quad (27.6.21)$$

が成り立つ. これはすべての微小な複素数の δz_A について満たされなければならないので, δz_A と δz_A^* の係数の両方がゼロでなければならず, したがってこの点で (27.6.18) だけでなく (27.6.17) も満たされなければならない. このように $K_\lambda(\phi, \phi^*)$ の停留点が $\phi = \phi(z)$ 上に存在することは, 摂動論のすべての次数で超対称性が破れないことを意味する. ゼロ次のケーラー・ポテンシャル $(\phi^\dagger \phi)$ は下に有界で $\phi \to \infty$ で無限大になるので, 面 $\phi = \phi(z)$ 上で確実に最小点をもち, もちろんそこで停留する. この最小点で K_λ が一定になる平坦な方向がなければ, ケーラー・ポテンシャルへの任意の十分に小さな摂動は最低点をずらすだろうが, それを壊すことはないだろう. 実際には面 $\phi = \phi(z)$ 上のケーラー・ポテンシャルの最低点で平坦な方向がある. それは通常の大域的なゲージ変換 $\delta\phi = i\sum_A \delta z_A t_A \phi$ で z_A を実にとったものだ. しかし, これらは摂動 $K_\lambda(\phi, \phi^*) - (\phi^\dagger \phi)$ に対する平坦方向でもあるので, 少なくとも有限な範囲の任意の摂動について, 面 $\phi = \phi(z)$ 上で K_λ の極小点が依然として存在する. したがって $K_\lambda(\phi, \phi^*)$ にど

ような結合が現れても, そのすべての次数で存在する. すでに見たように, これはすべての n と A について $\mathcal{F}_n = 0$ と $D_A = 0$ を満たすスカラー場の値の組だ. このことは超対称性が破れないことを意味する.

* * *

これらの結果はくりこみ可能でない理論に拡張できる.[3] そのような理論では (27.6.1) の第 1 項 $[\Phi^\dagger e^{-V}\Phi]_D$ は, $\Phi^\dagger, \Phi, V$ とそれらの超微分および時空微分のゲージ不変な任意のスカラー実関数の D 項で置き換えられるが, (27.6.1) の第 2 項と第 3 項は Φ_n と W_α の大域的にゲージ不変な任意のスカラー関数 $f(\Phi, W)$ の $\mathcal{F}$ 項で置き換えられる. ウィルソン・ラグランジアンの $\mathcal{F}$ 項に現れる関数 $f_\lambda(\Phi, W)$ は, W について 2 次の項の 1 ループくりこみをのぞいて, 摂動論のすべての次数で $f(\Phi, W)$ に等しいことが示されている.

27.7 超対称性の軟らかい破れ*

次の節で見るように, たとえ超対称性が作用の正確な対称性であっても, 非常に高いエネルギーで超対称性が自発的に破れると低エネルギーでの物理を記述する有効作用において, 超対称性の保存を破る超くりこみ可能な項が生じうる. これらの超くりこみ可能な項は, 到達可能なエネルギーでの現象で超対称性が観測されない理由を説明できる. そのような超対称性を破る超くりこみ可能な項によって生じる輻射補正をこの節では考察する. その目的の一つは, これが標準模型の超対称版において, そのような項を含めるか棄てるかの基準を与えるかどうかを見ることだ.

超対称性が破れている兆候は, 一般の超場の D 項かカイラル超場の $\mathcal{F}$ 項の期待値が現れることだ. ラグランジアン密度に現れる超対

---

*この節はこの本の議論の本筋からは多少外れているので, 最初読むときには飛ばしてもよい.

称性を破る任意の演算子 $\epsilon\mathcal{O}$ は超対称な形式で D 項

$$\epsilon\mathcal{O} = \begin{bmatrix}Z\,S\end{bmatrix}_D \tag{27.7.1}$$

として表すことができる. ここで S は $\mathcal{O}$ をその C 項としてもつカイラルでない超場だ. また, Z はカイラルでない外部超場で, その成分のうち $[Z]_D = \epsilon$ だけがゼロでないものだ. 超対称性を破る演算子 $\epsilon\mathcal{O}$ のすべてではないが, いくつかのものは $\mathcal{F}$ 項

$$\epsilon\mathcal{O} = \begin{bmatrix}\Omega\,O\end{bmatrix}_\mathcal{F} \tag{27.7.2}$$

あるいはその共役項として表せる. ここで O は左カイラル超場で, その $\mathcal{F}$ 項が $\mathcal{O}$ となるものであり, Ω は左カイラル外部超場で, その唯一のゼロでない成分が $[\Omega]_\mathcal{F} = \epsilon$ となるものだ. 有効ラグランジアンへの与えられた補正の ϵ についての次数を数えるには, この補正を超対称な形で構成するのに必要な Z または Ω の冪を数えればよい. (27.7.1) の形だけでなく (27.7.2) の形にも書ける相互作用によって生成しうる輻射補正には興味深い制限があることがわかる.

前節の結果によると, $\mathcal{F}$ 項には輻射補正がないので, ウィルソン・ラグランジアン密度への超対称性を破る輻射補正はすべて D 項の形をとらなければならない. この定理は任意の与えられた演算子がウィルソン・ラグランジアン密度に現れることを妨げない. なぜなら, たとえ演算子 $\epsilon\Delta\mathcal{L}$ が $[Z\Lambda]_D$ の形に表せなくても (ここで Λ は, その C 項が $\Delta\mathcal{L}$ となる一般の超場だ), $\epsilon^2\Delta\mathcal{L}$ は

$$\epsilon^2\Delta\mathcal{L} = 2\begin{bmatrix}\Omega^*\Omega\Lambda\end{bmatrix}_D \tag{27.7.3}$$

の形に表すことが可能だからだ. しかし, すべての演算子を Ω または Ω^* に対する 1 次の輻射補正によって生成できるわけではない. とくに, 左カイラル超場 Φ の ϕ 項のみの関数で ϕ^* を含まないものは Ω について 1 次の超場の D 項として書けない. ($[\Omega h(\Phi)]_D$ は微分

27.7 超対称性の軟らかい破れ

で, $[\Omega^* h(\Phi)]_D = 2[\Phi]_F \partial h(\phi)/\partial \phi$ は ϕ だけの関数ではないことに注意しよう.) 結論として<u>ウィルソン・ラグランジアンの超対称性を破る ϕ のみに依存する項は, 超対称性を破る (27.7.2) の形の相互作用の 1 次の輻射補正では生成できない.</u>

この結果は重要だ. なぜなら最も発散のきつい輻射補正は超くりこみ可能な結合の最低次の補正だからだ. もっと細かくいえば, 次元 $\mathcal{D}$ の相互作用の係数は (エネルギーの冪で) $4-\mathcal{D}$ の次元をもつので, 次元解析より次元 $d_1, d_2, \cdots$ の相互作用から次元 d の相互作用の係数への寄与は高々, 冪

$$p = 4 - d - (4 - d_1) - (4 - d_2) - \cdots \quad (27.7.4)$$

の紫外切断しか含まず, したがって $p < 0$ なら有限だ. (この議論は部分ダイアグラムの積分で生じうる紫外発散を無視している. この問題の完全な取り扱いは文献 8 を見よ.) 超くりこみ可能な相互作用は, それが現れるダイアグラムの発散の次数を小さくするという意味で, 「軟らかい」. とくに, くりこみ可能な理論で, そのすべての相互作用が $d_i \leq 4$ を満たし, かつ厳密にくりこみ可能な $d_i = 4$ の相互作用が超対称な場合には, 1 個以上の超くりこみ可能な相互作用による $d = 4$ の相互作用の係数への寄与はつねに $p < 0$ だ. そこで, 超くりこみ可能な相互作用は, たとえそれらが超対称でなくても, 超対称な $d = 4$ の相互作用の係数に超対称性を破り紫外発散する補正を生じさせることはない.

他方, そのような理論では超くりこみ可能な相互作用自身に, 発散する輻射補正が存在する可能性がある.[9] 最もやっかいなのは 2 次 (またはそれ以上の) 発散で, これが存在するとある高いエネルギー・スケール M_X で切断したときに M_X 以下のエネルギーで超対称性を近似的なよい対称性として保つために裸の結合定数を微調整することが必要になる. (27.7.4) よりわかるように, $d_i = 4$ のすべての相互作用が超対称な

くりこみ可能な理論では, 輻射補正により, 2次以上の高次発散 ($p \geq 2$) をする超対称性を破る次元 d の演算子が生じる. ただしそれは, その補正が, 超くりこみ可能で超対称性を破る次元 $d_1 \geq 2+d$ の相互作用の挿入を含むときにだけ可能だ. これは $d=0$ で $d_1 \geq 2$ か, あるいは $d=1$ で $d_1 = 3$ のどちらかを許す. 前者は宇宙定数を計算するときにだけ生じ, 後者はスカラー場の線が真空に消える「タッドポール」ダイアグラムを計算するときにだけ生じる. 宇宙定数は既知のすべての理論で微調整問題を引き起こすが,[10] ここではこれ以上考察しない. タッドポール・ダイアグラムは ϕ または ϕ^* について1次の演算子を表し, すでに見たように, 超対称性を破る相互作用のうちで (27.7.2) の形に変形できるものについて1次では生成できない. したがって, そのような超くりこみ可能な相互作用は2次以上の発散を引き起こさないという意味で「軟らかい」. この意味で軟らかい超対称性を破る相互作用には, ϕ と ϕ^* について2次の任意の多項式を含む $d \leq 2$ の超くりこみ可能な相互作用に加えて, $\phi^3 = [\Omega \Phi^3]_\mathcal{F}$ と表せる ϕ について3次の項と, 同様な ϕ^* について3次の項と, さらに $[\Omega \epsilon_{\alpha\beta} W_\alpha W_\beta]_\mathcal{F}$ と表せる $d=3$ のゲージーノの質量項が含まれるが, $\phi^2 \phi^*$ や $\phi \phi^{2*}$ のように2次で発散するタッドポール・ダイアグラムを一般的に生じる可能性をもつ項は含まれない.[9]

しかしながら, タッドポールは, すべての厳密な対称性に関して中性なスカラー場にだけ生じうる. 次の章で議論する超対称標準模型のように, そのような中性スカラー場をもたない理論では, すべての超くりこみ可能な相互作用は軟らかいと考えることができる.

27.8　別の方法: ゲージ不変な超対称性変換[*]

　これまでに議論してきた超対称性変換則に含まれるのは通常の時空微分であってゲージ不変な微分でない点は, 状況を若干分かりにくくしている. 例えば, $U(1)$ ゲージ理論ではカイラル・スカラー超場の成分場の変換は (26.3.15)–(26.3.17) で,

$$\begin{aligned}
\delta\psi_L &= \sqrt{2}\partial_\mu\phi\,\gamma^\mu\,\alpha_R\,\phi + \sqrt{2}\mathcal{F}\alpha_L\,, \\
\delta\mathcal{F} &= \sqrt{2}\left(\overline{\alpha_L}\,\slashed{\partial}\psi_L\right)\,, \\
\delta\phi &= \sqrt{2}\left(\overline{\alpha_R}\psi_L\right)
\end{aligned} \qquad (27.8.1)$$

と与えられる. $U(1)$ 電荷 q を持つカイラル超場の変換では, (27.8.1) の通常の時空微分は $U(1)$ ゲージ場 V_μ を使ってゲージ共変微分

$$D_\mu = \partial_\mu - iqV_\mu \qquad (27.8.2)$$

で置き換えるべきだと考えた読者もいるかもしれない. カイラル超場のそのようなゲージ不変な超対称性変換があると, さらに物理的な場と補助場 V_μ, λ, D のみを含む以下のゲージ超対称多重項の超対称性変換を定式化したくなるであろう.

$$\begin{aligned}
\tilde{\delta}V_\mu &= \left(\bar{\alpha}\gamma_\mu\lambda\right)\,, \\
\tilde{\delta}\lambda &= iD\gamma_5\alpha + \frac{1}{2}\left[\partial_\mu\slashed{V},\,\gamma^\mu\right]\alpha\,, \\
\tilde{\delta}D &= i\left(\bar{\alpha}\gamma_5\,\slashed{\partial}\lambda\right)\,.
\end{aligned} \qquad (27.8.3)$$

ゲージ超場は $U(1)$ 電荷を持たないので, これには通常の時空微分が現れる.

　しかし, これはうまく行かない. これらの変換の代数は閉じない. すなわち, 修正された二つの超対称性変換の交換子は時空変換やゲージ

---

[*]この節はこの本の議論の本筋からは多少外れているので, 最初読むときには飛ばしてもよい.

変換等のボソン的な対称性変換の線形結合ではない．これらの修正された超対称性変換のもとで不変なカイラル超場とゲージ超場のラグランジアンを構成することは不可能なことがわかる．なぜなら，もしそのようなラグランジアンが存在すれば，それはこれらの変換の交換子のもとでも不変でなければならず，したがってこれらの交換子はラグランジアンのボソン的対称性のはずだからだ．

1973 年にド・ウィットとフリードマン[11]は，通常の微分をゲージ不変な微分に代えるだけでなく $\mathcal{F}$ 成分の変換に余分な項を付け加えてカイラル超場の超対称性変換則を変更することによって超対称代数を閉じさせることができることを示した．その結果 $U(1)$ ゲージ理論では修正された超対称性変換則は，

$$\begin{aligned}
\tilde{\delta}\psi_L &= \sqrt{2}D_\mu \phi \gamma^\mu \alpha_R \phi + \sqrt{2}\mathcal{F}\alpha_L, \\
\tilde{\delta}\mathcal{F} &= \sqrt{2}\left(\overline{\alpha_L}\,\slashed{D}\psi_L\right) - 2iq\phi\left(\overline{\alpha_L}\lambda_R\right), \\
\tilde{\delta}\phi &= \sqrt{2}\left(\overline{\alpha_R}\psi_L\right)
\end{aligned} \qquad (27.8.4)$$

となる．この変更によって，彼らは変換 (27.8.3)–(27.8.4) のもとで不変で我々が 27.1 節と 27.2 節で見つけたものと丁度同じラグランジアンを構成することもできた．

従来の変換則 (27.8.1) を使い続けても何の問題もないので，超対称ゲージ理論を取り扱うのにド・ウィット–フリードマン形式は必要ない．しかしながら，この形式は幾分興味深い．なぜなら，超重力理論では従来の形式を踏襲したものは極めて扱いにくいからだ．31 章で述べるように，超重力理論の物理的に興味ある結果を導くのに主に使われてきた形式はド・ウィット–フリードマン形式に似た方法をとっている．それは (27.8.1) のような従来の超対称性変換に基づくやり方ではなく，通常の微分の代わりに共変微分を含む超対称性変換則をもつ．したがって，ド・ウィット–フリードマン形式と従来の方法との関係を，比較的単純な $U(1)$ ゲージ理論の中で理解しておくこと，とくに $\mathcal{F}$ の

27.8 別の方法: ゲージ不変な超対称性変換

変換則の追加項の起源の説明には興味がある.

ゲージ超場 V の成分 C, M, N, ω を含まない超対称性変換 (27.8.3) を書く際に, ド・ウィットとフリードマンは 27.1 節で議論したヴェス–ズミノ・ゲージを暗黙のうちに採用していた. しかしヴェス–ズミノ・ゲージを選択すると, 従来の超対称性変換 (26.2.11)–(26.2.17) のもとで不変でないだけでなく, 拡張されたゲージ変換 (27.1.17) のもとでも不変でないので, 一旦このゲージを採用すると両方の対称性が失われる. しかしヴェス–ズミノ・ゲージを満たす場に作用する組み合わせた変換を定義できる. それは従来の超対称性変換に続いて, ヴェス–ズミノ・ゲージに引き戻す拡張されたゲージ変換を行うものだ. これがド・ウィット–フリードマン変換 $\tilde{\delta}$ だ.**

このようにしてド・ウィット–フリードマン変換を構成するには, ヴェス–ズミノ・ゲージ条件 $C = M = N = \omega = 0$ を満たすゲージ超場の場合に, 変換則 (26.2.11)–(26.2.14) は,

$$\delta C = 0, \quad \delta \omega = \displaystyle{\not}V \alpha, \quad \delta M = -\left(\bar{\alpha}\lambda\right), \quad \delta N = i\left(\bar{\alpha}\gamma_5 \lambda\right) \quad (27.8.5)$$

となることに留意する. (27.1.17) に従って, (27.1.13) の微小な拡張ゲージ変換

$$V \to V + \frac{i}{2}\bigl[\Omega - \Omega^*\bigr] \quad (27.8.6)$$

を実行することでヴェス–ズミノ・ゲージに戻ることができる. ここで Ω は左カイラル超場で, その成分は以下のとおりだ.

$$\phi^\Omega = 0, \quad \psi^\Omega_L = -\sqrt{2}\,\displaystyle{\not}V \alpha_R, \quad \mathcal{F}^\Omega = -\left(\bar{\alpha}(1-\gamma_5)\lambda\right). \quad (27.8.7)$$

** ド・ウィットとフリードマンは, このことを陽には示していない. しかし, じつは, 閉じた超対称代数の要求から (非可換ゲージ理論の場合にも) 変換 (27.8.3) と (27.8.4) の詳細が推察されることに彼らの論文の力点が置かれてはいるものの, 彼らは実際にはヴェス–ズミノ・ゲージで生き残るフェルミオン的変換を同定することによって, これらの変換を見つけたと記述している.

(27.1.11) によれば, この拡張ゲージ変換は電荷 q のカイラル超場に変換

$$\delta'\Phi = iq\Omega\Phi \tag{27.8.8}$$

を引き起こす. 積の規則 (26.3.27)–(26.3.29) を使うと, Φ の成分の変換は,

$$\begin{aligned}
\delta'\psi_L &= -i\sqrt{2}q\phi\,\slashed{V}\alpha_R\,, \\
\delta'\mathcal{F} &= -2iq\phi\left(\overline{\alpha_L}\lambda_R\right) - i\sqrt{2}q\left(\overline{\alpha_L}\,\slashed{V}\psi_L\right), \\
\delta'\phi &= 0
\end{aligned} \tag{27.8.9}$$

となる. これを (27.8.1) に加えて (27.8.4) と比較すると, ド・ウィット–フリードマン変換は確かに従来の超対称性変換と, それに対応する拡張ゲージ変換(27.8.8) との組み合わせ

$$\tilde{\delta}\Phi = \delta\Phi + \delta'\Phi \tag{27.8.10}$$

になっている.

27.9　拡張超対称ゲージ理論*

　破れていない拡張された超対称性をもつ理論は, 25.4 節で議論したように粒子の多重項がカイラルでないために, 標準模型を現実的に拡張するよい候補とは考えられない. しかしながら拡張された超対称性をもつゲージ理論を考察することには価値がある. なぜなら, それは動力学的な問題を解くために強力な数学的方法を使う実例を与えてきたからだ.

　$N=2$ の拡張超対称性をもつラグランジアンを構成するいくつかの特別な形式が提案されているが,[12] 幸い, すでに手にしている手法

---

*この節はこの本の議論の本筋からは多少外れているので, 最初読むときには飛ばしてもよい.

27.9 拡張超対称ゲージ理論

を用いてうまく切り抜けることができる. $N=2$ 超対称性をもつどの理論も $N=1$ 超対称性をもつので, そのラグランジアンはこの章ですでに考察したラグランジアンの特別の場合のはずだ. 25.4 節と 25.5 節で構成した $N=2$ 超対称多重項の粒子の組についてのラグランジアンを構成するには, $N=1$ 超対称性をもつ最も一般的なラグランジアンでその $N=1$ 超対称多重項が $N=2$ 超対称多重項の粒子の物理的な場を含むものを書き下し, 次にそのラグランジアンに離散的な R 対称性すなわち $N=2$ 超対称多重項の異なる成分に異なる形で作用する対称性を課すだけでよい. そうするとラグランジアン密度は別の超対称性のもとで不変になり, その超対称多重項は通常の $N=1$ 超対称性をもつ多重項に R 対称性を作用させて得られる.

この R 変換は,

$$Q_1 \to Q_2, \qquad Q_2 \to -Q_1 \tag{27.9.1}$$

と選ぶのが便利だろう. もし中心電荷がゼロなら, 超対称性代数は $SU(2)$ R 対称性群のもとで不変で, それは変換 (27.9.1) を有限な 1 つの要素 $\exp(i\pi\tau_2/2)$ としてもつことになるが, ここでの目的には離散的な対称性だけで十分なので中心電荷がゼロということは仮定する必要がない. 実際, この方法で構成するラグランジアンは, 単に離散的な変換 (27.9.1) のもとでの対称性だけでなく, $SU(2)$ R 対称性をもつことがあとで分かる.

最初に一般的なゲージ群のゲージ・ボゾンについてのくりこみ可能な理論で, $N=2$ の拡張された超対称性から要求される超対称パートナーを含むものを考察しよう. 25.4 節で見たように $N=2$ の大域的超対称理論では, 質量ゼロのゲージ・ボゾンが属することのできる多重項には, $SU(2)$ R 対称性のもとで 2 重項として変換するヘリシティ $\pm 1/2$ の 1 対の質量ゼロ・フェルミオンと $SU(2)$ 1 重項でスピン・ゼロの 1 対のボゾンとが必ず含まれる. $N=2$ 超対称性は $N=1$ 超対

称性を含むので,この理論のくりこみ可能なラグランジアンは一般のくりこみ可能なラグランジアン密度 (27.4.1) の特別の場合でなければならない. この特別の場合の特徴の一つは, ゲージ・ボソンがゲージ群の随伴表現に属するのでフェルミオンとスカラー場も随伴表現に属さなければならない点だ. 正しい粒子内容をもつ場の $N=2$ 超対称多重項を与えるには, 各々の $N=1$ ゲージ多重項 V_A^μ, λ_A, D_A に対して, 成分場 ϕ_A, ψ_A, $\mathcal{F}_A$ (ψ_A はマヨラナ場, ϕ_A と $\mathcal{F}_A$ はともに複素場だ) をもつ 1 個の $N=1$ カイラル超場 Φ_A が存在しなければならない. ここで, 変換

$$\psi_A \to \lambda_A, \qquad \lambda_A \to -\psi_A \qquad (27.9.2)$$

(他のすべての場は変化させない) のもとでの離散的な R 対称性を課す. なぜなら, これが変換 (27.9.1) の効果だからだ. 自明でない超ポテンシャルは λ_A にはない相互作用や質量項を ψ_A に与えるので, 超ポテンシャルはゼロでなければならない. したがってラグランジアン (27.4.1) は以下の特別な形をとる.

$$\begin{aligned}
\mathcal{L} = &- \sum_A (D_\mu \phi)_A^* (D^\mu \phi)_A - \frac{1}{2} \sum_A \left(\overline{\psi_A} (\slashed{D} \psi)_A \right) + \sum_A \mathcal{F}_A^* \mathcal{F}_A \\
&- 2\sqrt{2} \mathrm{Re} \sum_{ABC} C_{ABC} \left(\lambda_{AL}^\mathrm{T} \psi_{CL} \right) \phi_B^* \\
&+ i \sum_{ABC} C_{ABC} \phi_B^* \phi_C D_A - \sum_A \xi_A D_A + \frac{1}{2} \sum_A D_A D_A \\
&- \frac{1}{4} \sum_A f_{A\mu\nu} f_A^{\mu\nu} - \frac{1}{2} \sum_A \left(\overline{\lambda_A} (\slashed{D} \lambda)_A \right) + \frac{g^2 \theta}{64\pi^2} \epsilon_{\mu\nu\rho\sigma} \sum_A f_A^{\mu\nu} f_A^{\rho\sigma}.
\end{aligned}$$
(27.9.3)

ここで,

$$(D_\mu \psi)_A = \partial_\mu \psi_A + \sum_{BC} C_{ABC} V_{B\mu} \psi_C, \qquad (27.9.4)$$

27.9 拡張超対称ゲージ理論

$$(D_\mu \lambda)_A = \partial_\mu \lambda_A + \sum_{BC} C_{ABC} V_{B\mu} \lambda_C, \qquad (27.9.5)$$

$$(D_\mu \phi)_A = \partial_\mu \phi_A + \sum_{BC} C_{ABC} V_{B\mu} \phi_C \qquad (27.9.6)$$

また,

$$f_{A\mu\nu} = \partial_\mu V_{A\nu} - \partial_\nu V_{A\mu} + \sum_{BC} C_{ABC} V_{B\mu} V_{C\nu} \qquad (27.9.7)$$

としている. (随伴表現では $(t_A)_{BC} = -iC_{ABC}$ だ. ここで C_{ABC} は実数の構造定数で, この本では通常のとおり, ゲージ結合の因子を含み, 完全反対称な基底が採られている.) ラグランジアン密度 (27.9.3) は (27.4.1) の特別の場合なので, 多重項 $\phi_A, \psi_A, \mathcal{F}_A$ と V_A^μ, λ_A, D_A による $N=1$ 超対称性をもつ. また, この密度は, 有限の $SU(2)$ 変換 (27.9.2) のもとでの不変性を含む ψ_A と λ_A を結ぶ $SU(2)$ 対称性をもつので, 多重項 $\phi_A, \lambda_A, \mathcal{F}_A$ と $V_A^\mu, -\psi_A, D_A$ による別の独立な $N=1$ 超対称性ももつ. したがってこの密度は $N=2$ 超対称性から要請される条件を満たす.

補助場はラグランジアン密度 (27.9.3) の停留点での以下の値に等しくおくことで消去できる.

$$\mathcal{F}_A = 0, \qquad D_A = -i \sum_{BC} C_{ABC} \phi_B^* \phi_C. \qquad (27.9.8)$$

(ここではファイエ・イリオプロス定数 ξ_A はすべてゼロと仮定している.) これらの値を (27.9.3) に代入すると同等な以下のラグランジアン密度が得られる.

$$\begin{aligned}
\mathcal{L} = &-\sum_A (D_\mu \phi)_A^* (D^\mu \phi)_A - \frac{1}{2} \sum_A \left(\overline{\psi_A} (\slashed{D} \psi)_A \right) \\
&+ \sqrt{2} \sum_{ABC} C_{ABC} \left(\overline{\psi_B} \left(\frac{1-\gamma_5}{2} \right) \lambda_A \right) \phi_C \\
&- \sqrt{2} \sum_{ABC} C_{ABC} \left(\overline{\lambda_A} \left(\frac{1+\gamma_5}{2} \right) \psi_C \right) \phi_B^* - V(\phi, \phi^*)
\end{aligned}$$

$$-\frac{1}{4}\sum_A f_{A\mu\nu}f_A^{\mu\nu} - \frac{1}{2}\sum_A \left(\overline{\lambda_A}\left(\not{D}\lambda\right)_A\right) + \frac{g^2\theta}{64\pi^2}\epsilon_{\mu\nu\rho\sigma}\sum_A f_A^{\mu\nu}f_A^{\rho\sigma}.$$
(27.9.9)

ここでポテンシャルは,

$$V(\phi,\phi^*) = -\frac{1}{2}\sum_A \left[\sum_{BC} C_{ABC}\,\phi_B^*\phi_C\right]^2$$
$$= 2\sum_A \left[\sum_{BC} C_{ABC}\,\mathrm{Re}\,\phi_B\,\mathrm{Im}\,\phi_C\right]^2 \quad (27.9.10)$$

で与えられる.このポテンシャルは最低値ゼロをもち,それが達成されるのは,$\phi_A = 0$ の場合だけではなく,ϕ の組がすべての A について $\sum_{BC} C_{ABC}\,\phi_B^*\phi_C = 0$ を満たす,言い換えれば,

$$[t\cdot\mathrm{Re}\,\phi,\,t\cdot\mathrm{Im}\,\phi] = 0, \quad \text{ただし}\ \ t\cdot v \equiv \sum_B t_B v_B \quad (27.9.11)$$

を満たす場合も含まれる.すなわち,ポテンシャルの最低点は,スカラー場について,すべての生成子 $t\cdot\mathrm{Re}\,\phi$ と $t\cdot\mathrm{Im}\,\phi$ がゲージ代数全体のカルタン部分代数に属し,その生成子はすべて互に交換する場合に達成される.ϕ のそのような値はすべてポテンシャルをゼロにし,したがって $N=2$ 超対称性は破れないが,それらは物理的には同等ではない.そのことは例えば,破れたゲージ対称性に伴ってそれらがゲージ・ボゾンに与える質量が異なることに表れる.

拡張された超対称性の著しい特徴の一つは,任意の状態における超対称性代数の中心電荷が,その状態にボゾン場が結合するときの「電荷」を用いて計算できる点だ.[13] この計算を実行する最も簡単な方法は通常の $N=1$ 超対称性のもとでの拡張された超対称性カレント $S_r^\mu(x)$ $(r = 2, 3, \ldots, N)$ の変換性を使って,反交換子 $\{Q_{1\alpha}, S_{r\beta}^\mu(x)\}$ を計算することだ.すると中心電荷は反交換子

$$\{Q_{1\alpha}, Q_{r\beta}\} = \int d^3x\,\{Q_{1\alpha}, S_{r\beta}^0(x)\} \quad (27.9.12)$$

27.9 拡張超対称ゲージ理論

から計算できる. 右辺の被積分関数は空間座標に関する微分であることが分かるが, 状態がもつ場が $\mathbf{x} \to \infty$ で速くゼロにならなければその積分はゼロにならない.

この方法がどの様に機能するかを詳細に見るために, $N=2$ 超対称性で $SU(2)$ ゲージ対称性と 1 個の $N=2$ ゲージ超対称多重項をもち, 余分な物質場の超対称多重項はもたない場合を考えよう. この場合のラグランジアンは (27.9.3) で与えられる. ただし, A, B, C は $1, 2, 3$ の値をとり,

$$C_{ABC} = e\epsilon_{ABC}, \qquad \xi_A = 0 \tag{27.9.13}$$

ととる. (ここでは結合定数は e で表す. なぜならこれは破れていない $U(1)$ ゲージ対称性の質量ゼロのゲージ場が相互作用する電荷だからだ.) 通常の $N=1$ 超対称性カレントは (ここでは添字 1 で区別する) (27.4.40) で,

$$\begin{aligned}S_1^\mu = &-\frac{1}{4}\sum_A f_{A\rho\sigma}[\gamma^\rho,\gamma^\sigma]\gamma^\mu \lambda_A - e\sum_{ABC}\epsilon_{ABC}\,\gamma_5\gamma^\mu\lambda_A\,\phi_B^*\,\phi_C\\ &+\frac{1}{\sqrt{2}}\sum_A\left[(\slashed{D}\phi)_A\,\gamma^\mu\psi_{AR}+(\slashed{D}\phi^*)_A\,\gamma^\mu\psi_{AL}\right]\end{aligned} \tag{27.9.14}$$

と与えられる. 2 番目の超対称性カレントは, S_1^μ に上で使った有限な $SU(2)$ R 対称性変換を施して得られる. これは単に $\psi_A \to \lambda_A$, $\lambda_A \to -\psi_A$ の置き換えをするだけだ. これは,

$$\begin{aligned}S_2^\mu = &\frac{1}{4}\sum_A f_{A\rho\sigma}[\gamma^\rho,\gamma^\sigma]\gamma^\mu \psi_A + e\sum_{ABC}\epsilon_{ABC}\,\gamma_5\gamma^\mu\psi_A\,\phi_B^*\,\phi_C\\ &+\frac{1}{\sqrt{2}}\sum_A\left[(\slashed{D}\phi)_A\,\gamma^\mu\lambda_{AR}+(\slashed{D}\phi^*)_A\,\gamma^\mu\lambda_{AL}\right]\end{aligned} \tag{27.9.15}$$

を与える. ここでの目的には, このカレントの右手部分の $N=1$ 超対称性変換のもとでの変化を計算するだけで十分だ (また幾分とも容易

だ). 補助場を停留点での値

$$\mathcal{F}_A = 0, \qquad D_A = -ie \sum_{BC} \epsilon_{ABC} \phi_B^* \phi_C,$$

に等しくおいた後に, 以下が得られる.

$$\begin{aligned}\delta S_{2R}^\mu &= \frac{\sqrt{2}}{4} \sum_A f_{A\rho\sigma}[\gamma^\rho, \gamma^\sigma]\gamma^\mu (\not{D}\phi)_A \alpha_R \\ &\quad -\sqrt{2}\,e \sum_{ABC} \epsilon_{ABC} \gamma^\mu (\not{D}\phi)_A \alpha_R \phi_B^* \phi_C \\ &\quad -\frac{\sqrt{2}}{4} f_{A\rho\sigma}(\not{D}\phi)_A \gamma^\mu [\gamma^\rho, \gamma^\sigma]\alpha_R \\ &\quad -\sqrt{2}\,e \sum_{ABC} \epsilon_{ABC} \phi_B^* \phi_C (\not{D}\phi)_A \gamma^\mu \alpha_R + \cdots.\end{aligned}$$

ここで「$\cdots$」はフェルミオン場の双線形項を表すが, ここでは興味の対象でない. なぜなら興味があるのは長距離のボソン場の効果だからだ. ディラックの反交換関係と等式

$$\begin{aligned}[\gamma^\rho, \gamma^\sigma][\gamma^\mu, \gamma^\nu] + [\gamma^\mu, \gamma^\nu][\gamma^\rho, \gamma^\sigma] &= -8\eta^{\mu\rho}\eta^{\nu\sigma} + 8\eta^{\sigma\mu}\eta^{\rho\nu} \\ &\quad + 8i\,\epsilon^{\mu\nu\rho\sigma}\gamma_5\end{aligned}$$

を使って項をまとめると,

$$\begin{aligned}\delta S_{2R}^\mu &= -2\sqrt{2}\sum_A f_A^{\mu\nu}(D_\nu \phi)_A \alpha_R - i\sqrt{2}\sum_A \epsilon^{\mu\nu\rho\sigma} f_{A\rho\sigma}(D_\nu\phi)_A \alpha_R \\ &\quad -2\sqrt{2}\,e \sum_{ABC} \epsilon_{ABC} \phi_B^* \phi_C (D^\mu \phi)_A \alpha_R + \cdots\end{aligned}$$

が得られる. これを微分として書くには, (15.3.6), (15.3.7), (15.3.9) で与えられるヤン・ミルズ場の方程式

$$D_\nu f_A^{\mu\nu} = J_A^\mu = e\sum_{BC}\epsilon_{ABC}\Big((D^\mu\phi)_B^* \phi_C - \phi_B^*(D^\mu\phi)_C\Big),$$
$$\epsilon_{\mu\nu\rho\sigma}(D^\nu f^{\rho\sigma})_A = 0$$

27.9 拡張超対称ゲージ理論

を使う必要がある．これらの方程式より δS_{2R}^μ は全微分

$$\delta S_{2R}^\mu = D_\nu X^{\mu\nu} \alpha_R \tag{27.9.16}$$

で表すことができる．ここで，

$$X^{\mu\nu} = -2\sqrt{2}\sum_A f_A^{\mu\nu}\phi_A - i\sqrt{2}\sum_A \epsilon^{\mu\nu\rho\sigma} f_{A\rho\sigma}\phi_A + \cdots \tag{27.9.17}$$

で，「$\cdots$」はふたたび興味の対象外のフェルミオン場を含む項を表す．(26.1.18) より (27.9.16) は反交換関係

$$\left\{Q_{R\alpha}, S_{R\beta}^\mu\right\} = i\left[\epsilon\left(\frac{1-\gamma_5}{2}\right)\right]_{\alpha\beta} D_\nu X^{\mu\nu} \tag{27.9.18}$$

として書くことができる．$X^{\mu\nu}$ はゲージ不変量なので，そのゲージ共変微分は通常の微分に等しい．また，$X^{\mu\nu}$ は反対称なので，$D_\nu X^{0\nu} = \partial_i X^{0i}$ が成り立つ．(27.9.12) と (27.9.18) より，最終的に，

$$\left\{Q_{R\alpha}, Q_{R\beta}\right\} = i\left[\epsilon\left(\frac{1-\gamma_5}{2}\right)\right]_{\alpha\beta} \int dS_i\, X^{0i} \tag{27.9.19}$$

が得られる．ここで積分は問題となっている系を囲む大きな閉曲面についてとり，表面積微分 $d\mathbf{S}$ は表面に垂直にとる．これを (25.2.38) と比較すると中心電荷が，

$$Z_{12} = -i\int dS_i\, X^{0i} \tag{27.9.20}$$

と与えられる．ϕ_A が (ほとんどあらゆる場所で) ゼロでない定数の成分 $\phi_3 \equiv v$ だけをもつゲージを採れば，

$$\sum_A f_A^{0i}\phi_A = -vE^i, \qquad \frac{1}{2}\sum_A \epsilon^{0i\rho\sigma} f_{A\rho\sigma}\phi_A = vB^i \tag{27.9.21}$$

となる．ここで $\mathbf{E}$ と $\mathbf{B}$ は $SU(2)$ ゲージ群の破れていない $U(1)$ 部分群にともなう電場と磁場だ．したがって中心電荷 (27.9.20) は今の場合，

$$Z_{12} = 2\sqrt{2}\,v\left[iq - \mathcal{M}\right] \tag{27.9.22}$$

となる. ここで q と $\mathcal{M}$ は,

$$q = \int dS_i\, E^i, \qquad \mathcal{M} = \int dS_i\, B^i \qquad (27.9.23)$$

で定義される電荷と磁気単極子モーメントだ. 23.3 節で議論したように, この理論は, スカラー $SU(2)$ 3 重項の期待値によって $SU(2)$ ゲージ対称性が自発的に破れれば, 磁気単極子が実際に生じる理論だ.

27.4 節の結果をラグランジアン密度 (27.9.3) に適用すると, $SU(2)$ ゲージ対称性が自発的に破れた後では, この理論は電荷 $\pm e$, 磁気単極子モーメント・ゼロ, 樹木近似での質量 $M = \sqrt{2}|ev|$ の素粒子を含むことが分かる. とくに, 電荷の各符号について, そのような 1 個のスピン 1 粒子と 2 個のスピン 1/2 粒子と 1 個のスピン・ゼロ粒子が存在する. ここで得られた結果の驚くべき帰結として, 質量の値 $\sqrt{2}|ev|$ は厳密で, v が中心電荷に関して (27.9.22) で定義されているかぎり輻射補正と非摂動論的効果のどちらによっても影響を受けない.[13]

このことを見るには, 電荷の各符号についてゼロでない質量をもつ 1 粒子状態は「小さい」 $N = 2$ 超対称多重項だと気づけばよい. この多重項は, 25.5 節の終わりに示したように, (25.5.24) の下限

$$M = |Z_{12}|/2 \qquad (27.9.24)$$

にちょうど等しい質量をもつ. 仮に樹木近似が粒子の質量の正確な値を与えると信じなくても, この近似の補正によって「小さな」多重項が, もっと大きな質量をもつ, より多くの状態を含む「完全な」多重項になるとは期待されないので, (27.9.24) は厳密に正しいと確信できる. 電荷 $q = \pm e$ と磁気単極子モーメント・ゼロをもつ粒子については, (27.9.20) は, $Z_{12} = \pm 2\sqrt{2}\, ive$ を与えるので, (27.9.24) よりその質量は,

$$M = \sqrt{2}|ev| \qquad (27.9.25)$$

27.9 拡張超対称ゲージ理論

となる.これは樹木近似で見出された結果だが,いまや厳密だということが分かる.

23.3 節で述べた半古典的な計算より,この理論の電気的に中性な磁気単極子は単極子の強度[**]

$$\mathcal{M} = \frac{4\pi\nu}{e} \tag{27.9.26}$$

をもつ.ここで ν は巻付き数で正または負の整数だ.したがって中心電荷の式 (27.9.22) と不等式 (25.5.24) から磁気単極子の質量の下限が,

$$M \geq \frac{4\pi\sqrt{2}\,|\nu v|}{|e|} \tag{27.9.27}$$

と与えられる.興味深いことに,これは 23.3 節で導いた磁気単極子のエネルギーについてのボゴモルニの下限[14]に等しい.[†] 実際, 23.3 節で述べた $\nu = 1$ の単極子解はちょうどこの下限に一致する.もっと一般的には,この理論の「ダイオン (dyon)」[15] すなわち電荷と磁気モーメントの両方をもつ粒子は,

$$M = 2|v|\sqrt{q^2 + \mathcal{M}^2} \tag{27.9.28}$$

の質量をもつ.[16] これはまたしても (25.5.24) と (27.9.20) で許される最小値だ.じつは,この理論で知られているすべての粒子は半古典極限で与えられる (27.9.28) の質量をもつ.[17]

次に一般の $N=2$ ゲージ理論に戻って,ラグランジアンに「物質」場もつけ加えてよいことにする.簡単のために,ゼロでない質量をもつ「小さな」ハイパー多重項 (これは中心電荷 $\mathcal{Z}$ がちょうど不等式 (25.5.24) の下限を満たす) に議論を限る.各多重項は,スピン 1/2 の 1

[**] (27.9.23) で定義された磁気モーメント $\mathcal{M}$ は 23.3 節で定義された磁気モーメント g と $\mathcal{M} = 4\pi g$ の関係にある.
[†] ゼロでない真空期待値をもつ正準規格化された場は $\sqrt{2}\,\mathrm{Re}\,\phi_3$ (実の v の場合) なので,ボゴモルニの不等式 (23.3.19) に現れる量 $\langle \phi \rangle$ は $\sqrt{2}v$ だ.

個のフェルミオン, スピン・ゼロの 1 個の $SU(2)$ 2 重項およびこれらと同一ではない反粒子から成るとする. そのスピン内容は, $N=1$ 超対称性のもとで左カイラル・スカラー超場の対 Φ'_n と Φ''_n およびそれらの右カイラル共役場と, $SU(2)$ 2 重項の対を構成する複素スカラー場成分 ϕ'_n と ϕ''_n およびそれらの共役場, そしてすべての $SU(2)$ 1 重項のスピノル場によって与えられるスピン内容と同じだ. (プライムとダブル・プライムはこれらの超場とその成分を, Φ_A とその成分から区別するために使っている.) これらのハイパー多重項 Φ'_n と Φ''_n のいくつかがゲージ群のもとで中性でなければ, 以下の形の超ポテンシャルが許される.††

$$f(\Phi, \Phi', \Phi'') = \frac{1}{2}\sum_{Anm}(s_A)_{nm}\Phi'_n\Phi''_m\Phi_A + \frac{1}{2}\sum_{nm}\mu_{nm}\Phi'_n\Phi''_m.$$
(27.9.29)

ラグランジアン密度 (27.9.3) に, (27.4.1) の右辺の最初の 8 項で与えられるこれらのハイパー多重項のラグランジアン密度をつけ加えなければならない. 得られる全ラグランジアン密度は以下のとおりだ.

$$\mathcal{L} = -\sum_n (D_\mu\phi')^*_n (D^\mu\phi')_n - \sum_n (D_\mu\phi'')^*_n (D^\mu\phi'')_n$$

---

††いまの場合も超ポテンシャルには Φ_A について 2 次以上の項は存在できない. その理由は以前と同じで, そのような項は ψ_A にスカラー結合または質量をもたらすが, その $SU(2)$ パートナー λ_A には対応する結合または質量は存在しないからだ. また Φ'_n と Φ''_n について 3 次の項も存在できない. なぜなら, もしそのような項が存在すると (27.4.1) でフェルミオンの 2 次式と超ポテンシャルの 2 回微分との積を含む項から, $SU(2)$ 1 重項のフェルミオンと $SU(2)$ 2 重項の場 ϕ'_n または ϕ''_n との結合が生じてしまう. したがって超ポテンシャルの唯一の 3 次の相互作用項は Φ_A の 1 つの因子と Φ'_n, Φ''_n のうちの 2 つの因子を含まなければならない. 1 個の Φ_A と 2 個の Φ'_n または 2 個の Φ''_n とを含む 3 次項は存在できない. なぜなら, そのような項は $SU(2)$ 1 重項の補助場 $\mathcal{F}_A$ に $SU(2)$ 3 重項の積 $\phi'_n\phi'_m$ あるいは $\phi''_n\phi''_m$ との相互作用を与えるからだ. また 2 個の Φ'_n または 2 個の Φ''_n を含む 2 次項も許されない. なぜなら, そのような項は $SU(2)$ 3 重項の質量項 $(\psi'^T_n\epsilon\psi'_m)$ あるいは $(\psi''^T_n\epsilon\psi''_m)$ を生じるからだ. 残った唯一の許される 2 次または 3 次の項は (27.9.29) の形のものだ.

27.9 拡張超対称ゲージ理論

$$-\sum_A (D_\mu \phi)^*_A (D^\mu \phi)_A - \frac{1}{2} \sum_n \left(\overline{\psi'_n} (\slashed{D}\psi')_n \right)$$

$$-\frac{1}{2} \sum_n \left(\overline{\psi''_n} (\slashed{D}\psi'')_n \right)$$

$$-\frac{1}{2} \sum_A \left(\overline{\psi_A} (\slashed{D}\psi)_A \right) - \frac{1}{2} \sum_A \left(\overline{\lambda_A} (\slashed{D}\lambda)_A \right)$$

$$+ \sum_n \mathcal{F}'^*_n \mathcal{F}'_n + \sum_n \mathcal{F}''^*_n \mathcal{F}''_n + \sum_A \mathcal{F}^*_A \mathcal{F}_A$$

$$-\mathrm{Re} \sum_{Anm} (s_A)_{nm} \phi_A \left(\psi'^\mathrm{T}_{nL} \epsilon \psi''_{mL} \right)$$

$$-2\sqrt{2}\, \mathrm{Re} \sum_{ABC} C_{ABC} \left(\lambda^\mathrm{T}_{AL} \epsilon \psi_{CL} \right) \phi^*_B$$

$$-\mathrm{Re} \sum_{Anm} (s_A)_{nm} \phi'_n \left(\psi''^\mathrm{T}_{mL} \epsilon \psi_{AL} \right)$$

$$-\mathrm{Re} \sum_{Anm} (s_A)_{nm} \phi''_m \left(\psi'^\mathrm{T}_{nL} \epsilon \psi_{AL} \right)$$

$$+2\sqrt{2}\, \mathrm{Im} \sum_{Anm} (t'_A)_{mn} \left(\psi'^\mathrm{T}_{nL} \epsilon \lambda_{AL} \right) \phi'^*_m$$

$$+2\sqrt{2}\, \mathrm{Im} \sum_{Anm} (t''_A)_{mn} \left(\psi''^\mathrm{T}_{nL} \epsilon \lambda_{AL} \right) \phi''^*_m$$

$$+ \mathrm{Re} \sum_{Anm} (s_A)_{nm} \phi_A \phi'_n \mathcal{F}''_m + \mathrm{Re} \sum_{Anm} (s_A)_{nm} \phi_A \phi''_m \mathcal{F}'_n$$

$$+ \mathrm{Re} \sum_{Anm} (s_A)_{nm} \phi'_n \phi''_m \mathcal{F}_A$$

$$+ \mathrm{Re} \sum_{Anm} \mu_{nm} \phi'_n \mathcal{F}''_m + \mathrm{Re} \sum_{Anm} \mu_{nm} \phi''_m \mathcal{F}'_n$$

$$-\mathrm{Re} \sum_{nm} \mu_{nm} \left(\psi'^\mathrm{T}_{nL} \epsilon \psi''_{mL} \right) - \sum_{Anm} (t'_A)_{nm} \phi'^*_n \phi'_m D_A$$

$$- \sum_{Anm} (t''_A)_{nm} \phi''^*_n \phi''_m D_A + i \sum_{ABC} C_{ABC}\, \phi^*_B \phi_C D_A$$

$$- \sum_A \xi_A D_A + \frac{1}{2} \sum_A D_A D_A$$

$$-\frac{1}{4}\sum_A f_{A\mu\nu}f_A^{\mu\nu} + \frac{g^2\theta}{64\pi^2}\epsilon_{\mu\nu\rho\sigma}\sum_A f_A^{\mu\nu}f_A^{\rho\sigma}. \tag{27.9.30}$$

ここで $(t'_A)_{nm}$ と $(t''_A)_{nm}$ はそれぞれ, 左カイラル・スカラー超場 Φ'_n と Φ''_n に作用するゲージ群を表す行列だ(これは結合定数の因子を含む). フェルミオンとスカラー間の湯川結合は変換

$$\lambda_{AL} \to -\psi_{AL}, \quad \psi_{AL} \to +\lambda_{AL}, \quad \phi''_n \to -\phi'^*_n, \quad \phi'_n \to \phi''^*_n \tag{27.9.31}$$

のもとでの離散的な R 対称性をもつ. ただし, これは,

$$s_A = -2\sqrt{2}\,i\,t'_A{}^{\mathrm{T}} = +2\sqrt{2}\,i\,t''_A \tag{27.9.32}$$

が満たされている場合だ. ((27.9.32) は, Φ'_n と Φ''_n がもつゲージ群の表現が互いに複素共役であることを要求している点にとくに留意しよう.) この変換はまたラグランジアン密度 (27.9.30) において補助場を含む項を除いてすべての項の対称性でもある.

変換 (27.9.31) のもとでの対称性を補助場に拡張するのは不可能だが, この対称性は補助場を消去した後に現れる.[‡] $D_A, \mathcal{F}'_n, \mathcal{F}''_n$ をラグランジアン密度が停留する値にとり, D 項と $\mathcal{F}$ 項を合わせると, ラグランジアン密度は(s_A と t''_A を (27.9.32) で与え, ξ_A はゼロにおくと) 以下の形をとる.

$$\begin{aligned}\mathcal{L} = &-\sum_n (D_\mu\phi')^*_n(D^\mu\phi')_n - \sum_n (D_\mu\phi'')^*_n(D^\mu\phi'')_n \\ &-\sum_A (D_\mu\phi)^*_A(D^\mu\phi)_A - \frac{1}{2}\sum_n \left(\overline{\psi'_n}(\not{D}\psi')_n\right)\end{aligned}$$

[‡]補助場を消去した後に得られる作用は, 元の $N=2$ 超対称性変換に関して「殻上」でのみ不変だ. すなわち, 場が相互作用を含む場の方程式を満たすときにゼロとなる項を除いて不変だ. これは障害にはならない. なぜなら依然として 2 個の保存する超対称性カレントが存在し, それらを構成する場がハイゼンベルグ表示の場の方程式を満たすことを要求すると, それらのカレントの時間成分を積分したものは $N=2$ 超対称性の反交換関係を満たすからだ. $N=2$ 超対称性の「殻外」での定式化は存在するが, 様々な複雑な問題が生じる.[18]

27.9 拡張超対称ゲージ理論

$$-\frac{1}{2}\sum_n \left(\overline{\psi''_n}(\not{D}\psi'')_n\right)$$

$$-\frac{1}{2}\sum_A \left(\overline{\psi_A}(\not{D}\psi)_A\right) - \frac{1}{2}\sum_A \left(\overline{\lambda_A}(\not{D}\lambda)_A\right)$$

$$-2\sqrt{2}\,\mathrm{Im}\sum_{Anm}(t'_A)_{mn}\phi_A\left(\psi'^{\mathrm{T}}_{nL}\epsilon\psi''_{mL}\right)$$

$$-2\sqrt{2}\,\mathrm{Re}\sum_{ABC}C_{ABC}\left(\lambda^{\mathrm{T}}_{AL}\epsilon\psi_{CL}\right)\phi^*_B$$

$$-2\sqrt{2}\,\mathrm{Im}\sum_{Anm}(t'_A)_{mn}\phi'_n\left(\psi''^{\mathrm{T}}_{mL}\epsilon\psi_{AL}\right)$$

$$-2\sqrt{2}\,\mathrm{Im}\sum_{Anm}(t'_A)_{mn}\phi''_m\left(\psi'^{\mathrm{T}}_{nL}\epsilon\psi_{AL}\right)$$

$$+2\sqrt{2}\,\mathrm{Im}\sum_{Anm}(t'_A)_{mn}\left(\psi'^{\mathrm{T}}_{nL}\epsilon\lambda_{AL}\right)\phi'^*_m$$

$$-2\sqrt{2}\,\mathrm{Im}\sum_{Anm}(t'_A)_{nm}\left(\psi''^{\mathrm{T}}_{nL}\epsilon\lambda_{AL}\right)\phi''^*_m$$

$$-\frac{1}{4}\sum_A f_{A\mu\nu}f^{\mu\nu}_A + \frac{g^2\theta}{64\pi^2}\epsilon_{\mu\nu\rho\sigma}\sum_A f^{\mu\nu}_A f^{\rho\sigma}_A$$

$$-\sum_{ABnm}\{t'_A, t'_B\}_{mn}\phi_A\phi^*_B\left(\phi'_n\phi'^*_m + \phi''^*_n\phi''_m\right)$$

$$-\frac{1}{2}\sum_A\left[\sum_{nm}(t'_A)_{nm}\left(\phi'^*_n\phi'_m - \phi''_n\phi''^*_m\right)\right]^2$$

$$+\frac{1}{2}\sum_{ABCDE}C_{ABC}C_{ADE}\phi^*_B\phi_C\phi^*_D\phi_E$$

$$-2\sum_A\left|\sum_{nm}(t'_A)_{nm}\phi'_n\phi''_m\right|^2$$

$$-4\,\mathrm{Re}\sum_{nm}(t'_A\mu)_{nm}\phi'^*_n\phi'_m - 4\,\mathrm{Re}\sum_{nm}(\mu\, t'_A)_{nm}\phi''_n\phi''^*_m$$

$$-2\sum_{nm}(\mu^\dagger\mu)_{nm}\phi'^*_n\phi'_m - 2\sum_{nm}(\mu\mu^\dagger)_{nm}\phi''_n\phi''^*_m. \quad (27.9.33)$$

右辺の最後の 5 行は (27.9.30) の補助場を含む項に由来し, 以下の条

件が満たされれば，これらの項も今度は離散的な変換 (27.9.31) のもとで不変だ．

$$[t'_A, \mu] = [\mu^\dagger, \mu] = 0 \,. \tag{27.9.34}$$

さらに歩を進めて $N=4$ の拡張された大域的超対称性の場合を考察することができる．(25.4 で述べたように $N=3$ 超対称性は $N=4$ 超対称性と同じだ．) 重力子もグラビティーノも含まない $N=4$ 超対称性の唯一の質量ゼロ多重項は，ヘリシティ 1 粒子が 1 個とヘリシティ 1/2 粒子の $SU(4)$ 4 重項が 1 個とヘリシティ 0 粒子の $SU(4)$ 6 重項が 1 個，およびそれらと逆のヘリシティをもつ CPT 共役から成る．ゲージ群の各生成子 t_A について 1 個ずつそのような超対称多重項が存在する．これらの粒子は $N=2$ 超対称性の超対称多重項に分類できる．各々の t_A について 1 個のゲージ超対称多重項と 2 個のハイパー多重項が存在する．前者は，ヘリシティ 1 の 1 個の粒子，ヘリシティ $\pm 1/2$ の 2 個の粒子，ヘリシティ 0 の 1 個の粒子，およびそれらと逆のヘリシティをもつ CPT 共役から成る．後者は，ヘリシティ $\pm 1/2$ のそれぞれ 1 粒子とヘリシティ 0 の 2 粒子から成る．$N=2$ ゲージ超場は $N=1$ ゲージ超場 V_A と左カイラル・スカラー超場 Φ_A とその複素共役場から成り，2 個の $N=2$ ハイパー多重項は 2 個の別の左カイラル・スカラー超場 Φ'_A と Φ''_A およびそれらの複素共役場から成る．

$N=4$ 超対称性は $N=2$ 超対称性を含むので，$N=1$ 超対称性の補助場を消去した後のラグランジアン密度[18]は (27.9.33) の特別の場合でなければならない．ただし添字 n, m, 等は随伴表現の添字 A, B, C 等の値をとる．また，超ポテンシャル (27.9.29) の係数 μ_{nm} はここではゼロでなければならない．なぜなら，そうでなければ (27.9.33) はフェルミオン場 ψ'_A と ψ''_A について 2 次の項を含み，一方それらの $N=4$ 超対称パートナー λ_A と ψ_A には対応する項がないことになるからだ．また $(t'_A)_{BC}$ を随伴表現の生成子 $-iC_{ABC}$ に等しくおく

27.9 拡張超対称ゲージ理論

と，ラグランジアン密度は以下の形をとらなければならないことが分かる．

$$\begin{aligned}
\mathcal{L} = & -\sum_A (D_\mu \phi')^*_A (D^\mu \phi')_A - \sum_A (D_\mu \phi'')^*_A (D^\mu \phi'')_A \\
& -\sum_A (D_\mu \phi)^*_A (D^\mu \phi)_A - \frac{1}{2} \sum_A \left(\overline{\psi'_A} (\slashed{D} \psi')_A) \right) - \frac{1}{2} \sum_A \left(\overline{\psi''_A} (\slashed{D} \psi'')_A) \right) \\
& -\frac{1}{2} \sum_A \left(\overline{\psi_A} (\slashed{D} \psi)_A \right) - \frac{1}{2} \sum_A \left(\overline{\lambda_A} (\slashed{D} \lambda)_A \right) \\
& -2\sqrt{2} \operatorname{Re} \sum_{ABC} C_{ABC} \phi_A \left(\psi'^{\mathrm{T}}_{BL} \epsilon \psi''_{CL} \right) \\
& -2\sqrt{2} \operatorname{Re} \sum_{ABC} C_{ABC} \left(\lambda^{\mathrm{T}}_{AL} \epsilon \psi_{CL} \right) \phi^*_B \\
& -2\sqrt{2} \operatorname{Re} \sum_{ABC} C_{ABC} \phi'_B \left(\psi''^{\mathrm{T}}_{CL} \epsilon \psi_{AL} \right) \\
& -2\sqrt{2} \operatorname{Re} \sum_{ABC} C_{ABC} \phi''_C \left(\psi'^{\mathrm{T}}_{BL} \epsilon \psi_{AL} \right) \\
& +2\sqrt{2} \operatorname{Re} \sum_{ABC} C_{ABC} \left(\psi'^{\mathrm{T}}_{BL} \epsilon \lambda_{AL} \right) \phi'^{*}_C \\
& +2\sqrt{2} \operatorname{Re} \sum_{ABC} C_{ABC} \left(\psi''^{\mathrm{T}}_{BL} \epsilon \lambda_{AL} \right) \phi''^{*}_C \\
& -\frac{1}{4} \sum_A f_{A\mu\nu} f^{\mu\nu}_A + \frac{g^2 \theta}{64\pi^2} \epsilon_{\mu\nu\rho\sigma} \sum_A f^{\mu\nu}_A f^{\rho\sigma}_A - V \ . \quad (27.9.35)
\end{aligned}$$

ここでポテンシャルは，

$$\begin{aligned}
V = & \sum_{ABCDE} C_{ADE} C_{BCE} \left(\phi_A \phi^*_B + \phi_B \phi^*_A \right) \left(\phi'_C \phi'^{*}_D + \phi''^{*}_C \phi''_D \right) \\
& + \frac{1}{2} \sum_A \left| \sum_{BC} C_{ABC} \left(\phi'^{*}_B \phi'_C - \phi''_B \phi''^{*}_C \right) \right|^2 \\
& - \frac{1}{2} \sum_{ABCDE} C_{ABC} C_{ADE} \phi^*_B \phi_C \phi^*_D \phi_E
\end{aligned}$$

$$+2\sum_A \left|\sum_{BC} C_{ABC}\phi'_B \phi''_C\right|^2 \tag{27.9.36}$$

で与えられる.

これ以上の条件を課さなくても, このラグランジアンは $SU(4)$ R 対称性をもつ. このことは, このラグランジアンが $N=4$ 超対称性のもとで不変なことを意味する. このことを見るには, ヤコビ恒等式を使って (27.9.36) の右辺 2 行目の交差項を以下の形に書く必要がある.

$$\sum_{ABCDE} C_{ABC}C_{ADE}\phi'^*_B \phi'_C \phi''^*_D \phi''_E =$$
$$-\sum_{ABCDE} C_{ABC}C_{ADE}\phi'^*_B \phi'_D \phi''^*_E \phi''_C$$
$$-\sum_{ABCDE} C_{ABC}C_{ADE}\phi'^*_B \phi'_E \phi''^*_C \phi''_D.$$

これによりポテンシャル (27.9.36) をスカラー場とその共役場の間で対称な形に書くことが可能になる.

$$V = \sum_A \left|\sum_{BC} C_{ABC}\phi^*_B \phi'_C\right|^2 + \sum_A \left|\sum_{BC} C_{ABC}\phi^*_B \phi''^*_C\right|^2$$
$$+ \sum_A \left|\sum_{BC} C_{ABC}\phi_B \phi'_C\right|^2 + \sum_A \left|\sum_{BC} C_{ABC}\phi_B \phi''^*_C\right|^2$$
$$+ \sum_A \left|\sum_{BC} C_{ABC}\phi'^*_B \phi''_C\right|^2 + \sum_A \left|\sum_{BC} C_{ABC}\phi'_B \phi''_C\right|^2$$
$$+ \frac{1}{2}\sum_A \left|\sum_{BC} C_{ABC}\phi'_B \phi'^*_C\right|^2 + \frac{1}{2}\sum_A \left|\sum_{BC} C_{ABC}\phi''_B \phi''^*_C\right|^2$$
$$+ \frac{1}{2}\sum_A \left|\sum_{BC} C_{ABC}\phi_B \phi^*_C\right|^2. \tag{27.9.37}$$

ここで $SU(4)$ 対称性を明白にするために場の $SU(4)$ 記法を導入す

27.9 拡張超対称ゲージ理論

る. 左手成分のフェルミオン場を集めて $SU(4)$ ベクトルにする.

$$\psi_{1AL} \equiv \psi_{AL}, \quad \psi_{2AL} \equiv \lambda_{AL}, \quad \psi_{3AL} \equiv \psi'_{AL}, \quad \psi_{4AL} \equiv \psi''_{AL}. \tag{27.9.38}$$

ラグランジアン密度においてフェルミオンの運動項が $SU(4)$ 不変になるためには, 右手成分のフェルミオン場を集めて反傾的ベクトルにする必要がある.

$$\psi^1_{AR} \equiv \psi_{AR}, \quad \psi^2_{AR} \equiv \lambda_{AR}, \quad \psi^3_{AR} \equiv \psi'_{AR}, \quad \psi^4_{AR} \equiv \psi''_{AR}. \tag{27.9.39}$$

するとフェルミオン場のマヨラナ条件は $SU(4)$ 不変な形をとる.

$$(\psi_{iAL})^* = -\beta \epsilon \psi^i_{AR}. \tag{27.9.40}$$

ここで添字 i, j 等は 1, 2, 3, 4 の値をとる. フェルミオン場とスカラー場の間の湯川結合が $SU(4)$ 不変であるためには, スカラーに反対称 $SU(4)$ テンソルの変換性を与えなければならない.

$$\begin{aligned}\phi_A^{12} &\equiv \phi_A^*, & \phi_A^{13} &\equiv \phi_A'', & \phi_A^{14} &\equiv -\phi_A', \\ \phi_A^{23} &\equiv -\phi_A'^{\prime *}, & \phi_A^{24} &\equiv -\phi_A^{\prime\prime *}, & \phi_A^{34} &\equiv \phi_A.\end{aligned} \tag{27.9.41}$$

この変換性はまた $SU(4)$ 不変な実条件

$$\left(\phi_A^{ij}\right)^* = \frac{1}{2} \sum_{kl} \epsilon_{ijkl}\, \phi_A^{kl} \tag{27.9.42}$$

を満たす. こうして全体のラグランジアン密度 (27.9.35) は以下の明白に $SU(4)$ 不変な形に書ける.

$$\begin{aligned}\mathcal{L} = &-\frac{1}{2} \sum_{Aij} (D_\mu \phi^{ij})_A (D^\mu \phi^{ij})_A^* \\ &-\frac{1}{2} \sum_{Ai} \left(\psi_{iAL}^{\mathrm{T}} \epsilon (\not{D}\psi_R^i)_A\right) + \frac{1}{2} \sum_{Ai} \left(\psi_{AR}^{i\,\mathrm{T}} \epsilon (\not{D}\psi_{iL})_A\right)\end{aligned}$$

$$-\sqrt{2}\,\mathrm{Re}\sum_{ABCij}C_{ABC}\phi_A^{ij}\left(\psi_{iBL}^\mathrm{T}\epsilon\psi_{jCL}\right)-V$$

$$-\frac{1}{4}\sum_A f_{A\mu\nu}f_A^{\mu\nu}+\frac{g^2\theta}{64\pi^2}\epsilon_{\mu\nu\rho\sigma}\sum_A f_A^{\mu\nu}f_A^{\rho\sigma}. \tag{27.9.43}$$

ここでポテンシャルは以下のとおりだ.

$$V=\frac{1}{8}\sum_{Aijkl}\left|\sum_{BC}C_{ABC}\phi_B^{ij}\phi_C^{kl}\right|^2. \tag{27.9.44}$$

ポテンシャルは最小値ゼロをもつので, この理論では超対称性は破れない. この最小値は生成子 $\sum_A t_A\phi_A^{ij}$ がすべて互いに交換するときに達成される.

θ 角がゼロの場合, 単純ゲージ群と $N=2$ または $N=4$ のどちらかの超対称性をもつゲージ理論は, ただ一つの結合定数すなわちゲージ結合定数 g をもつ. これらの理論は $N=1$ 超対称性をもつので, 摂動論の高次での唯一の無限大は, この結合に対する 1 ループ補正だという 27.6 節で議論した性質はこれらの理論にも共通している.‡‡ よって, くりこみ群方程式 $\mu dg/d\mu=\beta(g)$ における関数 $\beta(g)$ は摂動論のすべての次数において 1 ループの式 (18.7.2) で与えられる. ただしスカラー場が存在する場合には以下のとおり適切な補正がある.

$$\beta(g)=-\frac{g^3}{4\pi^2}\left(\frac{11}{12}C_1-\frac{1}{6}C_2^f-\frac{1}{12}C_2^s\right). \tag{27.9.45}$$

ここで

$$\sum_{AB}C_{ABC}C_{ABD}=g^2C_1\delta_{CD},$$
$$\left[\mathrm{Tr}\,(t_Ct_D)\right]_{\text{Majorana fermions}}=g^2C_2^f\delta_{CD}, \tag{27.9.46}$$

---

‡‡ 超ポテンシャル (27.9.29) の 3 次項は, ゲージ結合に比例し, したがって 27.6 節の非くりこみ定理にもかかわらずくりこまれる. これは, いまの場合はゲージ場 V_A だけでなく左カイラル・スカラー超場 $\Phi_A, \Phi'_n, \Phi''_n$ が正準規格化されるようにそれらの場をくりこんでいるからだ. (27.9.29) の 2 次項も同じ理由でくりこまれる

27.9 拡張超対称ゲージ理論

$$\left[\text{Tr}\,(t_C t_D)\right]_{\text{complex scalars}} = g^2 C_2^s \delta_{CD}$$

と定義している. $N=2$ 超対称性の一般の理論では, 随伴表現の 2 個のマヨラナ・フェルミオン λ_A および ψ_A と, 左手部分および右手部分が生成子 t'_A か $-t'_A{}^{\mathrm{T}}$ を持つ表現に属するマヨラナ・フェルミオン ψ'_n と ψ''_n が H 対存在するので,

$$C_2^f = 2C_1 + 2HC'_2 \tag{27.9.47}$$

となる. ここで C'_2 は,

$$\text{Tr}\,t'_C t'_D = g^2 C'_2 \delta_{CD} \tag{27.9.48}$$

で定義される. また, 随伴表現の 1 個の複素スカラー ϕ_A と, t'_A か $-t'_A{}^{\mathrm{T}}$ を生成子とする表現に属する H 対の複素スカラー ϕ'_n および ϕ''_n が存在するので,

$$C_2^s = C_1 + 2HC'_2 \tag{27.9.49}$$

となる. したがって, ベータ関数 (27.9.45) は,

$$\beta(g) = -\frac{g^2}{8\pi^2}\Big(C_1 - HC'_2\Big) \tag{27.9.50}$$

となる. $N=4$ 超対称性の場合はちょうど随伴表現の $H=1$ 対の $N=2$ ハイパー多重項が存在する特別の場合で $C'_2 = C_1$ なので, この場合にはベータ関数はゼロだ. したがってこの理論はくりこみが全くない有限理論だ.[19]

$N=4$ 超対称性をもつゲージ理論には**双対性** (duality) と呼ばれるもう一つの特筆すべき性質がある. これは最初にモントネン (Montonen) とオリーブ (Olive)[17] が, 単純ゲージ群が自発的に $U(1)$ 電磁ゲージ群に破れたボソンだけの理論で仮説として立てたものだ. 彼らは (23.3 節で説明した種類の) 半古典的な計算から, 電荷 $q = ne$ と磁気単極子

モーメント $\mathcal{M} = 4\pi m/e$ (n と m は任意の符号の整数) をもつ粒子の質量が,

$$M = \sqrt{2}\left|v\left(ne + \frac{4\pi im}{e}\right)\right| \quad (27.9.51)$$

で与えられることを示した. これは変換

$$m \to n, \qquad n \to -m, \qquad e \leftrightarrow 4\pi/e \quad (27.9.52)$$

のもとで不変だ. これを基にして, 彼らは弱いゲージ結合 e の理論は強いゲージ結合 $4\pi/e$ の理論と完全に同等だということを示唆した. ボゾンだけの理論も最も簡単な $N=1$ と $N=2$ 拡張超対称理論も実際にはこの性質をもっていない.[20] このことは, たとえば一つには, 破れたゲージ対称性に対応する質量をもつ基本粒子としての荷電ベクトル・ボゾンはスピン 1 をもつが, すべての磁気単極子とダイオンはスピン 1/2 または 0 をもつことからわかる. (29.5 節で $N=2$ 理論はもっと微妙な種類の双対性をもつことを見る.) しかし $N=4$ 超対称性の場合には磁気単極子状態は, あたかも素粒子のようにスピン 1 の 1 個の粒子とスピン 1/2 の 4 個の粒子とスピン 0 の 2 個の粒子からなる多重項を構成する.[20] $N=4$ 超対称ゲージ理論は電気的量子数と磁気的量子数の交換, および e と $4\pi/e$ の交換のもとで本当に不変だという証拠が蓄積してきた.[21] 大きな結合定数をもつ理論と小さな結合定数をもつ理論の同等性は弦理論においてますます重要なテーマとなっているが, これはこの本の範囲を超えている.

問題

1. ゲージ超場 V^A を変換 (27.1.12) によりヴェス・ズミノ・ゲージにするのに必要な超場 Ω^A の成分を, ゲージ結合定数の 2 次までで計算せよ.

2. 条件 (27.2.20) を満たす最も一般的なカイラル・スピノル超場 W_α の成分 $f_{\mu\nu}$ は斉次マックスウェル方程式 $\epsilon^{\mu\nu\rho\sigma}\partial_\rho f_{\mu\nu} = 0$ を満たすことを示せ. (27.2.20) から W_α の他の成分については, どのような条件が課されるか.

3. $SU(2)$ ゲージ群と $SU(2)$ の 3 元ベクトル表現に属する 1 個のカイラル超場をもつ一般のくりこみ可能な $N=1$ 超対称ゲージ理論を考える. この理論の最も一般的な超ポテンシャルはどのようなものか. 理論全体のラグランジアン密度を陽に構成せよ. 補助場を消去せよ. この理論では超対称性は破れないことを示せ. この理論の粒子の質量はどうなっているか.

4. 27.5 節で説明した超対称な量子電磁理論において, ゲージーノ場とカイラル・フェルミオン場を, 決まった質量を持つゴールドスティーノ場と他のスピノル場で表せ.

5. $SU(3)$ ゲージ対称性をもちハイパー多重項はもたないくりこみ可能な $N=2$ 超対称理論を考える. ポテンシャルがゼロになるスカラー場の値はいくらか. これらのスカラー場の値がゼロでないとき, 質量ゼロのゲージ場はどのようなものか. これらの質量ゼロのゲージ場が結合する量で中心電荷を表せ.

参考文献

1. 超対称性は最初に超場の形式を使わずに可換ゲージ理論に適用された. J. Wess and B. Zumino, *Nucl. Phys.* **B78**, 1 (1974). 次に非可換ゲージ理論に拡張された. S. Ferrara and B. Zumino, *Nucl. Phys.* **B79**, 413 (1974); A. Salam and J. Strathdee, *Phys. Lett.* **51B**, 353 (1974). これらの文献は *Supersymmetry*, S. Ferrara 編

(North Holland/World Scientific, Amsterdam/Singapore, 1987)
に再録されている.

2. P. Fayet and J. Iliopoulos, *Phys. Lett.* **51B**, 461 (1974). この文献は *Supersymmetry*, 参考文献 1 に再録されている.

3. S. Weinberg, *Phys. Rev. Lett.* **80**, 3702 (1998).

4. S. Ferrara, L. Girardello, and F. Palumbo, *Phys. Rev.* **D20**, 403 (1979). この文献は *Supersymmetry*, 参考文献 1 に再録されている. この和則の特別の場合が P. Fayet, *Phys. Lett.* **84B**, 416 (1979) で与えられている.

5. M. T. Grisaru, W. Siegel, and M. Roček, *Nucl. Phys.* **B159**, 429 (1979).

6. N. Seiberg, *Phys. Lett.* **B318**, 469 (1993).

7. これは最初に超ダイアグラムの形式で証明された. W. Fischler, H. P. Nilles, J. Polchinski, S. Raby, and L. Susskind, *Phys. Rev. Lett.* **47**, 757 (1981). この本で与えた証明は M. Dine, in *Fields, Strings, and Duality: TASI 96*, C. Efthimiou and B. Greene 編 (World Scientific, Singapore, 1997) に出ている; S. Weinberg, 参考文献 3.

8. 何らかの大域的対称性を破る超くりこみ可能項がくりこみ可能な相互作用の係数に対称性を破る無限大の輻射補正を生じることはないという命題の詳細な証明は以下で与えられている. K. Symanzik, in *Cargèse Lectures in Physics*, 5 巻, D. Bessis 編 (Gordon and Breach, New York, 1972). これは 2 巻 286 ページ (原著 I 巻 507 ページ) の脚注で簡単に議論した.

9. L. Girardello and M. T. Grisaru, *Nucl. Phys.* **B194**, 65 (1982), この文献は *Supersymmetry*, 参考文献 1 に再録されている. K. Harada and N. Sakai, *Prob. Theor. Phys.* **67**, 67 (1982).

10. 概説については以下を見よ. S. Weinberg, *Rev. Mod. Phys.* **61**, 1–23 (1989).

11. B. de Wit and D. Z. Freedman, *Phys. Rev.* **D12**, 2286 (1975). この文献は *Supersymmetry*, 参考文献 1 に再録されている.

12. $N=2$ の拡張された超対称性をもつゲージ理論の最初の例は以下で与えられた. P. Fayet, *Nucl. Phys.* **B113**, 135 (1976). この文献は *Supersymmetry*, 参考文献 1 に再録されている. この本で示した方法はファイエのものと似ている. 超場の形式はその後, R. Grimm, M. Sohnius, and J. Scherk, *Nucl. Phys.* **B113**, 77 (1977) で与えられた. $N=2$ と $N=4$ 超対称性をもつ 4 次元時空でのゲージ理論は, 以下の文献で, 単純超対称性をもつ高次元での理論の次元を縮小することによって構成された. L. Brink, J. H. Schwarz, and J. Scherk, *Nucl. Phys.* **B113**, 77 (1977); M. F. Sohnius, K. S. Stelle, and P. C. West, *Nucl. Phys.* **B113**, 127 (1980). 他の方法については以下を見よ. M. F. Sohnius, *Nucl. Phys.* **B138**, 109 (1979); A. Halperin, E. A. Ivanov, and V. I. Ogievetsky, *Prima JETP* **33**, 176 (1981); P. Breitenlohner and M. F. Sohnius, *Nucl. Phys.* **B178**, 151 (1981); P. Howe, K. S. Stelle, and P. K. Townsend, *Nucl. Phys.* **B214**. 519 (1983).

13. E. Witten and D. Olive, *Phys. Lett.* **78B**, 97 (1978). 以下も見よ. H. Osborn, *Phys. Lett.* **83B**, 321 (1979).

14. E. B. Bogomol'nyi, *Sov. J. Nucl. Phys.* **24**, 449 (1976).

15. D. Zwanziger, *Phys. Rev.* **176**, 1480, 1489 (1968); J. Schwinger, *Phys. Rev.* **144**, 1087 (1966); **173**, 1536 (1968); B. Julia and A. Zee, *Phys. Rev.* **D11**, 2227 (1974); F. A. Bais and J. R. Primack, *Phys. Rev.* **D13**, 819 (1975). (最後の文献については 4 巻(原著 II 巻)の初版の 23 章で誤って著者を Julia and Zee としてしまった.)

16. M. K. Prasad and C. M. Sommerfield, *Phys. Rev. Lett.* **35**. 760 (1975); E. B. Bogomol'nyi, 参考文献 14; S. Coleman, S. Parke, A. Neveu, and C. M. Sommerfield, *Phys. Rev.* **D15**, 544 (1977).

17. このことは C. Montonen and D. Olive, *Phys. Lett.* **72B**, 117 (1977) で指摘された. 質量への 1 ループ補正が存在しないことは A. D'Adda, R. Horsley, and P. Di Vecchia, *Phys. Lett.* **76B**, 298 (1978) で示された.

18. 補助場をもつ $N = 4$ 超対称理論を定式化する際の障害については以下で解析された. W. Siegel and M. Roček, *Phys. Lett.* **105B**, 275 (1981).

19. $N = 4$ 理論の有限性については以下で示された. M. F. Sohnius and P. C. West, *Nucl. Phys.* **B100**, 245 (1981); S. Mandelstam, *Nucl. Phys.* **B213**, 149 (1983); L. Brink, O. Lindgren, and B. E. W. Nilsson, *Nucl. Phys.* **B212**, 401 (1983); *Phys. Lett.* **123B**, 328 (1983). 有限性の証明は以下で非摂動論的効果に拡張された. N. Seiberg, *Phys. Lett.* **B206**, 75 (1988). 以下も見よ. S. Kovacs, hep-th/9902047 (学術誌掲載予定).

20. H. Osborn, 参考文献 13.

21. A. Sen, *Phys. Lett.* **B329**, 217 (1994); C. Vafa and E. Witten,

Nucl. Phys. **B 431**, 3 (1994); L. Girardello, A. Giveon, M. Porrati, and A. Zaffaroni, *Phys. Lett.* **B334**, 331 (1994).

第28章

標準模型の超対称性版

今日の加速器研究所で到達可能なエネルギー領域での物理現象は，標準模型によって正確に記述される．それは18.7節, 21.3.節で説明したように，クォーク，レプトン，ゲージ・ボソンからなるくりこみ可能な理論であり，ゲージ群 $SU(3) \times SU(2) \times U(1)$ によって統制されている．今日，標準模型はまだ知られていない基本的な理論の低エネルギー近似であると通常理解されている．その基本的な理論では 10^{16} GeV から 10^{18} GeV の範囲のどこかのエネルギーで強い力，電弱力と重力が統一されて現れる．これは**階層性問題** (hierarchy problem)を引き起こす．つまり，この基本的なエネルギーの大きさと標準模型を特徴づけるエネルギーの大きさ ≈ 300 GeV との巨大な比率はどう説明されるかという問題だ．

超対称性に対する最も強力な理論的動機づけは階層性問題を解決する可能性を提供することだ．クォーク，レプトン，ゲージ・ボソンは $SU(3) \times SU(2) \times U(1)$ ゲージ対称性によって標準模型のラグランジアンには質量ゼロで現れることが要請される．このとき，これらの粒子の物理的質量は電弱力の破れのスケールに比例し，それは逆に電弱対称性の破れの原因となるスカラー場の質量に比例する．階層性問題

の難しい所は，フェルミオンやゲージ・ボゾンと違ってスカラー場は，標準模型のどの対称性によっても大きな裸の質量を獲得することが禁止されておらず，なぜこれらの質量が，したがってその他の全ての質量が 10^{16} GeV から 10^{18} GeV の近傍に無いのかが理解できないことだ。[1a]

この問題は標準模型を超対称性理論に埋め込むことによって解決されるかもしれないとずっと期待されてきた．もし，スカラー場があるゲージ群のあるカイラル表現に属するフェルミオンを伴う超対称多重項に現れたならば，超対称性によりフェルミオンのみならずスカラーの裸の質量も消えることが要請される．このとき，標準模型におけるすべての質量は，超対称性が破れるエネルギースケールと連携している．これらの方針による階層性問題の解決への期待は超対称性を現実の理論に導入しようとするただ一つの最も強い動機付けとなっている．

残念ながら，超対称性理論によって要請される新たな粒子は一つも観測されておらず，標準模型の完全に満足のいく超対称版は今のところ現れてはいない．この章ではこの方面でなされた試みを説明しよう．

28.1 超場, アノマリー, 保存則

この節では，標準模型の超対称版では，少なくとも，どのような要素が現れるべきかを決定することを試みよう．

標準模型のクォーク場，レプトン場のどの一つも $SU(3) \times SU(2) \times U(1)$ ゲージ群の随伴表現には属しておらず，それらは既知のゲージ・ボゾンの超対称パートナーではありえず，したがってカイラルなスカラー超場に含まれていなければならない．U_i を ψ_L 成分が 電荷 $2e/3$ のクォークの左巻きの場である左カイラルな超場として，D_i を ψ_L 成分が 電荷 $-e/3$ のクォークの左巻きの場である左カイラルな超場として，$\bar{U}_i$ を ψ_L 成分が 電荷 $-2e/3$ の反クォークの左巻きの場である

28.1 超場, アノマリー, 保存則   245

左カイラルな超場として, $\bar{D}_i$ を ψ_L 成分が 電荷 $+e/3$ の反クォークの左巻きの場である左カイラルな超場として, N_i を ψ_L 成分が 電荷 0 のレプトンの左巻きの場である左カイラルな超場として, E_i を ψ_L 成分が 電荷 $-e$ の反レプトンの左巻きの場である左カイラルな超場として, $\bar{E}_i$ を ψ_L 成分が 電荷 $+e$ の反レプトンの左巻きの場である左カイラルな超場として, それぞれ定義しよう. ここで i は世代を表す添字で, 値 1,2,3 をとる. (例えば U_1, U_2, U_3 のスピノル成分は, それぞれ u, c, t クォークの左巻きの場だ.) これらの超場の内, U_i と D_i は $SU(2)$ の 2 重項をなし, N_i と E_i もまた $SU(2)$ の 2 重項をなし, 残りはすべて $SU(2)$ の 1 重項をなす. 色の添字は省略しているが, クォーク超場は $SU(3)$ の 3 重項をなし, 反クォーク超場は $SU(3)$ の反 3 重項をなす. レプトン, 反レプトン超場は $SU(3)$ の 1 重項だ. 以前述べたように, これらの超場のスカラー成分で記述される粒子は, スクォーク (squark), 反スクォーク, スレプトン (slepton), 反スレプトンとして知られている. また, グルイーノ (gluino), ウィーノ (wino), ビーノ (bino) としてそれぞれ知られているゲージ群 $SU(3), SU(2), U(1)$ のゲージ・ボソンの超対称パートナーであるスピン 1/2 のゲージーノ (gaugino) が存在する.*

$SU(2) \times U(1)$ の自発的破れを生み出し, $W^\pm$ や Z^0 のみならず, すべてのクォークとレプトンに質量を与えるある機構も加えなけらばならない. 最も簡便な可能性としては更に丁度 2 個の左カイラルな超場

---

*28.3 節で議論したように, 超対称性の破れを特徴付けるエネルギー・スケールは $SU(2) \times U(1)$ の破れを特徴付ける約 300 GeV よりかなり高いと期待されている. そこで超対称性は破れているが, $SU(2) \times U(1)$ は破れていないと考えられるエネルギーの実質的な範囲が存在する. この範囲では, ゲージーノは $SU(2) \times U(1)$ 対称性によって制御されている質量を持ち, 定まった質量を持つ中性の電弱ゲージーノは Z^0 や光子の超対称パートナーではなく, ウィーノ, ビーノとして知られている $SU(2)$ の 3 重項 W^0 と $SU(2)$ の 1 重項 B の超対称パートナーだ. $SU(2) \times U(1)$ の破れを考慮すると, 中性のウィーノとビーノの小さな混合がある.

の $SU(2)$ の 2 重項, つまり

$$H_1 = \begin{pmatrix} H_1^0 \\ H_1^- \end{pmatrix}, \quad H_2 = \begin{pmatrix} H_2^+ \\ H_2^0 \end{pmatrix} \tag{28.1.1}$$

の存在を仮定することであり, これらの場はラグランジアン密度の中に色の添字の明白な縮約を持つ $SU(3) \times SU(2) \times U(1)$ 不変な $\mathcal{F}$ 項, つまり

$$\left[\left(D_i H_1^0 - U_i H_1^- \right) \bar{D}_j \right]_{\mathcal{F}}, \quad \left[\left(E_i H_1^0 - N_i H_1^- \right) \bar{E}_j \right]_{\mathcal{F}} \tag{28.1.2}$$

と

$$\left[\left(D_i H_2^+ - U_i H_2^0 \right) \bar{U}_j \right]_{\mathcal{F}} \tag{28.1.3}$$

の線形結合として現れる. (26.4.24) より H_1^0 のスカラー成分のゼロでない期待値は電荷を持つレプトンと電荷 $-e/3$ のクォークに質量を与え, H_2^0 のスカラー成分のゼロでない期待値は電荷 $+2e/3$ のクォークに質量を与える. もちろん, これらの期待値はまた, ベクトル・ボソン $W^\pm$ と Z^0 にも質量を与える. H_1 と H_2 は $SU(2)$ の 2 重項であるから, これらの質量に対して 21.3 節で見たのと同じ結果を自動的に得ることができる. 超対称性により, 左カイラルな超場 H_1 と H_2 の複素共役は超ポテンシャルに現れることが禁止され, H_1^0 のスカラー成分の真空期待値は電荷 $+2e/3$ のクォークに質量を与えることができず, H_2^0 のスカラー成分の真空期待値は電荷 $-e/3$ のクォークあるいは電荷をもったレプトンに質量を与えることができない. このために, 全てのクォークとレプトンに質量を与えるために H_1 と H_2 は共に必要だということに注意しよう.

　もちろん H_1 と H_2 の 2 重項は 2 個以上あるかもしれない. その数はアノマリー相殺の条件により部分的に制限される. 22.4 節では超対称的ではない標準模型のゲージ対称性は量子力学的に整合的でなければならず, アノマリーがないことを見た. ここではラグランジ

28.1 超場, アノマリー, 保存則

アンに余分のスピノル場がある. ゲージーノ場の左巻き成分はゲージ群の随伴表現に属し, 全てのゲージ群について実表現であるため, ゲージーノ場は何の問題も起こさない. 唯一の問題はヒッグジーノ, つまり超場 (H_1^0, H_1^-) と (H_2^+, H_2^0) のスピン 1/2 成分から生じ得る. 超場の各 (H_1^0, H_1^-) 2重項のスピノル成分は $\sum t_3^2 y = (\frac{1}{2}g)^2(\frac{1}{2}g') + (-\frac{1}{2}g)^2(\frac{1}{2}g') = \frac{1}{2}g^2 g'$ に比例する $SU(2)$-$SU(2)$-$U(1)$ アノマリーを生成し, 超場の各 (H_2^+, H_2^0) 2重項のスピノル成分は $\sum t_3^2 y = (\frac{1}{2}g)^2(-\frac{1}{2}g') + (-\frac{1}{2}g)^2(-\frac{1}{2}g') = -\frac{1}{2}g^2 g'$ に比例する $SU(2)$-$SU(2)$-$U(1)$ アノマリーを生成する. こうしてアノマリー相殺により (H_1^0, H_1^-) 2重項と (H_2^+, H_2^0) 2重項の数が等しいことが要請される. この場合, $U(1)^3$ アノマリーと $U(1)$・重力子・重力子アノマリーを含め, 全てのアノマリーは相殺している. 次の節では実際に各タイプの2重項が丁度一つの場合の議論をしよう.

これらの方向に沿って構成された理論では, 超対称的でない標準模型の魅力的な特性の一つを放棄しなければならない. その特性とは, バリオン数あるいはレプトン数の保存を破るくりこみ可能なあらゆる相互作用が自動的に排除されるという点だ. ラグランジアン密度は $SU(3) \times SU(2) \times U(1)$ ゲージ対称性を破ることなしにバリオン数やレプトン数の保存を破るくりこみ可能で超対称な $SU(3) \times SU(2) \times U(1)$ 不変ないくつかの $\mathcal{F}$ 項,

$$\left[\left(D_i N_j - U_i E_j\right)\bar{D}_k\right]_{\mathcal{F}}, \quad \left[\left(E_i N_j - N_i E_j\right)\bar{E}_k\right]_{\mathcal{F}} \qquad (28.1.4)$$

また

$$\left[\bar{D}_i \bar{D}_j \bar{U}_k\right]_{\mathcal{F}} \qquad (28.1.5)$$

を含むことができる. (28.1.5) における3個の省略された色の添字は, 反対称な ϵ 記号を使って縮約され, 色1重項になっているとする. これらの相互作用がすべて存在する時, バリオン数やレプトン数の禁止されていない破れを避けるようにスクォークやスレプトンにバリオン

数やレプトン数を割りあてる賢明な方法はないだろう. 例えば, 相互作用 (28.1.4) や (28.1.5) の頂点の間での, 超場 $\bar{D}$ のスカラー・ボソンの交換は, 例えば $p \to \pi^0 + e^+$ として観測される過程 $u_L d_R u_R \to \overline{e_R}$ を, 結合定数の因子によってのみ抑制される破局的な比率で引き起こすであろう. これを避けるために, 相互作用 (28.1.4)–(28.1.5) のいくつか, あるいはすべてを排除することを独立に仮定する必要がある.

相互作用 (28.1.4) と (28.1.5) の全てを排除する必要はないことに注意しよう. 例えば, 通常のバリオン数の割りふり, つまり, 左カイラルな超場 U_i と D_i にバリオン数 $+1/3$ を割り当て, $\bar{U}_i$ と $\bar{D}_i$ にバリオン数 $-1/3$ を割り当て, $L_i, \bar{E}_i, H_1, H_2$ 全てにバリオン数 0 を割り当てるようにして, バリオン数のみが保存されるとしよう. これは相互作用 (28.1.4) を許すが, 相互作用 (28.1.5) は禁止される. 見た目と違い, (28.1.4) の相互作用だけでは, 超場のスカラー成分に適切なレプトン数が振られている限り, レプトン数の保存則は破れない. これには, 超場 N_i と E_i にレプトン数 0, 超場 $U_i, D_i, \bar{U}_i, \bar{D}_i$ にレプトン数 -1, 超場 $\bar{E}_i$ にレプトン数 -2, 超場 H_1, H_2 にレプトン数 0, そして, θ_L と θ_R にそれぞれ, レプトン数 -1 と $+1$ を与えればよい. (このように θ が自明でない形で変換される対称性は **R対称性** と呼ばれることを思い出しておこう.) そうすると, 全てのクォークとレプトンは通常のレプトン数を持つ. つまり, N_i と E_i の中の θ_L の係数であるフェルミオン成分 ν_{iL} と e_{iL} はレプトン数 $0 + 1 = +1$, 超場 $\bar{E}_i$ のフェルミオン成分 $\overline{e_{iR}}$ はレプトン数 $-2 + 1 = -1$, クォークと反クォークはレプトン数 $-1 + 1 = 0$, そしてヒッグジーノ (これは H_1 と H_2 のフェルミオン成分だ) はレプトン数 $0 + 1 = +1$ を持つ. 一方, 超場のスカラー成分は超場自身と同じレプトン数を持ち, これは通常とは異なる. さらに, 左カイラル超場の $\mathcal{F}$ 成分は θ_L^2 の係数だから, (28.1.4) の相互作用はレプトン数 $-1 + 0 - 1 + 2 = 0$ と $0 + 0 - 2 + 2 = 0$, (28.1.2) の H_1 相互作用はレプトン数 $-1 + 0 - 1 + 2 = 0$ と $0 + 0 - 2 + 2 = 0$ をそ

28.1 超場, アノマリー, 保存則

れぞれ持ち, (28.1.3) の H_2 相互作用はレプトン数 $-1+0-1+2=0$ を持つので, これらの相互作用はどれもレプトン数の保存則を破らない. また, H_1 と H_2 のスカラー成分はレプトン数 0 を持つので, それらの真空期待値もまたレプトン数の保存則を破らない. このようにレプトン数を与えると, レプトン数の保存則からバリオン数を破るどのようなくりこみ可能な相互作用も禁止される. 例えば (28.1.5) の相互作用はレプトン数 $-1-1-1+2=-1$ を持ち, 禁止されている.

(28.1.4) の相互作用は $SU(2) \times U(1)$ を破り, 荷電レプトンと電荷 $-e/3$ のクォークに質量を与える別の機構を提供する. これにはニュートリノ超場 N_i のスカラー成分にゼロでない真空期待値を与えればよい. (前の段落のようにレプトン数を与えると, スカラー成分は超場 N_i と同じレプトン数を持ち, それはゼロだから, この真空期待値はレプトン数の保存則を破らない.) しかしながらこの機構にのみ頼って, 超場 H_1 無しで済ますことはできない. なぜなら, 電荷 $+2e/3$ のクォークに (28.1.3) の相互作用を使って質量を与えるためには超場 H_2 が必要で, アノマリー相殺のためには H_1 と H_2 の数は同じでなければならないからだ.

その代わりに, 通常は何らかの対称性が (28.1.4) と (28.1.5) の相互作用を共に禁止すると考えられている. 明かに, そのような対称性はバリオン数とレプトン数の保存則でもよい. その場合, それらの量子数は通常のように, U_i と D_i はバリオン数 $B = 1/3$ でレプトン数 $L = 0$, $\bar{U}_i$ と $\bar{D}_i$ はバリオン数 $B = -1/3$ でレプトン数 0, N_i と E_i はレプトン数 $L = +1$ でバリオン数 0, $\bar{E}_i$ はレプトン数 -1 でバリオン数 0, $H_1^0, H_1^-, H_2^+, H_2^0$ そして θ_L, θ_R は全てバリオン数もレプトン数も 0 とする. もしバリオン数とレプトン数の適切な 1 次結合の保存則のみを仮定しても同じ結果が得られる. そのような 1 次結合の例としては 22.4 節で論じたようなアノマリーの無い $B - L$ が考えられる.

連続な大域的対称性が厳密に成立することが可能かどうかという点

については一般的に疑われている. これは弦理論では, 連続な対称性が厳密に成り立つと, その対称性カレントに結合する質量ゼロでスピン 1 の粒子が存在して, その対称性は大域的ではなく局所的にならざるを得ないからだ.[1b] しかしながら, R **パリティ** (R parity) 保存則と呼ばれるある<u>離散的</u>な大域的対称性を仮定しても (28.1.4) と (28.1.5) の相互作用は禁止される.[2] R パリティはクォーク, レプトン, ゲージ・ボゾン, ヒッグス・スカラーについて +1, それらの超対称パートナーについては −1 とする. この R パリティは,

$$\Pi_R = (-1)^F (-1)^{3(B-L)} \tag{28.1.6}$$

に等しい. ここで $(-1)^F$ はフェルミオン・パリティで, 全てのボゾンについて +1, 全てのフェルミオンについて −1 とする. フェルミオン・パリティは 2π 回転によって生じるのと同じ符号だから, 常に保存されている. したがって, もし $B-L$ が保存されていれば R パリティも保存されている.[**] $B-L$ が保存されなくても R パリティが保存されることは可能だ. しかし実際には (28.1.4) と (28.1.5) の相互作用は R パリティ保存則で禁止されていて, くりこみ可能な相互作用に関する限り, R パリティ保存則はバリオン数とレプトン数の両方の保存則を意味する. これは非常に高いエネルギーでの物理的過程でできると考えられる非くりこみ可能な超対称相互作用については当てはまらない. そのような相互作用によって起こるバリオン数とレプトン数を保存しない過程については 28.7 節で調べる. 超対称性によって必要とされる新しい「S 粒子」(スクォーク, スレプトン, ゲージーノ, ヒッグジーノ) は全て負の R パリティを持っているので, もし R パリティが厳密に成り立ち, 破れていないのならば, これらの新粒子のうちでもっと

[**] $(-1)^{3(B-L)}$ の値はクォーク超場とレプトン超場について −1, 全ての他の超場について +1 だから, R パリティの保存則は, 全てのクォーク超場とレプトン超場が符号を変え, 他の超場が変化しない変換のもとでの不変性と同等だ. この不変性原理は (28.1.4) と (28.1.5) の相互作用を禁止するために参考文献 3 で導入された.

28.1 超場, アノマリー, 保存則

も軽い粒子は厳密に安定でなければならない. 他の新粒子はどれも崩壊を連鎖的に起こし, 最後には通常の粒子と, この最も軽い新粒子になる. 様々な超対称模型の現象論は, どの新粒子を最も軽いとするかということでほぼ決まっている.

超対称性を持ち, R パリティか $B-L$ が保存されるとき, 上に述べた超場についての最も一般的なくりこみ可能ラグランジアンは, クォーク, レプトン, ヒッグス・カイラル超場のそれぞれについて $(\Phi^* \exp(-V)\Phi)_D$ の形の項の和である通常のゲージ不変な運動項, $SU(3)$, $SU(2)$, $U(1)$ のゲージ場の強さの超場のそれぞれについて $\epsilon_{\alpha\beta}(W_\alpha W_\beta)_{\mathcal{F}}$ の形をした通常のゲージ不変な運動項, (28.1.2) と (28.1.3) の相互作用の1次結合からなる超対称湯川結合, さらに次の H_1 と H_2 の新しい $\mathcal{F}$ 項で与えられる.

$$\begin{aligned}\mathcal{L}_Y = & \\ & \sum_{ij} h^D_{ij}\Big[\Big(D_i H^0_1 - U_i H^-_1\Big)\bar{D}_j\Big]_{\mathcal{F}} + \sum_{ij} h^E_{ij}\Big[\Big(E_i H^0_1 - N_i H^-_1\Big)\bar{E}_j\Big]_{\mathcal{F}} \\ & + \sum_{ij} h^U_{ij}\Big[\Big(D_i H^+_2 - U_i H^0_2\Big)\bar{U}_j\Big]_{\mathcal{F}} + \mu\Big[H^+_2 H^-_1 - H^0_2 H^0_1\Big]_{\mathcal{F}} \\ & + [\text{エルミート共役}]. \end{aligned} \quad (28.1.7)$$

28.3節で見るように, 超対称性の破れを引き起こすためには, このラグランジアンに項を付け加えなければならない.

(28.1.7) の係数 μ は質量の次元を持っていて, これは標準模型のラグランジアンの超対称版にある唯一の次元のあるパラメータだ. この項がまだ許されるのには, 多少失望する. これは, また階層性問題を復活させるからだ. つまり, なぜ μ は 10^{16} から 10^{18} GeV の大きさではないのかということだ. (28.1.7) の μ 項は, もしレプトン数が保存されるとすると, 上で述べたような (28.1.4) の相互作用は許すが (28.1.5) の相互作用は許さない通常と異なるレプトン数の振り方をすれば, 避けることができる. この場合, μ 項はレプトン数 +2 となり,

許されない.この項はまた,もし $U(1)$ 「ペッチェイ・クイン対称性」[4] を仮定しても禁止される.この対称性のもとでは超場 H_1 と H_2 は同じ量子数,例えば $+1$ を持ち,θ_L と θ_R は中性だ.クォークとレプトンに質量を与える (28.1.2) と (28.1.3) の相互作用は例えば,反スクォークと反スレプトンの左カイラル超場にペッチェイ・クイン量子数 -1 を与え,スクォークとスレプトンを中性にすると許される.このように選ぶと (28.1.4) と (28.1.5) の危険な相互作用は禁止される.不幸にも,28.4節で見るように,(28.1.7) の μ 項は現象論的理由で必要とされるようだ.31.7節で述べる重力を媒介として超対称性が破れる理論では,適切な大きさで μ 項が自然に生成される.

もし超対称性が,この章の始めに議論したように階層性の問題を実際に解決すると仮定すると,新粒子の質量の上限を概算することができる.27.6節の定理によれば,もし超対称性が破れなければ,クォーク,レプトン,W, Z のいずれかを中間粒子としてもつ1ループ・ダイアグラムからの H_1 か H_2 のスカラー成分の質量への寄与は,対応するスクォーク,スレプトン,ウィーノ,ビーノを中間粒子として持つ1ループ・ダイアグラムによって相殺される.したがって超対称性が破れれば,スカラーの H_1 と H_2 の質量の二乗へのそのようなダイアグラムの寄与 δm_H^2 は,$\mathcal{G}_s$ をヒッグス・スカラーと超対称多重項 s との湯川結合あるいはゲージ・ボゾン結合とし,Δm_s^2 を超対称多重項内での質量の二乗の分離として,$(\mathcal{G}_s^2/8\pi^2)\Delta m_s^2$ の大きさの項の和となる.標準模型のラグランジアン密度において,これらの補正を微細調整することを避けるには,δm_H^2 が $(300 \text{ GeV})^2$ よりあまり大きくないようにする必要がある.この大きさ $(300 \text{ GeV})^2$ は,樹木近似で観測される $SU(2) \times U(1)$ に対称性を破る項の係数の大きさだ.したがって,$\delta m_H^2 < (1 \text{ TeV})^2$ と仮定する.例えば,トップ・クォークとスクォークは H_2 と大きさ1程度の結合をするので,分離 Δm^2 はほぼ $8\pi^2 \text{ TeV}^2$ より小さくなければならない.[2] したがってトップ・スクォークの質量

28.1 超場, アノマリー, 保存則

は約 10 TeV より小さくなければならない. 28.4節ではフレーバー変化過程の反応率は, スクォークの質量をほぼ同じとすることで実験的上限以下に抑えられることを見る. その場合, これは全てのスクォークの質量の大雑把な上限と考えることができる. (しかし, これらの過程の反応率はスクォークの最初の2世代の質量が非常に大きいことで抑えられている可能性もある. その場合, トップ・スクォークの質量は自然さ(naturalness)からの上限である 10 TeV 以下となる.[4a]) $R = -1$ の他の粒子の質量について, この種の議論で得られる限界は多少弱いが, 少なくとも28.6節で議論されるような, よく取り上げられる模型では, これらの粒子の質量はどれもスクォークの質量よりも非常に大きいとは考えられない. したがって, 10 TeV はこれら全ての上限と考えてよい. 一方, これらの粒子のどれも観測されていないという事実から, それらの質量は約 100 GeV よりは大きいと考えられる. したがって, それらが発見される質量の範囲は充分にあるといえる.

* * *

もし R パリティ保存かもしくは他の保存則が, 超対称性が予言する新粒子のうち最も軽い粒子を安定にするなら, これらの粒子の幾つかは初期宇宙から生き残っているであろう. これらの残留物の個数密度は, 質量のあるニュートリノの宇宙密度に元来使われた手法を使って求めることができる.[4b] この種の計算の1例として, 質量が予想される広い範囲にある場合に, 超対称理論の新しい安定粒子は荷電スレプトン, ウィーノ, ヒッグジーノのような電荷を持ち色を持たない粒子ではあり得ないことを示す.[4c]

宇宙温度 T (ここではボルツマン定数を1とするエネルギー単位で表すとする) がある安定で束縛されない荷電粒子の質量 m 以下に一旦下がると, 宇宙と共に膨張する体積 R^3 のなかの粒子数 nR^3 は1粒子当りの消滅率 $\overline{v\sigma}n$ で減少する. ここで $\overline{v\sigma}$ は相対速度と消滅断面積

の積の平均だ. つまり,

$$\frac{d(nR^3)}{dt} = -\overline{v\sigma}n^2R^3$$

だから,

$$\frac{1}{nR^3} = \left(\frac{1}{nR^3}\right)_0 + \int_{t_0}^{t} \frac{\overline{v\sigma}}{R^3}\,dt \tag{28.1.8}$$

となる. ここで 0 は $T \simeq m$ となる時期を表す添字だ. 消滅過程は発熱反応だから, $v \ll 1$ で $\overline{v\sigma}$ は定数に近づく. また, 宇宙膨張の輻射時期には $R \propto t^{1/2}$ だから, 積分は収束し,

$$\begin{aligned}\left(\frac{1}{nR^3}\right)_{t\to\infty} &= \left(\frac{1}{nR^3}\right)_0 + \overline{v\sigma}\int_{t_0}^{\infty} \frac{dt}{R_0^3\,(t/t_0)^{3/2}} \\ &= \left(\frac{1}{nR^3}\right)_0 + \frac{2\overline{v\sigma}\,t_0}{R_0^3}\end{aligned} \tag{28.1.9}$$

となる. バリオン数 (バリオン引く反バリオン) の密度 n_B は R^{-3} のように振舞うので, これは新粒子とバリオンとの現在の比を用いた表式に書きかえることができる.

$$(n/n_B)_\infty = [(n_B/n)_0 + 2\overline{v\sigma}\,n_{B0}\,t_0]^{-1}\,. \tag{28.1.10}$$

T が $\approx m$ の値に下がる時期には, 比 $(n/n_B)_0$ はほぼ1の大きさだと考えられ, どんな現実的な理論でも現在の比 $(n/n_B)_\infty$ は1よりも非常に小さいはずだから, (28.1.10) の右辺の分母の第1項は無視できて,

$$(n/n_B)_\infty \simeq \frac{1}{\overline{v\sigma}\,n_{B0}\,t_0} \tag{28.1.11}$$

と書くことができる. $\overline{v\sigma}$ の正確な値は粒子のスピンとその相互作用に依存する. 2π, 粒子の質量 m, 電荷の因子だけを正確に追いかけると, 一般的に以下の大きさであることが分かる.

$$\overline{v\sigma} \approx \frac{e^4\mathcal{N}}{2\pi m^2} \approx 10^{-3}\frac{\mathcal{N}}{m^2}\,. \tag{28.1.12}$$

ここで $\mathcal{N}$ は、この粒子が消滅して作られる質量が m より小さい荷電粒子のスピン状態の数だ。また、温度 $T_0 \simeq m$ の宇宙の年齢は $t_0 \approx m^4/m_{PL}$ で、$m_{PL} \simeq 10^{18}$ GeV であり、バリオン数密度は T^3 の大きさである光子数密度の約 10^{-9} 倍だから、$n_{B0} \approx 10^{-9} m^3$ となる。これらを合わせると、現在の新荷電粒子とバリオンの比は、

$$(n/n_B)_\infty \approx 10^{12} \frac{m}{m_{PL}\mathcal{N}} \approx 10^{-6} \frac{m\,(\text{GeV})}{\mathcal{N}} \qquad (28.1.13)$$

となる。これらの新荷電粒子は通常のバリオンと同じように銀河系、恒星、惑星に凝縮するから、これが今日、地球上で観測される比となる。しかし、電気分解によって重水のような分子を多く持たせた水試料の質量分析の実験によれば、[4d] 地球上の物質中の 6 GeV $< m <$ 330 GeV の新荷電粒子の数密度には $10^{-21} n_B$ の上限が与えられている。したがって、もし $\mathcal{N}$ が 1000 程度に大きくても、これらの測定の結果、この質量の範囲の束縛されていない新荷電粒子が、初期宇宙から残存する程度の数で存在することは完全に否定されている。

一方、中性の束縛されていない粒子は銀河間の空間に残されているだろう。そのような粒子は、銀河団内での銀河の運動を支配している重力場を説明するのに必要な「暗黒物質」になっているかも知れない。そのような中性粒子として可能なものには、例えばグラビティーノがある。この粒子の宇宙での存在密度については28.3節で論じる。エリス達[4c]は超対称性によって必要とされる全ての新粒子について宇宙論的考察を行なった。

28.2　超対称性と強・電弱の統一

素粒子物理の超対称模型を詳細に調べるのは、超対称性の破れの考察の準備ができてからにしなければならない。そこで、この節では超対称性の破れの機構が比較的に重要ではないある局面での超対称性

の定量的な応用を考察する. ここでは, 今までに超対称性が最高の具体的な成功を収めた.

強い相互作用と電弱相互作用の $SU(3) \times SU(2) \times U(1)$ ゲージ群がある単純群 G に埋め込まれていて, 既知のクォークとレプトン (それに加えて $SU(3) \times SU(2) \times U(1)$ について中性のフェルミオン) がその群の一つの表現に含まれているとする. このとき, 21.5節で述べたように G が自発的に破れる M_X の大きさか, それ以上のエネルギーでは, $SU(3) \times SU(2) \times U(1)$ の結合定数は,

$$g_s^2 = g^2 = \frac{5g'^2}{3} \quad ([エネルギー] \geq M_X で) \tag{28.2.1}$$

と関係している. M_X よりずっと低いエネルギーでは, これらの結合定数はくりこみ群の補正によって強く影響されている. もし $\mu < M_X$ で測ると, 結合定数は $g_s^2(\mu)$, $g^2(\mu)$, $g'^2(\mu)$ の大きさであり, これらは1ループくりこみ群方程式,

$$\begin{aligned}\mu \frac{d}{d\mu} g'(\mu) &= \beta_1\big(g'(\mu)\big), \\ \mu \frac{d}{d\mu} g(\mu) &= \beta_2\big(g(\mu)\big), \\ \mu \frac{d}{d\mu} g_s(\mu) &= \beta_3\big(g_s(\mu)\big)\end{aligned} \tag{28.2.2}$$

によって支配されている. また, その M_X での初期条件は (28.2.1) で与えられる. 21.5節で論じたこれらのくりこみ群方程式では元来,[5] ベータ関数は1ループで,

$$\beta_1 = \frac{5n_g g'^3}{36\pi^2}, \tag{28.2.3}$$

$$\beta_2 = \frac{g^3}{4\pi^2}\left(-\frac{11}{6} + \frac{n_g}{3}\right), \tag{28.2.4}$$

$$\beta_3 = \frac{g_s^3}{4\pi^2}\left(-\frac{11}{4} + \frac{n_g}{3}\right) \tag{28.2.5}$$

28.2 超対称性と強・電弱の統一

と計算された.ここで n_g はクォークとレプトンの世代数であり,スカラー場の寄与は比較的小さいので無視した. M_X は今日の加速器の到達するエネルギーよりも何桁も大きいと分かるので, M_X 以下の範囲のほとんどで超対称性は破れていないとするのがよいと思われる.その場合は,(28.2.1)のベータ関数の計算に前の節で論じた新しい場の粒子を全て含める必要がある.これらの新しい場によってベータ関数の計算が以下の三つの点について大きく変る.

1. 全てのゲージ・ボソンについて,同じ $SU(3) \times SU(2) \times U(1)$ 量子数を持つマヨラナ・ゲージーノが存在する.(17.5.41)によれば,生成子 t_A のゲージ群に属するディラック・フェルミオンのゲージ結合のベータ関数への寄与と対応するゲージ・ボソンの寄与の比は $-4C_2/11C_1$ だ.また,(17.5.33)と(17.5.34)によれば,C_1 と C_2 の比は,

$$\sum_{AB} C_{CAB} C_{DBA} = -(C_1/C_2)\text{Tr}\,(t_C t_D) \tag{28.2.6}$$

で与えられる.随伴表現では $(t_C)_{AB} = iC_{ABC}$ だから,$C_1 = C_2$ となり,随伴表現のディラック・フェルミオンはゲージ・ボソンの $-4/11$ の寄与をする.しかしゲージーノはマヨラナ・フェルミオンだから,それらの寄与はゲージ・ボソンの $-2/11$ となる.したがって,(28.2.4)と(28.2.5)の $11/6$ と $11/4$ の項は因子 $9/11$ だけ小さくなって,それぞれ,$9/6$ と $9/4$ となる.

2. どの左巻きのクォーク,レプトン,反クォーク,反レプトン場についても同じ $SU(3) \times SU(2) \times U(1)$ 量子数を持つ複素スカラー場が存在する.17.5節と同じ方法で,生成子 t_A のゲージ群の表現に属する複素スカラー場の,ゲージ結合 g_i のベータ関数への寄与を

$$[\beta_i(g_i)]_{\text{scalar}} = \frac{g_i^3 C_{2i}}{48\pi^2} \tag{28.2.7}$$

と求めるのは容易だ.ここで,$\text{Tr}\,(t_A t_B) = g_i^2 C_{2i} \delta_{AB}$ となっている.こ

れは (18.7.2) で与えられたのと同じ表現に属するディラック・スピノル場の寄与の 1/4 だから, 各左巻きスピノル場 (ディラック場の右巻き成分の複素共役を含む) の 1/2 の寄与だ. したがって, (28.2.3)–(28.2.5) の n_g の係数は因子 3/2 だけ増える.

3. ベータ関数の負のゲージ・ボゾン項の因子 9/11 だけの減少と正のスクォークとスレプトン項の因子 3/2 だけの増大は共に, M_X 以下での三つのゲージ結合定数の (28.2.1) の比からのずれを一般に減少させるように働く. これは M_X の計算値を増大させるが, 後で見るように, 電弱混合パラメータ $\sin^2\theta$ の予言には全く影響しない. しかし, これらの変化は (28.2.3)–(28.2.5) で無視したヒッグス・スカラーの相対的寄与を増大させる. この寄与はまた, ヒッグスに伴うヒッグジーノの寄与の分, 増大している. 前の節で議論した超場 (H_1^0, H_1^-) か (H_2^+, H_2^0) の n_s を使うと, (28.2.7) の定数 C_{2i} は $SU(2)$ について $[(1/2)^2 + (-1/2)^2]n_s = n_s/2$, $U(1)$ について $2n_s(\pm 1/2)^2 = n_s/2$ だ. (28.2.7) によれば, これらの超場のスカラー成分は β_1 に $n_s g'^3/96\pi^2$, β_2 に $n_s g^3/96\pi^2$ の寄与をする. すでに見たように, マヨラナ・ヒッグジーノはベータ関数に同じ量子数を持つ複素スカラーの 2 倍の寄与をするから, 超場 (H_1^0, H_1^-) か (H_2^+, H_2^0) は β_1 と β_2 に合計, ヒッグス・スカラーの 3/2 倍の寄与をし, したがって, それぞれ $n_s g'^3/32\pi^2$ と $n_s g^3/32\pi^2$ となる.

このようなベータ関数の変更を全て考慮すると以下が求まる.

$$\beta_1 = \frac{g'^3}{4\pi^2}\left(\frac{5n_g}{6} + \frac{n_s}{8}\right), \tag{28.2.8}$$

$$\beta_2 = \frac{g^3}{4\pi^2}\left(-\frac{9}{6} + \frac{n_g}{2} + \frac{n_s}{8}\right), \tag{28.2.9}$$

$$\beta_3 = \frac{g_s^3}{4\pi^2}\left(-\frac{9}{4} + \frac{n_g}{2}\right). \tag{28.2.10}$$

28.2 超対称性と強・電弱の統一

くりこみ群方程式 (28.2.2) の解は以下となる.

$$\frac{1}{g'^2(\mu)} = \frac{1}{g'^2(M_X)} + \frac{1}{2\pi^2}\left(\frac{5n_g}{6} + \frac{n_s}{8}\right)\ln\left(\frac{M_X}{\mu}\right), \quad (28.2.11)$$

$$\frac{1}{g^2(\mu)} = \frac{1}{g^2(M_X)} + \frac{1}{2\pi^2}\left(-\frac{3}{2} + \frac{n_g}{2} + \frac{n_s}{8}\right)\ln\left(\frac{M_X}{\mu}\right), \quad (28.2.12)$$

$$\frac{1}{g_s^2(\mu)} = \frac{1}{g_s^2(M_X)} + \frac{1}{2\pi^2}\left(-\frac{9}{4} + \frac{n_g}{2}\right)\ln\left(\frac{M_X}{\mu}\right). \quad (28.2.13)$$

$\mu = m_Z$ とすると, (28.2.11)–(28.2.13) の表式を使うエネルギーの範囲のほとんど全てで $SU(2) \times U(1)$ は破れていないと見なせて便利だ. (28.2.1) を使うと, (28.2.12) と (28.2.13) の差は,

$$\frac{1}{g^2(m_Z)} - \frac{1}{g_s^2(m_Z)} = \frac{1}{2\pi^2}\left(\frac{3}{4} + \frac{n_s}{8}\right)\ln\left(\frac{M_X}{m_Z}\right) \quad (28.2.14)$$

となる. 一方 (28.2.12) と (28.2.11) の 3/5 倍との差は,

$$\frac{1}{g^2(m_Z)} - \frac{3}{5g'^2(m_Z)} = \frac{1}{2\pi^2}\left(-\frac{3}{2} + \frac{n_s}{20}\right)\ln\left(\frac{M_X}{m_Z}\right) \quad (28.2.15)$$

となる. (21.3.19) から, 電弱結合定数を電弱混合角 θ と陽電子の電荷 e を使って表すことができる.

$$g(m_Z) = -e(m_Z)/\sin\theta, \quad g'(m_Z) = -e(m_Z)/\cos\theta. \quad (28.2.16)$$

そうすると, 未知量 $\ln(M_X/m_Z)$ と $\sin^2\theta$ をパラメータ $e(m_Z)$ と $g_s(m_Z)$ を使って解くことができる.

$$\sin^2\theta = \frac{18 + 3n_s + (e^2(m_Z)/g_s^2(m_Z))(60 - 2n_s)}{108 + 6n_s}, \quad (28.2.17)$$

$$\ln\left(\frac{M_X}{m_Z}\right) = \left(\frac{8\pi^2}{e^2(m_Z)}\right)\left(\frac{1 - (8e^2(m_Z)/3g_s^2(m_Z))}{18 + n_s}\right). \quad (28.2.18)$$

$n_s = 0$ では (28.2.17) は $\sin^2\theta$ について, 非超対称理論で (ヒッグス・スカラーの小さな寄与を無視して) 求められたのと同じ (21.5.15) の

表 28.1: (28.2.17) と (28.2.18) で与えられる電弱混合パラメータ $\sin^2\theta$ と統一質量 M_X の値を左カイラル超場の2重項 (H_1^0, H_1^-) か (H_2^+, H_2^0) の数 n_s の関数として表したもの.

n_s	$\sin^2\theta$	M_X (GeV)
0	0.203	8.7×10^{17}
2	0.231	2.2×10^{16}
4	0.253	1.1×10^{15}

結果を与える. しかし, $\ln(M_X/m_Z)$ の (28.2.18) の値は, もとの結果 (21.5.16) の 11/9 倍だけ大きくなっている. これはベータ関数へのゲージーノの寄与から来ている.

21.5節と同じ, $e^2(m_Z)/4\pi = (128)^{-1}$, $g_s^2(m_Z)/4\pi = 0.118$, $m_Z = 91.19$ GeV を使うと, 28.1表に与えた数値的結果が得られる. 前の節で論じたように, 電弱カレントのアノマリーを相殺するには, (H_1^0, H_1^-) と (H_2^+, H_2^0) の2重項を同じ数だけ必要とするので, これらの超場の数 n_s は偶数のみを考えればよい.

驚くべきことに, もっとも簡単でもっともらしい理論の値 $n_s = 2$ を使うと,[6] $\sin^2\theta = 0.231$ という値を得るが, これは実験値 $\sin^2\theta = 0.23$ に完全に一致している. M_X の値は超対称性を持たない理論で同様に計算したものの20倍となっていて,[7] これは $p \to \pi^0 + e^+$ のような陽子崩壊率を 20^{-4} 倍に減少させ, そのような過程が実験で未だに観測されていない事実との矛盾を無くしている. (陽子崩壊は28.7節で詳細に論じる.) この M_X の値が増加したために, その値は重力が他の相互作用と同じ強さになるエネルギーの大きさ $\approx 10^{18}$ GeV に近づいている. この残りの不足分は非常に高エネルギーでの重力相互作用の変化によって補充されるのかもしれない.

$n_s = 4$ では $\sin^2\theta$ が実験と全く合わなくなり, M_X は低くなりすぎて陽子崩壊の実験値と矛盾してしまう. これにより, 超場 (H_1^0, H_1^-) と (H_2^+, H_2^0) がそれぞれ一つずつあるのが最も確からしいことが分かる.

$\sin^2\theta$ と M_X の理論値と異なり, M_X での共通のゲージ結合定数の理論値 (28.2.1) は世代数とスカラー 2 重項の数の両方に依存する. $n_g = 3$ と $n_s = 2$, それと前述のパラメータの値を用いると, (28.2.13) から,

$$\frac{g^2(M_X)}{4\pi} = \frac{g_s^2(M_X)}{4\pi} = \frac{1}{17.5} \qquad (28.2.19)$$

を得る.

28.3 超対称性はどこで破れるか?

もし超対称性が成立するとしても, それは知られている粒子の表には明らかに見ることができない. したがって, 超対称性が通常のエネルギーでどのような影響をもたらしているかを見るには, 超対称性の破れの機構について何らかの仮定をする必要がある. もし超対称性が $SU(2) \times U(1)$ のように超対称標準模型の樹木近似で破れているとすれば話は非常に簡単だ. しかし, この可能性は完全に否定されている.

樹木近似で超対称性が破れることに対する否定的な議論は (27.5.11) の質量の和則に基づいている. この和則は破れない保存量である色と電荷の各値別に成立する. 電荷 $-e/3$ の色 3 重項については, 知られているフェルミオンは d, s, b クォークだけだ. したがって,

$$m_d^2 + m_s^2 + m_b^2 \simeq (5\text{ GeV})^2 \qquad (28.3.1)$$

となる. 和則によれば, この電荷と色のフェルミオンが他に無ければ, 同じ電荷と色を持つボソンの質量の二乗の和 (その際, スピン状態は別々に勘定する) は, ほぼ $2(5\text{ GeV})^2$ にならなければならない. 特に,

この電荷と色のスクォークの質量は 7 GeV 程度を越えてはならない. そのような軽いスクォークは実験的に存在しないことがわかっている. 例えば, そのようなスクォークは電子・陽電子対消滅でのハドロン生成の過程での反応率に寄与し, そのような寄与が起こるエネルギー領域では, この過程は非常に詳しく調べられている.

　この議論はもしクォークの重い第4世代が有れば, 成立しなくなる. しかし, ディモポロスとジョージャイによる議論[3]もあって, 重いクォークがどれだけあっても, 最も軽いスクォークの質量に上限が得られている. 電荷と色が破られずに保存していると, 超対称標準模型で唯一のゼロでない D_{A0} 項は, $U(1)$ の y と $SU(2)$ の t_3 生成子についての項で, これらをそれぞれ, D_1 と D_2 と呼ぶことにする. 電荷 $2e/3$ の左巻きクォークについて, これらの生成子の値は $y = -g'/6$ と $t_3 = +g/2$, 電荷 $-e/3$ の左巻きクォークについては $y = -g'/6$ と $t_3 = -g/2$, 電荷 $2e/3$ の左巻きクォークについては $y = 2g'/3$ と $t_3 = 0$, 電荷 $-e/3$ の右巻きクォークについて $y = -g'/3$ と $t_3 = 0$ だ. また, スクォーク場は色3重項だから, 真空期待値は持てない. (27.5.4) によれば, 電荷 $2e/3$ の色3重項 (反3重項ではない) の質量二乗の行列は,

$$M_{0U}^2 = \begin{bmatrix} \mathcal{M}_U^* \mathcal{M}_U - g'D_1/6 + gD_2/2 & \mathcal{F}_U^* \\ \mathcal{F}_U & \mathcal{M}_U \mathcal{M}_U^* + 2g'D_1/3 \end{bmatrix}$$
(28.3.2)

だ. また電荷 $-e/3$ の色3重項のスクォークの質量二乗の行列は,

$$M_{0D}^2 = \begin{bmatrix} \mathcal{M}_D^* \mathcal{M}_D - g'D_1/6 - gD_2/2 & \mathcal{F}_D^* \\ \mathcal{F}_D & \mathcal{M}_D \mathcal{M}_D^* - g'D_1/3 \end{bmatrix}$$
(28.3.3)

だ. また, (27.5.6) によれば, 電荷 $2e/3$ と $-e/3$ のクォークの質量二乗

28.3 超対称性はどこで破れるか?

の行列は, それぞれ, 単に $\mathcal{M}_U^*\mathcal{M}_U$ と $\mathcal{M}_D^*\mathcal{M}_D$ であり, ゲージーノとは混合していない.

さて, v_u と v_d を質量の最も軽い u と d クォークの質量二乗行列 $\mathcal{M}_U^*\mathcal{M}_U$ と $\mathcal{M}_D^*\mathcal{M}_D$ の規格化された固有ベクトルとしよう. そして, 対応するスクォークの質量二乗行列の期待値を考える.

$$\begin{bmatrix} 0 \\ v_u^* \end{bmatrix}^\dagger M_{0U}^2 \begin{bmatrix} 0 \\ v_u^* \end{bmatrix} = m_u^2 + \frac{2g'D_1}{3}, \qquad (28.3.4)$$

$$\begin{bmatrix} 0 \\ v_d^* \end{bmatrix}^\dagger M_{0D}^2 \begin{bmatrix} 0 \\ v_d^* \end{bmatrix} = m_d^2 - \frac{g'D_1}{3}. \qquad (28.3.5)$$

これらの期待値はそれぞれ, 電荷 $2e/3$ と $-e/3$ のスクォークの質量の二乗の重み付き平均値だから, 少なくとも一つの電荷 $2e/3$ のスクォークの質量二乗は $m_u^2 + 2g'D_1/3$ より小さいし, 少なくとも一つの電荷 $-e/3$ のスクォークの質量二乗は $m_d^2 - g'D_1/3$ より小さい. したがって, D_1 の符号によって, u クォークより軽い電荷 $2e/3$ のスクォークか, d クォークより軽い電荷 $-e/3$ のスクォークのどちらかが存在しなければならない.

言うまでも無いことだが, これだけ軽い荷電色3重項のスカラーがあれば, 強い相互作用の現象論は大きく変わらなければならない. u クォークや d クォークのように, この色を持つスカラーは数百 MeV の「構成子」質量を持つハドロンの構成要素として振舞う. しかし, そのようなものは見つかっていない. このスカラーは電荷を持っているので, 数百 MeV 以上のエネルギーでの $e^+ \cdot e^-$ 対消滅で生成されるが, これは消滅断面積に寄与し, 理論値と実験値の非常に良い一致が崩れる. 更に悪いことに, u クォークと d は非常に軽く, D_1 は超対称性が破れる大きさだと考えられるので, (28.3.4) と (28.3.5) からスクォークの一つの質量二乗は負となることが示唆される. このため, このスクォーク場はゼロでない真空期待値を持つことになり, 色と電荷の保

存則が破れる. したがって, 標準模型の超対称版で超対称性が樹木近似で自発的に破れるという簡単な描像は諦めなければならない.

この結論から逃れる一つの方法は, 別の $U(1)$ ゲージ超場を加えることだ. もし全てのクォーク超場について, この $U(1)$ の生成子が $\tilde{g}$ という同じ値を持てば, 対応する D 項である $\tilde{D}$ は (28.3.4) と (28.3.5) の右辺に共に $\tilde{g}\tilde{D}$ という余分な寄与をもたらす. この項が十分に大きければ, 全てのスクォークの質量の二乗に大きな正の値が加わって, 上の問題が全て解決する. しかし, 到達できるエネルギーでは, そのような中性のゲージ・ボソンがある気配は無く, いずれにせよ電荷 $-e/3$ のスクォークの全ての質量について 7 GeV という上限はある.

超対称標準模型で樹木近似以外のどこかで超対称性を破らなければならないというのは, 必ずしも悪いことではない. もし超対称性がこの近似で破れていたとしたら, 超対称性の破れの大きさを特徴付ける典型的な質量を決めるのはラグランジアンの持つ質量パラメータのどれかであり, それは標準模型の他の全ての質量の大きさも決めているはずだ. そうすると, なぜこの質量の大きさが 10^{16}–10^{18} GeV よりも非常に小さいのかという階層性問題に, 依然として悩まされることになる.

そのような大きな質量の比を説明する一つの方法が知られている. もし, ある大きな質量 M_X で全ての相互作用を統一する何らかの場の理論の樹木近似で超対称性が自発的に破れていないとすると, 27.6 節で示したように, それは摂動論の任意の次数で破れない. しかし, 非摂動論的には破れることが可能だ. 特に, もし, くりこみの質量の大きさ μ で $\mathcal{G}(\mu)$ となる漸近的自由なゲージ結合定数を持つあるゲージ場があり, $\mu \approx M_X$ で $\mathcal{G}^2(\mu)/8\pi^2$ が 1 より十分に小さければ, 18.3 節で議論したように, b を 1 の大きさの数として, このゲージ相互作用は $M_S = M_X \exp(-8\pi^2 b/\mathcal{G}^2(M_X))$ の大きさのエネルギーで強くなる. M_S が M_X より何桁も小さくなるために $\mathcal{G}^2(M_X)/8\pi^2$ が非常に小さ

28.3 超対称性はどこで破れるか?

くなる必要は無い. 29.4節では, $M_S \ll M_X$ のあるエネルギーでゲージ結合定数が強くなることで, このようにして実際に超対称性が破れることを見る. これは, 量子色力学でのカイラル対称性について実際に起こる. 陽子の質量 (もしくは, 少なくとも, u クォークと d クォークの僅かな質量によるものではなく, カイラル対称性の動力学的な破れによるその大部分) が統一質量 M_X よりなぜあれだけ小さいのかということは不思議なことではない. M_S のエネルギーで強くなる力はスカラー場のポテンシャルを生成することができ, その真空期待値は超対称性を破るからだ.

既知のクォークとレプトンについて, 新しい強い相互作用があるという兆しは無いので, 標準模型の観測される粒子は超対称性を破る強い力については中性だと仮定しなければならない. したがって, 超対称性の破れは, この新しい強い力を受ける粒子の「隠されたセクター」で起こる. そうすると, 残った疑問は, この隠されたセクターでの超対称性の破れを標準模型の既知の粒子に伝える機構は何かということだ. これから見るように, 超対称性が現象論でどのように見えるかということは, 超対称性の破れの詳細より, この疑問の答えに多く依っている.

もちろん, 超対称性の破れを観測される粒子に伝える機構は, これらの粒子の感じる何らかの相互作用でなければならない. それには重要な二つの候補がある. その一つは $SU(3) \times SU(2) \times U(1)$ ゲージ相互作用そのもので, これは28.6節で調べる. もう一つは重力, と言うよりは重力場の超対称性パートナーに相当する補助場で, これは31.4節で調べる.

詳細は気にしないことにして, ここではこれらの二つの可能性について, 超対称性の破れの大きさ M_S の概算をすることにする. ゲージを媒介とする超対称性の破れについては, 観測されるクォーク, レプトン, ゲージ・ボゾンとそれらの超対称性パートナーの間の質量の分離は,

問題となる超対称多重項の持つ量子数に応じて, $g_s^2/16\pi^2$ か $g'^2/16\pi^2$ か $g^2/16\pi^2$ だと期待される. (ここで g_s, g, g' はそれぞれ, $SU(3)$, $SU(2)$, $U(1)$ のゲージ結合定数とする.) (この推測は28.6節で確かめる.) したがって, もしスクォーク, スレプトン, ゲージーノが28.1節の終りに論じたように 100 GeV から 10 TeV の範囲の質量を持つならば, 超対称性の破れの大きさ M_S は, それより2桁か3桁高く, 例えば 100 TeV 程度となる. 一方, もし重力が超対称性の破れを媒介するならば, 次元の考察から, 観測される粒子とそれらの超対称パートナーの質量の分離 Δm は $\sqrt{G}M_S^2$ の大きさか, GM_S^3 の大きさだ. (これらの結果は共に31.7節で述べる模型に当てはまる.) もしスクォーク, スレプトン, ゲージーノが 100 GeV から 10 TeV の範囲の質量を持てば, M_S は $\Delta m \approx \sqrt{G}M_S^2$ で 10^{11} GeV の大きさか, $\Delta m \approx GM_S^3$ で 10^{13} GeV の大きさだ.

　ゲージが媒介する場合と重力が媒介する場合の超対称性の破れの大きさ M_S の大きな差は, 素粒子の現象論と宇宙論において重要な差をもたらす. すでに何回か述べたように, 超対称性から重力子にはスピンが 3/2 のパートナー, グラビティーノがなければならない. 超対称性が M_S の大きさで自発的に破れると, グラビティーノは $\sqrt{G}M_S^2$ の大きさの質量 m_g を得る. (正確な表式は31.3節で与える.) ゲージを媒介として超対称性が破れる場合, これは非常に小さい. 実際, もし $M_S \approx 100$ TeV ならば $m_g \approx 1$ eV だから, グラビティーノは超対称性によって必要とされる新粒子の中で最も質量が軽い. すなわち, 負の R パリティ(28.1.6)を持つ最も軽い粒子だ. 一方, 超対称性が重力を媒介として破れるならば, グラビティーノの質量は既知の粒子とそれらの超対称パートナーの質量の分離と同じく $\sqrt{G}M_S^2$ の大きさであり, グラビティーノはスクォーク, スレプトン, ゲージーノとほぼ同じ質量を持つ. そうするとグラビティーノは負の R パリティを持つ最も軽い粒子であるかもしれないし, 違うかもしれない. しかしこの場合,

28.3 超対称性はどこで破れるか?

それと既知の粒子やそれらの超対称パートナーとの相互作用は重力の強さなので,グラビティーノは素粒子実験で直接的な役割をしない.

* * *

ビッグ・バンから生き残れるグラビティーノの数には制限がある.これから超対称性の破れの大きさ M_S に有用な制限がつく.遥か昔,温度 T はおそらく非常に高く,純粋に重力的な相互作用のためにグラビティーノと他の粒子は熱平衡にあっただろう.その場合,グラビティーノの数密度は光子の数密度とほぼ同じで T^3 の程度だったはずだ.(ここではボルツマン定数 k_B と $\hbar$ と c を1とする単位を使っている.) グラビティーノが消滅も崩壊もしなければ,宇宙の膨張のためにそれらの数密度は光子の数密度と同じように下がり,グラビティーノが平衡から逃れた後でも光子と同程度残るはずだ.より正確に述べると,光子は他の粒子の消滅で暖められるが,グラビティーノはそうではないので,現在のグラビティーノの数密度 n_{g0} は,宇宙の背景輻射の光子の数密度 $n_{\gamma 0}$ より一桁か二桁小さいだろう.グラビティーノの質量密度 $m_g n_{g0}$ がハッブル定数の観測値から決定される宇宙の質量密度の上限を越えない[8]ためには,m_g はほぼ 1 keV 以下でなければならない.すでに見たように,ゲージを媒介として超対称性が破れる理論ではこの限界はよく満たされている.このとき,グラビティーノは軽すぎて,宇宙グラビティーノが宇宙の質量密度に有意な寄与をすることはあり得ない.これらの理論で超対称性を破る場の幾つかは,既知のクォーク,レプトン,ゲージ場が超対称性の破れの影響を受けるために,これらの場と少なくとも間接的に相互作用しなければならないから,既知の粒子やそれらの超対称パートナーとグラビティーノとの相互作用はゲージ結合定数と湯川結合定数の冪のみで抑えられていて,クォーク,レプトン,ゲージ・ボゾンの超対称パートナーは全て既知の粒子とグラビティーノとにすぐに崩壊するだろう.したがっ

て, これらの模型では, これらの粒子は宇宙論で求められている「失われた質量」の候補とはなり得ない. (保存則によって, 超対称性が破れるセクターの幾つかの粒子が安定になることは可能で, その場合は, それらは失われた質量と成り得るかもしれない.)

一方, 重力を媒介として超対称性が破れる場合は, グラビティーノは十分重くて (グラビティーノ消滅は依然として無視できるが) 不安定となるので, 上の限界は必ずしも適用できない.[9] 31.3 節ではグラビティーノと他の場の結合定数が $\sqrt{G}$ に比例することを見る. したがって, 次元解析から静止したグラビティーノの崩壊率 Γ_g はほぼ Gm_g^3 の大きさだと分かる. これは温度 T で $\sqrt{G}T^4$ の大きさの宇宙の膨張率と比べるべきものだ. (ここでは非重力結合定数や粒子の種類の数も含めて 10–100 の大きさの因子は無視している.) 宇宙の温度が $T \approx m_g$ に下がってグラビティーノが非相対論的になると, その崩壊率と膨張率の比が $\sqrt{G}m_g = m_g/m_{\text{Planck}} \ll 1$ の大きさになり, グラビティーノの崩壊は, グラビティーノが極端に非相対論的になるこの時期以降にのみ重要となる. すでに見たように, それらの数密度は T^3 の大きさだから, したがってそれらのエネルギー密度は $m_g T^3$ の大きさとなり, これは温度 T で熱平衡にある光子や他の粒子のエネルギー密度の大きさ T^4 より大きい. したがって, これは宇宙の膨張率を支配する宇宙の重力場に主要な寄与をする. これらの条件のもとでの膨張率は, これにより $\sqrt{Gm_g T^3}$ の大きさとなり, これが Gm_g^3 の大きさのグラビティーノの崩壊率に等しくなるとき, グラビティーノの崩壊が重要となり, その温度は以下となる.

$$T_g \approx G^{1/3} m_g^{5/3}.$$

ここで見たように, もしこれらのグラビティーノが現在までに崩壊していなかったら, それらの質量は 1 keV 以下でなければならないが, 現在までに崩壊してしまっているとしても宇宙論に困難を引き起こ

28.3 超対称性はどこで破れるか?

す.それらが崩壊した後に,それらのエネルギーは光子や他の相対論的な粒子のエネルギーとならなければならない.したがって崩壊後の温度 T'_g はエネルギー保存条件 $m_g T_g^3 \approx T'^4_g$ を使って上で計算された温度 T_g と関係していなければならない.これにより,

$$T'_g \approx G^{1/4} m_g^{3/2}$$

となる.特に,$T_g \ll m_g$ だから,$T'_g \gg T_g$ となる.もし,T_g が宇宙の元素生成が起こる温度 $T_n \simeq 0.1$ MeV より低ければ,グラビティーノは元素生成以前にまだ豊富にあり,高いエネルギー密度とそれによる急速な膨張のために,自由中性子が複合核に取り込まれる前に崩壊する時間が短くなり,元素生成においてはヘリウムがより多く生成される.また,光子密度とバリオン密度の比はグラビティーノ崩壊で相当増大したはずで,元素生成時のこの比は,現在の宇宙マイクロ波背景の温度から普通に計算された値よりもかなり小さいはずだ.したがって,核子反応で中性子はより完全にヘリウムに取り込まれ,より少ない重水素が現在に残されただろう.現在,理論は宇宙のヘリウムと重水素の観測値を良く説明しているが,その一致は崩れることとなる.この問題はもし $T_g > 0.1$ MeV なら避けることができる.しかし,$T'_g > 0.4$ MeV という,より弱い条件のもとでもこの問題は避けられる.これはグラビティーノが崩壊した後でも,余分なヘリウムを壊すほど温度は高く,宇宙が再び冷えた後に宇宙元素生成を再開させることができるからだ.この条件には $m_g > 10$ TeV を必要とするが,これは 28.1 節で導いた既知のクォーク,レプトン,ゲージ・ボゾンの超対称パートナーの質量の上限とかろうじて矛盾しない.この質量は重力を媒介とする超対称性の破れの場合には m_g の大きさだ.この m_g についての制限は,$m_g \approx \sqrt{G} M_S^2$ のときは超対称性の破れのスケール $M_S > 10^{11}$ GeV に対応し,$m_g \approx G M_S^3$ のときは $M_S > 10^{13}$ GeV に対応する.

28.4 最小超対称標準模型

前の節では超対称性が高いエネルギー M_S で破れたときに,それが既知のクォークやレプトンにゲージ超場や重力超場を通じて伝達される二つの異なる仕方を調べた.結果としてできる低エネルギーの有効ラグランジアンの超対称性を破る項はこれにより,ゲージ結合定数やニュートン定数の冪で抑えられる.したがって,これらの項のほとんどはかなり小さいが,その例外は,有効ラグランジアンの質量項や他の超くりこみ可能な項だ.これらは次元解析から分かるように,ゲージ結合定数やニュートン定数の因子の他に,既知の粒子の質量に比べて非常に大きい超対称性の破れのスケール M_S の因子を一つ以上持っている.したがって,ゲージを媒介として超対称性が破れる場合には比較的良い近似で,また重力を媒介として超対称性が破れる場合には非常に良い近似で,超対称性の破れの主要な影響は,超対称標準模型の有効ラグランジアンの超くりこみ可能項に現れると言える.このような標準模型[10]は超くりこみ可能項を除いて超対称であり,**最小超対称標準模型** (minimal supersymmetric standard model) と呼ばれる.

R パリティか $B-L$ が保存されるとき, $SU(3) \times SU(2) \times U(1)$ ゲージ対称性から,許されるラグランジアン密度の最も一般的な超くりこみ可能項は以下の形となる.

$$\begin{aligned}
\mathcal{L}_{SR} = &- \sum_{ij} M_{ij}^{2\,Q} \left(\mathcal{Q}_i^\dagger \mathcal{Q}_j \right) - \sum_{ij} M_{ij}^{2\,\bar{U}} \left(\bar{U}_i^\dagger \bar{U}_j \right) - \sum_{ij} M_{ij}^{2\,\bar{D}} \left(\bar{\mathcal{D}}_i^\dagger \bar{\mathcal{D}}_j \right) \\
&- \sum_{ij} M_{ij}^{2\,L} \left(\mathcal{L}_i^\dagger \mathcal{L}_j \right) - \sum_{ij} M_{ij}^{2\,\bar{E}} \left(\bar{\mathcal{E}}_i^\dagger \bar{\mathcal{E}}_j \right) \\
&- \left(\overline{\lambda_3}\, m_{\text{gluino}}\, \lambda_3 \right) - \left(\overline{\lambda_2}\, m_{\text{wino}}\, \lambda_2 \right) - \left(\overline{\lambda_1}\, m_{\text{bino}}\, \lambda_1 \right) \\
&- \sum_{ij} A_{ij}^D h_{ij}^D \left(\mathcal{Q}_i^{\mathrm{T}} e\, \mathcal{H}_1 \right) \bar{\mathcal{D}}_j - \sum_{ij} A_{ij}^E h_{ij}^E \left(\mathcal{L}_i^{\mathrm{T}} e\, \mathcal{H}_1 \right) \bar{\mathcal{E}}_j \\
&- \sum_{ij} A_{ij}^U h_{ij}^U \left(\mathcal{Q}_i^{\mathrm{T}} e\, \mathcal{H}_2 \right) \bar{U}_j - \sum_{ij} C_{ij}^D h_{ij}^D \left(\mathcal{Q}_i^{\mathrm{T}} \mathcal{H}_2^* \right) \bar{\mathcal{D}}_j
\end{aligned}$$

28.4 最小超対称標準模型

$$-\sum_{ij} C_{ij}^E h_{ij}^E \left(\mathcal{L}_i^{\mathrm{T}} \mathcal{H}_2^*\right) \bar{\mathcal{E}}_j - \sum_{ij} C_{ij}^U h_{ij}^U \left(\mathcal{Q}_i^{\mathrm{T}} \mathcal{H}_1^*\right) \bar{\mathcal{U}}_j$$
$$-B\mu \left(\mathcal{H}_2^{\mathrm{T}} e \mathcal{H}_1\right) + [エルミート共役]. \tag{28.4.1}$$

ここで花文字 ($\mathcal{Q}$ 等) は左カイラル超場のスカラー成分を示すために用いた. また, $SU(2)$ と色の添字についての和を取るものとする. e を通常の反対称 2×2 行列 $i\sigma_2$ として, この和は $SU(3) \times SU(2) \times U(1)$ のもとでの不変性のために必要だ. 係数は全て複素数でもよいし, ゲージーノの質量は単位行列のみならず γ_5 に比例する項を含むことができる.

ここでは通常の慣習に従って, スカラー場は含むがそれらの随伴場は含まない項の係数を, (28.1.7) の対応する超対称 $\mathcal{F}$ 項の係数に A_{ij}^D, A_{ij}^E, A_{ij}^U, B をかけたものとして書くことにした. これは (28.1.7) の軽いクォークの湯川結合定数が, 近似的な幾つかのカイラル対称性を反映して小さいことによるが, これはもし超対称多重項全体に拡張されたならば, (28.4.1) の対応する 3 次線形項をも小さくする. 一方, (28.1.7) でペッチェイ・クイン対称性[4]が近似的にでもあれば, μ 項と $B\mu$ 項を共に小さくするが, (28.1.7) の μ 項の形はペッチェイ・クイン対称性を破る. 同様の考察から, スカラーとその複素共役を共に含む項の係数の形が推察できる. また 31.4 節では Ah と $B\mu$ への寄与を調べるが, これらはそれぞれ h と μ に実際に比例する. しかし, ここでは (28.1.7) の対応する係数 h と μ が小さいときに, (28.4.1) の係数 Ah, Ch, $B\mu$ が必然的に小さいかどうかは問題として残しておく.

(28.4.1) の Ch 項は一般に最小超対称標準模型の議論では省かれる. これは 27.7 節で論じたように, 左カイラル・スカラー超場の ϕ 成分を含むこのような項や, それらの複素共役は 2 次発散を引き起こし, 微細調整問題を引き起こす可能性があることにもよる. しかし 27.7 節で見たように, 2 次発散は, スカラー場の線が真空に消える「タッドポール」項からのみ生じ, 最小超対称標準模型では全てのゲージ対称性の

もとで中性なスカラー場は存在しないので,スカラー・タッドポールは存在しない. Ch 項は,31.6節で論じる超対称性が重力を媒介として破れる理論では存在せず,28.6節で述べる超対称性がゲージ場を媒介として破れる理論では小さい. しかし,これが常に当てはまると仮定する理由は全く無い.

(28.4.1)にあるような超くりこみ可能な相互作用は, 超対称ではないが,27.7節で見たように超対称な $d=4$ 相互作用の係数に超対称性を破る紫外発散する補正を引き起こすわけではない. したがって,最小超対称標準模型の無次元結合定数に課された超対称条件は, 結合定数のくりこみでの紫外発散の相殺の邪魔にはならない. 高エネルギーでの隠されたセクターにおける超対称性の破れのどのような理論よりも,まさにこの性質が参考文献10で最小超対称標準模型が導入された動機となった.

すでに述べたように,高エネルギーで超対称性が自発的に破れる理論は, 低エネルギーでは自然に最小超対称標準模型によって記述されるというのが, 現在, 超対称標準模型の帰結を調べる一番の理由だ. 超対称標準模型の現象論的な帰結を調べて, その結果が, 超対称性の破れの模型の詳細や, それが何を媒介として破れるかに依らず, 妥当だと自信を持って信じることができる.

Ch 項が無くても, もしラグランジアンの他の全ての係数がゲージ対称性と R パリティ保存にのみ拘束されるならば,最小超対称標準模型は100以上の任意の値をとるパラメータを含む.[11] ここで「最小」とは単に超場の最小の組のみを含む理論を意味する. しかしときにより,「最小超対称標準模型」という用語は, 基本となる理論や実験からの制限によって, 超くりこみ可能な項の係数にある制約を設けた模型にのみ使われることもある. 例えば, 最小超対称標準模型は, 多少楽

28.4 最小超対称標準模型

観的な普遍性条件,

$$M_{ij}^{2\,Q} = M_{ij}^{2\,\bar{D}} = M_{ij}^{2\,\bar{U}} = M_{ij}^{2\,L} = M_{ij}^{2\,\bar{E}} = M^2 \delta_{ij},$$
$$m_\text{gluino} = m_\text{wino} = m_\text{bino},$$
$$A_{ij}^D = A_{ij}^E = A_{ij}^U = A, \qquad C_{ij}^D = C_{ij}^E = C_{ij}^U = 0 \tag{28.4.2}$$

を満たすと仮定される場合もある. しばしばこれらの条件は結合定数が統一される $M_X \approx 10^{16}$ GeV というスケールで仮定され, 低エネルギーではくりこみ群にしたがう補正だけを受ける. ここではそのような仮定はしない.

最小超対称標準模型の現象論的な帰結を解析するに当っては, 新粒子の探索のみならず, 既知の粒子についての各種のフレーバー非保存過程と CP 非保存の各種のモードの実験的な上限という二つの厳しい現象論的な拘束条件も考慮に入れる必要がある.

フレーバー変化過程

21.3 節では K^0–$\bar{K}^0$ 振動と $K^0 \to \mu^+ \mu^-$ などのフレーバー変化過程が非超対称標準模型では自動的に抑えられることを見た. これは, この理論の性質に依っていた. つまり, クォークの質量の分離だけが, 各フレーバーが個別に保存されるように定義されることを妨げているために, これらのフレーバー変化過程の振幅は, 小さなクォーク質量の幾つかの因子に比例しなければならない. また, この理論では, レプトンのフレーバーは自動的に保存され, $\mu \to e\gamma$ のような過程は完全に禁止されていた. これらの満足のできる結果は, 標準模型を超対称に拡張したときに, スクォークはスレプトンのために危うくなる. これは一般的にスクォークとスレプトンの質量行列は, クォークとレプトンの質量行列と同じ基底で対角となる理由は全く無いからだ. これは, これらの粒子とゲージ・ボゾンとのフレーバーに依存しない相互作用

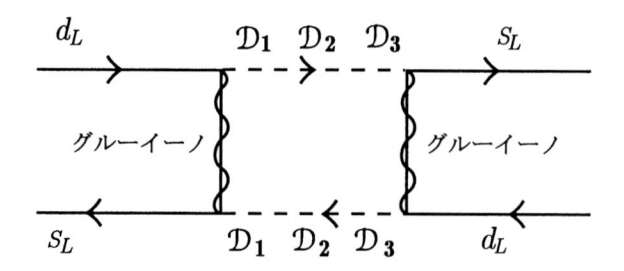

図 28.1: 最小超対称標準模型での $\Delta S = 2$ 有効相互作用 $(\bar{s}_L\gamma^\mu d_L)(\bar{d}_L\gamma_\mu s_L)$ に寄与する1ループ・ダイアグラム. ここで実線はクォーク, 破線はスクォーク, 実線と波線の複合線はグルーイーノ.

にはフレーバー変化を導入しないが, スクォークやスレプトンがゲージーノを放出, または吸収してクォークやレプトンになるフレーバー変化遷移を起こす. もちろん, スクォークとスレプトンが縮退していれば, それらの質量行列はどの基底でも対角だから何の問題も無い.

スクォーク質量分離や混合角についての最も厳しい制限は K^0–$\bar{K}^0$ 遷移の測定から得られている.[12] これらの遷移は, 低エネルギーでの有効ラグランジアン密度の $(\overline{s_L}\gamma^\mu d_L)(\overline{d_L}\gamma_\mu s_L)$ のような演算子から引き起こされる. それは, 図28.1のダイアグラムなどから生成される. クォーク d_L と s_L の超対称パートナーは一般に, 一定の質量のスクォーク $\mathcal{D}_i$ の1次結合 $\sum_i V_{di}\mathcal{D}_i$ と $\sum_i V_{si}\mathcal{D}_i$ (V_{ji} は 3×3 のユニタリ行列) に現れる. したがって, このダイアグラムの二つのスクォークのプロパゲーターは因子,

$$\sum_i \frac{V_{di}V_{si}^*}{k^2 + M_i^2 - i\epsilon} \times \sum_j \frac{V_{dj}V_{sj}^*}{k^2 + M_j^2 - i\epsilon}$$

の寄与をする. ここで k はループをまわる4元運動量だ. V_{ji} はユニタリだから, もし三つのスクォークの質量 M_i が全て等しいならば, これはゼロとなる. もし, スクォークの質量の二乗がある共通の値 M_{squark}^2

28.4 最小超対称標準模型

から比較的小さな量 ΔM_i^2 だけ異なるならば, これは,

$$\left(\frac{1}{k^2 + M_{\text{squark}}^2 - i\epsilon}\right)^4 \left(\sum_i V_{di}V_{si}^* \Delta M_i^2\right)^2$$

となる. $d_L\overline{s_L} \to s_L\overline{d_L}$ の振幅は [質量]$^{-2}$ という次元を持つから, グルーイーノ・プロパゲーターと強い力の結合定数 g_s を四つかけて, k について積分すると,

$$\frac{g_s^4}{\tilde{M}^6}\left(\sum_i V_{di}V_{si}^* \Delta M_i^2\right)^2 \tag{28.4.3}$$

に比例する振幅を得る. ここで, $\tilde{M}$ は M_{squark} と m_{gluino} の大きな方だ. 28.2節で見たように非超対称標準模型では, この振幅は W 交換によって生成されるが, その結果とこれを比較しよう. 第3世代のクォークは, 最初の二世代へは小さな遷移振幅しか持たないので, これを無視すると, W^- 放出による $d \to u, d \to c, s \to u, s \to c$ の振幅は, θ_c を 21.3節で定義したキャビボ角として, それぞれ, $\cos\theta_c, -\sin\theta_c, \sin\theta_c, \cos\theta_c$ だ. したがって, ここでのスクォーク・プロパゲーターの代りに, クォーク・プロパゲーター,

$$\sin\theta_c \cos\theta_c \left(\frac{i\slashed{k}+m_u}{k^2+m_u^2-i\epsilon} - \frac{i\slashed{k}+m_c}{k^2+m_c^2-i\epsilon}\right)$$

を得て, ここでの強い力の結合定数 g_s の代りに, $SU(2)$ 結合定数 g が入る. したがって, 非超対称標準模型では, $d_L\overline{s_L} \to s_L\overline{d_L}$ 振幅は,

$$\frac{g^4 \sin^2\theta_c \cos^2\theta_c}{m_W^4}\left(m_c - m_u\right)^2 \tag{28.4.4}$$

に比例して, その比例定数は (28.4.3) と同じ程度の大きさだ. $d_L\overline{s_L} \to s_L\overline{d_L}$ の振幅から K^0–$\bar{K}^0$ 遷移振幅を計算するもっともらしい方法を使うと, 図28.2に対応する振幅は実験と良く一致する結果を与えることが知られている. (実際, ガイアールとリー[13]はこの計算を使って c

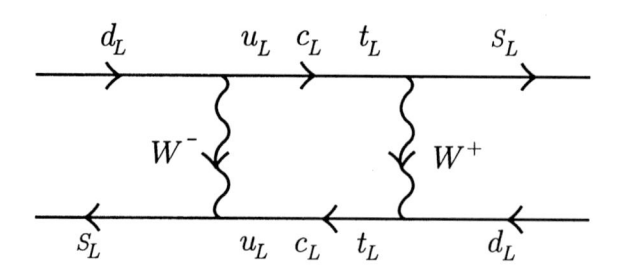

図 28.2: 超対称と非超対称な標準模型で共に $\Delta S = 2$ 有効相互作用 $(\bar{s}_L\gamma^\mu d_L)(\bar{d}_L\gamma_\mu s_L)$ に寄与できる 1 ループ・ダイアグラム. ここで実線はクォーク, 波線は $W^\pm$ ボゾンを表す.

クォークが発見される以前に $m_c \approx 1.5$ GeV と予言した.) したがって, (28.4.3) のスクォーク交換の結果が (28.4.4) のクォーク交換の結果より小さいと要求するのが妥当だ. これにより, 条件,

$$\left|\sum_i V_{di}V_{si}^* \frac{\Delta M_i^2}{\tilde{M}^2}\right| < \frac{g^2 \sin\theta_c \cos\theta_c}{g_s^2} \frac{(m_c - m_u)\tilde{M}}{m_W^2} \tag{28.4.5}$$

が得られる. $g^2/4\pi = 0.036$, $g_s^2/4\pi = 0.118$, $\sin\theta_c = 0.22$, $m_W = 80.4$ GeV, $m_c = 1.5$ GeV, $m_u \ll m_c$ とすると,

$$\left|\sum_i V_{di}V_{si}^* \frac{\Delta M_i^2}{\tilde{M}^2}\right| < 1.5 \times 10^{-3} \times (\tilde{M}/100\,\text{GeV}) \tag{28.4.6}$$

を得る. スクォークの質量は m_{gluino} より非常に小さいとは考えにくいので, スクォークの質量は 10^3 分の 1 以上には分離していないか, 混合行列 V_{ji} の非対角項は 10^{-3} 以下か, スクォークは約 10 TeV より重いか, あるいはほぼ縮退したスクォークとほぼゼロの混合角と重いスクォークの何らかの組み合わせになっていると結論できる. この結果自身は電荷 $-e/3$ の左巻きスクォークの超対称パートナー $\mathcal{D}_i$ のみに拘束条件を与えるが, $d_R\overline{s_R} \to s_R\overline{d_R}$ の振幅を考察すると $\bar{\mathcal{D}}_i$ スクォークの質量と混合角について, 同様の制限を得る. グルーイーノ交換の

28.4 最小超対称標準模型

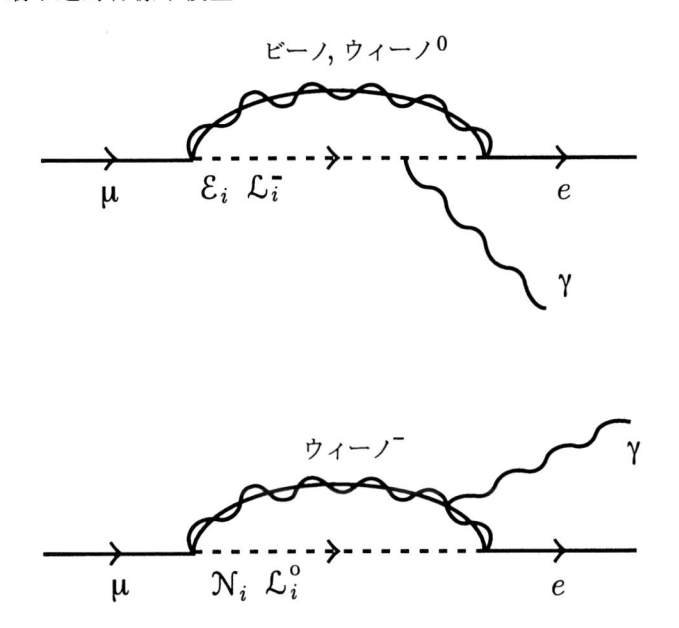

(図: $\mu \to e + \gamma$ の1ループ・ダイアグラム. 上段: ビーノ, ウィーノ^0 交換, μ—$\mathcal{E}_i \mathcal{L}_i^-$—$e$, γ 放出. 下段: ウィーノ$^-$ 交換, μ—$\mathcal{N}_i \mathcal{L}_i^0$—$e$, γ 放出.)

図 28.3: $\mu \to e + \gamma$ 過程の1ループ・ダイアグラム. ここで実線はレプトン, 破線はスレプトン, 実線と波線の複合線はゲージーノ, 波線は光子を表す.

代りにウィーノ交換による振幅を考えると, $\mathcal{U}_i$ スクォークの質量と混合角について, 多少弱い制限を得ることができる. しかし, これらの議論から電荷の異なるスクォークの質量差や, 左巻きクォークと反クォークの超対称パートナー $\mathcal{Q}_i$ と $\bar{\mathcal{Q}}_i$ の質量差に対する制限を得ることはできない.

スクォークと同様に, 一定の質量のスレプトンは, レプトンの超対称パートナーの非対角な線形結合と考えられる. これは図28.3のようなダイアグラムを通して $\mu \to e + \gamma$ 崩壊過程を引き起こす. この過程の分岐比の実験的上限 4.9×10^{-11} からは, 同じ電荷だが異なる世代に属するスレプトンが一般の混合角を持つときの質量差の比や, 縮退していないスレプトンの混合角について 10^{-3} 程度の制限が得られる.[14]

スクォークとスレプトンの縮退を，異なる世代をつなぐゲージ対称性を使って説明しようとする試みもある．[14a] ある種の超対称性の破れでは，この縮退がそのような対称性を課すこと無く説明されることを28.6節で述べる．

CP の破れ

既知の粒子についての実験結果から得られる第2の種類の重要な拘束条件の類は，中性子と電子の電気双極子能率等に現れる CP の破れの効果から得られる．[15] 23.6節で論じた量子色力学での θ パラメータについて起きるかもしれない問題を除いては，スカラー2重項を一つだけしか持たない非超対称標準模型では，これらの影響が比較的弱いことを21.3節で見た．これは，もしクォークとレプトンの世代が二つしかないか，第3世代があってもその最初の二つの世代との混合が (神秘的な理由で) 非常に弱ければ，クォークとレプトンの質量行列や，それらのゲージ・ボソンとの相互作用での CP を破る全ての位相が，クォーク場とレプトン場の定義に吸収できるからだ．(この議論は第3世代のクォークを直接に含む過程には当てはまらない．そのような過程の例としては，「B工場」(B factory) で測定が計画されている B^0-$\bar{B}^0$ 混合が挙げられる．) したがって，この単純な非超対称な標準模型では，中性子の電気双極子能率は，[16] 実験的な上限 $6.3 \times 10^{-26}\,e\,\mathrm{cm}$ よりずっと小さく，約 $10^{-30}\,e\,\mathrm{cm}$ 以下だと考えられる．[16a]

一方，もっとも一般的な最小超対称標準模型には100を越えるパラメータがあるが，それには CP を破る相対的な位相が数十個含まれている．既知の粒子の重い超対称パートナーを積分すると，これらの位相から標準模型のラグランジアンに幾つかの CP を破る有効相互作用が付け加わる．次元解析から，次元が最も低いものが最も重要な役割をすると考えられるが，それにはクォークとレプトンの電気双極子能

28.4 最小超対称標準模型

率,[17] 同様にグルーオンとクォークの相互作用に効く CP を破る「色力学的」電気双極子能率,[18] CP を破る純粋なグルーオンの相互作用,[19] もっとも軽いヒッグス・スカラーとレプトンとの CP を破る相互作用[20] 等がある.

一つの例として, クォークの色力学的電気双極子能率を考えよう. これはモデルによっては中性子の電気双極子能率に最も大きな寄与をする. CP を破る色力学的電気双極子能率演算子は, $(\bar{q}\gamma_5[\gamma_\mu, \gamma_\nu]\lambda_a q)f_a^{\mu\nu}$ だ. (ここで q は u か d の色3重項クォーク場, $f_a^{\mu\nu}$ は $SU(3)$ の場の強度, λ_a は $SU(3)$ の 3×3 生成子だ.) $\gamma_5[\gamma_\mu, \gamma_\nu]$ は $\bar{q}_L$ と q_R との間か, $\bar{q}_R$ と q_L との間にしか行列要素を持たないので, 1ループ・ダイアグラムが色力学的電気双極子能率に寄与するには, 左巻きの u か d クォークの1本の外線がグルーイーノの内線を1本放出して $\mathcal{U}$ か $\mathcal{D}$ のスクォーク線になり, 次に $\bar{\mathcal{U}}^*$ か $\bar{\mathcal{D}}^*$ スクォークに変わり, そしてグルーイーノの内線を吸収して右巻きの u か d クォーク線になり, グルーオンの外線はグルーイーノの内線かスクォークの内線のどれかにつながっている必要がある (図28.4を見よ).

これを計算するには, $SU(2) \times U(1)$ の自発的破れによって生じて, 図28.4ではXによって表されている左カイラル・クォーク超場 Q_i のスカラー成分 $\mathcal{U}_i$ (もしくは $\mathcal{D}_i$) と, 左カイラル・反クォーク超場 $\bar{U}_j$ (もしくは $\bar{D}_j$) のスカラー成分の複素共役 $\bar{\mathcal{U}}_j^*$ (もしくは $\bar{\mathcal{D}}_j^*$) との混合を知る必要がある. この混合の一部は (28.1.7) の超対称な $\mathcal{F}$ 項の相互作用の (26.4.7) の最後の項への寄与,

$$\mathcal{L}_{Q\bar{Q}\mathcal{H}} = -\Big|\sum_{ij} h_{ij}^U \mathcal{U}_i \bar{\mathcal{U}}_j + \mu \mathcal{H}_1^0\Big|^2 - \Big|\sum_{ij} h_{ij}^D \mathcal{D}_i \bar{\mathcal{D}}_j + \mu \mathcal{H}_2^0\Big|^2 \quad (28.4.7)$$

から生じる. また (28.4.1) の A 項と C 項の寄与もある.

$$\mathcal{L}'_{Q\bar{Q}\mathcal{H}} = -\sum_{ij} h_{ij}^D \mathcal{D}_i \bar{\mathcal{D}}_j \Big[-A_{ij}^D \mathcal{H}_1^0 + C_{ij}^D \mathcal{H}_2^{0*}\Big]$$

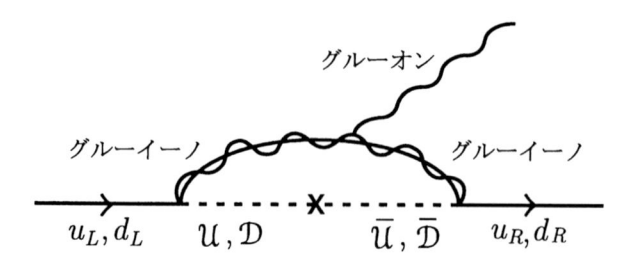

図 28.4: u クォークか d クォークの色力学的電気双極子能率に効く1ループ・ダイアグラム. ここで実線はクォーク, 破線はスクォーク, 実線と波線の複合線はグルーイーノ, 波線はグルーオンだ. X は3次線形スカラー場の相互作用と $SU(2) \times U(1)$ の自発的破れから来る双線形相互作用の挿入を表す. また, グルーオンの線がグルーイーノ線ではなくスクォークの内線につながるダイアグラムもある.

$$-\sum_{ij} h_{ij}^U \mathcal{U}_i \bar{\mathcal{U}}_j \left[A_{ij}^U \mathcal{H}_2^0 + C_{ij}^U \mathcal{H}_1^{0*} \right]$$
$$-[\text{エルミート共役}]. \tag{28.4.8}$$

中性ヒッグス・スカラー場をその期待値で置き換えると, 以下の2次項が得られる.

$$\mathcal{L}_{\mathcal{Q}\bar{\mathcal{Q}}} = -2\,\mathrm{Re}\sum_{ij} m_{ij}^U \mathcal{U}_i \bar{\mathcal{U}}_j \left(\mu^* \cot\beta + A_{ij}^U + C_{ij}^U \cot\beta \right)$$
$$-2\,\mathrm{Re}\sum_{ij} m_{ij}^D \mathcal{D}_i \bar{\mathcal{D}}_j \left(\mu^* (\tan\beta)^* + A_{ij}^D - C_{ij}^D (\tan\beta)^* \right). \tag{28.4.9}$$

ここで $m_{ij}^U = \langle \mathcal{H}_2^0 \rangle h_{ij}^U$ と $m_{ij}^D = -\langle \mathcal{H}_1^0 \rangle h_{ij}^D$ は電荷 $2e/3$ と $-e/3$ のクォークの質量行列だ. また β は以下で定義している.

$$\tan\beta \equiv \langle \mathcal{H}_2^0 \rangle / \langle \mathcal{H}_1^0 \rangle^*. \tag{28.4.10}$$

キャビボ混合を無視して, 明確になるように A と C を対角とすると, 図 28.4 からの u と d クォークの色力学的電気双極子能率への寄与

28.4 最小超対称標準模型

は以下の形となる.

$$d_u^{ce} = \frac{g_s^3}{16\pi^2} \text{Im}\left[m_u\, A_u'\, I(m_\mathcal{U}, m_{\bar{\mathcal{U}}}, m_{\text{gluino}})\right], \quad (28.4.11)$$

$$d_d^{ce} = \frac{g_s^3}{16\pi^2} \text{Im}\left[m_d\, A_d'\, I(m_\mathcal{D}, m_{\bar{\mathcal{D}}}, m_{\text{gluino}})\right]. \quad (28.4.12)$$

ここで,

$$A_u' \equiv (\mu^* + C_u)\cot\beta + A_u, \quad A_d' = (\mu^* - C_d)(\tan\beta)^* + A_d \quad (28.4.13)$$

で, I は4元運動量の積分から生じるその変数の複雑な無次元関数だ. $m_\mathcal{Q} \simeq m_{\bar{\mathcal{Q}}}$ で, グルーイーノ場が $m_\mathcal{Q}$ のみならず m_{gluino} も実にするように定義されているとき, 関数 I は以下の形をとる.

$$I(m_\mathcal{Q}, m_\mathcal{Q}, m_{\text{gluino}}) = m_{\text{gluino}}^{-3} J\left(\frac{m_{\text{gluino}}^2}{m_\mathcal{Q}^2 - m_{\text{gluino}}^2}\right). \quad (28.4.14)$$

ここで以下の定義を使った.[21]

$$J(z) = 2\left(-z^4 + \frac{4}{3}z^3 + z^2\right)\ln\left(\frac{1+z}{z}\right) + 2z^3 - \frac{11}{3}z^2. \quad (28.4.15)$$

常にこの種の計算の難しいところは, 色力学的電気双極子相互作用のような演算子が中性子の電気双極子能率のようなハドロン行列要素へ寄与する大きさを求めることだ. この演算子は, スクォークやグルーイーノの質量ではなく, 中性子の質量程度のエネルギーで使われるので, くりこみ群による補正が必要だと考えられる. より重要なのは, 次元を持つ因子や 4π の因子を正しく求めることだ. この目的のためには,「素朴な次元解析」として知られる勘定則[22]を使うのが普通だ. 種類 i の頂点を V_i 個持ち, 内線を I 本持つ連結ダイアグラムのループの数 L は $L = I - \sum_i V_i + 1$ で与えられる. もし i 種の頂点について N_i 本の線がつながり, ダイアグラム全体で N 本の外線があれば, $2I + N = \sum_i V_i N_i$ だから,

$$L = 1 - \frac{N}{2} + \sum_i V_i \left(\frac{N_i}{2} - 1\right)$$

となる．それぞれのループには $1/16\pi^2$ の大きさの因子があると考えられるので，低エネルギーでの有効ラグランジアンで N 個の場の因子を持つ演算子 $\mathcal{O}$ の係数は全体として因子，

$$(4\pi)^{N-2}\prod_i(4\pi)^{(2-N_i)V_i}$$

を持つ．もし演算子 $\mathcal{O}$ の次元が d で i 種の相互作用 $\mathcal{O}_i$ の次元が d_i ならば，$\mathcal{O}$ の係数の次元は $4-d-\sum_i(4-d_i)$ だ．したがって，この係数もまた因子 $M^{4-d}\prod_i M^{d_i-4}$ を持つ．ここで M はハドロン物理に典型的なあるスケールで，例えば核子の質量とか，19.5節で述べた低エネルギー展開が破綻するエネルギー $2\pi F_\pi \simeq 1200$ MeV だ．最後に，ダイアグラムから $\mathcal{O}$ の係数への寄与は当然，そのダイアグラムの頂点に伴う全ての演算子 $\mathcal{O}_i$ の結合定数に比例する．これらのことを便利にまとめるには「換算結合定数」を定義するとよい．N_i 個の場の因子を持ち，次元が d_i で結合定数が g_i の任意の演算子 $\mathcal{O}_i$ の換算結合定数は，

$$g_i^{\text{reduced}} \equiv g_i(4\pi)^{2-N_i}M^{\mathcal{D}_i-4} \tag{28.4.16}$$

となる．上の計算から，素朴な次元解析の方法が分かる．有効ハドロン・ラグランジアンの任意の演算子 $\mathcal{O}$ の換算結合定数は，ほぼその有効結合定数に寄与する相互作用の換算結合定数の積に等しい．

中性子の電気双極子能率は光子一つと中性子場二つを持ち次元が5の演算子の係数なので，その換算結合定数は $Md_n^e/4\pi$ だ．同様に，クォークの色力学的磁気能率の換算結合定数は $Md_q^{ce}/4\pi$ となる．この換算結合定数の因子一つに加えて，中性子の電気双極子演算子の換算結合定数は，電磁結合定数の換算結合定数 $e/4\pi$ の因子を一つと換算強結合定数 $g_s/4\pi$ の因子を幾つか持つ．この換算強結合定数は，低エネルギー M では1とそれほど異ならないので無視する．d クォークの寄与を u クォークと d クォークの寄与を共に代表するものとす

28.5 バリオン数とレプトン数がゼロのセクター

ると, 結果は以下となる.

$$d_n^e \approx \frac{e \, d_d^{ce}}{4\pi} \approx e \left(\frac{g_s}{4\pi}\right)^3 \mathrm{Im}\left[m_d \, A_d'\right] I(m_\mathcal{D}, m_{\bar{\mathcal{D}}}, m_{\mathrm{gluino}}). \quad (28.4.17)$$

更に $m_{\mathrm{gluino}} \simeq m_\mathcal{D} \simeq m_{\bar{\mathcal{D}}}$ として $J = 7/18$ となるように簡単化し, スクォークとグルーイーノの質量のスケールで $g_s^2/4\pi$ が m_Z での値と同じ値 0.12 になるようにして, $|m_d| \approx 7$ MeV とすると以下を得る.

$$|d_n^e| \approx 0.5 \times 10^{-23} \, e \, \mathrm{cm} \, \frac{|A_d'||\sin\varphi| \times (100 \, \mathrm{GeV})^2}{m_{\mathrm{gluino}}^3}. \quad (28.4.18)$$

ここで φ は A_d' の位相で, グルーイーノ, クォーク, スクォークの質量が実となる場合を考えた. クォークの電気双極子能率への寄与は多少大きいが, CP を破る純粋にグルーオンのみの演算子の寄与はより小さい.[23]

実験的な上限 $0.97 \times 10^{-25} \, e$ cm に抵触しないためには, 超対称標準模型の CP を破る位相は 10^{-2} 程度より小さいか, この模型の幾つかの新粒子は 1 TeV より重い質量を持つ必要がある. 同様な結論は原子と分子の電気双極子能率の計算からも得られている.[23] K^0-$\bar{K}^0$ 振動の振幅の虚部は正確に測定されているが, これへの図 28.1 の寄与を考えることで, CP を破る位相についてのより厳格な条件が得られている.[24]

28.5 バリオン数とレプトン数がゼロのセクター

超対称標準模型には多くのパラメータがあるにもかかわらず, ある部分においては驚くほどの予言能力がある. これは特に, その真空期待値が $SU(2) \times U(1)$ ゲージ対称性を破るスカラー場を考察するときに当てはまる. この節では, これらのスカラー場を, バリオン数とレプトン数がゼロの他の場, つまり電荷反転のもとで奇である中性のスカ

ラー, 荷電スカラー, これらのスカラーや $W^\pm$ や Z^0 のフェルミオン的な超対称パートナーと共に考察する.

きわめて重要なこととして, 標準模型の超対称版では, スカラー2重項の「ヒッグス」超場を含む必要がある. その超場は, 電磁的相互作用と弱相互作用のゲージ群 $SU(2) \times U(1)$ の破れを説明できるだけの質量と相互作用のパラメータを持つ. 電荷 $2e/3$ と $-e/3$ のクォークと荷電レプトンに共に質量を与えるのに少なくとも二つの左カイラル超場が必要であることを28.1節で見た. また, $SU(3)$, $SU(2)$, $U(1)$ ゲージ結合定数をある非常に高いエネルギーで統一するにはちょうど二つの2重項が必要なことを28.2節で見い出した. したがって, 二つの左カイラル・スカラー $SU(2)$ 2重項,

$$H_1 = \begin{pmatrix} H_1^0 \\ H_1^- \end{pmatrix}, \qquad H_2 = \begin{pmatrix} H_2^+ \\ H_2^0 \end{pmatrix} \tag{28.5.1}$$

があると仮定した. これらは以下の $SU(2)$ と $U(1)$ の D 項 (27.4.7) (ファイエ・イリオポロス定数 $\xi_{U(1)}$ をゼロと仮定して),

$$\mathbf{D} = \frac{g}{2}\left(\mathcal{H}_1^\dagger \boldsymbol{\tau} \mathcal{H}_1\right) + \frac{g}{2}\left(\mathcal{H}_2^\dagger \boldsymbol{\tau} \mathcal{H}_2\right), \tag{28.5.2}$$

$$D_y = \frac{g'}{2}\left(\mathcal{H}_1^\dagger \mathcal{H}_1\right) - \frac{g'}{2}\left(\mathcal{H}_2^\dagger \mathcal{H}_2\right) \tag{28.5.3}$$

で与えられる. ここで, $\mathcal{H}_{1,2}$ は超場の2重項 $H_{1,2}$ のスカラー成分, τ_r はパウリ行列で $\tau_r^2 = 1$ を満たす. (27.4.9) で示したように, くりこみ可能な理論では, これはスカラー場のポテンシャルに以下の D 項の寄与をする.

$$\begin{aligned} V_D &= \frac{1}{2}\mathbf{D}^2 + \frac{1}{2}D_y^2 \\ &= \frac{g^2}{8}\left[\left(\mathcal{H}_1^\dagger \boldsymbol{\tau} \mathcal{H}_1\right) + \left(\mathcal{H}_2^\dagger \boldsymbol{\tau} \mathcal{H}_2\right)\right]^2 + \frac{g'^2}{8}\left[\left(\mathcal{H}_1^\dagger \mathcal{H}_1\right) - \left(\mathcal{H}_2^\dagger \mathcal{H}_2\right)\right]^2. \end{aligned} \tag{28.5.4}$$

28.5 バリオン数とレプトン数がゼロのセクター

これは,
$$(\tau)_{i\ell} \cdot (\tau)_{kj} = 2\delta_{ij}\delta_{k\ell} - \delta_{i\ell}\delta_{kj} \tag{28.5.5}$$
の関係を使うと, より便利な形に書きかえることができる. (これを証明するには回転不変性を使って $\delta_{ij}\delta_{k\ell}$ が $(\tau)_{i\ell} \cdot (\tau)_{kj}$ と $\delta_{i\ell}\delta_{kj}$ の線形結合で表されることを示し, その係数を添字 i, j と i, ℓ についてトレースをとって計算すればよい.) このようにして, スカラー場のポテンシャルの D 項を以下のように書きかえる.

$$V_D = \frac{g^2}{2}\left|\left(\mathcal{H}_1^\dagger \mathcal{H}_2\right)\right|^2 + \frac{g^2 + g'^2}{8}\left[\left(\mathcal{H}_1^\dagger \mathcal{H}_1\right) - \left(\mathcal{H}_2^\dagger \mathcal{H}_2\right)\right]^2. \tag{28.5.6}$$

28.1 節で述べたように, これらの二つの左カイラル 2 重項の超ポテンシャルにはただ一つだけくりこみ可能な項が許される. それは以下の形だ.

$$f(H_1, H_2) = \mu\left(H_1^T e H_2\right). \tag{28.5.7}$$

ここで μ は質量の次元を持つ定数で, e は反対称行列 $i\tau_2$ だ. (27.4.9) によれば, これはスカラー場のポテンシャルに以下の寄与を付け加える.

$$\begin{aligned} V_\mu &= \sum_r \left|\frac{\partial f(\mathcal{H}_1, \mathcal{H}_2)}{\partial \mathcal{H}_{1r}}\right|^2 + \sum_r \left|\frac{\partial f(\mathcal{H}_1, \mathcal{H}_2)}{\partial \mathcal{H}_{2r}}\right|^2 \\ &= |\mu|^2 \left[\left(\mathcal{H}_1^\dagger \mathcal{H}_1\right) + \left(\mathcal{H}_2^\dagger \mathcal{H}_2\right)\right]. \end{aligned} \tag{28.5.8}$$

$\mu \neq 0$ では, ポテンシャル $V_D + V_\mu$ の最小値は明らかにゼロで, それは $\mathcal{H}_1 = \mathcal{H}_2 = 0$ という 1 点でのみ満たされる. ポテンシャルにこれらの項だけがあると, 超対称性のみならず $SU(2) \times U(1)$ も自発的に破れない. ($\mu = 0$ の場合も特によいわけではない. その場合は超対称が破れず, $SU(2) \times U(1)$ が電磁ゲージ不変性のみを残して破れ, そのスカラー場の強さはゼロを含めてあらゆる値をとることができるような

無限の連続な真空状態がある.) これは28.3節で既に見たように, 標準模型の範囲内で, 超対称性が自発的に破れるような現実的な理論を形成することが一般的に困難なことを示すもう一つの例になっている.

前の節のように超対称性が有効ラグランジアンのなかで, 超くりこみ可能項だけで破られていると仮定すると, スカラー2重項を含み超対称性を破る最も一般的な項は,

$$V_m = m_1^2 \left(\mathcal{H}_1^\dagger \mathcal{H}_1\right) + m_2^2 \left(\mathcal{H}_2^\dagger \mathcal{H}_2\right) + \mathrm{Re}\left\{B\mu\left(\mathcal{H}_1^\mathrm{T} e \mathcal{H}_2\right)\right\}$$

という形をしている. ここで m_1^2 と m_2^2 は (正とは限らない) 実パラメータで, $B\mu$ は任意の位相を持つパラメータだ. 超場 H_1 と H_2 の全体の位相を調整して $B\mu$ が実で正にすると,

$$V_m = m_1^2 \left(\mathcal{H}_1^\dagger \mathcal{H}_1\right) + m_2^2 \left(\mathcal{H}_2^\dagger \mathcal{H}_2\right) + B\mu\, \mathrm{Re}\left(\mathcal{H}_1^\mathrm{T} e \mathcal{H}_2\right) \tag{28.5.9}$$

となる. そうすると, 樹木近似でのスカラー・ポテンシャルの全体は以下のようになる.

$$\begin{aligned} V &= V_D + V_\mu + V_m \\ &= \frac{g^2}{2}\left|\left(\mathcal{H}_1^\dagger \mathcal{H}_2\right)\right|^2 + \frac{g^2 + g'^2}{8}\left[\left(\mathcal{H}_1^\dagger \mathcal{H}_1\right) - \left(\mathcal{H}_2^\dagger \mathcal{H}_2\right)\right]^2 \\ &\quad + (m_1^2 + |\mu|^2)\left(\mathcal{H}_1^\dagger \mathcal{H}_1\right) + (m_2^2 + |\mu|^2)\left(\mathcal{H}_2^\dagger \mathcal{H}_2\right) \\ &\quad + B\mu\, \mathrm{Re}\left(\mathcal{H}_1^\mathrm{T} e \mathcal{H}_2\right). \end{aligned} \tag{28.5.10}$$

特に, μ^2, m_1^2, m_2^2 は $m_1^2 + |\mu|^2$, $m_2^2 + |\mu|^2$ という組み合わせでしか現れないことに注意しよう.

ポテンシャルに下限があるという要請から, 超対称性を破るパラメータ m_i^2 には一つ条件がつく. スカラー場が一般的な方向に沿って無限大に行くとき, ポテンシャルでは4次項 V_D が主要な寄与をするが, これは正だ. V_D が消える特別な方向もある. それは $(SU(2) \times U(1)$ ゲー

28.5 バリオン数とレプトン数がゼロのセクター

ジ変換を除いて), ϕ を任意の複素量として,

$$\mathcal{H}_1 = \begin{pmatrix} \phi \\ 0 \end{pmatrix}, \quad \mathcal{H}_2 = \begin{pmatrix} 0 \\ \phi \end{pmatrix}$$

という方向だ. そのような方向では $V = (2|\mu|^2 + m_1^1 + m_2^2)|\phi|^2 - B\mu\phi^2$ となるから, ($B\mu$ は正と定義したから) $\phi \to +\infty$ のときに, これが $-\infty$ とならないように,

$$2|\mu|^2 + m_1^2 + m_2^2 \geq B\mu \tag{28.5.11}$$

となる必要がある.

ポテンシャルの最小点で電磁ゲージ不変性が破れないようになっていて欲しいので, 荷電スカラー場をゼロとして, ポテンシャルの振舞いを中性スカラー場の関数として考察しよう. この場合には (28.5.10) から中性スカラーのポテンシャルは,

$$V^{\mathrm{N}} = \frac{g^2 + g'^2}{8}\left[|\mathcal{H}_1^0|^2 - |\mathcal{H}_2^0|^2\right]^2 + (m_1^2 + |\mu|^2)\left|\mathcal{H}_1^0\right|^2$$
$$+ (m_2^2 + |\mu|^2)\left|\mathcal{H}_2^0\right|^2 - B\mu\,\mathrm{Re}\left(\mathcal{H}_1^0 \mathcal{H}_2^0\right) \tag{28.5.12}$$

となることが分かる. 停留点を見つけるために,

$$\mathcal{H}_i^0 = v_i + \varphi_i \tag{28.5.13}$$

として, V^{N} を定数値 $\mathcal{H}_i^0 = v_i$ のまわりに展開すると, φ_i について 2 次までで, (28.5.12) は,

$$V_{\mathrm{quad}}^{\mathrm{N}} = \frac{g^2 + g'^2}{4}(|v_1|^2 - |v_2|^2)\left[2\mathrm{Re}\,(v_1^*\varphi_1 - v_2^*\varphi_2) + |\varphi_1|^2 - |\varphi_2|^2\right]$$
$$+ \frac{g^2 + g'^2}{2}\left[\mathrm{Re}\,(v_1^*\varphi_1 - v_2^*\varphi_2)\right]^2$$
$$+ (m_1^2 + |\mu|^2)\left(2\mathrm{Re}\,v_1^*\varphi_1 + |\varphi_1|^2\right)$$
$$+ (m_2^2 + |\mu|^2)\left(2\mathrm{Re}\,v_2^*\varphi_2 + |\varphi_2|^2\right)$$

$$-B\mu \operatorname{Re}\left(v_1\varphi_2 + v_2\varphi_1 + \varphi_1\varphi_2\right)$$
$$+ [\text{定数}] \tag{28.5.14}$$

となる. v_i がポテンシャルの極小値となるには φ_i について1次の項は消えなければならないので, 以下を得る.

$$\left(m_1^2 + |\mu|^2\right)v_1^* + \frac{g^2 + g'^2}{4}\left(|v_1|^2 - |v_2|^2\right)v_1^* - \frac{1}{2}B\mu v_2 = 0, \tag{28.5.15}$$

$$\left(m_2^2 + |\mu|^2\right)v_2^* + \frac{g^2 + g'^2}{4}\left(|v_2|^2 - |v_1|^2\right)v_2^* - \frac{1}{2}B\mu v_1 = 0. \tag{28.5.16}$$

φ_i の全体の位相を変えずに, それらの相対位相だけを調節して v_1 を実にすることができる. そうすると, (28.5.15) と (28.5.16) から, v_2 も実で, これらの方程式が,

$$\left(m_1^2 + |\mu|^2\right)v_1 + \frac{g^2 + g'^2}{4}\left(v_1^2 - v_2^2\right)v_1 - \frac{1}{2}B\mu v_2 = 0, \tag{28.5.17}$$

$$\left(m_2^2 + |\mu|^2\right)v_2 + \frac{g^2 + g'^2}{4}\left(v_2^2 - v_1^2\right)v_2 - \frac{1}{2}B\mu v_1 = 0 \tag{28.5.18}$$

となることが分かる. これらの条件は以下の便利な量を使ってポテンシャルの質量パラメータを表すのに使える.

$$\tan\beta \equiv v_2/v_1, \tag{28.5.19}$$

$$m_Z^2 = \tfrac{1}{2}(g^2 + g'^2)\left(v_1^2 + v_2^2\right), \tag{28.5.20}$$

$$m_A^2 \equiv 2|\mu|^2 + m_1^2 + m_2^2. \tag{28.5.21}$$

(パラメータ m_Z は Z ベクトル・ボソンの質量だ.[*] m_A は物理的なスカラーの一つの質量だということがすぐに分かる.) (28.5.17) と (28.5.18)

---

[*] (28.5.20) と (21.3.30) で与えられる m_Z^2 の表式には因子 2 の差がある. これは, ここと 21.3 節ではスカラー場の規格化が異なるからだ.

28.5 バリオン数とレプトン数がゼロのセクター

とにそれぞれ, v_2 と v_1 をかけて, 和と差をとると以下を得る.

$$B\mu = m_A^2 \sin 2\beta , \tag{28.5.22}$$

$$m_1^2 - m_2^2 = -(m_A^2 + m_Z^2)\cos 2\beta . \tag{28.5.23}$$

これと (28.5.21) より以下を得る.

$$\begin{aligned} m_1^2 + |\mu|^2 &= \tfrac{1}{2}m_A^2 - \tfrac{1}{2}(m_A^2 + m_Z^2)\cos 2\beta , \\ m_2^2 + |\mu|^2 &= \tfrac{1}{2}m_A^2 + \tfrac{1}{2}(m_A^2 + m_Z^2)\cos 2\beta . \end{aligned} \tag{28.5.24}$$

中性スカラーのポテンシャルの線形項がゼロとなると, (28.5.14) の 2 次項は以下のように書くことができる.

$$\begin{aligned} V_{\text{quad}}^{\text{N}} &= \frac{g^2 + g'^2}{4}(v_1^2 - v_2^2)\Big[|\varphi_1|^2 - |\varphi_2|^2\Big] \\ &\quad + \frac{g^2 + g'^2}{2}\Big[\text{Re}\,(v_1\varphi_1 - v_2\varphi_2)\Big]^2 \\ &\quad + (m_1^2 + |\mu|^2)\,|\varphi_1|^2 + (m_2^2 + |\mu|^2)\,|\varphi_2|^2 \\ &\quad - B\mu\,\text{Re}\,\Big(\varphi_1\varphi_2\Big) + [\,\text{定数項}\,] \\ &= \tfrac{1}{2}m_Z^2\cos 2\beta\Big[|\varphi_1|^2 - |\varphi_2|^2\Big] + m_Z^2\Big[\text{Re}\,(\cos\beta\,\varphi_1 - \sin\beta\,\varphi_2)\Big]^2 \\ &\quad + \tfrac{1}{2}m_A^2\Big(|\varphi_1|^2 + |\varphi_2|^2\Big) - \tfrac{1}{2}(m_A^2 + m_Z^2)\cos 2\beta\Big[|\varphi_1|^2 - |\varphi_2|^2\Big] \\ &\quad - m_A^2\sin 2\beta\,\text{Re}\,\Big(\varphi_1\varphi_2\Big) + [\,\text{定数項}\,] . \end{aligned} \tag{28.5.25}$$

(28.5.25) から, φ_i の実部と虚部は結合していないことが分かる. (これはポテンシャル (28.5.12) が荷電共役か CP 変換 $\varphi_i \to \varphi_i^*$ のもとで不変だからだ.) φ_i の虚部の質量の二乗の行列は,

$$M_{\text{Im}\,\varphi}^2 = \begin{pmatrix} \tfrac{1}{2}m_A^2\,(1 - \cos 2\beta) & \tfrac{1}{2}m_A^2\,\sin 2\beta \\ \\ \tfrac{1}{2}m_A^2\,\sin 2\beta & \tfrac{1}{2}m_A^2\,(1 + \cos 2\beta) \end{pmatrix} \tag{28.5.26}$$

となる. 行列式はゼロとなるので, 固有値の一つはゼロで, 他はトレースに等しく, 単に m_A^2 だ. 質量ゼロのスカラーはもちろん, $SU(2) \times U(1)$

が電磁ゲージ不変性に自発的に破れることに伴う中性のゴールドストン・ボソンだ. これは21章で論じた通り, ヒッグス機構で消される. 約束したように m_A は物理的なスカラーの一つの質量で, これは C が負の非ゴールドストン・ボソンだ. これにより場の値 $\varphi_i = v_i$ が少なくともポテンシャルの極小値の一つにあるためには, (28.5.21) で定義したパラメータ m_A^2 は正でなければならないことがわかる. 場の強度が大きいときに良い振舞をする条件(28.5.11)から, β が $0 \leq \beta \leq \pi/2$ の範囲にあるときに(28.5.22)が解を持つことが分かる.

特に, もし $B\mu = 0$ で $0 < \beta < \pi/2$ ならば, (28.5.22) から $m_A = 0$ となる. この場合は, 粒子 A はポテンシャル(28.5.12)の $\mathcal{H}_1^0$ と $\mathcal{H}_2^0$ の位相を同じだけ変えるという $U(1)$ ペッチェイ・クイン対称性[4] のゴールドストン・ボソンだ. この対称性は $v_1 \neq 0$ で $v_2 \neq 0$ のとき, 自発的に破れていて, これと電弱 $U(1)$ 対称性のどの組み合わせも対称性として残らない. これが元来のアクシオン[25]であり, 23.6節で見たようにスカラーとクォークの湯川相互作用からだけ小さな質量を得て, 実験的に否定されている. したがって, $B\mu$ はゼロにはならないと確実に結論できる.

実スカラーの質量二乗の行列の成分は(28.5.25)から次のように与えられる.

$$(M_{\text{Re}\,\varphi}^2)_{11} = \tfrac{1}{2} m_A^2 (1 - \cos 2\beta) + \tfrac{1}{2} m_Z^2 (1 + \cos 2\beta),$$
$$(M_{\text{Re}\,\varphi}^2)_{12} = (M_{\text{Re}\,\varphi}^2)_{21} = -\tfrac{1}{2}(m_A^2 + m_Z^2) \sin 2\beta, \quad (28.5.27)$$
$$(M_{\text{Re}\,\varphi}^2)_{22} = \tfrac{1}{2} m_A^2 (1 + \cos 2\beta) + \tfrac{1}{2} m_Z^2 (1 - \cos 2\beta).$$

特性方程式を解くと固有値が以下のように求まる.

$$m_H^2 = \frac{1}{2}\left[m_A^2 + m_Z^2 + \sqrt{(m_A^2 + m_Z^2)^2 - 4m_A^2 m_Z^2 \cos^2 2\beta}\right],$$
$$(28.5.28)$$
$$m_h^2 = \frac{1}{2}\left[m_A^2 + m_Z^2 - \sqrt{(m_A^2 + m_Z^2)^2 - 4m_A^2 m_Z^2 \cos^2 2\beta}\right].$$

28.5 バリオン数とレプトン数がゼロのセクター

$$(28.5.29)$$

荷電スカラーの質量を計算するには、中性スカラーをそれらの真空期待値、

$$\mathcal{H}_1 = \begin{pmatrix} v_1 \\ \mathcal{H}_1^- \end{pmatrix}, \quad \mathcal{H}_2 = \begin{pmatrix} \mathcal{H}_2^+ \\ v_2 \end{pmatrix} \tag{28.5.30}$$

に置いて、ポテンシャル V を計算する。これを (28.5.10) に使うと、荷電スカラーのポテンシャルの2次部分が、

$$\begin{aligned} V_{\text{quad}}^{\text{C}} &= \frac{g^2}{2}\left|v_2(\mathcal{H}_1^-)^* + v_1\mathcal{H}_2^+\right|^2 + \frac{g^2+g'^2}{4}(v_1^2-v_2^2)\left(|\mathcal{H}_1^-|^2 - |\mathcal{H}_2^+|^2\right) \\ &\quad +(m_1^2+|\mu|^2)|\mathcal{H}_1^-|^2 + (m_2^2+|\mu|^2)|\mathcal{H}_2^+|^2 + B\mu\mathcal{H}_1^-\mathcal{H}_2^+ \end{aligned} \tag{28.5.31}$$

となる。(28.5.22) と (28.5.24) を使うと、これは以下のように書きかえることができる.

$$\begin{aligned} V_{\text{quad}}^{\text{C}} &= \frac{1}{2}(m_W^2 + m_A^2)\Big[|\mathcal{H}_1^-|^2(1-\cos 2\beta) + |\mathcal{H}_2^+|^2(1+\cos 2\beta) \\ &\quad + 2\sin 2\beta \mathcal{H}_1^- \mathcal{H}_2^+\Big]. \end{aligned} \tag{28.5.32}$$

ここで m_W は荷電ゲージ・ボゾンの質量,

$$m_W^2 = \frac{1}{2}g^2\left(|v_1|^2 + |v_2|^2\right) \tag{28.5.33}$$

だ. そうすると, 荷電スカラー質量行列が,

$$M_C^2 = \frac{1}{2}(m_W^2 + m_A^2)\begin{pmatrix} 1-\cos 2\beta & \sin 2\beta \\ \sin 2\beta & 1+\cos 2\beta \end{pmatrix} \tag{28.5.34}$$

となることが分かる。この行列式はゼロだから、固有値ゼロが一つあり、他はトレース,

$$m_C^2 = m_W^2 + m_A^2 \tag{28.5.35}$$

に等しい. 質量ゼロの荷電スカラーはもちろん $SU(2) \times U(1)$ の自発的破れに伴うゴールドストン・ボゾンであり, 上で見つけた中性ゴールドストン・ボゾンのようにヒッグス機構で吸収される.

パラメータ m_A と β を知らなくても, これらの結果から, スカラー・ボゾンの質量の相対的な大きさについては多くのことが分かる. (28.5.28) と (28.5.29) を,

$$m_H^2 = \frac{1}{2}\Big[m_A^2 + m_Z^2 + \sqrt{(m_A^2 - m_Z^2)^2 + 4m_A^2 m_Z^2 \sin^2 2\beta}\Big], \tag{28.5.36}$$

$$m_h^2 = \frac{1}{2}\Big[m_A^2 + m_Z^2 - \sqrt{(m_A^2 - m_Z^2)^2 + 4m_A^2 m_Z^2 \sin^2 2\beta}\Big] \tag{28.5.37}$$

という形に書こう. これより, 重い中性スカラーの質量 m_H は, m_Z と m_A のうちの大きい方よりも大きく, また, 軽い中性スカラーの質量 m_h は m_Z と m_A のうちの小さい方よりも小さいことがわかる. もし, トップ・クォークとボトム・クォークの大きな質量比が湯川結合の大きな比ではなく, スカラー場の真空期待値の大きな比 $v_2/v_1 = \tan\beta$ によるものならば, β は $\pi/2$ に近いと考えることができる. その場合はこれらの不等式は近似的な等式となる. さらに, (28.5.35) から荷電スカラーの質量は m_A と m_W のどちらよりも大きいことが分かる.

これらの結果は, 標準模型のなかでは様々な輻射補正によって量的に変化する. (これはゲージを媒介として超対称性が破れる理論で, 輻射補正が入力パラメータ m_i^2 を与えるのとは異なる.) 最も重要な補正はスカラー・ポテンシャル V の項から生じる. その項は, トップかボトムのクォークのループが一つあり, それが任意の本数のスカラー場の外線と相互作用するダイアグラムからくる. これはトップ・クォークとボトム・クォークはそれぞれ, $\mathcal{H}_2$ と $\mathcal{H}_1$ に他に比べて格段に非常に強い結合をすることによる. (ここでは用心深くトップ・クォーク

28.5 バリオン数とレプトン数がゼロのセクター

のみならずボトム・クォークのループも含めているが,これは上で述べたように,トップ・クォークの質量が大きいのは湯川結合の比が大きいためではなく,比 v_2/v_1 が大きいためであるかも知れないからだ.しかし,その場合でも主要な寄与はトップ・クォークのループから来ることを後で見る.)

まず中性スカラーを考えよう.少なくともそれらの一つは輻射補正を無視すると Z ボソンより軽い.これらのトップ・クォークとボトム・クォークのループは,V^N に $U_t(|\mathcal{H}_2^0|^2) + U_b(|\mathcal{H}_1^0|^2)$ という形の項の寄与を及ぼす.U_b か U_t の項で $|\mathcal{H}_1^0|^2 - v_1^2$ か $|\mathcal{H}_2^0|^2 - v_2^2$ について線形なものは,入力パラメータ m_1^2 と m_2^2 に吸収して,

$$U_b'(v_1^2) = U_t'(v_2^2) = 0 \tag{28.5.38}$$

となるようにする.そうすると,$m_1^2 + |\mu|^2$, $m_2^2 + |\mu|^2$, $B\mu$ についての以前の結果 (28.5.24) と (28.5.22) は変らない.また,C のもとで奇の中性スカラーの質量行列は依然として (28.5.26) で与えられる.一方,C のもとで偶の中性スカラーの質量二乗の行列要素は,

$$\begin{aligned}(M_{\text{Re}\,\varphi}^2)_{11} &= \tfrac{1}{2}\,m_A^2(1-\cos 2\beta) + \tfrac{1}{2}\,m_Z^2(1+\cos 2\beta) + \Delta_b\,, \\ (M_{\text{Re}\,\varphi}^2)_{12} &= (M_{\text{Re}\,\varphi}^2)_{21} = -\tfrac{1}{2}\,(m_A^2 + m_Z^2)\sin 2\beta\,, \\ (M_{\text{Re}\,\varphi}^2)_{22} &= \tfrac{1}{2}\,m_A^2(1+\cos 2\beta) + \tfrac{1}{2}\,m_Z^2(1-\cos 2\beta) + \Delta_t \end{aligned} \tag{28.5.39}$$

で与えられる.ここで,

$$\Delta_b = 2v_1^2\, U_b''(v_1^2)\,, \quad \Delta_t = 2v_2^2\, U_t''(v_2^2) \tag{28.5.40}$$

とした.特性方程式の解は以下となる.

$$\begin{aligned}m_H^2 = \frac{1}{2}\bigg[&m_A^2 + m_Z^2 + \Delta_t + \Delta_b \\ &+ \sqrt{\big((m_A^2 - m_Z^2)\cos 2\beta + \Delta_t - \Delta_b\big)^2 + \big(m_A^2 + m_Z^2\big)^2 \sin^2 2\beta}\,\bigg],\end{aligned}$$

(28.5.41)
$$m_h^2 = \frac{1}{2}\bigg[m_A^2 + m_Z^2 + \Delta_t + \Delta_b$$
$$-\sqrt{\Big((m_A^2 - m_Z^2)\cos 2\beta + \Delta_t - \Delta_b\Big)^2 + \Big(m_A^2 + m_Z^2\Big)^2 \sin^2 2\beta}\;\bigg].$$
(28.5.42)

これらの粒子の探索を考えるに当っては,最も軽いヒッグスの質量 m_h は未知の質量 m_A が増大するにつれて増大し,$m_A \to \infty$ で有限の上限に到達することに注意することが重要だ.

$$m_h \leq m_h(m_A \to \infty) = m_Z^2 \cos^2 2\beta + \Delta_t \sin^2 \beta + \Delta_b \cos^2 \beta \,. \quad (28.5.43)$$

Δ_b と Δ_t を計算するには,16.2 節でポテンシャル U_b と U_t が,

$$U_b(|\mathcal{H}_1^0|^2) = -\frac{3}{16\pi^2}\Big|\lambda_b \mathcal{H}_1^0\Big|^4 \left[\ln \frac{\big|\lambda_b \mathcal{H}_1^0\big|^2}{M_{sb}^2} - \frac{3}{2}\right] + [\text{線形項}]\,, \quad (28.5.44)$$

$$U_t(|\mathcal{H}_2^0|^2) = -\frac{3}{16\pi^2}\Big|\lambda_t \mathcal{H}_2^0\Big|^4 \left[\ln \frac{\big|\lambda_t \mathcal{H}_2^0\big|^2}{M_{st}^2} - \frac{3}{2}\right] + [\text{線形項}] \quad (28.5.45)$$

で与えられたことを思い出す.ここで,$\lambda_t = m_t/v_2$ と $\lambda_b = m_b/v_1$ はトップ・クォークとボトム・クォークの湯川結合定数,M_{st} と M_{sb} はストップとスボトム(トップ・クォークとボトム・クォークのスカラー超対称パートナー)で,これらの質量と角括弧の中の $-3/2$ の項は,ストップとスボトムのループによる超対称性の破れの補正が,質量が同じならばトップとボトムのループによる補正と打消し合うという条件を満たすように選ばれている.また「線形項」は $|\mathcal{H}_2^0|^2$ か $|\mathcal{H}_1^0|^2$ について線形で,その係数は (28.5.38) を満たすように調整されている.(因子 3 はクォークの色が三つあることから来ている.) そうすると,(28.5.40) から以下を得る.

$$\Delta_b = -\frac{3}{4\pi^2}|\lambda_b|^4 v_1^2 \ln\left(\frac{\lambda_b v_1^2}{M_{sb}^2}\right) = \frac{3\sqrt{2}\, m_b^4\, G_F}{2\pi^2 \cos^2\beta}\ln\left(\frac{M_{sb}^2}{m_b^2}\right) \,, \quad (28.5.46)$$

28.5 バリオン数とレプトン数がゼロのセクター

$$\Delta_t = -\frac{3}{4\pi^2}|\lambda_t|^4 v_2^2 \ln\left(\frac{\lambda_t v_2^2}{M_{st}^2}\right) = \frac{3\sqrt{2}\, m_t^4 G_F}{2\pi^2 \sin^2\beta} \ln\left(\frac{M_{st}^2}{m_t^2}\right). \quad (28.5.47)$$

ここで $G_F = 1.17 \times 10^{-5}$ GeV^{-2} はフェルミ結合定数で (21.3.34) により $G_F = g^2/4\sqrt{2} m_W^2$ と与えられる. $m_b = 4.3$ GeV, $m_t = 180$ GeV, $M_{st} \sim M_{sb} \sim 1$ TeV, $m_Z = 91.2$ GeV とすると, $\Delta_b \sim 1.1 \times 10^{-6}\, m_Z^2/\cos^2\beta$ と $\Delta_t \sim 1.1 m_Z^2/\sin^2\beta$ を得る. これにより, 例えば $\tan\beta$ が m_t/m_b 程大きくても, トップ・クォークによる補正 Δ_t は依然として Δ_b よりはるかに大きいことが分かる.

Δ_t の影響は m_H と m_h を共に増大させることだ. これと他の輻射補正を考慮に入れると,[26] $\tan\beta > 10$ ではストップの質量が 300 GeV と 1 TeV の間にあるとき, 最も軽い中性スカラーの質量に対する上限 (28.5.43) は輻射補正により m_Z のすぐ下から 100 GeV と 110 GeV の間へと増加する. 比較しておくと, m_h, m_H, m_A に対する実験的な下限[27] としては 62.5 GeV が得られている. これは, 130 GeV から 172 GeV での e^+e^- 衝突に hA や HA の終状態が無いことから得られたものだ. また, ヒッグス・スカラーを含む輻射補正の計算からは, m_h が 27 GeV から 140 GeV の範囲にあるとき, 電弱現象の精密測定と矛盾しない結果が得られている.

輻射補正は荷電スカラーについては, さほど重要ではない. 荷電スカラーの線を付けるとトップ・クォークからボトム・クォークへの遷移が許されるから, スカラー場のポテンシャルに対する補正は, ここではより一般的な形となる. これは $SU(2) \times U(1)$ によって,

$$\Delta V = U(\mathcal{H}_2^\dagger \mathcal{H}_2, \mathcal{H}_1^\dagger \mathcal{H}_1, \mathcal{H}_2^\dagger \mathcal{H}_1, \mathcal{H}_1^\dagger \mathcal{H}_2, \mathcal{H}_1^{\mathrm{T}} e \mathcal{H}_2) \quad (28.5.48)$$

という形に限られる. (クォークのループは実際には $\mathcal{H}_1^{\mathrm{T}} e \mathcal{H}_2$ に対する依存性を生じない.) $\mathcal{H}_1$ か $\mathcal{H}_2$ の 2 重項は必ず, それぞれ, λ_b か λ_t を伴って現れるから, $\mathcal{H}_1$ を含む項は, その大きさが抑えられる. これは既に中性スカラーの質量を計算する際に見た通りだ. したがって, よ

い近似で有効ポテンシャルに対する補正は以下の形に書ける.

$$\Delta V \simeq U(\mathcal{H}_2^\dagger \mathcal{H}_2, 0, 0, 0) = U(|v_2+\varphi_2|^2 + |\mathcal{H}_2^-|^2, 0, 0, 0) \,. \quad (28.5.49)$$

荷電場がゼロになる場合に戻ると, 関数 U は以前に U_t と呼んだものに丁度等しいことが分かる. U の $|v_2+\varphi_2|^2 + |\mathcal{H}_2^-|^2 - v_2^2$ の冪での展開で1次の項はどれも, 単に定数 m_2^2 を再定義するだけであり, 定義 (28.5.38) によって消える. U の $|v_2+\varphi_2|^2 + |\mathcal{H}_2^-|^2 - v_2^2$ についての2次の項は本質的に輻射補正だ. それらは中性スカラーの質量に影響を及ぼす $|\varphi_2|^2$ についての2次の項を含むにもかかわらず, 非ゴールドストーン荷電スカラーの質量を変化させる $|\mathcal{H}_2^-|^2$ についての2次の項は含まない. 幸運にも, 実験と矛盾しないためには輻射補正は必要ない. これは m_A の上限が無いので, 荷電スカラーの質量 (28.5.35) には何の理論的上限も無いからだ. 181 GeV から 184 GeV までで過程 $e^+e^- \to \mathcal{H}^+\mathcal{H}^-$ が観測されていないので, これにより実験的な下限 $m_C \geq 59$ GeV が得られる.[28] ($B \to K^*\gamma$ のような崩壊で測定される) 過程 $b \to s\gamma$ の反応率によって m_C にはずっと厳しい下限が課される. この反応は $\mathcal{H}^-u$ か $\mathcal{H}^-c$ の中間状態へ遷移して, 光子が仮想クォークか $\mathcal{H}^-$ から放出されることで起こる. この過程について, 現在の理論と実験の一致から m_C には約 150 GeV の (そして $\tan\beta < 1$ ではより高い) 下限[29] が得られる. (28.5.35) を用いると, これから重要な下限 $m_A > 125$ GeV が得られる.

電弱対称性の破れを正しく出すために, 超対称性の破れのどんな模型でも満たさなければならない m_i^2 に対する条件が二つある. その一つはポテンシャルに下限があるということで, これは既に見たように,

$$2|\mu|^2 + m_1^2 + m_2^2 > B\mu$$

を要求する. $B\mu$ は正と定義されているので, これは C のもとで奇の中性スカラーの質量の二乗 (28.5.21) が正となることを保証する. も

28.5 バリオン数とレプトン数がゼロのセクター

う一つの条件は (28.5.22) と (28.5.24) によって与えられ, β の任意の値に対して,

$$4\left(m_1^2 + |\mu|^2\right)\left(m_2^2 + |\mu|^2\right) \leq (B\mu)^2 \qquad (28.5.50)$$

となることを要請する. (28.5.10) から, この条件がポテンシャルの2階微分の行列が $\mathcal{H}_1 = \mathcal{H}_2 = 0$ で負の固有値を持ち, この $SU(2) \times U(1)$ 不変な点が不安定平衡点の一つで, したがって, $SU(2) \times U(1)$ が自発的に破れることを保証する. もし β が非常に $\pi/2$ に近ければ, (28.5.24) からこの条件は $m_1^2 + |\mu|^2$ を正とし, $m_2^2 + |\mu|^2$ を負とすることで満たされることが分かる. 次の節で見るように, スカラー場のラグランジアンのパラメータのくりこみ群による流れは $m_2^2 + |\mu|^2$ を負とする機構を提供する.

超場が最小限しか無くても, 超対称な理論では $SU(2) \times U(1)$ のもとで異なる変換性を持つが, 電荷, 色, バリオン数, レプトン数は同じ粒子対が幾つかあり, それらは $SU(2) \times U(1)$ が自発的に破れるときに混合する. これが起こる1例は前の節で既に見た. そこでは左巻きクォークのスカラーの超対称パートナーと, 左巻き反クォークのスカラー超対称パートナーの複素共役との混合が問題だった. 同様な混合はヒッグジーノとゲージーノが電荷を持っている場合にも, 中性の場合にも, それらの間に起こる. ヒッグジーノやゲージーノは質量が決まった粒子ではなく, **チャージーノ** (chargino) や**ニュートラリーノ** (neutralino) と呼ばれる粒子の混合になっている. チャージーノは μ に有用な限界を与えるので, これを考察しよう. (27.4.8) によれば, ラグランジアン密度には非対角型の超対称質量項,

$$-\text{Re}\left[\mu\left(h_{1L}^{-\text{T}}\epsilon h_{2L}^+\right) + i\sqrt{2}m_W\cos\beta\left(w_L^{-\text{T}}\epsilon h_{2L}^+\right)\right. \\ \left. + i\sqrt{2}m_W\sin\beta\left(w_L^{+\text{T}}\epsilon h_{1L}^-\right)\right]$$

がある. これには超対称性が破れるセクターとのゲージ相互作用に

よって生成されるウィーノの質量項,

$$-m_{\text{wino}}\text{Re}\left(w_L^{+\text{T}}\epsilon w_L^-\right)$$

を加えなければならない. したがって, チャージーノの質量の二乗は行列 $\mathcal{M}_C^\dagger \mathcal{M}_C$ の固有値だ. ここで,

$$\mathcal{M}_C = \begin{pmatrix} m_{\text{wino}} & i\sqrt{2}m_W \sin\beta \\ i\sqrt{2}m_W \cos\beta & \mu \end{pmatrix} \quad (28.5.51)$$

とした. これらの二つの固有値は,

$$m_{\text{chargino}}^2 = \frac{1}{2}\bigg[m_{\text{wino}}^2 + 2m_W^2 + |\mu|^2 \pm \Big((m_{\text{wino}}^2 - |\mu|^2)^2$$
$$+ 4m_W^4 \cos^2 2\beta + 4m_W^2(m_{\text{wino}}^2 + |\mu|^2 - 2m_{\text{wino}}\text{Re}\,\mu\sin 2\beta)\Big)^{1/2}\bigg]$$
$$(28.5.52)$$

で与えられる. ウィーノの質量 m_{wino} は m_W より非常に大きいと考えられる. もしそれがまた $|\mu|$ に比べて非常に大きいと, 重い方のチャージーノは, ほとんどウィーノで, その質量は m_{wino}, また, 軽い方のチャージーノは, ほとんどヒッグジーノで, その質量は $|\mu|$ となる. いずれにせよ, $|\mu|$ は軽い方のチャージーノの質量より大きく, それは e^+-e^- 消滅でゲージーノが現れないことから約 60 GeV より大きいことが分かっているので, 多分 m_W より大きいだろう. e^+-e^- 消滅でのニュートラリーノ探索から, 最も軽いニュートラリーノの質量について下限 27 GeV が得られている.[29a]

28.6 ゲージを媒介とする超対称性の破れ

この節では超対称性の破れが通常の $SU(3) \times SU(2) \times U(1)$ のゲージ・ボゾンとそれらの超対称パートナーとの相互作用を通して既知の

28.6 ゲージを媒介とする超対称性の破れ

粒子に伝えられる可能性を考察する.[30] ここでは超対称性は, 観測されるクォークとレプトンの超場を含まないセクターの超場で動力学的に破れ, また, **メッセンジャー超場** (messenger superfield) と呼ばれる対称性が破れるセクターでの幾つかのカイラル超場は $SU(3) \times SU(2) \times U(1)$ のゼロでない量子数を持つと仮定する. メッセンジャー粒子が $SU(3) \times SU(2) \times U(1)$ を破らずに大きな質量 (例えば 1 TeV 程度) を得るためには, それらが $SU(3) \times SU(2) \times U(1)$ の実 (または擬実) 表現になっている必要がある. その場合は自動的に, それらの粒子によって何らアノマリーは新たに導入されない. 文献でのゲージを媒介とする超対称性の破れの扱いでは, メッセンジャー超場と超対称性を破る他の超場との相互作用について特定の仮定がなされているが, この種の理論の最も重要な予言は, 実際これらの仮定には依存しない. したがって, メッセンジャー超場と超対称性を破るセクターでの他の超場との相互作用について何か仮定することは先延ばしにしておく. しかし, メッセンジャー超場の $SU(3) \times SU(2) \times U(1)$ のもとでの性質は現象論的に重要な意味を持つので, 別に仮定をしておく. メッセンジャー粒子が 28.2 節で論じた結合定数の統一を妨害しないように, それらが通常のクォークおよびレプトンと $SU(3) \times SU(2) \times U(1)$ のゲージ生成子の二乗の全トレースについて同じ比を持つと仮定する. もしメッセンジャー超場 (それと何らかの $SU(3) \times SU(2) \times U(1)$ のもとで中性なカイラル超場があってもよい) が $SU(3) \times SU(2) \times U(1)$ を含むある単純群 G の完全な表現になっていると, この条件は自動的に満たされる. 通常のクォークとレプトン (それと前と同じように, 何らかの $SU(3) \times SU(2) \times U(1)$ のもとで中性なカイラル超場があってもよい) も, この群の完全な表現になっている. (例えば, これらの左カイラル超場は, 電荷 $e/3$ の N 個の $SU(2)$ 1 重項 $SU(3)$ 3 重項, 電荷 0 と $-e$ の N 個の $SU(2)$ 2 重項 $SU(3)$ 1 重項をなし, これらは合わせて $SU(5)$ の N 個の **5** 表現をなし, これとともに, $SU(3) \times SU(2) \times U(1)$ の複

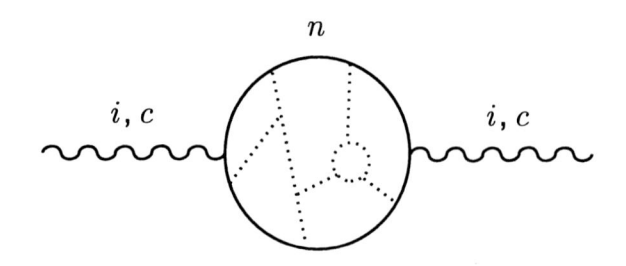

図 28.5: ゲージ超場のプロパゲーターに超対称性の破れを導入するダイアグラム．ここで波線はゲージ超場のどれかの成分場，実線はメッセンジャー超場の成分場，点線は超対称性を破るセクターの $SU(3) \times SU(2) \times U(1)$ のもとで中性な超場の成分場．

素共役表現である同じ数の左カイラル超場が N 個の $\bar{5}$ 表現をなすという場合が考えられる．）しかしながら，とりあえずの目的としては，G が実際に理論の対称性群とは仮定しないし，また G を特定の群に選ぶこともしないし，メッセンジャー粒子がなす表現を特定もしない．

このメッセンジャー超場と，超対称性を破るセクターのカイラル超場やゲージ超場，また $SU(3) \times SU(2) \times U(1)$ ゲージ超場の両方との相互作用は $SU(3) \times SU(2) \times U(1)$ ゲージ超場の成分場のプロパゲーターに超対称性の破れを持ちこむと期待される．$SU(3) \times SU(2) \times U(1)$ の結合定数の最低次で，プロパゲーターへの主要な寄与は図28.5のダイアグラムから来る．ここではゲージ，ゲージーノか補助的な D 場の対がメッセンジャー場のループにくっついていて，超対称性を破るセクターの $SU(3) \times SU(2) \times U(1)$ のもとで中性な場がそのループと任意の本数の相互作用をしている．したがって，ゲージ超場のプロパゲーターへの超対称性を破る補正 Δ_{ic} は，($i = 1, 2, 3$ は $SU(3)$, $SU(2)$, $U(1)$ を意味し，$c = V, \lambda, D$ は各ゲージ超場の異なる成分の添字だ）

28.6 ゲージを媒介とする超対称性の破れ

以下の形となる.

$$\Delta_{3c}(q) = (g_s^2/16\pi^2) \sum_n T_{3n} \Pi_{cn}(q) ,$$
$$\Delta_{2c}(q) = (g^2/16\pi^2) \sum_n T_{2n} \Pi_{cn}(q) , \qquad (28.6.1)$$
$$\Delta_{1c}(q) = (g'^2/16\pi^2) \sum_n T_{1n} \Pi_{cn}(q) .$$

ここで n は異なるメッセンジャー超場の添字で, $\Pi_{cn}(q)$ は4元運動量 q の多少なりと複雑な関数, T_{3n} と T_{2n} はそれぞれ, n 番目のメッセンジャー超場の表現での $SU(3)$ と $SU(2)$ の任意の (基本表現では $T_3 = T_2 = 1/2$ となるように規格化された) 生成子の二乗のトレース, そして, T_{1n} は n 番目のメッセンジャー超場の電弱ハイパー・チャージの二乗の和だ. すぐに分かることは, ゲージーノが同じ形の質量を得ることだ.[*]

$$m_{\text{gluino}} = (g_s^2/16\pi^2) \sum_n T_{3n} M_{gn} ,$$
$$m_{\text{wino}} = (g^2/16\pi^2) \sum_n T_{2n} M_{gn} , \qquad (28.6.2)$$
$$m_{\text{bino}} = (g'^2/16\pi^2) \sum_n T_{1n} M_{gn} .$$

ここで M_{gn} は異なるメッセンジャー超場を特徴付ける質量だ. すでに述べたように, 非常に高いエネルギーで結合定数が統一されることを乱さないために, T_n の和が観測されるクォークとレプトンについてのものと同じ比を持つと仮定する.

$$\sum_n T_{3n} = \sum_n T_{2n} = \sum_n 3T_{1n}/5 \equiv T . \qquad (28.6.3)$$

---

[*] ビーノは標準模型のラグランジアンに現れる $U(1)$ ゲージ場 B_μ の超対称パートナーだということを思い出そう. まだ $SU(2) \times U(1)$ の破れは考慮に入れていないので, ここで計算したゲージーノ, スクォーク, スレプトンの質量は, 標準模型の $SU(3) \times SU(2) \times U(1)$ 不変な有効ラグランジアンに現れるパラメータとして理解するべきだ.

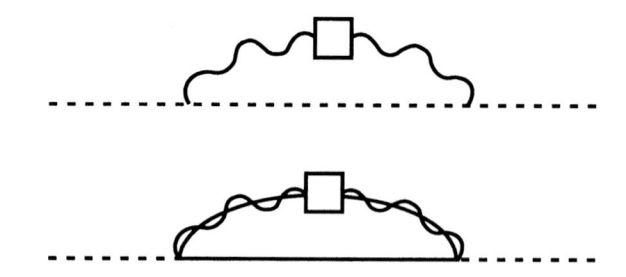

図 28.6: 超対称性の破れをスクォークとスレプトンに伝えるダイアグラム.ここで破線はスクォークかスレプトン, 波線は $SU(3) \times SU(2) \times U(1)$ ゲージ・ボソンか補助的な D 場, 実線はクォークかレプトン, 実線と波線の複合線は $SU(3) \times SU(2) \times U(1)$ ゲージーノ, 正方形は図 28.5 に示した超対称性を破るプロパゲーターへの補正の挿入を表す.

したがって, これらのプロパゲーターにおける超対称性の破れは, 超対称標準模型のスクォークとスレプトンへ図 28.6 のダイアグラムを通して伝えられる. そこでは, 一つの $SU(3) \times SU(2) \times U(1)$ ゲージ・ボソンかゲージーノか補助的な D 場がスクォークかスレプトンによって放出・再吸収される. $SU(3) \times SU(2) \times U(1)$ の破れをまだ考慮に入れていない有効低エネルギー理論を計算しているので, $SU(3)$, $SU(2)$, $U(1)$ のプロパゲーターに混合は無く, それぞれのプロパゲーターはゲージの添字については単位行列のように振舞う. したがって, 任意のスクォークかスレプトンに与えられる質量の二乗は, そのスクォークかスレプトンのなす表現での $SU(3) \times SU(2) \times U(1)$ の全ての生成子 (結合定数も含む) の二乗の和に比例する. 基本表現での $SU(2)$ と $SU(3)$ の生成子の二乗は,

$$\sum_{a=1}^{3} \left(g\sigma_a/2\right)^2 = \frac{3g^2}{4} \cdot 1, \quad \sum_{\alpha=1}^{8} \left(g_s\lambda_\alpha/2\right)^2 = \frac{4g_s^2}{3} \cdot 1$$

だ. ここで σ_a はパウリのアイソスピン行列 (5.4.18), λ_α はゲルマン行列 (19.7.2) だ. $U(1)$ については生成子は単に弱ハイパー・チャージ

28.6 ゲージを媒介とする超対称性の破れ

(21.3.7) で, これは g' の因子を含む. したがってスクォークとスレプトンの質量の二乗は以下の形をとる.

$$M_Q^2 = 2\sum_n M_{sn}^2 \left[\frac{4}{3}\left(\frac{g_s^2}{16\pi^2}\right)^2 T_{3n} + \frac{3}{4}\left(\frac{g^2}{16\pi^2}\right)^2 T_{2n} \right.$$
$$\left. + \left(\frac{1}{6}\right)^2\left(\frac{g'^2}{16\pi^2}\right)^2 T_{1n}\right],$$
$$M_{\bar{U}}^2 = 2\sum_n M_{sn}^2 \left[\frac{4}{3}\left(\frac{g_s^2}{16\pi^2}\right)^2 T_{3n} + \left(\frac{2}{3}\right)^2\left(\frac{g'^2}{16\pi^2}\right)^2 T_{1n}\right],$$
$$M_{\bar{D}}^2 = 2\sum_n M_{sn}^2 \left[\frac{4}{3}\left(\frac{g_s^2}{16\pi^2}\right)^2 T_{3n} + \left(-\frac{1}{3}\right)^2\left(\frac{g'^2}{16\pi^2}\right)^2 T_{1n}\right],$$
$$M_L^2 = 2\sum_n M_{sn}^2 \left[\frac{3}{4}\left(\frac{g^2}{16\pi^2}\right)^2 T_{2n} + \left(\frac{1}{2}\right)^2\left(\frac{g'^2}{16\pi^2}\right)^2 T_{1n}\right],$$
$$M_{\bar{E}}^2 = 2\sum_n M_{sn}^2 \left(\frac{g'^2}{16\pi^2}\right)^2 T_{1n}. \tag{28.6.4}$$

ここで $Q, \bar{U}, \bar{D}, L, \bar{E}$ はそれぞれ, 左巻きクォーク 2 重項, 電荷 $-2e/3$ と $+e/3$ の左巻き反クォーク, 左巻きレプトン 2 重項, 左巻き荷電反レプトンのスカラー超対称パートナーだ. そして, M_{sn} は n 個のメッセンジャー超場を特徴付けるある新しい質量だ. (因子 2 は将来のために M_{sn}^2 から取り出しておいた.) このように生成されるスクォークとスレプトンの質量は自動的に全ての 3 世代について等しく, 28.4 節で調べたフレーバー変化過程についての問題には抵触しない.

M_{gn} と M_{sn} は全てほぼ同じ大きさだと期待するので, グルーイーノとスクォークはほぼ同じ質量, 一方, ウィーノ, ビーノ, スレプトンの質量は電弱結合定数の二乗がかかるので, ずっと軽い.

ある妥当な動力学的な仮定をすれば, これよりは随分先に進める. メッセンジャー超場に対する超対称性の破れの影響が, これらの超場を $SU(3) \times SU(2) \times U(1)$ のもとで中性なカイラル超場 S_n (全てが異

ならなくてもよい)と共に超ポテンシャル

$$f(\Phi, \bar{\Phi}, S) = \sum_n \lambda_n S_n \Phi_n \bar{\Phi}_n \qquad (28.6.5)$$

に含めることで，模型化できるとしよう．ここで $\bar{\Phi}_n$ と Φ_n は $SU(3) \times SU(2) \times U(1)$ の複素共役な表現に属する左カイラル・メッセンジャー超場，λ_n は結合定数の組だ．(ここと以下では，$\Phi_n \bar{\Phi}_n$ のようなスカラー積を計算するときに和をとる $SU(3) \times SU(2)$ の添字は省略する．) 超場 S_n については，そのスカラー成分と補助成分についてそれぞれ，ゼロでない真空期待値 $\mathcal{S}_n$ と $\mathcal{F}_n$ があるとする．これらの模型で，Φ_n 粒子と $\bar{\Phi}_n$ 粒子の質量に超対称性の破れを持ちこむのは，$\mathcal{F}_n$ のゼロでない値だ．26.4節で示したように，ゲージ結合を無視すると Φ_n のスピノル成分の質量の二乗(そして $\bar{\Phi}_n$ も) は行列 $\mathcal{M}_n^\dagger \mathcal{M}_n$ の固有値だ．ここで，$\mathcal{M}_n$ は(26.4.11)で定義されるので，

$$\mathcal{M}_n = \begin{pmatrix} 0 & \lambda_n \mathcal{S}_n \\ \lambda_n \mathcal{S}_n & 0 \end{pmatrix}$$

となる．そこで，メッセンジャー・フェルミオンは質量 $|\lambda_n \mathcal{S}_n|$ を持つ．超場 Φ_n と $\bar{\Phi}_n$ のスカラー成分 ϕ_n と $\bar{\phi}_n$ の質量項を求めるには，Φ_n と $\bar{\Phi}_n$ の補助場を積分するとポテンシャル，

$$\sum_n \left| \frac{\partial f(\phi, \bar{\phi}, \mathcal{S})}{\partial \phi_n} \right|^2 + \sum_n \left| \frac{\partial f(\phi, \bar{\phi}, \mathcal{S})}{\partial \bar{\phi}_n} \right|^2 = \sum_n |\lambda_n \mathcal{S}_n|^2 \left[|\phi_n|^2 + |\bar{\phi}_n|^2 \right]$$

が得られることに着目する．これには S_n の補助成分の寄与も足さなければならない．それは(26.4.4)の第2項より以下のように与えられる．

$$2\mathrm{Re} \sum_n \left[\lambda_n \mathcal{F}_n \frac{\partial f(\phi, \bar{\phi}, \mathcal{S})}{\partial \mathcal{S}_n} \right] = 2\mathrm{Re} \sum_n \left[\mathcal{F}_n \lambda_n \phi_n \bar{\phi}_n \right] .$$

これより，α_n を $\lambda_n \mathcal{F}_n$ の位相として，決まった質量の複素スカラー場は $(\phi_n \pm e^{-i\alpha_n} \bar{\phi}_n)/\sqrt{2}$ となり，その質量の二乗は，$|\lambda_n \mathcal{S}_n|^2 \pm |\lambda_n \mathcal{F}_n|$ と

28.6 ゲージを媒介とする超対称性の破れ

なる. (マヨラナ・フェルミオンの質量二乗の上下等距離に複素スカラー対の質量二乗があるというこのパターンは, 和則 (27.5.11) からまさに期待されるものだ.) これらの質量の二乗は正でなければならないから,

$$|\mathcal{F}_n| \leq |\lambda_n||\mathcal{S}_n|^2 \tag{28.6.6}$$

を得る.

(28.6.5) に基づいた模型においては, ゲージーノの質量は図 28.5 にある形のダイアグラムで, 点線で書かれているものを取り除いたループが一つだけのもので与えられる. 詳細な計算によると, (28.6.2) の係数 M_{gn} は以下で与えられる.[31]

$$M_{gn} = \frac{|\mathcal{F}_n|}{|\mathcal{S}_n|} g\left(\frac{|\mathcal{F}_n|}{|\lambda_n||\mathcal{S}_n|^2}\right). \tag{28.6.7}$$

ここで,

$$\begin{aligned} g(x) &= \frac{1}{2x^2}\Big[(1+x)\ln(1+x) + (1-x)\ln(1-x)\Big] \\ &= 1 + \frac{x^2}{6} + \frac{x^4}{15} + \frac{x^6}{28} + \cdots \end{aligned} \tag{28.6.8}$$

だ. スクォークとスレプトンの質量は図 28.6 でループが二つだけのダイアグラムで与えられる. 別の詳細な計算によれば, (28.6.4) の質量パラメータ M_{sn}^2 は,[31]

$$M_{sn}^2 = \frac{|\mathcal{F}_n|^2}{|\mathcal{S}_n^2|} f\left(\frac{|\mathcal{F}_n|}{|\lambda_n||\mathcal{S}_n|^2}\right) \tag{28.6.9}$$

となる. ここで,

$$\begin{aligned} f(x) &= \frac{1+x}{x^2}\left[\ln(1+x) - 2\operatorname{Li}_2\left(\frac{x}{1+x}\right) + \frac{1}{2}\operatorname{Li}_2\left(\frac{2x}{1+x}\right)\right] \\ &\quad + [x \to -x] \\ &= 1 + \frac{1}{36}x^2 - \frac{11}{450}x^4 - \frac{319}{11760}x^6 + \cdots \end{aligned} \tag{28.6.10}$$

で, Li_2 は 2 重対数 (dilogarithm),

$$\text{Li}_2(x) \equiv -\int_0^x \frac{\ln(1-t)}{t}dt \tag{28.6.11}$$

だ. 特に, もし (通常仮定するように) 様々な S_n が全て同じで, 全ての n について $|\mathcal{F}| \ll |\lambda_n||\mathcal{S}|^2$ ならば, (28.6.9) と (28.6.7) の f と g は 1 に等しくとることができ,

$$M_{gn} = M_{sn} = |\mathcal{F}|/|\mathcal{S}| \equiv M \tag{28.6.12}$$

となる. (28.6.3) を使うと, ゲージーノ質量 (28.6.2) が以下のようになると期待される.

$$\begin{aligned}
m_{\text{wino}} &= (g^2/16\pi^2)TM\ ,\\
m_{\text{bino}} &= (5/3)(g'^2/16\pi^2)TM\ ,\\
m_{\text{gluino}} &= (g_s^2/16\pi^2)TM\ ,
\end{aligned} \tag{28.6.13}$$

一方, スクォークの質量とスレプトンの質量 (28.6.4) は以下となる.

$$\begin{aligned}
M_Q^2 &= 2TM^2\left[\frac{4}{3}\left(\frac{g_s^2}{16\pi^2}\right)^2 + \frac{3}{4}\left(\frac{g^2}{16\pi^2}\right)^2 + \frac{5}{3}\left(\frac{1}{6}\right)^2\left(\frac{g'^2}{16\pi^2}\right)^2\right],\\
M_{\bar{U}}^2 &= 2TM^2\left[\frac{4}{3}\left(\frac{g_s^2}{16\pi^2}\right)^2 + \frac{5}{3}\left(\frac{2}{3}\right)^2\left(\frac{g'^2}{16\pi^2}\right)^2\right],\\
M_{\bar{D}}^2 &= 2TM^2\left[\frac{4}{3}\left(\frac{g_s^2}{16\pi^2}\right)^2 + \frac{5}{3}\left(-\frac{1}{3}\right)^2\left(\frac{g'^2}{16\pi^2}\right)^2\right],\\
M_L^2 &= 2TM^2\left[\frac{3}{4}\left(\frac{g^2}{16\pi^2}\right)^2 + \frac{5}{3}\left(\frac{1}{2}\right)^2\left(\frac{g'^2}{16\pi^2}\right)^2\right],\\
M_{\bar{E}}^2 &= 2TM^2\frac{5}{3}\left(\frac{g'^2}{16\pi^2}\right)^2.
\end{aligned} \tag{28.6.14}$$

$|\mathcal{F}| \ll |\lambda_n||\mathcal{S}|^2$ と期待する理由は特に無い. しかし, この仮定は実際は特に厳しい制限とは言えない. これは (28.6.6) が既に $|\mathcal{F}| \leq |\lambda_n||\mathcal{S}|^2$

28.6 ゲージを媒介とする超対称性の破れ

を要請し, 関数 $f(x)$ と $g(x)$ は x が1に非常に近くない限り, $x < 1$ ならば1とさほど違わないからだ.

(28.6.13) と (28.6.14) という非常に簡単な結果は, ジウダイス(Giudice)とラッタッツィ(Rattazzi)[32]によって, 27.6節で述べたサイバーグの正則性の議論[33]を使って説明された. メッセンジャー超場に単一の1重項超場 S を外場として入れた(28.6.5)のような超ポテンシャルを導入したとしよう.

$$f(S, \Phi) = S \sum_n \lambda_n \Phi_n \bar{\Phi}_n \tag{28.6.15}$$

これによって様々な影響が生じるが, その中でも特に, くりこみ群のスケール μ でウィルソン的有効ラグランジアンでゲージ超場 V_i ($i = 3, 2, 1$ は $SU(3), SU(2), U(1)$ を示す) の運動項は以下の形となる.

$$\mathcal{L}_{\text{gauge},\mu} = \text{Re}\left[\sum_i N_i(S, \mu) \sum_{\alpha\beta} (W_{iL\alpha} \epsilon_{\alpha\beta} W_{iL\beta})\right]_{\mathcal{F}} \tag{28.6.16}$$

ここで(27.3.22)の因子 $1/2g_i^2(\mu)$ の代りにある関数 $N_i(S, \mu)$ を用いた. (θ 項は摂動論に影響しないので, ここでは落とした. $SU(3)$ と $SU(2)$ の随伴表現の異なるメンバーを表す $W_{iL\alpha}$ の添字について和をとるものとするが, ここでは陽には示していない.) ゲージ結合定数は超場 S をそのスカラー成分の期待値 $\mathcal{S}$ で置き換えて次のように得られる.

$$\frac{1}{2g_i^2(\mu)} = N_i(\mathcal{S}, \mu) \ . \tag{28.6.17}$$

また, $W_{iL\alpha} = \lambda_{iL\alpha} + O(\theta)$ を思い出し, (27.2.11)を使うと, ラグランジアン密度(28.6.16)のゲージーノ場について2次の項は, 微分項を除いて,

$$-2 \sum_i \text{Re}\left[N_i(\mathcal{S}, \mu)\left(\bar{\lambda}_{iR} \not{\partial} \lambda_{iR}\right) + [N_i(S, \mu)]_{\mathcal{F}}\left(\lambda_{iL}^{\text{T}} \epsilon \lambda_{iL}\right)\right]$$

となる．これより，ゲージーノの質量は，

$$m_{gi}(\mu) = \left|\frac{[N_i(\mathcal{S},\mu)]_{\mathcal{F}}}{2N_i(\mathcal{S},\mu)}\right| = g_i^2(\mu)\left|[N_i(\mathcal{S},\mu)]_{\mathcal{F}}\right| \qquad (28.6.18)$$

となる．さて，実で正の $\mathcal{S}$ の関数としての $N_i(\mathcal{S},\mu)$ の振舞いを考えよう．ここでメッセンジャー超場の位相は，全ての λ_n が実で正となるように調整しておく．全てのメッセンジャー粒子の質量より上のスケール $\mu = K$ でゲージ結合定数 $g_i(\mu)$ の値を固定しておくとしよう． μ が様々なメッセンジャー場の質量を通り過ぎるに連れて，くりこみ群方程式 $\mu dg_i(\mu)/d\mu = b_i g_i^3$ のなかの定数 b_i が値を変えることを考慮に入れると，この方程式の解は μ が全てのメッセンジャー粒子の質量より低いと，

$$\frac{1}{g_i^2(\mu)} = \frac{1}{g_i^2(K)} - 2b_i^{(0)}\ln\left(\frac{M_1}{K}\right) - 2b_i^{(1)}\ln\left(\frac{M_2}{M_1}\right)$$
$$- \cdots - 2b_i^{(N)}\ln\left(\frac{\mu}{M_N}\right)$$

という形になる．ここで，メッセンジャー粒子の質量 $M_n = \lambda_n \mathcal{S}$ が，

$$M_1 > M_2 > \cdots > M_N$$

を満たすように，メッセンジャー粒子の添字を付けた．また，$b_i^{(n)}$ は M_n 未満の質量を持つ粒子のみを考慮に入れて計算したものだ．全ての M_n は $\mathcal{S}$ に比例するので，$N_i(\mathcal{S},\mu)$ は以下のように $\mathcal{S}$ に依存する．

$$N_i(\mathcal{S},\mu) = -b_i^{\text{messenger}}\ln\mathcal{S} + [\mathcal{S}\text{に依存しない項}]. \qquad (28.6.19)$$

ここで，$b_i^{\text{messenger}} = b_i^{(0)} - b_i^{(N)}$ は全てのメッセンジャー超場の b_i への寄与だ．(27.9.45)によると（$C_{i1} = 0$ と $C_{i2}^f = C_{i2}^s = \sum_n T_{in}$ として），これは，

$$b_i^{\text{messenger}} = \frac{1}{16\pi^2}\sum_n T_{in} \qquad (28.6.20)$$

28.6 ゲージを媒介とする超対称性の破れ

となる. $N_i(S,\mu)$ は超対称性により, S の正則関数だと要請されるので,

$$N_i(S,\mu) = -\frac{1}{16\pi^2}\sum_n T_{in}\ln S + [S\text{に依存しない項}] \qquad (28.6.21)$$

が分かる. $S = \mathcal{S}$ のまわりに展開すると, $\mathcal{F}$ の1次で, $[\ln \mathcal{S}]_\mathcal{F} = \mathcal{F}/\mathcal{S}$ となるから, (28.6.18) から, ゲージーノの質量は,

$$m_{gi}(\mu) = \frac{g_i^2(\mu)}{16\pi^2}\sum_n T_{in}\left|\frac{\mathcal{F}}{\mathcal{S}}\right| \qquad (28.6.22)$$

と分かる. (28.6.3) を使うと, これは前の結果 (28.6.13) と同じだと分かる. スクォークとスレプトンの質量 (28.6.14) については, ジウダイスとラッタッツィによって, ゲージ超場の代りにクォークとレプトンの超場の運動項を調べることで同様な結果が得られている.

ところで, (28.6.13) と (28.6.14) は, (一般に (28.6.13) と (28.6.14) の M の異なる値に対して) (28.6.5) のような動力学的な仮定を使わずに得られた. この場合, 既知のクォーク, レプトン, メッセンジャー場を共に完全な表現として持つある大統一群 G の下での不変性は, 超対称性が破れるセクターで保存されると仮定した. この場合は, (28.6.2) と (28.6.4) の係数 M_{gn} と M_{sn} はそれぞれ, $M_g(d)$ と $M_s(d)$ という値を取り, それらは n 番目のメッセンジャー場が属する G の既約表現 d にのみ依存する. G の任意の既約表現 d に属する T_{in} の n についての和は, (28.6.3) の和と同じ比になるので, $\sum_{n\in d}T_{in} = k_i T(d)$ となる. ここで, $k_3 = k_2 = 1, k_1 = 5/3$ であり, したがって,

$$\sum_n T_{in}M_{gn} = \sum_d M_g(d)\sum_{n\in d}T_{in} = k_i M_g$$

となる. ここで $M_g = \sum_d M_g(d)T(d)$ だ. 同様に,

$$\sum_n T_{in}M_{sn}^2 = \sum_d M_s^2(d)\sum_{n\in d}T_{in} = k_i M_s^2$$

となる。ここで $M_s^2 = \sum_d M_s^2(d)T(d)$ だ。そうすると,(28.6.2)と(28.6.4)は TM の代わりに M_g が入り,$2TM^2$ の代わりに M_s^2 が入った(28.6.13)と(28.6.14)を与える。しかし,M_{gn} と M_{sn} が G のもとで不変だという仮定は,もしメッセンジャーの質量の大きさが大統一スケールより極端に低ければ,妥当ではない。これは大統一ゲージ群について,どのように仮定しても,$SU(3) \times SU(2) \times U(1)$ ゲージ相互作用の結果,λ_n のような結合定数は,大統一群の同じ表現の $SU(3) \times SU(2) \times U(1)$ の異なる量子数を持つ Φ_n に対応して違った変化をするからだ.

これらの結果には様々な輻射補正が加わるが,そのうち最も重要なのは,g_s, g, g' の値として,計算する質量と同程度のスケールでくりこまれた値を使わなければならないことだ。実際,(28.6.13)で与えられるゲージーノの質量比はまた,非常に異なる仮定のもとでも導くことができる。それは,結合定数が $g_s^2 = g^2 = 5g'^2/3$ の関係にある大統一スケールで全てのゲージーノの質量は等しく,低エネルギーでは,くりこみ群によって,異なる値を持つようになるという仮定だ.

数値的な例を見るために,メッセンジャー超場が電荷 $e/3$ の $SU(2)$ 1重項で $SU(3)$ 3重項と,電荷 0 と $-e$ の $SU(2)$ 2重項で $SU(3)$ 1重項とから成り,左カイラル超場は $SU(3) \times SU(2) \times U(1)$ の複素共役表現になっているとする。すると,既に述べたように(28.6.3)は $T = 2 \times 1/2 = 1$ で満たされているから,ゲージ結合定数の正しい値を使うと,スクォーク,グルーイーノ,L スレプトン,ウィーノ,E スレプトン,ビーノの質量は,11.6 :: 7.0 :: 2.5 :: 2 :: 1.1 :: 1.0 という比になる。[34] G の大きな表現では $T \gg 1$ となり,その場合はグルーイーノがこれらの粒子の中で最も重く,スレプトンが最も軽い.

変化するゲージ結合定数以外の輻射補正もある。ある計算[34]によると,電荷 $e/3$ の $SU(2)$ 1重項で $SU(3)$ 3重項,電荷 0 と $-e$ の $SU(2)$ 2重項で $SU(3)$ 1重項を持ち,左カイラル超場は $SU(3) \times SU(2) \times U(1)$ の複素共役表現になっている模型では,輻射補正により,スクォーク,

28.6 ゲージを媒介とする超対称性の破れ

グルーイーノ, L スレプトン, ウィーノ, E スレプトン, ビーノの質量比は, $9.3 :: 6.4 :: 2.6 :: 1.9 :: 1.35 :: 1.0$ となる.

前の節で見たようにウィーノとビーノは荷電ヒッグジーノおよび電荷ゼロのヒッグジーノと混合できる. したがって, ここで計算したウィーノとビーノの質量は, それ自身物理的な質量ではなく, **チャージーノ**と**ニュートラリーノ**として知られる混合の物理的な質量を計算するための入力と見なすべきだ.

さて, これらの模型でのヒッグス・スカラーの質量を考えよう. もし, これらのスカラーが超対称性を破るセクターとゲージ相互作用して, 質量を得るような2ループ・ダイアグラムのみを考えるならば, それらが左巻きレプトン2重項と同じ $SU(3) \times SU(2) \times U(1)$ 量子数を (符号の違いを除いて) 持つために, それらの質量は(28.6.4)の4番目と同様な以下の表式で与えられるだろう.

$$[m_1^2]_{2\text{ loop}} = [m_2^2]_{2\text{ loop}} = M_L^2$$
$$= \sum_n M_{sn}^2 \left[\frac{3}{4} \left(\frac{g^2}{16\pi^2} \right)^2 T_{2n} + \left(\frac{1}{2} \right)^2 \left(\frac{g'^2}{16\pi^2} \right)^2 T_{1n} \right]^2. \tag{28.6.23}$$

これで話が全部ならば, 前の節で見つけた ($\tan\beta$ が非常に1に近くない限り) $m_1^2 + |\mu|^2$ か $m_2^2 + |\mu|^2$ のどちらか一方が負でなければならないという $SU(2) \times U(1)$ の破れに対する条件を満たすことが不可能となる. しかし幸運にも, トップ・クォークとスクォークの質量が大きいために, m_2^2 に負の寄与があり, 自然に電弱対称性が自発的に破れることになる. ヒッグス2重項と第3世代のクォーク超場との結合は, 超ポテンシャル,

$$f_{\text{3rd gen}} = \lambda_b \left(H_1^T e Q \right) \bar{B} + \lambda_t \left(H_2^T e Q \right) \bar{T} \tag{28.6.24}$$

で表される. ここで, Q はクォークの $SU(2)$ 2重項左カイラル超場

(T, B), $\bar{T}$ と $\bar{B}$ は左巻きのトップ・クォークとボトム・反クォークの左カイラル超場, λ_t と λ_b は湯川結合定数で, t クォークと b クォークの質量と $m_t = \lambda_t v_2$ と $m_b = \lambda_b v_1$ というように関係している. これにより, (26.4.7) の最後の項から, スクォーク場とヒッグス場の相互作用を含むポテンシャル項は以下のようになることが分かる.

$$V_{sq\,H} = \left|\lambda_b \mathcal{H}_1^- \bar{\mathcal{B}} + \lambda_t \mathcal{H}_2^0 \bar{\mathcal{T}}\right|^2 + \left|\lambda_b \mathcal{H}_1^0 \bar{\mathcal{B}} + \lambda_t \mathcal{H}_2^+ \bar{\mathcal{T}}\right|^2 \\ + \left|\lambda_b\right|^2 \left|\mathcal{H}_1^0 \mathcal{B} - \mathcal{H}_1^- \mathcal{T}\right|^2 + \left|\lambda_t\right|^2 \left|\mathcal{H}_2^+ \mathcal{B} - \mathcal{H}_2^0 \mathcal{T}\right|^2. \quad (28.6.25)$$

ここで花文字は超場のスカラー場成分を意味する. したがって, $\mathcal{H}_1$ と $\mathcal{H}_2$ のポテンシャルへのスクォークのループの寄与は,

$$V_H^{\text{squark loop}} = 3\langle \mathcal{SS}^* \rangle \left[2|\lambda_b|^2 \left(\mathcal{H}_1^\dagger \mathcal{H}_1\right) + 2|\lambda_t|^2 \left(\mathcal{H}_2^\dagger \mathcal{H}_2\right) \right] \quad (28.6.26)$$

となる. ここで $\langle \mathcal{SS}^* \rangle$ はスクォーク場のどれかとその複素共役の, 同じ時空点での積の真空期待値だ. (これを全てのスクォークの種類について同じと置く際, (28.6.4) で分かるようにスクォークの質量 M_Q が $\mathcal{T}, \mathcal{B}, \bar{\mathcal{T}}, \bar{\mathcal{B}}$ スクォーク間であまり違いが無いことを使っている. (28.6.26) の因子 3 は各スクォーク種ごとに 3 色あることから来ている.) 真空期待値 $\langle \mathcal{SS}^* \rangle$ は最低次で以下のように与えられる.

$$\langle \mathcal{SS}^* \rangle \equiv \langle \mathcal{S}(x)\, \mathcal{S}^*(x) \rangle_{\text{VAC}} = \frac{-i}{(2\pi)^4} \int \frac{d^4 p}{p^2 + M_Q^2 - i\epsilon}. \quad (28.6.27)$$

これはもちろん発散しているが, スクォークの裸の質量がクォークと同じくゼロならば, 超対称性の破れの係数への寄与はクォークのループで相殺されるので, クォークのループの影響は (28.6.27) から M_Q をゼロと置いたのと同じ表式を差し引くことだ. これはウィック回転すると,

$$\langle \mathcal{SS}^* \rangle \to \frac{M_Q^2 i}{(2\pi)^4} \int \frac{d^4 p}{(p^2 + M_Q^2 - i\epsilon)(p^2 - i\epsilon)}$$

28.6 ゲージを媒介とする超対称性の破れ

$$= -\frac{M_Q^2}{(2\pi)^4} \int_0^{M^2} \frac{\pi^2 dp^2}{p^2 + M_Q^2} \simeq -\frac{M_Q^2}{16\pi^2} \ln\left(\frac{M^2}{M_Q^2}\right)$$

となる. ここでメッセンジャーの質量 M で紫外切断を導入した. これは M 以上の運動量ではスクォークの質量は運動量に依存した質量で置き換えなければならず, それは非常に高い運動量で超対称性が成立しているときの値ゼロに近づくからだ. この置き換えを (28.6.26) で行うと, スクォークとクォークのループのポテンシャルへの寄与が結果として,

$$(V_m)^{3\text{ loop}} = \frac{3M_Q^2}{16\pi^2} \ln\left(\frac{M^2}{M_Q^2}\right) \left[2|\lambda_b|^2 \left(\mathcal{H}_1^\dagger \mathcal{H}_1\right) + 2|\lambda_t|^2 \left(\mathcal{H}_2^\dagger \mathcal{H}_2\right)\right] \tag{28.6.28}$$

となることが分かる. (スクォークの質量の二乗は2ループのダイアグラムで与えられるから, これは3ループ近似での量となる. ポテンシャルにはヒッグスの超場とスクォークの超場の両方について2次の項もある. これらは $SU(2) \times U(1)$ のゲージ場の D 成分の二乗におけるヒッグスとスクォークの積の項から生じる. それらはヒッグスの質量への3ループの寄与はしない. それはスクォークの $SU(2) \times U(1)$ 量子数の和はゼロとなり, $SU(2) \times U(1)$ ゲージ場の D 成分への寄与の真空期待値はゼロとなるからだ.) (28.6.28) と (28.5.9) を比較し, 質量に2ループの寄与 (28.6.23) を加えると以下を得る.

$$m_1^2 \simeq M_L^2 - \frac{3M_Q^2|\lambda_b|^2}{8\pi^2} \ln\left(\frac{M^2}{M_Q^2}\right), \tag{28.6.29}$$

$$m_2^2 \simeq M_L^2 - \frac{3M_Q^2|\lambda_t|^2}{8\pi^2} \ln\left(\frac{M^2}{M_Q^2}\right). \tag{28.6.30}$$

(28.6.14) と $|\lambda_t| = m_t/v_2 = m_t(2\sqrt{2}G_F)^{1/2}/\sin\beta$ を使って, (28.6.30)

を,

$$m_2^2 \simeq 2TM^2 \left[\frac{3}{4} \left(\frac{g^2}{16\pi^2} \right)^2 + \frac{5}{12} \left(\frac{g'^2}{16\pi^2} \right)^2 \right.$$
$$\left. - \frac{\sqrt{2} G_F m_t^2}{\pi^2 \sin^2\beta} \left(\frac{g_s^2}{16\pi^2} \right)^2 \ln\left(\frac{3}{8T(g_s^2/16\pi^2)} \right) \right] \quad (28.6.31)$$

と書くこともできる. $T=1$, $g_s^2/4\pi = 0.118$, $g^2/4\pi = 0.0340$, $g'^2/4\pi = 0.0101$, $m_t = 180$ GeV では, これは,

$$m_2^2 \simeq M_L^2 \left[1 - \frac{3.06}{\sin^2\beta} \right] \quad (28.6.32)$$

となる. これは β の任意の値に対して負となる. したがって, 電弱ゲージ対称性の自発的な破れの自然な機構を提供する. また, $M_L^2 = (0.91 \times 10^{-4}) M^2/8\pi^2$ だ. $\tan\beta$ が非常に大きくない限り, $|\lambda_b| \ll |\lambda_t|$ だから, (28.6.27) から,

$$m_1^2 \simeq M_L^2 \quad (28.6.33)$$

となる.

ゲージを媒介とする超対称模型の予言が最も不確実で不満足になる電弱理論の現象論の局面は, ラグランジアン密度の超対称性を破らない項 $\mu[(H_1^T e H_2)]_\mathcal{F}$ とそれに関連した超対称性を破る項 $B\mu$ のパラメータ μ と関係している. これらが関係しているのは, ゲージ, レプトン, クォークの超場とヒッグス超場の相互作用が対称性,

$$\begin{aligned} H_1 &\to e^{i\varphi} H_1 \,, & H_2 &\to e^{i\varphi} H_2 \,, \\ Q &\to e^{-i\varphi} Q \,, & V_i &\to V_i \,, \\ \bar{D} &\to \bar{D} \,, & \bar{U} &\to \bar{U} \,, \end{aligned} \quad (28.6.34)$$

のもとで不変で, これにより超ポテンシャル項 $\mu(H_1^T e H_2)$ が無ければ輻射補正でスカラー場のポテンシャルに $B\mu \,\mathrm{Re}\,(\mathcal{H}_1^T e \mathcal{H}_2)$ という項が現れることが禁止されているからだ.

28.6 ゲージを媒介とする超対称性の破れ

$B\mu$ がゼロとなることは出来ない. これは, そうなると, (28.5.22) と (既に見たように) $m_A \neq 0$ は $\sin 2\beta = 0$, 言いかえると $v_1 = 0$ か $v_2 = 0$ を意味し, それは, 全ての電荷 $-e/3$ のクォークと荷電レプトンは全て質量ゼロか, 全ての電荷 $+2e/3$ のクォークが質量ゼロであることを意味するからだ. (もし $B\mu = 0$ で $\mu = 0$ ならば, この問題は全ての次数で発生する. これは v_1 と v_2 が共にゼロでない真空期待値を持つと, 変換(28.6.34) と電弱 $U(1)$ ゲージ変換の任意の結合のもとでの対称性が自発的に破れて, C 奇の中性スカラーは $m_A = 0$ のゴールドストーン・ボゾンになることを意味するからだ.) $B\mu$ がゼロでない値を持つことを, 変換(28.6.34)のもとでの対称性がラグランジアン密度の超対称項 $\mu[(H_1^T e H_2)]_{\mathcal{F}}$ によって陽に破られている理論の輻射補正で説明しようとするのは自然だ. これはメッセンジャーのスケールで $B\mu$ の非常に小さな値を与える.[34] もっとも, くりこみ群の影響でより低いエネルギーでは $B\mu$ はずっと増幅される. (28.5.22)によれば, 比較的小さな $B\mu$ は, トップ・クォークの大きな質量が $\tan \beta$ の大きな値から生じるという考えに良くなじむ. いずれにせよ, 既に述べたようにチャージーノの質量の実験的下限から $|\mu|$ は最低, 約 60 GeV であることが分かる.

問題は, μ がゼロでない値をとると, 超対称性が解決するはずだった階層性問題が再発することだ. つまり, なぜラグランジアン密度のなかのヒッグスの質量項がプランク質量かゲージ結合定数が統一される質量よりあれほど小さいのかと問う代わりに, 今度は, なぜ μ がこんなに小さいのかと問わなければならなくなる.

もし $\mu[(H_1^T e H_2)]_{\mathcal{F}}$ という項がある対称性によって禁止され, その対称性が自発的に破れてその項が出現するというように, ヒッグス超場が超対称性を破るセクターと相互作用するならば, 階層性問題は解決するだろう. もしその対称性が連続ではなく離散的ならば, 質量ゼロのゴールドストーン・ボゾンは避けることができる. 最も単純な可

能性は, 対称性変換 (28.6.34) を, 変換,

$$S \to e^{-2i\varphi} S$$

も含めるように拡張することだ. この変換は超ポテンシャルに,

$$\lambda' S(\mathcal{H}_1^{\mathrm{T}} e \mathcal{H}_2)$$

という形の項を許す. 超ポテンシャルに S^3 という項も含めることで連続的対称性を避けることができる. こうすると, ラグランジアンは φ が $2\pi/3$ の倍数になっている変換に対してのみ不変だからだ. こうしても μ のゼロでない裸の値を禁止するには十分だ. この場合は, S のスカラー成分と補助成分のゼロでない真空期待値 $\mathcal{S}$ と $\mathcal{F}$ は,

$$B\mu = |\lambda' \mathcal{F}|, \quad \mu = |\lambda' \mathcal{S}|$$

となる. この結果, B は $|\lambda'|$ に依存しない (28.6.12) で与えられる非常に大きな値 M を持つ. これは $(g_s^2/16\pi)^{-1} \simeq 100$ の程度の因子の分だけ, スクォークかグルーイーノの質量より大きい. しかし, このとき, (28.6.32) と (28.6.33) から $m_1^2 + m_2^2 < 0$ だから, 安定条件 (28.5.11) から $|\mu| \geq M/2$ が要請され, しがたって (28.5.22) から m_A はスクォークとスレプトンの質量より非常に大きくなければならない. これは (28.5.23) の関係と m_1^2 と m_2^2 の計算結果 (28.6.33) と (28.6.32) から, $\tan\beta$ が 1 に非常に近くない限り, 否定される.

31.6 節では重力を媒介として超対称性が破れる理論では, 自然に妥当な $B\mu$ と μ の値が得られることを見る. そのような理論は超対称性が非常に高いエネルギーの大きさで破れることに特徴がある. このスケールは 10^{11} GeV か 10^{13} GeV 程度で様々ある. 超対称性が比較的低いエネルギーで破れる模型で $B\mu$ と μ が満足できるくらい低くなるようにする方法は幾つか考え出されている.[35] 例えば, ゲージを媒介として超対称性が破れる理論がそれだが, それらのどれも特に説

28.6 ゲージを媒介とする超対称性の破れ

得力の有るものではない. また, μ がどこから来るか分からないので, それが実だと仮定する理由は特に無い. したがって, ゲージを媒介として超対称性が破れる理論では, 28.4節のより一般的な枠組みでの話のように, CP の破れが大きすぎる危険性がある.

スカラーの質量の二乗 m_1^2 と m_2^2 のように, (28.4.1)のパラメータ A_{ij} と C_{ij} は2ループ・ダイアグラムで与えられる. しかし, それらは質量の二乗ではなく, 質量の次元を持ち, スカラーとゲージーノの質量よりずっと小さいので, 超対称性の破れへの寄与としては, あまり重要ではない.

超対称性が 10^{10} GeV よりずっと低いエネルギーで破れるどの模型でも当てはまることだが, ゲージを媒介として超対称性が破れる全ての模型で, もっとも軽い R 奇の粒子はグラビティーノだ. 31.3節で見るように, グラビティーノの質量は, 真空のエネルギーが $F^2/2$ となるように定義された, 超対称性の破れを特徴付けるエネルギーの二乗 F に $\sqrt{G}$ をかけた程度の大きさだ. $SU(3) \times SU(2) \times U(1)$ で中性なカイラル超場 S_n の $\mathcal{F}$ 項である $\mathcal{F}_{n0}$ によって超対称性が破られるとき, $F^2 = \sum_n |\mathcal{F}_{n0}|^2$ となる. もし S_n のラグランジアン密度に無次元の大きな量が無ければ, この模型のスクォークの質量は $g_s^2 \sqrt{F}/16\pi^2 \approx 10^{-2}\sqrt{F}$ の大きさだから, これが自然さから来る限界 10^4 GeVより小さいためには, $\sqrt{F} < 10^6$ GeV でなければならず, そのため, グラビティーノの質量は 1 keV 未満となる. 重力の結合定数は実験で到達できるエネルギーでは非常に弱いために, 実際に生成できるグラビティーノはヘリシティ $\pm 1/2$ の状態だけで, これらは単にゴールドスティーノのように振舞う. (27.5.12)で示されたように, ここで論じた模型ではゴールドスティーノ場は S_n のフェルミオン成分 ψ_n に係数 $i\sqrt{2}\mathcal{F}_n$ を伴って現れる. R 奇のS粒子が標準模型の R 偶の粒子に輻射補正によって崩壊する過程でゴールドスティーノが放出されるが, その際, ゴールドスティーノは ψ_n の内線と S_n の内線をつ

なぐ頂点から現れる．(29.2.10)によれば，ゴールドスティーノ放出振幅はFに反比例し，このため，この崩壊は比較的遅いが，恐らく観測にかかる程度には速いだろう．

R奇の粒子のゴールドスティーノへの崩壊が遅いので，これらの模型でR奇の2番目に軽い粒子を決めるのは現象論的に重要だ．この粒子より重い全てのR奇の粒子は，ゴールドスティーノに崩壊する前に，この粒子へと崩壊する．既に見たように，2番目に軽いR奇の粒子は通常スレプトン，ウィーノ，ビーノのどれかだ．(メッセンジャー超場がヒッグス2重項と同じ$SU(3) \times SU(2) \times U(1)$量子数を持つこのような模型では，これらの超場の混合が2重項メッセンジャーの質量を十分下げて，最も軽いR奇の粒子がグルーイーノになることができる．[35a]) $SU(2) \times U(1)$の破れの影響も含めた詳細な計算によれば，パラメータ空間の広い領域で2番目に軽いR奇の粒子が二つのタウ・スレプトンのどちらかとなる．[35b]

28.7 バリオン数とレプトン数の非保存

超対称模型では，余分な粒子がバリオン数とレプトン数の保存を破る機構を幾つか提供する．28.1節では，くりこみ可能で$SU(3) \times SU(2) \times U(1)$不変な理論に含めることのできる次元4のバリオン数とレプトン数を保存しない様々な超対称演算子(28.1.2)と(28.1.3)があり，それらは陽子崩壊のような過程を破滅的な確率で引き起こすことを見た．これらの項はRパリティ保存(もしくは，同じことだが，全てのクォークとレプトンのカイラル超場の符号の変化のもとでの不変性)を課すと，ラグランジアンから除外される．しかし，これにより次元が$d > 4$の$SU(3) \times SU(2) \times U(1)$不変でバリオン数とレプトン数を保存しない様々な演算子が除外されるわけではない．21.3節で論じたように，もしある高い質量のスケールMでバリオン数とレプトン

28.7 バリオン数とレプトン数の非保存

数を保存しない基本的な機構があるならば、それらの演算子は標準模型の有効ラグランジアンに現れる際には M^{4-d} に比例する係数を持っているだろう. 非超対称標準模型の場のみを許すと, バリオン数を破る演算子の次元は最低6で,[36] バリオン数を破る振幅は M^{-2} に比例する. 超対称性が必要とする新しい場は, 陽子崩壊や束縛中性子崩壊のようなバリオン非保存過程の計算に二つの重要な変化をもたらす. 28.2節で見たように, くりこみ群方程式の変化から M が大きくなり, これにより次元6の演算子の影響が小さくなる. それと同時に, これらの新しい場のおかげで, 次元5の新しい演算子の構成が可能となり, バリオン数非保存振幅が M^{-1} に比例し, 陽子崩壊と束縛中性子崩壊への主要な寄与になると考えられる.[37]

カイラル超場(この場を一般的に Φ と呼ぶ) から作ることができる次元5の超対称演算子は $(\Phi^*\Phi\Phi)_D$ と $(\Phi\Phi\Phi\Phi)_\mathcal{F}$, それにそれらの複素共役という形をしている. (ゲージ場や微分を含む演算子はバリオン数とレプトン数の非保存について何ら新しい可能性を与えないので, 考慮しない.) 28.1節の記法では, 次元5の $SU(3) \times SU(2) \times U(1)$ 不変な演算子で R パリティを保存するものは,

$$(LLH_2H_2)_\mathcal{F}, \tag{28.7.1}$$

$$(L\bar{E}H_2^*)_D, \ (Q\bar{D}H_2^*)_D, \ (Q\bar{U}H_1^*)_D, \ (QQ\bar{U}\bar{D})_\mathcal{F}, \ (Q\bar{U}L\bar{E})_\mathcal{F}, \tag{28.7.2}$$

そして,

$$(QQQL)_\mathcal{F}, \qquad (\bar{U}\bar{U}\bar{D}\bar{E})_\mathcal{F} \tag{28.7.3}$$

だ. ここで $SU(3)$ と $SU(2)$ の保存のために必要な添字の縮約は自明なので省略した. 相互作用 (28.7.1) は, ある種の理論でニュートリノに小さな質量を与える次元5の演算子の超対称版になっている.[38] 相互作用 (28.7.2) は超対称標準模型のくりこみ可能な項で既に起こる過程

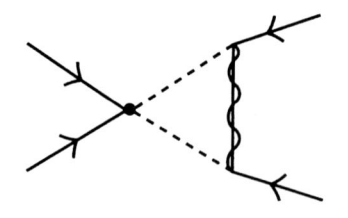

図 28.7: バリオン数とレプトン数の非保存をまねくクォークやレプトンの 4 フェルミオン相互作用を生じるダイアグラム. ここで実線はクォークやレプトン, 破線はスクォークやスレプトン, 実線と波線の複合線はゲージーノ, そして, 黒丸は $\mathcal{F}$ 項相互作用 (28.7.3) から直接発生する頂点.

に小さな補正を与えるだけだ. バリオン数とレプトン数の非保存について新しい機構を提供するのは相互作用 (28.7.3) だ.

(26.4.4) によれば, クォークとレプトンは, クォーク場やレプトン場の対とスクォーク場やスレプトン場の対を一つずつ含む項を通して相互作用 (28.7.3) に現れる. クォークとレプトンのみの間の反応を作るためには, 図 28.7 の 1 ループ・ダイアグラムでゲージーノを交換することでスクォークやスレプトンの対をクォークやレプトンの対に変換する必要がある. これにより $d=6$ の三つのクォークと一つのレプトンの間の 4 点相互作用 $qqq\ell$ ができる. これらの相互作用の結合定数 g_6 はゲージーノのゲージ結合定数 g, g', g_s のどれかの二乗, ゲージーノの超対称性を破る質量, ゲージーノとスクォークもしくはスレプトンの質量の大きい方の逆二乗 (これは結合定数に正しい次元を与えるために必要), そしてループの積分から生じる $1/8\pi^2$ の程度の大きさの因子に比例する.

グルーイーノの結合定数が大きいので, グルーイーノ交換が g_6 に主要な寄与をなすとも考えられる. (実際, ゲージを媒介として超対称性が破れる理論では, トレース (28.6.3) が普通の値を取り $g \approx g'$ ならば, (28.6.13)–(28.6.14) から, M_* をメッセンジャーのセクターを特徴

28.7 バリオン数とレプトン数の非保存

付ける質量として,

$$m_{\text{gluino}} \approx m_{\text{squark}} \approx \frac{g_s^2}{16\pi^2} M_*,$$

$$m_{\text{wino}} \approx m_{\text{slepton}} \approx m_{\text{bino}} \approx \frac{g^2}{16\pi^2} M_*$$

となる. したがって, そのような理論では個々のグルーイーノ交換のダイアグラムは g_s^2/m_{gluino} に比例する寄与をし, ウィーノかビーノの交換 (もしくは, より正確に述べるとチャージーノかニュートラリーノの交換) は $g^2 m_{\text{wino}}/m_{\text{squark}}^2$ に比例する寄与をして, これはほぼ $m_{\text{wino}} g^2/m_{\text{gluino}} g_s^2 \approx g^4/g_s^4$ に等しい因子だけ小さい.) しかしながら, グルーイーノ交換のダイアグラムの間にはある相殺が起こり, これによりそれらの寄与は非常に抑えられる. これはもともと, 4フェルミオン演算子の間のフィールツ恒等式を使って示された.[39] しかし, その結果は式を全く使わなくても得られる. 色を保存するために, 演算子 $(QQQL)_{\mathcal{F}}$ と $(\bar{U}\bar{U}\bar{D}\bar{E})_{\mathcal{F}}$ の係数は三つのクォークか反クォークの超場の色について完全反対称でなければならない. そして, これらの超場はボソン的だから, それらのフレーバーについても反対称だ. グルーイーノ相互作用はフレーバーに依存しないので, もしスクォークの質量のフレーバー依存性を無視できれば, $d=6$ の4フェルミオン演算子の係数もまた色のみならずフレーバーについても完全反対称だ. すると, フェルミ統計により, これらの演算子の係数もまたクォークか反クォークの場のスピンの添字についても完全反対称でなければならない. しかし, $QQQL_{\mathcal{F}}$ か $(\bar{U}\bar{U}\bar{D}\bar{E})_{\mathcal{F}}$ からゲージーノ交換で導かれた $d=6$ の演算子の三つのクォーク場か反クォーク場は全て左巻きで, このため独立なスピンの添字は二つしか持たず, どの係数も三つのスピンについて反対称になることができない. したがって, $d=6$ 演算子へのグルーイーノ交換の寄与は, もしスクォークの質量が全て同じならばゼロとなり, このため, 異なるスクォークの質量の比で見た差のために, この寄与は抑えられている. (28.6.4)によれば, ゲージを媒介と

する超対称性の破れの理論では, $\bar{U}$ と $\bar{D}$ のスクォークの質量の比の差は, g'^4/g_s^4 の程度の大きさで, $(\bar{U}\bar{U}\bar{D}\bar{E})_\mathcal{F}$ の演算子の反スクォークの間のグルーイーノ交換による次元6の4フェルミオン演算子の係数は, ビーノ交換でできるのと同じ程度の大きさになる. しかしながら, グルーイーノはフレーバーを保存するので, この演算子は $(\bar{U}\bar{U}\bar{D}\bar{E})_\mathcal{F}$ の演算子のように, 反クォークフレーバーについて完全反対称でなければならず, それは c または t クォークを含み, このため陽子崩壊や束縛中性子崩壊に直接に寄与することが出来ない. 一方, (28.6.4) から異なるフレーバーの Q クォークの間の質量の差は, g^4/g_s^4 の程度よりずっと小さいことが分かるから, $(QQQL)_\mathcal{F}$ 演算子のスクォークの間のグルーイーノ交換の g_5 への寄与は, ウィーノやビーノ交換よりずっと小さい. したがって, 少なくともゲージを媒介として超対称性が破れる理論では, グルーイーノ交換は陽子崩壊や束縛中性子崩壊にウィーノやビーノ交換よりも小さな寄与をすると結論される. 他の模型ではグルーイーノ交換は他の過程と同程度の寄与をする場合もある.[40]

$g \approx g'$ で $m_\text{wino} \approx m_\text{bino}$ のときは, 次元6の演算子へのウィーノとビーノの交換の寄与は,

$$g_6 \approx \frac{g^2\, g_5\, m_\text{wino}}{8\pi^2 m_\text{squark}^2} \qquad (28.7.4)$$

の程度の大きさだ. ここで, g_5 は有効 $d=5$ 相互作用 (28.7.3) の結合定数の典型的な値だ. もしウィーノとスクォークの質量が, ゲージを媒介として超対称性が破れる理論と同じ比 (g^2/g_s^2) ならば, これにより,

$$g_6 \approx \frac{g^4\, g_5}{8\pi^2 g_s^2 m_\text{squark}} \qquad (28.7.5)$$

となる.

有効ラグランジアン密度の次元6の4フェルミオン $qqq\ell$ 項は非超対称理論で陽子崩壊のような過程を生成するのに仮定された項と同じ

28.7 バリオン数とレプトン数の非保存

だ. これらは次元解析から,

$$\Gamma_N = c_N m_N^5 g_6^2 \tag{28.7.6}$$

という形の陽子崩壊率や束縛中性子崩壊率を与える. ここで c_N は量子色力学の非摂動論的な計算で与えられる純粋な数だ. これらの計算については大量の研究が成され, 一般的に $c_N \approx 3 \times 10^{-3 \pm 0.7}$ の範囲の値が得られている.[41]

g_5 を求めるには, 左カイラル超場のみを含む(28.7.3)のような $\mathcal{F}$ 項を, ゲージ超対称多重項の樹木近似での交換で生成するのは不可能だということに着目する. このゲージ超対称多重項は, 常に左カイラル超場とそれらの右カイラル複素共役との両方と相互作用する. したがって, 相互作用(28.7.3)は樹木近似ではカイラル超場の粒子の交換のみから生じ, したがって g_5 は g_T^2/M_T^2 の大きさだ. ここで g_T は, 質量 M_T の非常に重い左カイラル超場とクォークとレプトンの超場との, バリオン数とレプトン数を保存しない結合定数の典型的な値だ. (28.7.3)の相互作用を生じるには, これらの非常に重い粒子は色3重項か反3重項で, $SU(2)$ の3重項か1重項でなければならない. どのようなゲージ群が強い相互作用と電弱相互作用を統一しようと, 非常に重い色3重項 T の相互作用とよく知られた色1重項 H_1 と H_2 の相互作用との間にはおそらく何らかの関係がある. したがって, g_T は, 既知のクォークとレプトンに質量を与える相互作用(28.1.2)や(28.1.3)の湯川結合定数と同じ程度の大きさだ. これらの湯川結合定数はクォークやレプトンの質量を $\mathcal{H}_1^0$ か $\mathcal{H}_2^0$ の $G_F^{-1/2} \simeq 300$ GeV の大きさの真空期待値で割ったものだ. したがって, m_f を典型的なクォークとレプトンの質量として,

$$g_5 \approx \frac{G_F m_f^2}{M_T} \tag{28.7.7}$$

とする. 次元5の演算子はクォークのフレーバーについて反対称なことを見た. したがって, s クォークと u か d のクォークの質量の

間の中間を取って, $m_f = 30$ MeV とする. (28.7.5)–(28.7.7)を使い, (28.2節の結果から) $M_T = 2 \times 10^{16}$ GeV, $c_N = 0.003$, $g_s^2/4\pi = 0.118$, $g^2/4\pi = 1/(0.23 \times 137)$, $m_{\text{squark}} = 1$ TeV とすると, 陽子崩壊 (もしくは束縛中性子崩壊) の寿命 Γ_N^{-1} が 2×10^{31} 年となる.[42] これは 10^{31} 年から 5×10^{32} 年と様々に言われる陽子崩壊の主要なモードと考えられるものの部分寿命についての実験的な下限とさほど違わない. 本書の執筆時点では, もっとも厳しい限界は日本のスーパー・カミオカンデの巨大なニュートリノ検出器で陽子崩壊が観測されていないことから得られている.[42a] $p \to e^+\pi^0$ と $p \to \bar{\nu}K^+$ の崩壊の部分寿命は, それぞれ, 2.1×10^{33} 年と 5.5×10^{32} 年より大きい. 上の寿命の理論値の計算には, スクォーク質量の不確実性からでも少なくとも100の大きさの因子の不確定性がある. したがって, 実験と理論の期待との間には何らかの不一致があると結論するのはまだ早すぎる. 一方, 超対称性はバリオン数非保存過程が近い将来に発見されるという可能性を提起する.

陽子崩壊や束縛中性子崩壊の様々な崩壊モードの分岐比についても, 一般的に多少の議論はできる. すでに述べたように, 次元5の演算子(28.7.3)はクォーク超場のフレーバーについて完全反対称でなければならず, そのために, ここで問題とするべき演算子は, $(U_i D_j D_k N_\ell)_\mathcal{F}$, $(D_i U_j U_k E_\ell)_\mathcal{F}$, $(\bar{D}_i \bar{U}_j \bar{U}_k \bar{E}_\ell)_\mathcal{F}$ の形のものだけだ. ここで i, j, k, ℓ は世代の添字で, どの場合も $j \neq k$ だ. したがって, 中性ウィーノかビーノの交換からは, $u_i d_j d_k \nu_\ell$, $d_i u_j u_k e_\ell$, $\bar{d}_i \bar{u}_j \bar{u}_k \bar{e}_\ell$ の形の $d = 6$ の4フェルミオン演算子ができる. ここで $j \neq k$ で, i と ℓ は任意だ. また荷電ウィーノ交換は, 同じ形の4フェルミオン演算子で, $i \neq j$ で k と ℓ が任意のものができる. 陽子崩壊に関与するほど軽いクォークは u, s, d のみだ. 他の全てのクォークと第3世代の小さな混合角とを無視す

28.7 バリオン数とレプトン数の非保存

ると，

$$u_1 = u, \quad d_1 = d\cos\theta_c + s\sin\theta_c, \quad d_2 = -d\sin\theta_c + s\cos\theta_c$$

となる．ここで θ_c はキャビボ角で，u_2, u_3, d_3 は無視できる．したがって，ウィーノかビーノの交換で生じる4フェルミオン演算子で陽子崩壊や束縛中性子崩壊に寄与できるのは，$u\,d\,s\,\nu_\ell \cos(2\theta_c)$, $u\,d\,d\,\nu_\ell \sin(2\theta_c)$, $u\,u\,s\,e_\ell \cos\theta_c$, $u\,u\,d\,e_\ell \sin\theta_c$, それに加えて，クォークとレプトンを反クォークと反レプトンに置き換えたものだ．したがって，他の因子は全て等しいとすると，主要な崩壊モードは，$p \to K^+ \bar{\nu}$, $n \to K^0 \bar{\nu}$, $p \to K^0 e^+$, $p \to K^0 \mu^+$ だ．また，$p \to \pi^+ \bar{\nu}$, $n \to \pi^0 \bar{\nu}$, $p \to \pi^0 e^+$, $p \to \pi^0 \mu^+$, $n \to \pi^- e^+$ のモードの崩壊率は $\sin^2\theta_c = 0.05$ の因子で抑えられているが，その反面，使える位相空間が幾分広いので崩壊率が増える．

これらの考察からは分岐比について確実な予言は得られない．これは上に述べた因子全てに加えて，演算子(28.7.3)の g_5 と一般的に呼んだ係数が，これらの演算子に現れる超場のフレーバーに強く依存するかもしれないからだ．話を先に進めるには次元5の演算子を作る理論を特定する必要がある．文献42の著者たちのほとんどは，$SU(5)$ 理論の超対称版から，陽子崩壊と束縛中性子崩壊は $p \to K^+ \bar{\nu}$ と $n \to K^0 \bar{\nu}$ が主要となると結論したが，$SO(10)$ に基づいた理論では荷電レプトンのモードが主要となる．[43] また，模型によってはヒッグジーノ交換がウィーノやビーノ交換と同じくらい寄与し，$p \to K^+ \bar{\nu}$ の率が増大する．[44] バリオン数非保存を探索するに当って，陽子崩壊や束縛中性子崩壊で期待される崩壊モードについては，先入観無しに望むことがよいと思われる．

もちろん，これらのバリオン数非保存過程は全て何らかの保存則で禁止されていることもあり得る．28.1節で述べたように，弦理論ではバリオン数の保存則は基本的な大域的連続対称性ではありそうもない．

しかしバリオン非保存演算子 (28.7.3) はバリオン・パリティと呼ばれる $\mathbb{Z}_3$ の積的対称性で禁止されるかも知れない.[45] この対称性のもとでは, Q 超場は中性, H_2 と $\bar{D}$ 超場には位相因子 $\exp(i\pi/3)$ がかかり, $L, H_1, \bar{U}, \bar{E}$ 超場には反対の位相の因子 $\exp(-i\pi/3)$ がかかる. この対称性は, μ 項 (28.5.7) とレプトン数を保存しない項 (28.1.4) と (28.7.1) のみならず, 基本的な湯川結合 (28.1.2) と (28.1.3) も許すが, 次元 4 のバリオン数非保存項 (28.1.5) と次元 5 のバリオン数非保存項 (28.7.3) は許さない. この対称性は $\mathcal{H}_1^0$ と $\mathcal{H}_2^0$ (それとおそらくスニュートリノ場 $\mathcal{N}$) が真空期待値を持つことで自発的に破れ, R パリティの保存則が無いと, もっとも軽い超対称粒子が安定に保たれる理由は全く無くなる.

問題

1. 標準模型の超対称版のラグランジアン密度に相互作用 (28.1.4) と (28.1.5) が実際にあったとする. このとき, 陽子の寿命についての実験的な下限と矛盾しないためには, スクォークとスレプトンがどれくらい重くなければならないかを概算せよ.

2. ゲージーノ, ヒッグジーノ, スクォーク, スレプトンの典型的な質量 m が m_Z より非常に大きいとする. このとき, m の上と下のエネルギーでゲージ結合定数のくりこみ群方程式を与えよ. この結果と 28.2 節で使った統一仮説を使って, $\sin^2\theta$ と統一スケール M を $m, m_Z, e(m_Z), g_s(m_Z), n_s$ で表す式を求めよ. $\sin^2\theta$ と M についての実験的な制限を破らないためには, m はどれくらい大きくなければならないか?

3. 最小超対称標準模型において最も軽い CP のもとで偶の中性スカラー粒子と, クォーク, レプトンとの結合定数を, パラメータ

m_A, m_Z, β, G_F と, クォーク, レプトンの質量を使って表せ.

4. 正則性の議論を使って, ゲージが媒介として超対称性が破れる理論でのグルーイーノの質量の1ループでの表式を導け. その理論ではメッセンジャーの超場 Φ_n と $\bar{\Phi}_n$ は超ポテンシャルの $\sum_n \lambda_n S_n(\bar{\Phi}_n \Phi_n)$ の項から質量を得るとする. 1重項超場 S_n の ϕ 成分と $\mathcal{F}$ 成分の期待値 $\mathcal{S}_n$ と $\mathcal{F}_n$ を使い, $|\mathcal{F}_n| \ll |\lambda_n||\mathcal{S}_n|^2$ の極限でその表式を求めよ.

5. スクォークの質量がわずかにフレーバーに依存する可能性を考慮に入れて, バリオン数とレプトン数を保存しないクォークとレプトンの4点フェルミオン相互作用へのグルーイーノ交換の寄与を求めよ. $K^0 \to \overline{K}^0$ 変換率から得られるスクォーク質量の分離についての限界を用いて, これらの寄与に対する上限を求めよ.

参考文献

1. ここではずっと低いエネルギーで統一がなされるという可能性は考慮しない. その可能性は以下の文献で提起された. I. Antoniadis, *Phys. Lett.* **B246**, 377 (1990); J. Lykken, *Phys. Rev.* **D54**, 3693 (1996), また, その改良版は, N. Arkani-Hamed, S. Dimopoulos, and G. Dvali, *Phys. Rev. Lett.* **B429**, 263 (1998); I. Antoniadis, N. Arkani-Hamed, S. Dimopoulos, and G. Dvali, *Phys. Rev. Lett.* **B436**, 257 (1998) で与えられた.

1a. S. Weinberg, *Proceedings of the XVII International Conference on High Energy Physics, London, 1974*, J. R. Smith 編 (Rutherford Laboratory, Chilton, Didcot, England, 1974); S. Weinberg,

Phys. Rev. **D13**, 974 (1976); E. Gildener and S. Weinberg, *Phys. Rev.* **D13**, 3333 (1976).

1b. T. Banks and L. Dixon, *Nucl. Phys.* **B307**, 93 (1988). 詳細な取り扱いは, J. Polchinski, *String Theory* (Cambridge University Press, Cambridge, 1998): 18章を見よ.

2. R の和の保存則は以下の文献で導入された. A. Salam and J. Strathdee, *Nucl. Phys.* **B87**, 85 (1975); P. Fayet, *Nucl. Phys.* **B90**, 104 (1975), これは *Supersymmetry*, S. Ferrara 編, (North Holland/World Scientific, Amsterdam/Singapore, 1987) に再録されている. R パリティは R 量子数を使って $\exp(i\pi R)$ と定義され, その積は R の和が保存されなくても保存される. これについては以下の文献を見よ. G. Farrar and P. Fayet, *Phys. Lett.* **76B**, 575 (1978); P. Fayet, *Unification of the Fundamental Particle Interactions*, S. Ferrara, J. Ellis, and P. van Nieuwenhuizen 編 (Plenum, New York, 1980); S. Dimopoulos, S. Raby, and F. Wilczek, *Phys. Lett.* **112B**, 133 (1982); G. Farrar and S. Weinberg, *Phys. Rev.* **D27**, 1731 (1983), これは *Supersymmetry* に再録されている.

3. S. Dimopoulos and H. Georgi, *Nucl. Phys.* **B193**, 150 (1981), *Supersymmetry*, 参考文献2に再録.

4. R. D. Peccei and H. Quinn, *Phys. Rev. Lett.* **38**, 1440 (1977); *Phys. Rev.* **D16**, 1791 (1977).

4a. S. Dimopoulos and G. F. Giudice, *Phys. Lett.* **B357**, 573 (1995); A. Pomerol and D. Tommasini, *Nucl. Phys.* **B466**, 3 (1996); G. Dvali and A. Pomerol, *Phys. Rev. Lett.* **77**, 3728 (1996); *Nucl. Phys.* **B522**, 3 (1998); A. G. Cohen, D. B. Kaplan, and A. E.

Nelson, *Phys. Lett.* **B388**, 588 (1996); R. N. Mohapatra and A. Riotto, *Phys. Rev.* **D55**, 1 (1997); R.-J. Zhang, *Phys. Lett.* **B402**, 101 (1997); H-P. Nilles and N. Polonsky, *Phys. Lett.* **B412**, 69 (1997); D. E. Kaplan, F. Lepeintre, A. Masiero, A. E. Nelson, and A. Riotto, *Phys. Rev.* **D60**, 055003 (1999). J. Hisano, K. Kurosawa, and Y. Nomura, *Phys. Lett.* **B445**, 316 (1999). この質量のパターンは輻射補正から自然に発生する. J. L. Feng, C. Kolda, and N. Polonsky, *Nucl. Phys.* **B546**, 3 (1999); J. Bagger, J. L. Feng, and N. Polonsky, *Nucl. Phys.* **B563**, 3 (1999) を見よ.

4b. B. W. Lee and S. Weinberg, *Phys. Rev. Lett.* **39**, 165 (1977); D. A. Dicus, E. W. Kolb, and V. L. Teplitz, *Phys. Rev. Lett.* **39**, 168 (1977).

4c. S. Wolfram, *Phys. Lett.* **82B**, 65 (1979); J. Ellis, J. S. Hagelin, D. V. Nanopoulos, K. Olive, and M. Srednicki, *Nucl. Phys.* **B238**, 453 (1984).

4d. P. F. Smith and J. R. J. Bennett, *Nucl. Phys.* **B149**, 525 (1979).

5. H. Georgi, H. R. Quinn, and S. Weinberg, *Phys. Rev. Lett.* **33**, 451 (1974).

6. S. Dimopoulos and H. Georgi, 参考文献 3; J. Ellis, S. Kelley, and D. V. Nanopoulos, *Phys. Lett.* **B260**, 131 (1991); U. Amaldi, W. de Boer, and H. Furstmann, *Phys. Lett.* **B260**, 447 (1991); C. Giunti, C. W. Kim and U. W. Lee, *Mod. Phys. Lett.* **16**, 1745 (1991); P. Langacker and M.-X. Luo, *Phys. Rev.* **D44**, 817 (1991). このデータについての他の参考文献やより最近の解析については, P. Langacker and N. Polonsky, *Phys. Rev.* **D47**, 4028

(1993); **D49**, 1454 (1994); L. J. Hall and U. Sarid, *Phys. Rev. Lett.* **70**, 2673 (1993) を見よ.

7. S. Dimopoulos, S. Raby, and F. Wilczek, *Phys. Rev.* **D24**, 1681 (1981). これは参考文献2の*Supersymmetry*に再録されている.

7a. P. Hořava and E. Witten, *Nucl. Phys.* **B460**, 506 (1996); 同 **B475**, 94 (1996); E. Witten, *Nucl. Phys.* **B471**, 135 (1996); P. Hořava, *Phys. Rev.* **D54**, 7561 (1996).

8. H. Pagels and J. R. Primack, *Phys. Rev. Lett.* **48**, 223 (1982).

9. S. Weinberg, *Phys. Rev. Lett.* **48**, 1303 (1983).

10. S. Dimopoulos and H. Georgi, 参考文献3; N. Sakai, *Z. Phys. C* **11**, 153 (1981). 概説については, 以下の文献を見よ. H. E. Haber and G. L. Kane, *Phys. Reports* **117**, 75 (1985); J. A. Bagger, *QCD and Beyond: Proceedings of the Theoretical Advanced Study Institute in Elementary Particle Physics, University of Colorado, June 1995*, D. E. Soper 編 (World Scientific, Singapore, 1996); V. Barger, *Fundamental Particles and Interactions: Proceedings of the FCP Workshop on Fundamental Particles and Interactions, Vanderbilt University, May 1997*, R. S. Panvini, T. J. Weiler 編 (American Institute of Physics, Woodbury, NY, 1998); J. F. Gunion, *Quantum Effects in the MSSM – Proceedings of the International Workshop on Quantum Effects in the MSSM, Barcelona, September 1997*, J. Solà 編 (World Scientific Publishing, Singapore, 1998); S. Dawson, *Proceedings of the 1997 Theoretical Advanced Study Institute on Supersymmetry, Supergravity, and Supercolliders*, J. Bagger 編 (World Scientific, Singapore, 1998); S. P. Martin, *Perspectives on Supersymmetry*,

G. L. Kane 編 (World Scientific, Singapore, 1998); K. R. Dienes and C. Kolda, 前出 *Perspectives on Supersymmetry*.

11. S. Dimopoulos and D. Sutter, *Nucl. Phys.* **B194**, 65 (1995); H. Haber, *Nucl. Phys. Proc. Suppl.* **62**, 469 (1998).

12. S. Dimopoulos and H. Georgi, 参考文献 3; J. Ellis and D. V. Nanopoulos, *Phys. Lett.* **110B**, 44 (1982); J. F. Donoghue, H-P. Nilles, and D. Wyler, *Phys. Lett.* **128B**, 55 (1983). これらの計算に対する強い相互作用の補正については, J. A. Bagger, K. T. Matchev, and R.-J. Zhang, *Phys. Lett.* **B412**, 77 (1997) を見よ. フレーバー変化過程に対する制限がスクォーク質量を拘束しない条件は以下の文献で論じられている. R. Barbieri and R. Gatto, *Phys. Lett.* **110B**, 211 (1981); Y. Nir and N. Seiberg, *Phys. Lett.* **B309**, 337 (1993). 詳細な概説としては, F. Gabbiani, E. Gabrielli, A. Masiero, and L. Silvestrini, *Nucl. Phys.* **B477**, 321 (1996) がある.

13. M. K. Gaillard and B. W. Lee, *Phys. Rev.* **D10**, 897 (1974).

14. J. Ellis and D. V. Nanopoulos, 参考文献12. 詳細な結果は以下の文献で与えられた. F. Gabbiani and A. Masiero, *Nucl. Phys.* **B322**, 235 (1989); J. S. Hagelin, S. Kelley, and T. Tanaka, *Nucl. Phys.* **B415**, 293 (1994). 最も完全な扱いは, D. Sutter のスタンフォード大学博士論文 (未出版) と S. Dimopoulos and D. Sutter, 参考文献11にある.

14a. M. Dine, R. Leigh, and A. Kagan, *Phys. Rev.* **D48**, 4269 (1993).

15. より最近の概説は, Y. Grossman, Y. Nir, and R. Rattazzi, *Heavy Flavours II*, A. J. Buras, M. Lindner 編 (World Scientific, Singa-

pore, 1998); A. Masiero and L. Silvestrini, *Perspectives on Supersymmetry*, 参考文献 10.

16. J. Ellis and M. K. Gaillard, *Nucl. Phys.* **B150**, 141 (1979); D. V. Nanopoulos, A. Yildiz, and P. H. Cox, *Ann. Phys. (N.Y.)* **127**, 126 (1980); M. B. Gavela, A. Le Yaouanc, L. Oliver, O. Pène, J.-C. Raynal, and T. N. Pham, *Phys. Lett.* **109B**, 215 (1982); B. H. J. McKellar, S. R. Choudhury, X-G. He, and S. Pakvasa, *Phys. Lett.* **B197**, 556 (1987).

16a. P. G. Harris 他, *Phys. Rev. Lett.* **82**, 904 (1999).

17. J. Ellis, S. Ferrara, and D. V. Nanopoulos, *Phys. Lett.* **114B**, 231 (1982); J. Polchinski and M. B. Wise, *Phys. Lett.* **125B**, 393 (1983); M. Dugan, B. Grinstein, and L. Hall, *Nucl. Phys.* **B255**, 413 (1985).

18. R. Arnowitt, J. Lopez, and D. Nanopoulos, *Phys. Rev.* **D42**, 2423 (1990); R. Arnowitt, M. Duff, and K. Stelle, *Phys. Rev.* **D43**, 3085 (1991); Y. Kizuri and N. Oshimo, *Phys. Rev.* **D45**, 1806 (1992).

19. S. Weinberg, *Phys. Rev. Lett.* **63**, 2333 (1989); D. Dicus, *Phys. Rev.* **D41**, 999 (1990); J. Dai, H. Dykstra, R. G. Leigh, S. Paban, and D. A. Dicus, *Phys. Lett.* **B237**, 216 (1990); E. Braaten, C. S. Li, and T. C. Yuan, *Phys. Rev. Lett.* **64**, 1709 (1990); A. De Rújula, M. B. Gavela, O. Pène, and F. J. Vegas, *Phys. Lett.* **B245**, 640 (1990); R. Arnowitt, M. J. Duff, and K. S. Stelle, 参考文献 18; T. Ibrahim and P. Nath, *Phys. Lett.* **148B**, 98 (1998).

20. K. S. Babu, C. Kolda, J. March-Russell, and F. Wilczek, *Phys. Rev.* **D59**, 016004 (1999).

21. R. Arnowitt, M. J. Duff, and K. S. Stelle, 参考文献 18. この文献では関数 J_1 と J_2 を使って関数 J は $2J_1 + \frac{2}{3}J_2$ とされている. これはグルーオンがスクォークかグルーイーノの線につながったダイアグラムは構成的に足し合わされると仮定したためだ.

22. H. Georgi and L. Randall, *Nucl. Phys.* **B276**, 241 (1980); A. Manohar and H. Georgi, *Nucl. Phys.* **B238**, 189 (1984); S. Weinberg, 参考文献 19.

23. W. Fischler, S. Paban, and S. Thomas, *Phys. Lett.* **B 289**, 373 (1992).

24. J. Ellis and D. V. Nanopoulos, 参考文献 12; F. Gabbiani and A. Masiero, 参考文献 14; F. Dine, A. Kagan, and S. Samuel, *Phys. Lett.* **B243**, 250 (1990); F. Gabbiani, E. Gabrielli, A. Masiero, and L. Silvestrini, 参考文献 12.

25. S. Weinberg, *Phys. Rev. Lett.* **40**, 223 (1978); F. Wilczek, *Phys. Rev. Lett.* **40**, 279 (1978).

26. A. Brignole, J. Ellis, G. Ridolfi, and F. Zwirner, *Phys. Lett.* **B271**, 123 (1991); M. Carena, M. Quiros, and C. E. M. Wagner, *Nucl. Phys.* **B461**, 407 (1996); S. Heinemayer, W. Hollik, and G. Weiglein, *Eur. Phys. J.* **C9**, 343 (1999), *Phys. Lett.* **B455**, 179 (1999), *Acta Phys. Polon.* **B30**, 1985 (1999). ここで引用した m_h についての数値的な結果はS. Dawsonによって参考文献 10で引用されたものからとっている.

27. R. Barate 他 (ALEPH collaboration), *Phys. Lett.* **B412**, 173 (1997).

27a. M. Grünewald and D. Karlen, *Proceedings of the XXIX International Conference on High Energy Nuclear Physics*, A. Astbury, D. Axen, J. Robinson 編 (TRIUMF, Vancouver, 1999).

28. R. Barate *et al.* (ALEPH collaboration), 1999 CERN preprint EP-99-011, *Phys. Lett.* に掲載予定. 下限 54.5 GeV はそれ以前に 130 から 172 GeV での $e^+ - e^-$ 消滅についての実験からすでに得られていた. これは P. Abreu *et al.* (DELPHI collaboration), *Phys. Lett.* **B420**, 140 (1998) にある.

29. A. J. Buras, M. Misiak, M. Münz, and S. Pokorski, *Nucl. Phys.* **B424**, 374 (1994).

29a. R. Barate 他 (ALEPH collaboration), 1999 CERN preprint EP-99-014, *Eur. Phys. J.* に掲載予定.

30. M. Dine, W. Fischler, and M. Srednicki, *Nucl. Phys.* **B189**, 575 (1981); S. Dimopoulos and S. Raby, *Nucl. Phys.* **B192**, 353 (1982); M. Dine and W. Fischler, *Phys. Lett.* **110B**, 227 (1982); *Nucl. Phys.* **B204**, 346 (1982); C. Nappi and B. Ovrut, *Phys. Lett.* **113B**, 175 (1982); L. Alvarez-Gaumé, M. Claudson, and M. Wise, *Nucl. Phys.* **B207**, 96 (1982); S. Dimopoulos and S. Raby, *Nucl. Phys.* **B219**, 479 (1983). この種の模型は以下の文献によって復活させられた. M. Dine and A. E. Nelson, *Phys. Rev.* **D48**, 1277 (1993); **D51**, 1362 (1995); J. Bagger, 参考文献 10; M. Dine, A. Nelson, and Y. Shirman, *Phys. Rev.* **D51**, 1362 (1995); M. Dine, A. Nelson, Y. Nir, and Y. Shirman, *Phys. Rev.* **D53**, 2658 (1996). 概説としては以下のものがある. C. Kolda,

Nucl. Phys. Proc. Suppl. **62**, 266 (1998); G. F. Giudice and R. Rattazzi, *Phys. Rept.* **322**, 419 (1999); S. L. Dubovsky, D. S. Gorbunov, and S. V. Troitsky, *Phys. Usp.* **42**, 623 (1999). これらの模型の現象論は, S. Dimopoulos, S. Thomas, and J. D. Wells, *Nucl. Phys.* **B488**, 39 (1997) で議論された.

31. S. Dimopoulos, G. F. Giudice, and A. Pomerol, *Phys. Lett.* **389B**, 37 (1997); S. P. Martin, *Phys. Rev.* **D55**, 3177 (1997).

32. G. F. Giudice and R. Rattazi, *Nucl. Phys.* **B511**, 25 (1998). この仕事は N. Arkani-Hamed, G. F. Giudice, M. A. Luty, and R. Rattazzi, *Phys. Rev.* **D58**, 115005 (1998) で拡張された.

33. N. Seiberg, *Phys. Lett.* **B318**, 469 (1993).

34. K. S. Babu, C. Kolda, and F. Wilczek, *Phys. Rev. Lett.* **77**, 3070 (1996).

35. J. E. Kim and H-P. Nilles, *Phys. Lett.* **138B**, 150 (1984); J. Ellis, J. F. Gunion, H. E. Haber, L. Roszkowski, and F. Zwirner, *Phys. Rev.* **D39**, 844 (1989); E. J. Chun, J. E. Kim, and H-P. Nilles, *Nucl. Phys.* **B370**, 105 (1992); M. Dine and A. E. Nelson, 参考文献 30; M. Dine, A. E. Nelson, Y. Nir, and Y. Shirman, 参考文献 30; G. Dvali, G. F. Giudice, and A. Pomerol, *Nucl. Phys.* **B478**, 31 (1996); S. Dimopoulos, G. Dvali, and R. Rattazzi, *Phys. Lett.* **413B**, 336 (1997); H-P. Nilles and N. Polonsky, *Nucl. Phys.* **B484**, 33 (1997); G. Cleaver, M. Cvetič, J. R. Espinosa, L. Everett, and P. Langacker, *Phys. Rev.* **D57**, 2701 (1998); P. Langacker, N. Polonsky, and J. Wang, *Phys. Rev.* **D60**, 115005 (1999); J. E. Kim, *Phys. Lett.* **B452**, 255 (1999).

35a. S. Raby, *Phys. Lett.* **B422**, 158 (1998).

35b. D. A. Dicus, B. Dutta, and S. Nandi, *Phys. Rev. Lett.* **78**, 3055 (1997); *Phys. Rev.* **D56**, 5748 (1997).

36. S. Weinberg, *Phys. Rev. Lett.* **43**, 1566 (1979); F. Wilczek and A. Zee, *Phys. Rev. Lett.* **43**, 1571 (1979).

37. S. Weinberg, *Phys. Rev.* **D26**, 287 (1982); N. Sakai and T. Yanagida, *Nucl. Phys.* **B197**, 533 (1982). これらの文献は参考文献2の *Supersymmetry* に再録されている.

38. S. Weinberg, 参考文献 36.

39. J. Ellis, J. S. Hagelin, D. V. Nanopoulos, and K. Tamvakis, *Phys. Lett.* **124B**, 484 (1983); V. M. Belyaev and M. I. Vysotsky, *Phys. Lett.* **127B**, 215 (1983).

40. V. Lucas and S. Raby, *Phys. Rev.* **D55**, 6986 (1997).

41. この概算は, 陽子の2体崩壊全確率を非常に重いゲージ・ボゾンの質量 M_X で表す非超対称な計算の一覧表からとった. それは, P. Langacker, *Proceedings of the 1983 Annual Meeting of the Division of Particles and Fields of the American Physical Society* (American Institute of Physics, New York, 1983) 251頁にある. その結果を g_6 を使って表すために, 私は結果としては, これらの計算に現れる結合定数 g_6 は $g_6 = g^2(M_X)/M_X^2$ で与えられるとした. ここで $g(M_X)$ は非超対称な理論での適切な値, $g^2(M_X)/4\pi \simeq 1/41$ とした.

42. より詳細な計算 (そのほとんどは模型に依存する) については, g_5 に対するくりこみ群補正も含めて以下の文献にある. S. Dimopoulos, S. Raby, and F. Wilczek, *Phys. Lett.* **112B**, 133

(1982); J. Ellis, D. V. Nanopoulos, and S. Rudaz, *Nucl. Phys.* **B202**, 43 (1982); W. Lang, *Nucl. Phys.* **B203**, 277 (1982); J. Ellis, J. S. Hagelin, D. V. Nanopoulos, and K. Tamvakis, 参考文献 39; V. M. Belyaev and M. I. Vysotsky, 参考文献 39; L. E. Ibáñez and C. Muñoz, *Nucl. Phys.* **B245**, 425 (1984); P. Nath, A. H. Chamseddine, and R. Arnowitt, *Phys. Rev.* **D32**, 2385 (1985); J. Hisano, H. Murayama, and T. Yanagida, *Nucl. Phys.* **B402**, 46 (1993); V. Lucas and S. Raby, 参考文献 40. 概説としては P. Nath and R. Arnowitt, *Phys. Atom. Nucl.* **61**, 975 (1997) を見よ

42a. M. Takita 他, *Proceedings of the XXIX International Conference on High Energy Nuclear Physics*, 参考文献 27a.

43. K. S. Babu, J. C. Pati, and F. Wilczek, *Phys. Lett.* **423B**, 337 (1998).

44. V. Lucas and S. Raby, 参考文献 40; T. Goto and T. Nihei, *Phys. Rev.* **D59**, 115009 (1999).

45. L. Ibáñez and G. Ross, *Nucl. Phys.* **B368**, 3 (1991).

訳者注
本書第1刷発行後に、原著において本章の参考文献に日本人研究者の重要な業績が漏れているとの指摘があった。そこで、ここに関連の参考文献をあげておく。なお、本件に関して、太田信義氏（大阪大学）、野尻美保子氏（基礎物理学研究所）、井上研三氏（九州大学）にコメントを戴いた。ここに感謝したい。

28.5節 軽いヒッグス粒子の質量の上限について：
H. E. Haber and R. Hempfling, *Phys. Rev. Lett.* **66**, 1815 (1991);

Y. Okada, M. Yamaguchi, T. Yanagida, *Prog. Theor. Phys.* **85**, 1 (1991); J. R. Ellis, G. Ridolfi, and F. Zwirner, *Phys. Lett.* **B257**, 83 (1991).

28.6 節 輻射補正による電弱対称性の破れについて：

K. Inoue, A. Kakuto, H. Komatsu and S. Takeshita, *Prog. Theor. Phys.* **68**, 927 (1982); L. Ibáñez and G. Ross, *Phys. Lett.* **110B**, 215 (1982).

訳者あとがき

本シリーズは, Steven Weinberg 氏の "The Quantum Theory of Fields" I, II, III 巻の日本語訳である. このシリーズでは, Weinberg 氏は一貫して場の理論の論理性を中心に議論を進めている. つまり, 真の基本理論は弦理論や, その奥から姿を現しつつある理論であっても, 場の理論は量子力学と特殊相対性理論の基本的要請から我々の世界を記述する有効理論として成立するというのが著者の視点だ. この意味で, 同じ時期に出た他の場の量子論の本と比べても, このシリーズは非常にユニークなものであるといえる.

　原著 I 巻は, 日本語訳では 1, 2 巻に分冊した. 1 巻では, 場の理論自身の構成が詳細に議論され, その後に実際の物理的過程を計算するためのファインマン則が述べられた. 2 巻では, 場の理論形式が正準理論, 経路積分と述べられ, くりこみ等が議論された.

　原著 II 巻では原著 I 巻で述べた場の理論の基礎に基づいて, 各種の重要な概念が論じられる. この原著 II 巻は日本語訳 3, 4 巻に分冊した. 3 巻では, 現代の素粒子論における標準理論の基礎をなす非可換ゲージ理論が導入され, 有効場の理論, くりこみ群, 大局的対称性の自発的破れの理論に基づく解析が, それらの一般論とともに有機的に展開された. 4 巻では, 演算子積展開, ゲージ対称性の自発的破れ, アノマリー, 拡がりのある場の配位などが論じられた.

　原著 III 巻では一転して, 超対称性へと話が進む. これも I 巻, II 巻と同様に日本語訳では 5, 6 巻へと分冊する. 本書 5 巻では, 超対称性の発見に至るまでの歴史的経緯を最初に述べた後, その代数の構成, 場の理論, ゲージ理論, そして, それらを踏まえて, いよいよ超対称標準模型の議論へと話が進む. 読者はこの理論的にも, 実験的にもいま急速に発展しつつある分野について, 本書から多くを学べることだろう.

訳者あとがき

　著者も本書の序文で述べているように，本書では必ずしも 1–4 巻を読破していることを前提としていない．しかし，実際には随所でそれらが参照されているので，詳しく学びたいという読者には 1–4 巻を手元に置かれるのをお奨めする．参考までに本書の目次の直後に 1–4 巻の目次も添えておいた．

　この本を作るにあたって，著者 S. Weinberg 氏には快く Cambridge University Press との仲介の労をとっていただき，また翻訳作業中に生じた疑問にも答えていただいた．ここに感謝の意を表したい．

　また，本書の出版に際し，吉岡書店の上川正二，前田重穂の両氏に大変お世話になった．ここに記して感謝する．

2001 年 4 月　　　　　　　　　　　　　　　　　　　　　　訳者一同

索引

人名

イタリック体のページ番号は「関連書誌」と「参考文献」に引用した文献を示す.

Abreu, P. *334*
Aharonov, Y. *31*
Akulov, V. P. 7, *32*
Alvarez-Gaumé, L. *334*
Amaldi, U. *329*
Antoniadis, I. *327*
Arkani-Hamed N. *327, 335*
Arnowitt, R. *332, 333, 337*
Astbury, A. *334*
Axen, D. *334*

Babu, K. S. *333, 335, 337*
Bagger, J. *329, 330, 331, 334*
Bais, F. A. *240*
Banks, T. *328*
Barate, R. *334*
Barbieri, R. *331*
Barger, V. *330*
Beg, M. A. *30*
Belyaev, V. M. *336, 337*
Bennett, J. R. J. *329*
Berezin, F. A. 115, *151*
Bessis, D. *238*
Bogomol'nyi, E. B. *239, 240*
Braaten, E. *332*

Breitenlohner, P. *239*
Brignole, A. *333*
Brink, L. *239, 240*
Buras, A. J. *331, 334*

Carena, M. *333*
Casher, A. *31*
Chamseddine, A. H. *337*
Choudhury, S. R. *332*
Chun, E. J. *335*
Claudson, M. *334*
Cleaver, G. *335*
Cohen, A. G. *328*
Coleman, S. 2, 17, 18, 19, 20, 22, 25, 26, *31, 240*
Cox, P. H. *332*
Cvetič, J. R. *335*

D'Adda, A. *240*
Dai, J. *332*
Dawson, S. *330, 333*
de Boer, W. *329*
De Rújula, A. *332*
de Wit, B. 214, 215, *239*
Delbourgo, R. *30*

Deser, S. *151*
Di Vecchia, P. *240*
Dicus, A. 329, 332, 336
Dienes, K. R. *331*
Dimopoulos, S. ....
...... 262, 327, 328, 329,
330, 331, 334, 335, 336
Dine, M. ....
238, 331, 333, 334, 335
Dixon, L. *328*
Donoghue, J. F. *331*
Dubovsky, S. L. *335*
Duff, M. 332, 333
Dugan, M. *332*
Dutta, B. *336*
Dvali, G. 327, 328, 335
Dykstra, H. *332*
Dyson, F. J. *30*

Efthimiou, C. *238*
Ellis, J. 255, 328, 329, 331,
332, 333, 335, 336, 337
Espinosa, J. R. *335*
Everett, L. *335*

Farrar, G. *328*
Fayet, P. 238, 239, 328
Feng, J. L. *329*
Ferrara, S. 31, *74*,
151, 237, 238, 328, *332*
Fischler, W. 238, 333, *334*
Freed, D. *151*
Freedman, D. Z. 214, 215, *239*
Furstmann, H. *329*

Gabbiani, F. 331, 333
Gabrielli, E. 331, 333
Gaillard, M. K. 275, 331, 332
Gatto, R. *331*
Gavela, M. B. *332*
Gell-Mann, M. 1, *32*, 205
Georgi, H. 262,
328, 329, 330, 331, 333

Gervais, J.-L. 7, *31*
Gildener, E. *328*
Girardello, L. 238, 239, *241*
Giudice, G. F. . . 307, 309, *328, 335*
Giunti, C. *329*
Giveon, A. *241*
Gliozzi, F. 10, *32*
Gol'fand, Yu. A. 10, *32*
Gomis, J. *151*
Gorbunov, D. S. *335*
Goto, T. *337*
Gràcia, X. *151*
Green, M. B. *31*
Greene, B. *238*
Greenberg O. W. *30*
Griffiths, P. *151*
Grimm, R. *239*
Grinstein, B. *332*
Grisaru, M. T. ....
... 61, *74, 151, 238, 239*
Grossman, Y. *331*
Grünewald, M. *334*
Gunion, J. F. 330, *335*
Gursey, F. *30*

Haag, R. *32*, 33, 73, *74*
Haber, H. E. 330, *335*
Hagelin, J. S. . . 329, 331, 336, 337
Hall, L. J. 330, *332*
Halperin, A. *239*
Harada, K. *239*
Harris, J. *151*
Harris, P. G. *332*
He, X.-G. *332*
Heinemayer, S. *333*
Hisano, J. 329, *337*
Hollik, W. *333*
Hořava, P. *330*
Horsley, R. *240*
Howe, P. *239*

Ibáñez, L. E. *337*
Ibrahim, T. *332*

人名

Iliopoulos, J. *151*, *238*
Ivanov, E. A. *239*

Julia, B. *240*

Kagan, A. *331*, *333*
Kane, G. L. *330*, *331*
Kaplan, D. B. *328*, *329*
Karlen, D. *334*
Kelley, S. *329*, *331*
Kim, C. W. *329*
Kim, J. E. *335*
Kizuri, Y. *332*
Kolb, E. W. *329*
Kolda, C. ....
. *329*, *331*, *333*, *334*, *335*
Kovacs, S. *240*
Kurosawa, K. *329*

Lang, W. *337*
Langacker, P. *329*, *335*, *336*
Le Yaouanc, A. *332*
Lee, B. W. 275, *329*, *331*
Lee, U. W. *329*
Leigh, R. *331*, *332*
Lepeintre, F. *329*
Lévy, M. *151*
Li, C. S. *332*
Likhtman, E. P. 10, *32*
Lindgren, O. *240*
Lindner, M. *331*
Lopez, J. *332*
Lopuszanski, J. T. . . *32*, 33, 73, *74*
Low 205
Lucas, V. *336*, *337*
Luo, M.-X. *329*
Luty, M. A. *335*
Lykken, J. *327*

Mandelstam, S. *240*
Mandula, J. 2, 17, 18,
    19, 20, 22, 25, 26, *31*
Manohar, A. *333*

March-Russell, J. *333*
Martin, S. P. *330*, *335*
Masiero, A. ... *329*, *331*, *332*, *333*
Matchev, K. T. *331*
McGlinn, W. D. 30
McKellar, S. R. *332*
Michel, L. 30
Misiak, M. *334*
Mohapatra, R. N. *329*
Montonen, C. 235, *240*
Muñoz, C. *337*
Münz, M. *334*
Murayama, H. *337*

Nandi, S. *336*
Nanopoulos, D. V. *329*,
    331, *332*, *333*, *336*, *337*
Nappi, C. *334*
Nath, P. *332*, *337*
Ne'erman, Y. 1, *32*
Nelson, A. E. *329*, *334*, *334*
Neveu, A. 7, *31*, *240*
Nihei, T. *337*
Nilles, H. P. ....
..... *238*, *329*, *331*, *335*
Nilsson, B. E. W. *240*
Nir, Y. *331*, *334*, *335*
Nomura, Y. *329*

O'Raifeartaigh, L. ... *31*, 112, *150*
Ogievetsky, V. I. *239*
Olive, D. 10,
    32, 235, *239*, *240*, *329*
Oliver, L. *332*
Osborn, H. *239*, *240*
Oshimo, N. *332*
Ovrut, B. *334*

Paban, S. *332*, *333*
Pagels, H. *330*
Pais, A. 30
Pakvasa, S. *332*
Palumbo, F. *238*

Panvini, R. S. *330*
Parke, S. *240*
Pati, J. C. *337*
Peccei, R. D. *328*
Pendleton, H. N. 61, *74*
Pène, O. *332*
Pham, T. N. *332*
Pokorski, S. *334*
Polchinski, J. ....
.... *31*, *238*, *328*, *332*
Polonsky, N. *329*, *335*
Pomerol, A. *328*, *335*
Pons, J. *151*
Porrati, M. *241*
Prasad, M. K. *240*
Primack, J. R. *240*, *330*

Quinn, H. *328*, *329*
Quiros, M. *333*

Raby, S. *238*,
328, *330*, *334*, *336*, *337*
Radicatti, L. A. *30*
Ramond, P. 7, *31*
Randall, L. *333*
Rattazzi, R. ....
..... 307, 309, *331*, *335*
Raynal, J.-C. *332*
Ridolfi, G. *333*
Riotto, A. *329*
Robinson, J. *334*
Roček, M. *238*, *240*
Ross, G. *337*
Roszkowski, L. *335*
Rudaz, S. *337*

Sakai, N. *239*, *330*, *336*
Sakita, B. 7, *30*, *31*
Salam, A. *30*,
75, 81, *150*, *237*, *328*
Samuel, S. *333*
Sarid, U. *330*
Scherk, J. 10, *31*, *239*

Schwarz, J. H. 7, *31*, *239*
Schwinger, J. *240*
Seiberg, N. 200,
238, *240*, 307, *331*, *335*
Sen, A. *240*
Shirman, Y. *334*, *335*
Siegel, W. *238*, *240*
Silvestrini, L. *331*, *332*, *333*
Smith, J. R. *327*
Smith, P. F. *329*
Sohnius, M. ....
32, 33, 73, *74*, *239*, *240*
Solà, J. *330*
Sommerfield, C. M. *240*
Soper, D. E. *330*
Srednicki, M. *329*, *334*
Stelle, K. S. *239*, *332*, *333*
Strathdee, J. 30,
75, 81, *150*, *237*, *328*
Susskind, L. *31*, *238*
Sutter, D. *331*
Symanzik, K. *238*

Takita, M. *337*
Tamvakis, K. *336*, *337*
Tanaka, T. *331*
Teplitz, V. L. *329*
Thomas, S. *333*, *335*
Tommasini, D. *328*
Townsend, P. K. *239*
Troitsky, S. V. *335*

Vafa, C. *240*
van der Waerden 41
van Nieuwenhuizen, P. *328*
Vegas, F. J. *332*
Volkov, D. V. 10, 32
Vysotsky, M. I. *336*, *337*

Wagner, C. E. M. *333*
Wali, K. C. 30
Wang, J. *335*
Weiglein, G, ... *333*

人名

Weiler, T. J. *330*
Weinberg, S. ....
    31, 238, 239, 327, 328,
    329, 330, 332, 333, 336
Wells, J. D. *335*
Wess, J. 8, 9, 10,
    31, 32, 80, 111, *150, 237*
West, P. C. *239, 240*
Wigner, E. P. 2, 13, *30*
Wilczek, F. *328,*
    330, 333, 335, 336, 337
Wise, M. B. *332, 334*
Witten, E. *31, 239, 240, 330*
Wolfram, S. *329*
Wyler, D. *331*

Yanagida, T. *336, 337*
Yildiz, A. *332*
Yuan, T. C. *332*

Zaffaroni, A. *241*
Zee, A. *240, 336*
Zhang, R.-J. *329, 331*
Zumino, B. ....
    8, 9, 10, *31, 32, 74,* 80,
    111, 142, *150, 151, 237*
Zwanziger, D. *240*
Zwirner, F. *333, 335*

日本語事項

2番目に軽い超粒子 318
Ah項 270–273, 317
β角 289
$B\mu$項 270–3, 286, 314–6
BPS状態 72–3, 224
Ch項 271–2, 317
CP奇のスカラー 289
CP非保存 278–83, 317
μ項 251, 285, 298, 314–6
$N=4$理論の有限性 235
R対称性 49–50, 54, 62, 100–1,
　　　113, 217, 232–4, 248
　　Rパリティ 250
　　カレント$\mathcal{R}^\mu$ 134–5
$SU(4)$対称性(核物理における)
　　.................... 2, 13
$SU(6)$対称性(クォーク模型における) 2, 10–16
s粒子 58

アクシオン
　　「ペッチェイ・クイン対称性」を見よ.
アノマリー ... 62, 135, 198, 246–7
一般化されたゲージ変換 ... 157–9
インスタントン 177–9
ウィーノ .. 245, 301–6, 310–1, 322
ウィルソン流ラグランジアン
　　.................... 201–6
ヴェス・ズミノ・ゲージ
　　................ 159–62, 215
ヴェス・ズミノ模型
　　.......... 8–9, 80, 110–1

宇宙定数 212
宇宙における物質量 253–5
　　「ゲージーノ」「スクォーク」
　　「スレプトン」「ヒッグジーノ」「チャージーノ」「ニュートラリーノ」も見よ.
エネルギー・運動量テンソル$T^{\mu\nu}$
　　.................... 132–3
オラファテ模型 112–5

階層性問題 243, 251, 264
外場の並進対称性 202–3
カイラル超場 92–100
殻上の対称性 107, 228
拡張された超対称性
　　...... 49, 62–5, 216–36
　　「サイバーグ・ウィッテン解」も見よ.
隠れたセクター 265
型破りな対称性 1–5
カルタン部分代数 220
カレント超場 120–1
換算結合定数 282
共形対称性
　　2次元における 6
　　4次元における 29
強・電弱結合の統一
　　............... 255–61, 299–300
局所超対称性 125–6
空間反転
　　「パリティ」を見よ.
クォーク超場 245

日本語事項

グラビティーノ
　　.....62, 255, 266-9, 317
くりこみ可能条件 102-3
くりこみ群方程式
　　......201, 234-5, 255-61
グルーイーノ
　　....245, 301-7, 310, 321
ゲージ超場 W_α 169-72, 176-8
ゲージーノ 162, 193-4, 257
　　「グルーイーノ」「ウィーノ」
　　「ビーノ」も見よ.
ゲージを媒介とする超対称性の破
　　れ 298-318
ケーラー計量 141
ケーラー多様体 142-3
ケーラー・ポテンシャル
　　...............98, 138-42
ゲルマン・ロー方程式
　　「くりこみ群方程式」を見
　　よ.
弦 6-10, 236, 250, 325
ゴールドスティーノ
　　....114, 199-200, 317-8
コールマン・マンデューラ定理
　　................2, 17-28

作用における $\mathcal{F}$ 項 ....
　　97, 105-6, 117, 169-70,
　　177, 190-4, 246-7, 251
作用における D 項 88,
　　98, 103-4, 117, 139-41
最小超対称標準模型 270-326
ジーノ
　　「ビーノ」と「ウィーノ」
　　を見よ.
磁気単極子 72, 224-5
次数付きリー代数 33-8
　　「超対称代数」も見よ.
自然さからの上限 253
質量
　　破れた対称性での
　　.........195-200, 262-3
　　破れていない対称性での
　　..............184-90
和則 198, 261
「チャージーノ」「ゲージーノ」
「ヒッグス場」「ニュートラ
リーノ」「スレプトン」「ス
クォーク」「グラビティー
ノ」も見よ.
真空のエネルギー密度 45
スカラー場のポテンシャル ...106,
　　113-4, 181, 194-5, 220
スクォーク 245,
　　252-3, 258, 302-3, 310
スケール不変でない超場 X ..130
スレプトン 245, 258, 303, 310
正則性の議論 203, 307-8
成分場
　　一般の超場の 83-7
　　カイラル超場の 92-7
積の法則 87, 97-8
接続行列 Γ 155
線形超場 101, 121
双対性 235-6
素朴な次元解析 282

対称性の複素化 142-3, 183
平らな方向 113-4, 208, 220
小さな超多重項
　　「BPS状態」を見よ.
チャージーノ 297-8
中心電荷 40-1, 47-9, 220-3
　　「BPS状態」も見よ.
超カレント Θ^μ 121, 128-37
超共形対称性
　　2次元における 8
　　4次元における 52-4
超空間 81
　　超空間積分 115
　　場の方程式 117-9
　　「超場」「超微分」も見よ.
超弦
　　「弦」を見よ.
超重力 62

「グラビティーノ」「アノマリーを媒介とする超対称性の破れ」「重力を媒介とする超対称性の破れ」も見よ.
超対称性
　生成子 ...... 「代数」を見よ.
　カレント 121–5, 189–91
　ゲージ理論 153–236
　代数 .... xxi, 39–54
　歴史 1, 5–10
　「拡張された超対称性」「超重力」「最小超対称標準模型」も見よ.
超対称性の破れ
　自発的な破れ 10, 108, 181–3, 207–9, 264–5
　柔らかい破れ .. 209–12, 271–3
　「ゲージを媒介とする超対称性の破れ」「重力を媒介とする超対称性の破れ」「アノマリーを媒介とする超対称性の破れ」も見よ.
超多重項
　4次元における質量がゼロでない粒子 66–72
　4次元における質量ゼロの粒子 58–65
超場 81–92
　場の方程式 129–30
　「カイラル超場」「カレント超場」「線形超場」「ポテンシャル超場」「ゲージ超場」「ヒッグス超場」「クォーク超場」「レプトン超場」「メッセンジャー超場」「超カレント」「スケール不変でない超場」も見よ.
超場 X
　「スケール不変でない超場」を見よ.
超微分 $\mathcal{D}_\alpha$ 87–8
超ポテンシャル ... 98, 110, 200–5

つぶれた超対称多重項 67, 70
ディラック行列 .... xxi–xxiii
電気双極子能率
　「CP非保存」を見よ.
電弱対称性の破れ 245–6, 296
ド・ウィット-フリードマン変換
　.................. 214–6
ドット付き添字 .... xxi, 41

ニュートラリーノ 297–311

ハーグ・ロプザンスキー・ゾーニウスの定理 40–54
ハイパー多重項 64–5, 225
バリオン数とレプトン数の非保存
　.......... 247–9, 318–26
バリオン・パリティ 326
パリティ
　ヴェス・ズミノ模型における
　　.................. 111
　成分場の 89, 89–90
　超対称生成子の 56–58
　超場の 89, 89–90
ビーノ 245, 301–7, 311, 322
非くりこみ定理 200–9
非線形シグマ模型 142–3
左カイラル超場
　「カイラル超場」を見よ.
ヒッグジーノ 247, 250, 258–61
ヒッグス場と超場
　.. 244–5, 284–97, 306–14
ファイエ・イリオプロス項
　.............. 168, 194, 205–6
フレーバー変化過程 ... 273–8, 296
ベーカー・ハウスドルフの公式
　.................... 156
ペッチェイ・クイン対称性
　.......... 252, 290, 314
補助場 80, 106, 162, 180, 195
ポテンシャル超場 118–9

巻付き数 ν 179

マヨラナ・スピノル
　　　.... xviii, 79, 109, 144–9
マヨラナ・ポテンシャル 13
右カイラル超場
　　　「カイラル超場」を見よ.
メッセンジャー超場
　　　........ 299–301, 303–4
モントネン・オリーブ双対性
　　　「双対性」を見よ.

ヤコビ恒等式と超ヤコビ恒等式
　　　..................... 34
ユニタリー・ゲージ 183
陽子崩壊
　　　「バリオン数とレプトン数の非保存」を見よ.

量子色力学
　　　「一般化された超対称量子色力学」,「グルーイーノ」,「スクォーク」を見よ.
レプトン数の非保存
　　　「バリオン数とレプトン数の非保存」を見よ.
レプトン超場 245

英語事項

Ah term (Ah項) 270–273, 317
anomaly (アノマリー)
..... 62, 135, 198, 246–7
auxiliary fields (補助場)
... 80, 106, 162, 180, 195
axion (アクシオン)
"Peccei-Quinn symmetry"を見よ.
Baker–Hausdorff formula (ベーカー・ハウスドルフの公式)
.... 156
baryon and lepton number non-conservation (バリオン数とレプトン数の非保存)
.... 247–9, 318–26
baryon parity (バリオン・パリティ)
.... 326
β angle (β角) 定義 289
bino (ビーノ)
.... 245, 301–7, 311, 322
$B\mu$ term ($B\mu$項)
.... 270–3, 286, 314–6
BPS state (BPS状態) .. 72–3, 224
Cartan subalgebra (カルタン部分代数) 220
central charge (中心電荷)
.... 40–1, 47–9, 220–3
"BPS state"も見よ.
Ch term (Ch項) 271–2, 317
chargino (チャージーノ) ... 297–8
chiral superfield (カイラル超場)
.... 92–100
Coleman–Mandula theorem (コールマン・マンデューラ定理) 2, 17–28
collapsed supermultiplet (つぶれた超対称多重項) ... 67, 70
complexification of symmetries (対称性の複素化)
.... 142–3, 183
component field (成分場)
of chiral superfield (カイラル超場の) 92–7
of general superfield (一般の超場の) 83–7
conformal symmetry (共形対称性)
in 2 dimension (2次元における) 6
in 4 dimension (4次元における) 29
connection matrix Γ (接続行列)
.... 155
cosmic abundance (宇宙における物質量) 253–5
cosmological constant (宇宙定数)
.... 212
CP-non-conservation (CP非保存)
.... 278–83, 317
CP-odd scalar A (CP奇のスカラー)
.... 289
current superfield (カレント超場)
.... 120–1
D-term in action (作用におけるD項) 88, 98, 103–4, 117, 139–41
de Wit–Freedman transformation

350

英語事項

(ド・ウィット-フリードマン変換) 214-6
Dirac matrix (ディラック行列)
.... xxi-xxiii
dotted index (ドット付き添字)
.... xxi, 41
duality (双対性) 235-6
electric dipole moment (電気双極子能率)
"CP-non-conservation" を見よ.
electroweak symmetry breaking (電弱対称性の破れ)
.... 245-6, 296
energy-momentum tensor $T^{\mu\nu}$ (エネルギー・運動量テンソル) 132-3
extended supersymmetry (拡張された超対称性)
.... 49, 62-5, 216-36
"Seiberg-Witten solution" も見よ.
external field translation symmetry (外場の並進対称性)
.... 202-3
$\mathcal{F}$-term in action (作用における $\mathcal{F}$ 項) ....
97, 105-6, 117, 169-70, 177, 190-4, 246-7, 251
Fayet-Iliopoulos term (ファイエ・イリオプロス項)
.... 168, 194, 205-6
finiteness of $N=4$ theories ($N=4$ 理論の有限性) 235
flat direction (平らな方向)
.... 113-4, 208, 220
flavor-changing process (フレーバー変化過程) . 273-8, 296
gauge-mediated supersymmetry breaking (ゲージを媒介とする超対称性の破れ)
.... 298-318

gauge superfield W_α (ゲージ超場)
.... 169-72, 176-8
gaugino (ゲージーノ)
.... 162, 193-4, 257
"gluino","wino","bino" も見よ.
Gell-Mann-Low equation (ゲルマン・ロー方程式)
"renormalization group equation" を見よ.
generalized gauge transformation (一般化されたゲージ変換) 157-9
gluino (グルーイーノ)
.... 245, 301-7, 310, 321
goldstino (ゴールドスティーノ)
.... 114, 199-200, 317-8
graded Lie algebra (次数付きリー代数) 33-8
"supersymmetry algebra" も見よ.
gravitino (グラビティーノ)
..... 62, 255, 266-9, 317
Haag-Lopuszanski-Sohnius theorem (ハーグ・ロプザンスキー・ゾーニウスの定理) 40-54
hidden sector (隠れたセクター)
.... 265
hierarchy problem (階層性問題)
.... 243, 251, 264
Higgs field and superfield (ヒッグス場と超場) ....
244-5, 284-97, 306-14
higgsino (ヒッグジーノ)
.... 247, 250, 258-61
holomorphy argument (正則性の議論) 203, 307-8
hypermultiplet (ハイパー多重項)
.... 64-5, 225
instanton (インスタントン)
.... 177-9
Jacobi and super-Jacobi identity (ヤコビ恒等式と超ヤコビ

恒等式) 34
Kähler manifold (ケーラー多様体)
.... 142–3
Kähler metric (ケーラー計量) 141
Kähler potential (ケーラー・ポテンシャル)
.... 98, 138–42
left-chiral superfield (左カイラル超場)
"chiral superfield" を見よ.
lepton number non-conservation (レプトン数の非保存)
"baryon and lepton number non-conservation" を見よ.
lepton superfield (レプトン超場)
.... 245
linear superfield (線形超場)
.... 101, 121
local supersymmetry (局所超対称性) 125–6
magnetic monopole (磁気単極子)
.... 72, 224–5
Majorana potential (マヨラナ・ポテンシャル) 13
Majorana spinor (マヨラナ・スピノル)
.... xviii, 79, 109, 144–9
mass (質量)
　　for broken supersymmetry (破れた対称性での)
　　........ 195–200, 262–3
　　for unbroken supersymmetry (破れていない対称性での) 184–90
　　sum rule (和則) 198, 261
　　"chargino", "gaugino", "Higgs field", "neutralino", "slepton", "squark", "gravitino" も見よ.
messenger superfield (メッセンジャー超場)

.... 299–301, 303–4
minimal supersymmetric standard model (最小超対称標準模型) 270–326
Montonen–Olive duality (モントネン・オリーブ双対性)
"duality" を見よ.
μ-term (μ 項)
.... 251, 285, 298, 314–6
multiplication rule (積の法則)
.... 87, 97–8
naive dimensional analysis (素朴な次元解析) 282
naturalness bound (自然さからの上限) 253
neutralino (ニュートラリーノ)
.... 297–311
next-to-lightest supersymmetric particle (2 番目に軽い超粒子) 318
non-linear σ-model (非線形シグマ模型) 142–3
non-renormalization theorem (非くりこみ定理) 200–9
on shell symmetry (殻上の対称性)
.... 107, 228
O'Raifeartaigh model (オラファテ模型) 112–5
parity (パリティ)
　　in Wess–Zumino model (ヴェス・ズミノ模型における)
　　.......................111
　　of component field (成分場の)
　　............... 89, 89–90
　　of superfield (超場の)
　　............... 89, 89–90
　　of supersymmetry generator (超対称生成子の) 56–58
Peccei–Quinn symmetry (ペッチェイ・クイン対称性)
.... 252, 290, 314
potential of scalar field (スカラー

場のポテンシャル) .106, 113–4, 181, 194–5, 220
potential superfield (ポテンシャル超場) 118–9
proton decay (陽子崩壊)
"baryon and lepton number non-conservation"を見よ.
quantum chromodynamics (量子色力学)
"generalized supersymmetric quantum chromodynamic", "gluino", "squark"を見よ.
quark superfield (クォーク超場)
.... 245
R-symmetry (R対称性)
....49–50, 54, 62, 100–1, 113, 217, 232–4, 248
current $\mathcal{R}^\mu$ (カレント) 134–5
R-parity (Rパリティ) ...250
reduced coupling constant (換算結合定数) 282
renormalizability condition (くりこみ可能条件) 102–3
renormalization group equation (くりこみ群方程式)
......201, 234–5, 255–61
right-chiral superfield (右カイラル超場)
"chiral superfield"を見よ.
scale non-invariance superfield X (スケール不変でない超場 X) 130
short supermultiplet (小さな超多重項)
"BPS state"を見よ.
slepton (スレプトン)
...... 245, 258, 303, 310
space inversion (空間反転)
"parity"を見よ.
sparticle (s粒子) 58

"gaugino", "squark", "slepton", "higgsino", "chargino", "neutralino"も見よ.
squark (スクォーク) 245, 252–3, 258, 302–3, 310
string (弦) 6–10, 236, 250, 325
$SU(4)$ symmetry, in nuclear physics ($SU(4)$対称性(核物理における)) 2, 13
$SU(6)$ symmetry, in quark model ($SU(6)$対称性(クォーク模型における)) ..2, 10–16
superconformal symmetry (超共形対称性)
in 2 dimension (2次元における) 8
in 4 dimension (4次元における) 52–4
supercurrent Θ^μ (超カレント)
.... 121, 128–37
superderivative $\mathcal{D}_\alpha$ (超微分) 定義
.... 87–8
superfield (超場) 81–92
field equation (場の方程式)
.... 129–30
"chiral superfield", "current superfield", "linear superfield", "potential superfield", "gauge superfield", "Higgs superfield", "quark superfield", "lepton superfield", "messenger superfield", "supercurrent", "scale-non-invariance superfield"も見よ.
supergravity (超重力) 62
"gravitino", "anomaly-mediated supersymmetry breaking", "gravity-mediated supersymmetry breaking"も見よ.
supermultiplet (超多重項)

massive particle in 4 dimension (4次元における質量がゼロでない粒子) 66–72
massless particle in 4 dimension (4次元における質量ゼロの粒子) 58–65
superpotential (超ポテンシャル) 98, 110, 200–5
superspace (超空間) 81
   field equation (場の方程式) 117–9
   integral (超空間積分) 115
   "superfield", "superderivative"も見よ.
superstring (超弦)
   "string"を見よ.
supersymmetry (超対称性)
   algebra (代数) ....xxi, 39–54
   current $S^\mu(x)$ (カレント) 121–5, 189–91
   gauge theory (ゲージ理論) 153–236
   generator (生成子)
     "algebra"を見よ.
   history (歴史) 1, 5–10
   "extended supersymmetry", "supergravity", "minimal supersymmetric standard model"も見よ.
supersymmetry breaking (超対称性の破れ)
   soft breaking (柔らかい破れ) 209–12, 271–3
   spontaneous breaking (自発的な破れ) 10, 108, 181–3, 207–9, 264–5
   "gauge-mediated supersymmetry breaking", "gravity-mediated supersymmetry breaking", "anomaly-mediated supersymmetry breaking"も見よ.
unconventional symmetry (型破りな対称性) 1–5
unification of strong and electroweak coupling (強・電弱結合の統一) 255–61, 299–300
unitarity gauge (ユニタリー・ゲージ) 183
vacuum energy density (真空のエネルギー密度) 45
Wess–Zumino gauge (ヴェス・ズミノ・ゲージ) 159–62, 215
Wess–Zumino model (ヴェス・ズミノ模型) ..8–9, 80, 110–1
Wilsonian Lagrangian (ウィルソン流ラグランジアン) 201–6
winding number ν (巻付き数) 179
wino (ウィーノ) ..245, 301–6, 310–1, 322
X superfield (超場)
   "scale-non-invariance superfield"を見よ.
zino (ジーノ)
   "bino"と"wino"を見よ.

訳者略歴

青山　秀明（あおやま　ひであき）
1976年：京都大学理学部物理学科卒
1982年：カリフォルニア工科大学博士課程修了．Ph.D
1982-1988年：スタンフォード線形加速器センター理論部研究員，ハーバード大学客員研究員等
1988年：京都大学理学部助手
1989-1997年：京都大学教養部・総合人間学部助教授
1998-2003年：京都大学総合人間学部基礎科学科教授
現在：京都大学大学院理学研究科教授
著書に「力学」（学術図書出版社）
訳書に「物理学演習モスクワの森」（コゼル他編，吉岡書店）（共訳），「場の理論－統計的アプローチ」（パリージ著，吉岡書店）（共訳），「経路積分法」（スワンソン著，吉岡書店）（共訳）

有末　宏明（ありすえ　ひろあき）
1976年：京都大学理学部物理学科卒
1982年：京都大学理学博士
1982-1983年：日本学術振興会奨励研究員
1983-1985年：京都大学基礎物理学研究所研究員
1985-2000年：大阪府立工業高等専門学校助教授
2000年－現在：大阪府立高等専門学校教授
訳書に「Maple V 数学解法辞典」（デビット著，オーム社）（共訳）

杉山　勝之（すぎやま　かつゆき）
1990年：東京大学理学部物理学科卒
1995年：東京大学理学系研究科博士課程修了．理学博士
1995-1996年：京都大学基礎物理学研究所湯川奨学生，日本学術振興会特別研究員
1996-2003年：京都大学総合人間学部基礎科学科助手
現在：京都大学大学院理学研究科助手

Ⓡ 本書の全部または一部を無断で複写複製（コピー）することは，著作権法上での例外を除き，禁じられています．本書からの複写を希望される場合は，日本複写権センター（03-3401-2382）にご連絡ください．

S. Weinberg：場の量子論（5巻）　超対称性：構成と超対称標準模型　2001 ©

| 2001年5月25日 | 第1刷発行 |
| 2013年6月15日 | 第3刷発行 |

訳　者　　青山　秀明
　　　　　有末　宏明
　　　　　杉山　勝之

発行者　　吉岡　誠

〒606-8225 京都市左京区田中門前町87
株式会社　吉岡書店
（物理学叢書87巻）　　電話(075)781-4747／振替 01030-8-4624

印刷・製本　ココデ印刷株式会社

ISBN978-4-8427-0292-6